海南植物图志

（第七卷）

杨小波 等 编著

科学出版社

北京

内 容 简 介

《海南植物图志》收录了海南有历史记录的植物（维管束植物）6036种，隶属243科1895属。共有木本植物2781种，草本植物2773种，藤本植物482种。蕨类植物共计33科127属516种，裸子植物共计9科24属76种，被子植物共计201科1744属5444种。其中，海南本地野生植物4579种（海南特有植物483种），外来栽培植物1294种，外来逸生及归化植物163种（其中外来入侵植物57种）。

《海南植物图志》共分十四卷，第一卷为蕨类植物，第二卷至第十一卷为裸子植物和双子叶植物，第十二卷至第十四卷为单子叶植物。本图志的每一卷文中的野外鉴别关键特征和附录中的海南植物各科的野外经验检索，可为读者查阅所拍摄到的图片或采集到的标本所属科的野外初步鉴定提供参考。

《海南植物图志》不仅具有植物生物学特性的描写，还配有线条图和彩图，方便读者鉴定。

本书可供植物区系学、植物地理学、植物分类学、植物生态学、植物资源学、森林生态学、植物多样性保护、农业、林业、园林园艺、环境保护、医药卫生、海关等相关专业师生和部门决策者参考使用。

图书在版编目（CIP）数据

海南植物图志. 第7卷 / 杨小波等编著. —北京：科学出版社. 2015

ISBN 978-7-03-045508-6

Ⅰ. ①海… Ⅱ. ①杨… Ⅲ. ① 植物志－海南省－图谱

Ⅳ. ①Q948.526.6-64

中国版本图书馆CIP数据核字（2015）第198583号

责任编辑：韩学哲 / 责任校对：李 影
责任印制：肖 兴 / 封面设计：陈 敬

科 学 出 版 社 出版

北京东黄城根北街16号
邮政编码：100717
http://www.sciencep.com

北京利丰雅高长城印刷有限公司 印刷

科学出版社发行 各地新华书店经销

＊

2015年8月第 一 版　　开本：787×1092 1/16
2015年8月第一次印刷　　印张：25
字数：600 000

定价：280.00元

作者简介

杨小波，男，1962年9月14日生，海南省海口市演丰人。1985、1993和1996年分别本科、硕士、博士毕业于中山大学植物学专业，获得博士学位，1998年中国科学院南京土壤研究所农学博士后流动站出站，曾在德国和日本访学。现为海南大学二级教授，博士生导师，海南大学植物学博士点和植物学国家级重点学科负责人，中国生态学会常务理事，海南省生态学会理事长，海南植物学会副理事长，海南省环境学会副理事长。主持973计划前期专项、国家自然科学基金、国家科技支撑计划子课题等省部级项目30多项。发表学术论文130多篇，第一作者或通讯作者80多篇，其中SCI收录6篇，EI收录3篇，CSSCI收录2篇。出版著作15部，其中第一作者8部，在这8部著作中，有影响的著作有《海南植物名录》（科学出版社，2013），《海南岛陆域国家级森林生态系统自然保护区森林植被研究》（科学出版社，2011），《城市生态学》（科学出版社，2000，2006，2014，发行近6万册）和《农村生态学》（中国农业出版社，2008）。曾获海南省科技进步奖一等奖1项（第一完成人）、二等奖3项（其中一项为第一完成人，两项为参与者）、三等奖2项（第一、第二完成人）。获国务院特殊津贴专家、省优专家、省级教学名师、省优秀教师、省先进科技工作者、省青年科技奖、省"515"人才第一层次人选、省委省政府直接联系重点专家、海南大学首届十佳教师等称号，为2007年全国精品课程、2009年国家教学团队和2013年国家精品课程资源共享平台负责人。

《海南植物图志》编著委员会

主 编 著　杨小波

副主编著　李东海　陈玉凯　罗文启　林泽钦　龙文兴　莫燕妮　廖文波　林文智
　　　　　　杨众养　岳 平　陈宗铸　李应杰

编著委员会成员（按姓氏笔画顺序排序）

植物资源、植物分类与森林生态专业：

韦毅刚　冯丹丹　宋希强　吕晓波　刘子金　杨小波　杨东梅　杨好伟
杨宇明　李东海　李 敏　陈玉凯　张育霞　吴友根　吴庭天　罗文启
林文智　林泽钦　赵一鹤　唐绍清　黄 瑾　黄 勃　覃海宁　廖文波

林业与树木专业：

万春红　龙 成　杨众养　杨胜莲　陈 庆　陈宗铸　李向阳　周亚东
周文嵩　周 婧　洪小江　陶 楚　黄金诚

自然保护区与生态环境专业：

王清奎　方 林　邓 勤　龙文兴　卢 刚　刘艳玲　邢莎莎　张孟文
苏文拔　苏文学　杨 琦　李苑菱　李英英　岳 平　莫燕妮　彭绍兵
熊梦辉

园林与栽培植物：

王茜茜　李应杰　李 丹　朱国鹏　张 凯　张彩凤　张萱蓉　郑文泰
黄青良

第一卷主要完成人： 杨东梅　罗文启　杨小波　李东海　陈玉凯　林泽钦

第二卷主要完成人： 杨众养　杨小波　李东海　陈玉凯　罗文启　杨胜莲

第三卷主要完成人： 杨小波　李东海　陈玉凯　罗文启　林泽钦　龙文兴

第四卷主要完成人： 李东海　陈玉凯　杨小波　龙文兴　罗文启　林泽钦

第五卷主要完成人： 杨小波　陈玉凯　李东海　龙文兴　罗文启　林泽钦

第六卷主要完成人： 李东海　陈玉凯　杨小波　罗文启　林泽钦　林文智

第七卷主要完成人： 杨小波　龙文兴　李东海　陈玉凯　罗文启　林泽钦

第八卷主要完成人： 陈玉凯　杨小波　李东海　龙文兴　罗文启　林泽钦

第九卷主要完成人： 杨小波　龙文兴　李东海　陈玉凯　罗文启　林泽钦

第十卷主要完成人： 陈玉凯　杨小波　龙文兴　李东海　罗文启　林泽钦

第十一卷主要完成人： 杨小波　李东海　陈玉凯　朱国鹏　罗文启　林泽钦

第十二卷主要完成人： 杨小波　李东海　陈玉凯　吴友根　罗文启　林泽钦

第十三卷主要完成人： 宋希强　杨小波　卢 刚　黄青良　李东海　陈玉凯　罗文启

第十四卷主要完成人： 杨小波　李东海　陈玉凯　杨宇明　罗文启　林泽钦

说明：《海南植物图志》每一卷成果由杨小波负责解释。杨小波从1991年起开展这项工作，一直得到钟义、黄世满与符国瑗等老一代植物学工作者的帮助。2005年后他带领李东海、陈玉凯（2008年参与）等人共同完成，到2011年后，邀请海南省、广东省、广西壮族自治区、云南省、台湾省、北京市、湖南省等共62位学者一起完成编著工作。其中，宋希强为第十三卷第一完成人，负责部分兰科植物的图片拍摄和审查兰科植物彩图的准确性，其他兰科植物及这一卷的其他科的工作主要由杨小波、卢刚等完成。其他各卷工作的完成情况，均由各卷的主要完成人等共同完成。

序

　　森林植被的研究工作，记得在海南尖峰岭开展森林植被的样方调查时，最令人头痛的是认种问题，认种是最大的难题。大家都说要是有一部图谱多好。好在《海南植物志》是我国当时最早较完整的省级植物志，配有1000多张手绘图，《海南植物志》成为我们野外工作的必用工具书，也为我们完成《海南尖峰岭森林生态系统研究》打下了良好的基础。我是1991年出版该书的，1992年收到了杨小波同志的一封信，让我送一本《海南尖峰岭森林生态系统研究》给他。当时我还不认识他，但他那真挚的求知欲感动了我，我就从自存的几部书里给他寄去了一本。从此，我交上了这位年轻的朋友。这些年来，我到海南都和他见面聊一聊，或与他一起出差野外。他来北京也会到我家或办公室聊天，主要的话题都离不开海南的森林植被与森林植物资源。我告诉他，在海南从事森林生态研究，一定要认识植物，否则很难完成。也可能是对热带故乡的热爱，杨小波从本科到博士都在南方的中山大学读书，师从我的几位朋友。他的老师张宏达教授、王伯荪教授和胡玉佳教授等都是曾经在海南工作过的早期杰出的森林生态学家，因此，他的热带植物分类学和森林生态学基础很好，这为他后来从事海南森林生态学研究打下了良好的基础。但我想不到的是，他在从事森林生态学研究的过程中，刻苦认真细致地认识了海南的植物。今天看到他带领其团队完成了记录6000多个种的《海南植物图志》感到万分的惊喜与难得。该书的出版具有深远的科学意义与社会意义，具有巨大的潜在经济价值。①它基本摸清了海南植物家底，自然分布的野生植物种类与分布规律；②弄清了海南植物拉丁学名修订的种类现状；③更新和考证了已经记录的植物种类的准确数据；④更新和弄清了特有、珍稀濒危植物种类；⑤更新和弄清了逸生、归化及外来入侵植物的种类；⑥系统地了解了野生及引种的而未逸生及归化的栽培植物（以下简称栽培植物）的动态变化；⑦为今后的"植物图志"类的编写树立了样板。该书将成为海南从事森林生态学研究、植物资源学研究、植物资源保护研究等工作者不可缺少的查阅工具，成为植物学普及与宣传的重要学习图谱。

　　记得在2004年，我与中国科学院、中国工程院的其他几位院士、专家一起考察海南的陆海生物资源，当时就提出搞清楚海南到底有多少种植物是一件不容易的事，而且熟悉海南岛植物的老专家已相继离世，感到年轻的却后继无人。海南岛植物种类的研究历史悠久，对海南岛植物的全面深刻认识有一个长期积累过程。最早在海南岛进行植物采集的是瑞典人，以后依次是英国、法国、美国、日本等国的研究者，其中，研究成果较突出的是美国植物学家E.D.Merrill和中国著名植物学家陈焕镛先生。

1964~1977 年出版完成的《海南植物志》（I~IV 卷），共记录了维管束植物 3581 种，其中，蕨类植物 362 种、种子植物 3219 种；1994 年出版的《海南及广东沿海岛屿植物名录》对《海南植物志》有所修正和补充，记录种子植物 3874 种；2004 年出版完成的《中国植物志》第 2~80 卷的资料，对海南植物的一些种、属进行归并及补充，记录海南植物 3500 种；2011 年出版完成的《广东植物志》第 1~9 卷的资料，对海南分布的植物进一步进行补充，记录植物 4196 种；Flora of China 第 2~25 卷的资料，记录海南植物 4145 种；2012 年出版的《海南植物物种多样性编目》，记录植物 5108 种。《海南植物图志》的作者，经过全面调查和对文献的收集与评述，总结海南有历史记载分布的植物种类达到 6036 种，是目前记载种类数目最多的。每一个种都有出处和分布区域，经得起考证，该书把海南有多少种植物基本摸清，为人类认识海南植物提供了最基础的资料。所以，这是一项了不起的贡献。

自《广州植物志》和《海南植物志》出版后，中国出版了很多植物志，其中最有影响的是《中国植物志》和 Flora of China，特别是后者，让《中国植物志》走向了世界。《中国植物志》和 Flora of China 的出版来源于地方植物志，也为地方植物志的完善提供了平台，尤其是 Flora of China 修订或合并了一些植物种类，各地方植物志可能都要在 Flora of China 成果的基础上进行一次大的修订。《海南植物图志》是在这些成果基础上，对《海南植物志》进行的一次较大的修订，并结合作者对物种的认识，全面补充了《海南植物志》（3581 种）遗漏的 2000 多种植物（含变种与亚种）特征的描写。

令我最惊喜的是，作者经过 20 多年努力完成的《海南植物图志》，几乎每一种植物都配有彩图或线条图，所附的线条图引用各植物志或图鉴，确保了准确性，彩图基本为作者拍摄和鉴定，少部分引用的也给出出处，便于读者参考阅读，具有很强的科学性。目前全世界出版过各类植物图谱，但多是常见植物或某一类（科）植物的图谱。这类图谱，中国也出版了不少，仅海南就有《海南禾草志》、《海南莎草志》、《海南岛野生兰花图鉴》、《黎族药志》（第一册、第二册）《中国黎药志》《海南岛天然抗癌本草图鉴》（第一卷）《海南中药资源图集》（第一、二集）、《海南园林观赏植物》《海南浆纸林林下植物彩色图鉴》、《中国植胶区林下植物》（海南卷）、《海南岛主要经济木本植物》、《海南热带雨林主要经济树木彩色图鉴》（上、中、下册）《海南热带雨林主要立木树皮彩色图鉴》（上、下册）《海南岛国家省重点保护野生植物原色图鉴》、《海南吊罗山野生植物彩色图鉴》、《中国热带雨林地区植物图鉴——海南植物》等，在这些著作中，多的收集了 3400 多种植物的彩图，少的有 100 多种植物彩图，这些成果为系统完整地完成《海南植物图志》打下了良好的基础。《海南植物图志》共记载、描述和图示了海南历史上记录的 6036 种植物。

我对《海南植物图志》的出版表示热烈祝贺，并对杨小波好友和为此贡献的他的团队表示感谢。为此，我乐意提笔为序，以表贺意和心中油然而生的感慨。

蒋有绪

2014 年 6 月 2 日

前　言

海南省主体陆地是海南岛，海南岛是中国仅次于台湾岛的第二大岛，总面积约 3.39 万 km^2，由于地处热带北缘，自然条件优越，植被生长快，植物资源十分丰富。尤其是岛屿界限明确，与其他陆地 (岛屿或大陆) 存在隔离，其隔离分化机制对岛屿生物多样性的形成具有重要意义，这为岛屿物种特有度普遍较高的现象所证实，而且许多生态和进化过程在岛屿上的效应较明显。因此，长期以来受到生物地理学和生态学研究的重点关注，被中国政府列为国家优先保护地区，其岛屿的南部也已作为中国 11 个生物多样性关键地区之一和 33 个优先保护地区之一，是中国生物多样性保护最具价值和最有潜力的地区之一。

海南岛位于 18°10′~20°10′N，108°37′~111°03′E，北隔琼州海峡，与我国大陆的雷州半岛相对；西濒北部湾，与越南遥遥相望；南和东南与辽阔的南海和太平洋相邻。海南岛总面积 33920km^2，环岛海岸线长 1618km。

海南岛地质基底以花岗岩为主，局部地区有玄武岩、页岩、砂岩和石灰岩。中生代后期，由于陆台复活，大规模岩浆岩活动构成了花岗岩弯窿地貌形态，形成东北—西南走向断带地貌，以后经长期风化、侵蚀、割裂，周围地区继续沉降，形成现今中间高周围低、呈不对称环状分布的地貌特征。中部块状山地主要由火成岩形成，其中以花岗岩为主，山地外延的河谷盆地，除花岗岩外，尚有变质岩和沉积岩。北部和东北部为第 3 纪末与第 4 纪火山爆发的熔岩台地，多为玄武岩和安山岩。海南岛四周沙滩平地为新老沉积物，以波浪和沿岸河流所带来的沙土形成滨海沙荒。

海南岛是在白垩纪燕山造山运动时期由于大量花岗岩的侵入而逐渐隆起为山地，最后在第 3 纪末期至第 4 纪由于琼州海峡的形成而与大陆分离，为一个与大陆分离较晚的岛屿。全岛轮廓为椭圆形，岛内地形复杂，从中部向四周依次为山地、丘陵、台地和平原等组成顺序逐级递降，构成层状垂立分布和环状水平分布带，山地和丘陵是海南岛地貌的核心，占全岛面积的 38.7%。山地主要分布在岛中部偏南地区，山地中散布着丘陵性的盆地；丘陵主要分布在岛内陆和西北、两南部等地区。在山地丘陵周围，广泛分布着宽窄不一的台地和阶地，台地和阶地约占全岛面积的 49.5%。环岛多为滨海平原，其面积占全岛总面积的 11.2%。海南岛的山脉多数海拔在 500~800m，实际上是丘陵性低山地形。海南岛的山分属三大山脉，即五指山脉、鹦哥岭山脉和雅加大岭山脉。五指山脉位于岛中部，主峰海拔 1867.1m，是海南岛最高的山峰；鹦哥岭山脉位于五指山西北，主岭海拔 1811.6m；雅加大岭山脉位于岛西部，主峰海拔 1519.1m。在海南海拔超过 1500 m 的山峰有五指山、鹦哥岭、俄贤岭、猴猕岭、雅加大岭、吊罗山等。

海南岛位于印度尼西亚 – 马来西亚热带区的北缘，地处热带、亚热带，属季风热带气候区域，是我国最具典型热带气候的地方。其特点是：光照足，热量丰富，雨量充沛。年平均气温 22~26℃。中部山区气温较低，西南部较高。1~2 月为最冷月，平均气温 16~24℃，极端最低气温 -1.4℃；7~8 月为气温最高月，平均气温 25~29℃，极端最高温 40℃。

受东南季风控制，上半年吹偏南风，下半年吹偏北风。全岛年平均降水量 1500~2000mm。琼中县东部和万宁县西部山区年降水量高达 3000mm 左右，为全岛降雨中心（五指山南坡最多年份达到 5525.5mm）；西南部沿海八所至莺歌海一带为干旱区，雨量极少，为 1000mm 左右，其中东方县最少年份仅有 275mm。雨水主要来源于夏季和秋季季风雨和台风雨，台风带来每年 1/3 的雨量。每年 5~6 月为夏季季风雨降雨高峰；8~10 月为台风雨降雨高峰。两个降雨高峰期的雨量占全年降水量的 70% 以上，冬、春两季雨量少，往往造成部分地区春旱。总之，海南岛干湿季明显，自 11 月至翌年 4 月是旱季，而 5~10 月是雨季。海南岛是多台风地区。台风大多数从菲律宾吕宋岛附近南海海面上形成，向海南岛的东部和东北部袭击，穿过海南岛进入北部湾。

海南岛的天然土壤可划分为 6 个大类，16 个亚类。这些土壤在岛上有一定的分布规律。在水平区域分布上，中部湿润山区主要是黄壤，黄壤成土母质是花岗岩。周围低山、丘陵和台地是赤红壤、砖红壤和燥红土等。在北部丘陵台地，则分布有砖红壤亚类的铁质砖红壤，成土母质是玄武岩。其余砖红壤亚类，如黄色砖红壤、褐色红壤和硅铝质砖红壤等则分布于黄壤区的外围，以东北部和东南部较广。西南部边缘台地是燥红土。围绕全岛周边海岸的是滨海沙土。

海南岛由于受地形的影响，发育有众多河流，组成放射状水系。全岛独流入海的河流有 154 条，集雨面积大于 100km² 的河流有 95 条，大于 3000 km² 的河流有南渡江、万泉河和昌化江，称为海南岛三大河流，集雨面积之和占全岛总面积的 47%。其中南渡江全长 334km，集雨面积 7033 km²，发源于白沙县南开地区，斜贯岛北部至海口市三联村入海。昌化江全长 232 km，集雨面积 5150 km²，发源于五指山西北麓，流经琼中、保亭、乐东、东方至昌化港入海。万泉河全长 157km，集雨面积 3693 km²，发源于五指山林背村南，流经琼中、琼海至博鳌港入海。集雨面积在 1000~2000 km² 的有陵水河、珠碧江、宁远河；集雨面积在 500~1000 km² 的有望楼河、文澜河、北门江、太阳河、藤桥河、春江和文教河等。

较为复杂的自然环境及岛屿生态系统的特殊性，孕育出的水平地带性植被类型有热带雨林、季雨林；非地带性植被类型主要有滨海丛林、河岸丛林、灌丛、草地、红树林和海草床等，典型的区域的垂直地带性植被类型有低地雨林、山地雨林、高山云雾林（山地矮林）及山顶灌丛等多种类型。各植被类型均发育有丰富的植物种类资源，如五指山、尖峰岭及吊罗山等主要山区森林植被均分布有 2000 多种维管束植物，而且有一定的差异性。到目前海南省被人类所记录的植物种类达 6036 种（含栽培种）。在海南植物中，最大的是禾本科、兰科、蝶形花科、莎草科、茜草科、大戟科和樟科等种类也很丰富，这些科植物都是世界或热带亚热带广布的大科。概括起来，可以认为海南植物多样性的主要特点有：①海南地质历史时期久远，热带气候盛行太平洋季风，雨量充沛，土壤类型多样，垂直分布绝对高度 1867.1m，是形成海南区系多样性的优越条件，具备热带、亚热带及温带的植物成分，是全国最具多样性的地理区之一；②蕨类植物多样性是与古热带的历史及环境一致的。其中一大部分是古生代的孑遗成分，特有种多，堪与亚洲其他典型的热带地区媲美，在中国植物区系当中，表现出最大的多样性；③裸子植物在地球植物区系当中多集中于寒温带，热带地区有特定的科属，它们在海南有足够的代表，表现出热带裸子植物的多样性；④其被子植物表现出高度的多样性。具备全热带成分，古热带成分，亚洲热带成分，全球分布成分，华夏成分，北温带成分，东亚—北美成分，南美热带成分均有代表。尤以全球热带及全球成分最具多样性。比全热带地区多了亚热带及温带成分，比亚热带及温带地区多了热带成分。

为了识别海南植物资源，经过众多植物科学工作者的共同努力，由中国近代植物分类学的开拓者和奠基者之一陈焕镛先生主持编著，出版了《海南植物志》。该志 1~4 卷分别于 1964 年、1965 年、1974 年、1977 年出版，该志的出版是继《广州植物志》（1956）之后的中国第二部地方植物志，也是中国最早的省级植物志之一，为《中国植物志》的编写奠定了重要基础。继《海南植物志》之后，《广东植物志》、《中国植物志》及最近完成出版的 Flora of China 等都记载和描述到海南植物。特别是《南沙群岛及其邻近岛屿植物志》（邢福武和吴德邻，1996）调查与记载了南沙群岛及邻近西沙群岛和东沙群岛野生及常见栽培植物，补充了《海南植物志》在南海诸岛的资料空缺；同时期，海南师范大学的钟义教授和海南林业厅的符国瑗教授等对海南植物资源的调查研究，做出了巨大的贡献。《海南禾草志》（刘国道，2010）、《海南莎草志》（刘国道，2012）等较全面调查与记录了在海南分布的野生及引种栽培的禾亚科植物和莎草科植物，丰富和发展了海南植物这两科的分类基础工作。《海南禾草志》和《海南莎草志》还附有较清晰的彩图，成为在海南从事禾亚科和莎草科分类工作、生态调查及资源开发利用等的必读工具书。另外，关于海南植物图谱（鉴）的书籍很多，较有影响力的书籍有《海南岛野生兰花图鉴》（尹俊梅，2005），记录了 141 种兰科植物;《黎族药志》（第一册、第二册）（戴好富，2008，2010），图示海南黎族药用植物 400 种，并对药用成分进行了较为详细的描述;《中国黎药志》（海南食品药品监督管理局，2011），图示海南药用植物100多种；《海南岛天然抗癌本草图鉴》（第一卷）（庞玉新和王祝年，2009）、《海南中药资源图集》（第一集、第二集）（代正福，2010，2012），图示600种常见药用植物；《海南园林观赏植物》（江长桥和谢盛强，2005），图示并描述了200多种园林观赏植物；《海南浆纸林林下植物彩色图鉴》（秦新生，2010）、《中国植胶区林下植物》（海南卷）（谢贵水，2013）分别记录了海南两大人工林林下常见植物500多种。这里要特别提到海南本土植物学家符国瑷先生编写出版的《海南岛主要经济木本植物》（1999）、《海南热带雨林主要经济树木彩色图鉴》（上册、中册、下册）（2008）、《海南热带雨林主要立木树皮彩色图鉴》（上册、下册）（2012）及《海南岛国家省重点保护野生植物原色图鉴》等图鉴，共图示或记录了海南热带雨林主要立木400多种。符国瑷的工作打开了热带雨林立木彩色图鉴之门。后续出版了达到1000多种海南热带植物图鉴的《海南吊罗山野生植物彩色图鉴》（秦新生，2013）及3400多种的《中国热带雨林地区植物图鉴——海南植物》（邢福武，2014）等，为海南植物的分类与科学普及奠定了基础。尽管《海南植物图志》早在20年前开始工作，但以《海南植物志》为核心的各式各样的植物志、植物图谱（鉴）的出版，为《海南植物图志》的修改完善提供了良好的基础。

那么，海南有历史记录分布的植物有多少？海南岛植物种类的研究历史悠久。最早在中国海南岛进行植物采集的是瑞典人，以后依次是英国、法国、美国、日本等国的学者，其中，研究成果较突出的是美国植物学家E.D.Merrill；中国著名植物学家陈焕镛于1919年开始在海南岛进行野外采集和研究，随后，从20世纪50年代初期开始，国内许多学者开始对海南岛进行较大规模的植被考察及植物分类学研究。

人们所认识的海南野生及栽培植物的物种数量变化主要体现在以下4个历史时期。

第一个时期：1964~1977年出版完成《海南植物志》（I~IV卷），共记录了维管束植物3581种（以下简称为植物）。其中，蕨类植物362种、种子植物3219种。

第二个时期：自1977年出版完成《海南植物志》到1994年年底，吴德邻主编完成的《海南及广东沿海岛屿植物名录》对《海南植物志》有所修正和补充，记录种子植物3874种。其中，新增野生植物599种，隶属于154科412属；新增栽培植物231种，隶属于63科144属。新增野生植物物种数大于5种的有26科348种，占新增野生种总数的58.1%，新增野生种类前五大科为Orchidaceae 39种、Gramineae 35种、Euphorbiaceae 23种、Lauraceae 22种、Papilionaceae 21种；新增栽培植物物种数大于5种的有6科105种，占新增栽培植物总数的45.5%，新增引种种类前五大科为Cactaceae 63种、Mimosaceae 12种、Palmae 10种、Amaryllidaceae 8种、Pinaceae 6种。

第三个时期：1995~2004年年底。随着海南植被考察与研究的不断深入，海南岛分布的植物物种数也在不断更新，2004年出版完成的《中国植物志》第2~80卷的资料，对海南植物的一些种、属进行了归并及补充，记录植物 3500 种。其中，新增海南野生植物 433 种，隶属于 118 科 277 属；新增栽培植物 351 种，隶属于 85 科 221 属。新增野生植物物种数大于 5 种的有 21 科 231 种，占新增野生种总数的 53.3%，其中新增野生种类前五大科为 Orchidaceae 39 种、Fagaceae 24 种、Rubiaceae 20 种、Euphorbiaceae 14 种、Gramineae 13 种；新增栽培植物种类大于 5 种的有 17 科 212 种，占新增栽培植物总数的 60.4%，其中新增引种种类前五大科为 Myrtaceae 41 种、Palmae 34 种、Gramineae 20 种、Papilionaceae 16 种、Mimosaceae 11 种。

第四个时期：从 2005 年至今。2011 年出版完成的《广东植物志》第 1~9 卷的资料，对海南分布的植物作了进一步的补充，记录植物 4196 种；2012 年年初出版的《海南植物物种多样性编目》，记录植物 5108 种；目前已出版的 Flora of China 第 2~25 卷的资料，记录植物 4145 种；有一些著作或文章收录了一些保护区、地区及某一类群的植物。随着研究的深入，海南植物物种的多样性也越来越清晰，但是直到现在仍然没有一个准确而系统的数据。在这一时期，新增海南野生植物 611 种，隶属于 134 科，384 属；新增栽培植物 401 种，隶属于 87 科 273 属。新增野生植物物种数大于 5 种的有 27 科 411 种，占新增野生种总数的 67.2%，其中新增野生种类前五大科为 Orchidaceae 72 种、Gramineae 49 种、Rubiaceae 35 种、Asteraceae 31 种、Cyperaceae 23 种；新增栽培植物物种数大于 5 种的有 14 科 264 种，占新增栽培植物总数的 65.8%，其中新增引种种类排名前五大科为 Palmae 110 种、Orchidaceae 21 种、Asteraceae 和 Gramineae 各 20 种、Liliaceae 14 种。

对比 4 个不同时期新增植物资源状况可知，各个时期野生植物新增种数均较多的科主要有 Orchidaceae、Gramineae、Euphorbiaceae、Rubiaceae 等，各个时期栽培植物新增种数均较多的科主要有 Palmae、Gramineae、Euphorbiaceae、Mimosaceae、Papilionaceae、Caesalpiniaceae、Apocynaceae 等；而海南的野生、引种栽培种数增加最多的是在第四个时期，即 2005~2014 年。

综合分析关于记录海南植物种类的各类文献（详见参考文献），主要有 Flora of China、《中国植物志》、《广东植物志》、《海南植物志》、《海南禾草志》、《海南及广东沿海岛屿植物名录》（吴德邻，1994）、《海南植物物种多样性编目》（邢福武，2012）、《海南岛尖峰岭地区生物物种名录》（曾庆波，1995）、《中国医学科学院药用植物研究所海南分所南药园植物名录》（中国医学科学院药用植物研究所海南分所，2007）、《海南中药资源名录》（代正福，2009）、《海南药用植物名录》（王祝年，2009）。

目前中国海南岛有本地野生植物种类 4579 种，与中国台湾岛、日本、菲律宾、马达加斯加相比，由于面积较小，野生植物低于中国台湾岛的 5622 种、日本的 5629 种、菲律宾的 9555 种、马达加斯加的 10 782 种，符合岛屿生物地理学理论中的"面积效应"，而中国海南的种密度与中国台湾相近，分别为 0.14 种 /km^2、0.16 种 /km^2，日本、菲律宾和马达加斯加的种密度相近，分别为 0.01 种 /km^2、0.03 种 /km^2 和 0.02 种 /km^2。另外，与中国内陆植物多样性第一的云南省相比，海南省野生植物的物种密度也高于云南省，目前海南省维管束植物 6036 种，占中国植物总数的 19.4%。以上充分显示了海南省丰富的植物多样性。植物优势科比较明显，多数为热带、泛热带分布的科，这与海南省所处的地理位置以及由此形成的生态环境特点密切相关。

目前海南特有植物有 483 种，仅占海南野生植物总数的 10.5%，其特有种所占野生植物的比例低于其他一些热带岛屿，如中国台湾（19.3%）、菲律宾（62.8%）、马达加斯加（82.4%），这与海南岛成岛的历史较短、距离大陆较近有关。另外，海南特有植物的密度为 0.014 种 /km^2，与同类型岛屿的中国台湾 (0.030 种 /km^2)、马达加斯加 (0.015 种 /km^2) 相近。目前，海南的珍稀濒危植物有 512 种，占野生植物总数的 11.1%。同样，其他地区，如中国台湾有珍稀濒危植物 1725 种，占其野生植物总数的 30.7%。目前，珍稀濒危植物较多的原因与原生植被受人为干扰频繁密切相关；在海南的珍稀濒危植物中，有 137 种为海南特有植物，占总数的 26.9%，而极危和濒危植物中约 50% 为特有植物；同样，在中国台湾地区的珍稀濒危植物中，有 27.8% 为特有植物，而极危和濒危植物中约 80% 为特有植物。这表明植物特有现象与其珍稀濒危程度存在密切的相关性，对特有的珍稀濒危植物的研究及其保护应是今后保护生物多样性的重点内容。

目前海南有逸生及归化植物 163 种、外来入侵植物 57 种，均低于邻近的广东、广西、云南、台湾、澳门，进一步的对比发现，在外来入侵植物的种类上，海南与广东共有种数最多，有 47 种，接下来依次是广西（36 种）、云南 (33 种)、澳门（30 种），与台湾共有种最少（9 种）。这些地区之间外来入侵植物种类存在一定的相似和差异，可能是由于海南与广东、广西、云南、澳门在地理位置上相毗邻而利于物种之间的传播，而与台湾相隔距离较远不利于物种之间的传播有关。本地野生植物生活型以草本为主，而这些草本植物也是构成外来入侵植物的主体，其中，在入侵的草本植物中菊科种类最多，为 16 种，占总数的 25.4%，这与菊科的分布范围广、易传播、繁殖力强等特性密切相关。

历史记录到今天，海南分布有 6036 种维管束植物，历史上最完整的《海南植物志》共描写了 3581 种（其中已经被 *Flora of China* 归并了 143 种），附有 1272 种的手绘图。《中国热带雨林地区植物图鉴——海南植物》彩色图示了 3404 种（含 22 亚种，108 变种，1 变型，9 栽培品种，7 个杂交种）（其中已被 *Flora of China* 归并了 23 种）。《海南植物志》被 *Flora of China* 归并后的种数为 3438 种，所记录的植物种数占海南有记录的植物种数（6036 种）的 56.9%，因此，无论从植物志的补遗，还是图谱（鉴）的全面普及，都有必要在前人的工作基础上出版一套较完整的《海南植物图志》，不仅具有形态特征的描写，而且带有图像，达到方便植物学专业人士的检索和鉴定及全社会普及的目的。本课题组经过 20 多年的努力，完成了 80% 的植物种类彩图的拍摄，并在此基础上，把海南所有有历史记录的植物种类的描述与图像结合为一体，完成出版了这部《海南植物图志》，以飨广大读者。

本图志共分 14 卷，各科的排列顺序为蕨类植物以秦仁昌 1978 年系统结合 *Flora of China* 编排，裸子植物按郑万钧、傅立国 1977 年《中国植物志》系统编排，被子植物按哈钦松 1926 年、1934 年系统编排。其中，《海南植物志》曾有记载的 42 科已被 *Flora of China* 归并，分别为：石杉科归并于石松科，阴地蕨科、七指蕨科归并于瓶尔小草科，竹叶蕨科、铁线蕨科、卤蕨科、中国蕨科、裸子蕨科、水蕨科、车前蕨科和书带蕨科归并于凤尾蕨科，姬蕨科、蕨科、稀子蕨科归并于碗蕨科，光叶藤蕨科归并于乌毛蕨科，槲蕨科、剑蕨科、禾叶蕨科归并于水龙骨科，舌蕨科、球盖蕨科和罗曼藤蕨科归并于鳞毛蕨科，燕尾蕨科归并于双扇蕨科，观音座莲科归并于合囊蕨科，天料木科归并于大风子科，水东哥科归并于猕猴桃科，金丝桃科归并于藤黄科，粘木科归并于古柯科，鼠刺科和绣球科归并于虎耳草科，含羞草科、苏木科和蝶形花科归并于豆科，榛木科归并于桦木科，希藤科归并于卫矛科，肉实科归并于山榄科，越桔科归并于杜鹃花科，杠柳科归并于萝藦科，茨藻科和角果藻科归并于丝粉藻科，菝葜科归并于百合科，龙舌兰科和仙茅科归并于石蒜科，假兰科归并于兰科。

本图志在分卷时，尽可能考虑将同一类群植物放在一卷，但考虑到每一卷的页码数，有的同一类群植物会分开在不同卷中，各科的分布情况如下：

第一卷为蕨类植物共计 33 科；

第二卷为裸子植物，以及双子叶植物的木兰科、八角科、五味子科、番荔枝科、樟科、莲叶桐科、肉豆蔻科、毛茛科、睡莲科、金鱼藻科、小檗科、木通科、防己科、马兜铃科，共计 23 科；

第三卷为双子叶植物的猪笼草科、胡椒科、三白草科、金粟兰科、罂粟科、白花菜科、辣木科、伯乐树科、十字花科、堇菜科、远志科、景天科、茅膏菜科、河薹草科、沟繁缕科、石竹科、粟米草科、番杏科、马齿苋科、蓼科、商陆科、藜科、苋科、落葵科、蒺藜科、牻牛儿苗科、酢浆草科、凤仙花科、千屈菜科、海桑科、安石榴科、柳叶菜科、小二仙草科、瑞香科、紫茉莉科、山龙眼科、第伦桃科、海桐花科、红木科、大风子科、柽柳科、西番莲科、葫芦科、秋海棠科、番木瓜科、仙人掌科，共计 46 科；

第四卷为双子叶植物的山茶科、五列木科、猕猴桃科、金莲木科、钩枝藤科、龙脑香科、桃金娘科、玉蕊科、野牡丹科、使君子科、红树科、藤黄科、椴树科、杜英科、梧桐科，共计 15 科；

第五卷为双子叶植物的木棉科、锦葵科、金虎尾科、古柯科、大戟科、交让木科、小盘木科、虎耳草科、蔷薇科、毒鼠子科，共计 10 科；

第六卷为双子叶植物的豆科，共计 1 科；

第七卷为双子叶植物的金缕梅科、黄杨科、杨柳科、杨梅科、桦木科、壳斗科、木麻黄科、大麻科、榆科、桑科、荨麻科、冬青科、卫矛科，共计 13 科；

第八卷为双子叶植物的茶茱萸科、刺茉莉科、铁青树科、山柑科、桑寄生科、檀香科、蛇菰科、鼠李科、胡颓子科、葡萄科、芸香科、苦木科、橄榄科、楝科、无患子科、槭树科、清风藤科、省沽油科、漆树科、牛栓藤科、胡桃科、山茱萸科、八角枫科、蓝果树科、五加科，共计 25 科；

第九卷为双子叶植物的伞形科、山柳科、杜鹃花科、鹿蹄草科、柿科、山榄科、紫金牛科、安息香科、山矾科、马钱科、木犀科、夹竹桃科、萝藦科，共计 13 科；

第十卷为双子叶植物的茜草科、忍冬科、菊科、龙胆科、荇菜科、报春花科、白花丹科、车前科、桔梗科、草海桐科、花柱草科、田基麻科、紫草科，共计 13 科；

第十一卷为双子叶植物的茄科、旋花科、玄参科、列当科、狸藻科、苦苣苔科、紫葳科、胡麻科、爵床科、苦槛蓝科、马鞭草科、唇形科，共计 12 科；

第十二卷为单子叶植物的水鳖科、泽泻科、霉草科、水蕹科、波喜荡科、眼子菜科、川蔓藻科、丝粉藻科、鸭跖草科、须叶藤科、黄眼草科、谷精草科、凤梨科、芭蕉科、旅人蕉科、兰花蕉科、姜科、美人蕉科、竹芋科、百合科、雨久花科、天南星科、浮萍科、香蒲科、石蒜科、鸢尾科、百部科、薯蓣科，共计 28 科；

第十三卷为单子叶植物的棕榈科、露兜树科、箭根薯科、田葱科、水玉簪科、兰科，共计 6 科；

第十四卷为单子叶植物的灯心草科、刺鳞草科、帚灯草科、莎草科、禾本科，共计 5 科。

本图志主要收录海南岛内已知的维管植物野生种及栽培种，并列出该物种在 *Flora of China*、《中国植物志》、《海南植物志》和《广东植物志》的常见拉丁异名和部分中文别名、生物学特性、岛内及国内外分布点和生境、利用。本图志中的学名与中文名主要依据 *Flora of China*，而中文名括号内的中文别名（地方名）主要参考《海南植物志》、《中国植物志》及海南当地的现行通用名，其他园林引进栽培种的异名就不再说明。拉丁名以排列在第一个的为正名，其后为拉丁异名（包括被归并的物种）。

本图志除少数种类无图片外，绝大多数种类图片来自于野外拍摄的植物原色图片，部分种类图片来自收藏的标本图片以及引自相关植物图库网站的图片（引自各图库的均在文中加以说明），为了确保植物生物学性状描写的准确性，植物生物学性状与线条图引用《中国植物志》、《海南植物志》、《广东植物志》、《中国高等植物图鉴》、《福建植物志》、*Flora of China*、《贵州植物志》、《江西植物志》、《云南植物志》、《安徽植物志》、《浙江植物志》、《西藏植物志》、《山东植物志》、《青海植物志》、《台湾生命大百科》、《秦岭植物志》、《黑龙江植物志》、《河北植物志》、《北京植物志》、*Flora of Pakistan*、*British Flora*、《澳门植物志》，其中《中国植物志》、《海南植物志》、《广东植物志》和《中国高等植物图鉴》等为主要引用文献。近年发表的新种引用其论文。在所有的原色植物图片中，约88%为作者拍摄；约7%为标本图片，这些图片引自中国科学院植物研究所、昆明植物所、广西植物所、华南植物园、西双版纳植物园、成都生物所、广西大学、中山大学等标本馆；约5%引自《中国自然标本馆》、www.flickr.com、《植物通》等网站，这些引用都在所引图的图注处给予说明，它们的成果为本图志的完成奠定良好的基础，在此，一并感谢。另外，要感谢海南尖峰岭地区业余植物学爱好者刘猛先生、华南植物园李世晋副研究员等的大力支持。本图志中都标明每一张线条图或彩图引用出处，如果引用说明遗漏者，敬请原谅。但也有部分没有性状描述的外来种，我们依据观察的结果给予了描述，如有疏漏之处，敬请批评指正。

本图志中的海南特有种以"▲"表示；栽培种是指目前没有在本地野生分布的本地栽培种和外来栽培种，以"★"表示；逸生种是指原为本地和外来引入的栽培种而后部分从栽培逃逸为野生状态的植物，以"●"表示；归化种是指外来植物转入本地后能直接正常繁育后代，并大量繁衍成野生状态的植物，以"◆"表示；外来入侵种是指外来植物进入本地区后大量繁殖并对本地区的生态系统等造成较严重损害或影响的植物，其中外来栽培的逸生种以"●□"表示，外来归化种以"◆□"表示。上述符号均在中文名前加注。

本图志文字简洁，图文并茂，内容丰富，使用方便，可以作为植物区系学、植物地理学、植物分类学、植物生态学、植物资源学、植物多样性保护、森林生态学、农业、林业、园林园艺、医药卫生等相关专业师生，以及海关、环境保护部门等的重要参考书。

本图志主要由杨小波自1992年起开始着手准备，从2005年组建海南省内团队到组建国内团队，历经了23年，终于完成。除团队外，本图志还得到了以下多位同志的帮助，如海南大学的黄世满先生、海南省林业厅符国瑗先生等经常与我们一起出差野外并帮助鉴定标本，海南大学的刘康德教授、胡新文教授等在专业上的指导，海南大学章程辉教授的鼓励与支持，云南省林业科学院的司马永康研究员对本图志木兰科植物、该院的陈剑研究员和西南林业大学孙茂盛教授对禾本科竹亚科植物、厦门市园林植物园阮志平研究员对棕榈科植物的指导及部分图片的无私贡献，中国科学院植物研究所的高天刚副研究员、王锦秀副研究员及卫然博士，华南植物园邓云飞研究员、董仕勇副研究员、李世晋副研究员、张奠湘研究员，西双版纳植物园的朱华研究员、杨大荣研究员等多位学者的大力支持，他们不仅帮助鉴定部分彩图，还提供了部分植物标本图片；同时还得到贵州大学的苟光前教授，昆明植物研究所魏奇硕士，云南大学丁洪波硕士和南京农业大学杨颖硕士等的部分彩图的提供；华南热带作物研究院王清隆硕士热情提供他发现的新种与新记录种图片，海南大学林师森教授、成善汉教授、余雪标教授，国家林业局桉树研究开发中心的谢耀坚研究员，海南尖峰岭地区业余植物学爱好者刘猛先生，华南农业大学秦新生教授，中国医学科学院药用植物研究所海南分所的郑希龙研究员，海南师范大学的钟琼芯教授，仲恺农业工程学院的黄玉源教授，华南师范大学的周云龙教授，福建农林大学何中声博士、陈世平博士、中国热带农业科学院许亚良研究员及吊罗山林业局梁宜文先生等提供部分彩图等等，在此，一并表示感谢。另外作者在完成本图志的过程中，有机会得到华南植物园的邢福武研究员，中国科学院昆明植物研究所的杨世雄研究员，中国科学院台湾省宜兰大学陈子英教授，台湾林业试验所副研究员陆声山博士，海口市园林局的谢盛强高级农艺师的关心和指导，在此表示衷心的感谢。感谢 PPBC（中国植物图像库）的拍摄者们，以及 PPBC 管理者薛艳莉等帮助过我们的同志，这里还要感谢中共海南省委宣传部、海南省林业厅、海南省国土环境资源厅和海南省旅游委等单位的大力支持和帮助，感谢海南师范大学林红燕教授在图片处理技术方面的帮助。

本图志得到海南大学热带作物种质资源保护与开发利用教育部重点实验室和植物学国家级重点学科（071001）的支持，同时也得到海南大学科研处及科研专项的支持，在此表示感谢。本研究为海南省重点计划项目（06101，080801），国家自然科学基金项目（31460120、31060073、30160070），973 计划前期专项项目（2010CB134512），国家科技支撑计划项目（2008BADBOBO2-1、2012BAC18B04-3）和林业公益性行业科研专项（200904028）、海南极小种群调查研究项目、海南省国家重点保护植物调查研究项目、海南省中药普查项目（201207002-03）、教育部博士点基金项目（20094601110004）、海岸带及近海生态恢复技术与示范（2012BAC18B04-3）和海南省依据国务院办公厅《关于加强生物物种资源保护与管理的通知》下达的项目、国家级植物学教学团队项目、环保部保护区建设专项、海南省生物多样性保护战略与行动计划项目的部分内容。

在本图志的完成过程中，感谢全体成员对本工作的热情支持和帮助，尽管本图志的完成历时 20 余年，工作也非常努力，但由于作者水平有限，仍然存在很多遗漏或不完善的地方，特别是园林引进栽培种，以及一些新发表的新记录种或新种可能还有遗漏，恳请读者批评指正，谢谢。

作　者
2014 年 6 月

目录 CONTENTS

中文名称：阿丁枫（蕈树）

学名：**Altingia chinensis**(Champ.)Oliver ex Hance in J. Linn. Soc., Bot. 13: 103. 1873, 中国植物志 35(2): 64(1979), 广东植物志 1: 158(1987), Flora of China 9: 21(2003)

科名：金缕梅科 Hamamelidaceae　**属名**：蕈树属 Altingia Noronha

形态特征：常绿乔木，高 20m，胸径达 60cm，树皮灰色，稍粗糙，当年枝无毛，干后暗褐色，芽体卵形，有短柔毛，有多数鳞状苞片。叶革质或厚革质，倒卵状矩圆形，长 7～13cm，宽 3～4.5cm，先端短急尖，有时略钝，基部楔形；上面深绿色，干后稍发亮，下面浅绿色，无毛，侧脉约 7 对，在上下两面均突起，网状小脉在上面很明显，在下面稍突起，边缘有钝锯齿，叶柄长约 1cm，无毛，稍粗壮；托叶细小，早落。雄花短穗状花序长约 1cm，常多个排成圆锥花序，花序柄有短柔毛；雄蕊多数，近无柄，花药倒卵形。雌花头状花序单生或数个排成圆锥花序，有花 15～26 朵，苞片 4～5 片，卵形或披针形，长 1～1.5cm；花序柄长 2～4cm；萼筒与子房连合，萼齿乳突状；子房藏在花序轴内，花柱长 3～4mm，有柔毛，先端向外弯曲。头状果序近球形，基底平截，不具宿存花柱；种子多数，褐色有光泽。

野外鉴别关键特征：叶革质或厚革质，倒卵状矩圆形，折后有酸甜味，侧脉约 7 对，在上下两面均突起，网状小脉在上面很明显，在下面稍突起，边缘有钝锯齿，先端短急尖，有时略钝，基部楔形。

分布与生境：乐东、琼中；福建、广东、广西、贵州、湖南、江西、云南、浙江；越南。生于海拔 600～1000m 的山地林中。

利用：木材含挥发油，可提取蕈香油，供药用及香料用。木材供建筑及制家具用，在森林里亦常被砍倒作为放养香茹的母树。

注：手绘图引自贵州植物志。

中文名称：细柄蕈树

学名：**Altingia gracilipes** Hemsley, Hook Ic. Pl. 29: t. 2837. 1907, 中国植物志 35(2): 66(1979), 广东植物志 1: 159(1987), Flora of China 9: 20(2003)

科名：金缕梅科 Hamamelidaceae　**属名**：蕈树属 Altingia Noronha

形态特征：常绿乔木，高 20m；嫩枝略有短柔毛，干后灰褐色，老枝灰色，有皮孔；芽体卵圆形，有多数鳞状苞片，外侧略有微毛。叶革质，卵状披针形，长 4～7cm，宽 1.5～2.5cm，先端尾状渐尖，尾部长 1.5～2cm，基部钝或窄圆形；上面深绿色，干后仍有光泽，下面无毛；侧脉 5～6 对，在上面不明显，或有时下陷，在下面略突起，网脉不显著；全缘；叶柄长 2～3cm，纤细，无毛；托叶不存在。雄花头状花序圆球形，宽 5～6mm，常多个排成圆锥花序，生于枝顶叶腋内，长 6cm；苞片 4～5 片，卵状披针形，长 8mm，有褐色柔毛，膜质；雄蕊多数，近于无柄，花药倒卵圆形，长 1.5mm，红色。雌花头状花序生于当年枝的叶腋里，单独或数个排成总状式，有花 5～6 朵；花序柄长 2～3cm，有柔毛；萼齿鳞片状，子房完全藏在花序轴内，花柱长 2.5mm，先端向外弯曲。头状果序倒圆锥形，宽 1.5～2cm，有蒴果 5～6 个；蒴果不具宿存花柱。种子多数，细小，多角形，褐色。

野外鉴别关键特征：叶革质，卵状披针形，长 4～7cm，宽 1.5～2.5cm，先端尾状渐尖，尾部长 1.5～2cm，基部钝或窄圆形。

分布与生境：海南有分布记录；广东、福建、浙江。生于海拔 400～1000m 的常绿森林中。

利用：树皮里流出的树脂含有芳香性挥发油，可供药用及香料和定香之用。

注：手绘图引自浙江植物志；彩图由 PPBC/ 徐晔春拍摄。

1. 果枝；2. 雌花纵切；3. 雄花；4. 雄蕊（示花药纵裂）。

阿丁枫 (蕈树)(Altingia chinensis)

果枝

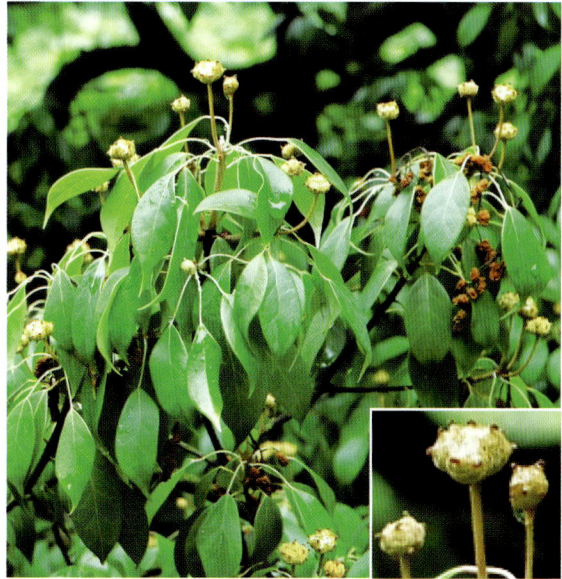

细柄蕈树 (Altingia gracilipes)

中文名称：▲ 海南阿丁枫（海南蕈树）

学名：**Altingia obovata** Merr. & Chun in Sunyatsenia. 2: 238. 1935, 海南植物志 2: 334(1965), 中国植物志 35(2): 66(1979), 广东植物志 1: 159(1987), Flora of China 9: 21(2003)

科名：金缕梅科 Hamamelidaceae　　属名：蕈树属 Altingia Noronha

形态特征：常绿乔木，高达 30m，树干直径达 1m；树皮粗糙；嫩枝，芽体卵圆，长约 1cm，略有短柔毛，外侧有多数鳞状苞片。叶革质，倒卵形或长倒卵形，长 5～11cm，宽 2～4.5cm；先端圆形或钝，基部窄楔形；上面干后橄榄绿色，有光泽，下面无毛；侧脉 7～9 对，在上面很明显，在下面突起，网脉在上下两面均明显，边缘有小钝齿，叶柄长 4～10mm；托叶细小，早落。雄花短穗状花序椭圆形，常多个排成总状花序，苞片卵形，有褐色柔毛；雄蕊多数，花丝极短，近无柄，花药倒卵圆形，长 1.5mm，红色。雌花头状花序通常单生，有花 16～28 朵；萼齿不明显，常为鳞片状；花柱长 3mm，有毛，先端弯曲；花序柄长约 3cm。头状果序近圆球形，直径 2cm，基底平截，无宿存花柱。种子多数，细小，多角形，褐色，种皮坚硬。

野外鉴别关键特征：叶革质，倒卵形或长倒卵形，折后有酸甜味，侧脉 7～9 对，在上下两面均突起，网状小脉在上面很明显，在下面稍突起，边缘有小钝齿，先端圆形或钝，基部窄楔形。

分布与生境：特有种，琼中、白沙、三亚、保亭。生于海拔 800～1300m 的山地常绿林。

利用：可用在建立旅游山庄时绿化美化环境。

注：手绘图引自海南植物志。

中文名称：▲ 山铜材

学名：**Chunia bucklandioides** H. T. Chang in Sunyatsenia. 7: 64, pl. 11, 12. 1948, 海南植物志 2: 330(1965), 中国植物志 35(2): 52(1979), 广东植物志 1: 152(1987), Flora of China 9: 26(2003)

科名：金缕梅科 Hamamelidaceae　　属名：山铜材属 Chunia H. T. Chang

形态特征：乔木，高 20m；树皮粗糙，黑褐色，干基多有萌蘖枝，小枝粗壮，灰褐色，有皮孔，节膨大，明显托叶痕；芽扁圆形，直径 2～2.5cm。叶革质，阔卵圆形，掌状 3 浅裂，常为偏心盾状着生，长 10～15cm，宽 8～14cm，顶端宽而渐尖，基部微心形或截平，深绿色，干后腹面橄榄绿色，有光泽，背面黄绿色，无毛，掌状脉 5 条，小脉不明显，裂片全缘；叶柄长 7～13cm，圆柱形，粗壮，无毛，托叶 2 片，近椭圆形，无毛。肉穗状花序纺锤形，被星状毛；总花梗长 3～6cm；雄蕊长 8mm，无毛，花药卵形，红色，长 3mm；子房埋藏于肉穗状花序内，被星状毛，花柱长约 1.5mm。果序长 3～4cm，宽 3cm，果序柄长 1.5cm。蒴果长约 1cm，果皮厚 2mm；种子长 3～4mm，黑褐色，有光泽。花期 1 月。

野外鉴别关键特征：小枝粗壮，明显托叶痕，托叶 2 片，近椭圆形，大小近拇指指甲。

分布与生境：特有种，霸王岭、吊罗山、尖峰岭。生于低海拔至中海拔的潮湿山谷雨林中。

利用：可用在建设旅游山庄时绿化美化环境。尖峰岭旅游景点应用较多。

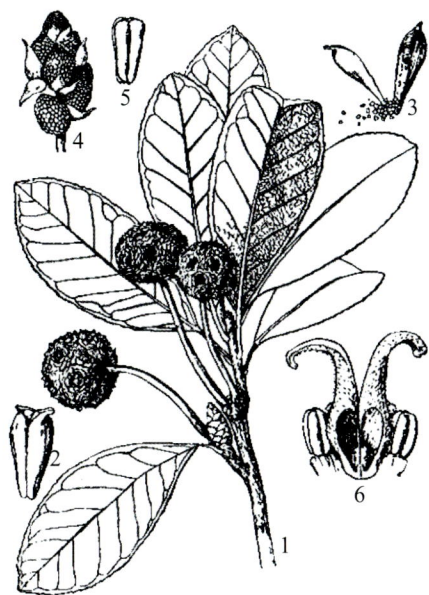

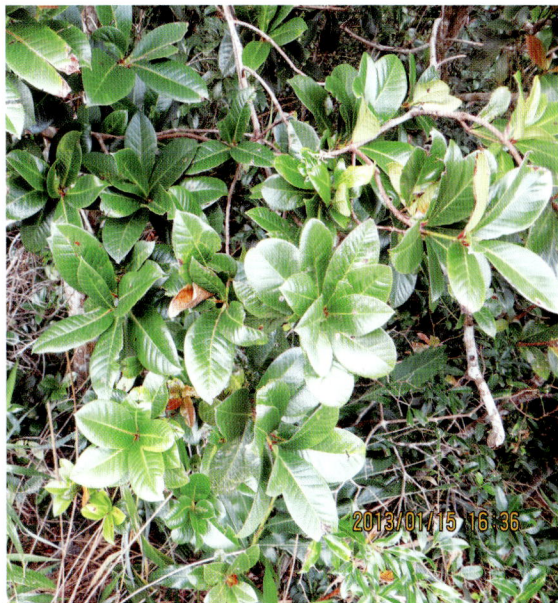

1. 果枝；2. 果；3. 开裂的果；4. 雄花序；5. 雄蕊；
6. 子房纵切面及雄蕊。

海南阿丁枫 (海南蕈树)(Altingia obovata)

左图为嫩叶，右图为老叶

山铜材 (Chunia bucklandioides)

中文名称：瑞木

学名：**Corylopsis multiflora** Hance in Ann. Sci. Nat., Bot., sér. 4, 15: 224. 1861, 海南植物志 2: 335(1965), 中国植物志 35(2): 82(1979), 广东植物志 1: 162(1987), Flora of China 9: 36(2003)

科名：金缕梅科 Hamamelidaceae   属名：蜡瓣花属 Corylopsis Sieb. et Zucc.

形态特征：落叶或半常绿灌木，有时为小乔木；嫩枝有绒毛，老枝秃净，灰褐色，有细小皮孔；芽体有灰白色绒毛。叶薄革质，倒卵形、倒卵状椭圆形，或为卵圆形，长 7 ~ 15cm，宽 4 ~ 8cm，先端尖锐或渐尖，基部心形，近等侧；上面干后绿色，略有光泽，脉上常有柔毛，下面带灰白色，有星毛，或仅脉上有星毛，侧脉 7 ~ 9 对，在上面下陷，在下面突起，第一对侧脉较靠近叶的基部，第二次分支侧脉不强烈，边缘有锯齿，齿尖突出；叶柄长 1 ~ 1.5cm，有星毛；托叶矩圆形，长 2cm，有绒毛，早落。总状花序长 2 ~ 4cm，基部有 1 ~ 3 ~ 5 片叶；总苞状鳞片卵形，长 1.5 ~ 2cm，外面有灰白色柔毛；苞片卵形，长 6 ~ 7mm，有毛；小苞片 1 个，矩圆形，长 5mm，有毛；花序轴及花序柄均被毛；花梗短，长约 1mm，花后稍伸长；萼筒无毛，萼齿卵形，花瓣倒披针形，长 4 ~ 5mm，宽 1.5 ~ 2mm；雄蕊长 6 ~ 7mm，突出花冠外；退化雄蕊不分裂，先端截形；约与萼齿等长，子房半下位，厚壁，无毛，半下部与萼筒合生，花柱比雄蕊稍短。果序长 5 ~ 6cm；蒴果硬木质，果皮厚，无毛，有短柄，颇粗壮。种子黑色，长达 1cm。

野外鉴别关键特征：叶边缘有锯齿，齿尖突出，背面灰白色。

分布与生境：三亚、保亭；福建、广东、广西、贵州、湖北、湖南、台湾、云南。生于 1200m 以上的山地林中。

利用：园林中多丛植草坪上或与常绿乔木相间种植，得红绿相映之效果。为观茎类植物，也是良好的切枝材料。

注：手绘图引自广东植物志；彩图由 PPBC/ 徐永福拍摄。

中文名称： ▲ 柳叶假蚊母树（柳叶水丝梨）

学名：**Distyliopsis salicifolia**(Li)P. K. Endress, Bot. Jahrb. Syst. 90: 30. 1970, Flora of China 9: 32(2003). —— Sycopsis salicifolia H. L. Li ex Walker in Journ. Arn. Arb. 25: 341. 1944, 海南植物志 2: 337(1965), 中国植物志 35(2): 115(1979), 广东植物志 1: 167(1987)

科名：金缕梅科 Hamamelidaceae   属名：假蚊母树属 Distyliopsis P. K. Endress

形态特征：常绿灌木，嫩枝有鳞垢。叶薄革质，狭披针形，长 8 ~ 9cm，宽 1 ~ 1.5cm，先端尖，基部楔形，无毛，侧脉 5 ~ 7 对，全缘；叶柄长 3 ~ 4mm。总状花序腋生，长 1 ~ 2cm；苞片卵形，长 2 ~ 4mm；萼筒长 2 ~ 3mm，萼齿 4 个，长圆形，长 2mm，早落雄蕊 6 ~ 8 枚，花丝长 2 ~ 4mm，花药长 2mm；子房有长丝毛，花柱长 5 ~ 6mm。蒴果长 7 ~ 8mm；宿存萼筒长 4mm，不规则裂开。花期 4 ~ 5 月。

野外鉴别关键特征：嫩枝、叶柄有锈色鳞垢，叶先端尖，基部楔形。

分布与生境：特有种，陵水、保亭。生于山地雨林。

利用：中部山区绿化可考虑利用该植物。

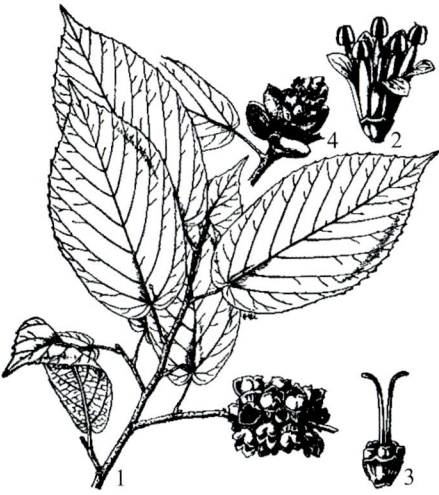

1. 果枝；2. 花；3. 花除去花瓣和雄蕊；4. 花枝。

瑞木 (Corylopsis multiflora)

柳叶假蚊母树 (柳叶水丝梨)(Distyliopsis salicifolia)

中文名称：钝叶假蚊母树（钝叶水丝梨）

学名：Distyliopsis tutcheri(Hemsley)P. K. Endress, Bot. Jahrb. Syst. 90: 30. 1970, Flora of China 9: 32(2003). ——Sycopsis tutcheri Hemsl. in Hook. f. Ic. Pl. 29: t. 2834. 1907, 海南植物志 2: 337(1965), 中国植物志 35(2): 115(1979), 广东植物志 1: 167(1987)

科名：金缕梅科 Hamamelidaceae　　**属名：**假蚊母树属 Distyliopsis P. K. Endress

形态特征：常绿灌木或小乔木，嫩枝略有棱，有鳞垢，叶革质，倒卵形，长 3～6cm，宽 2～3cm，先端圆或钝，基部楔形，无毛，侧脉约 5 对，全缘，叶柄长 3～6mm。雌花总状花序长 1～2cm；萼筒壶形，萼齿细小，子房有长丝毛，花柱长 3～5mm；花柄长 2～4mm。果序长 2～3cm，有蒴果 2～5 个，蒴果长 1～1.3cm，有黄褐色长丝毛；宿存萼筒长 5mm，不规则裂开；果柄长 3～6mm。花期 4～5 月。

野外鉴别关键特征：嫩枝略有棱，有鳞垢，叶先端圆或钝，基部楔形。

分布与生境：三亚、保亭；福建、广东。生于山地林中。

利用：山地森林恢复考虑利用该树种。

注：手绘图引自福建植物志。

中文名称：杨梅蚊母树

学名：Distylium myricoides Hemsley, Hook. Ic. Pl. 29: t. 2835. 1907, Flora of China 9: 29(2003). ——Distylium mycicoides Hemsl. in Hook. f. Ic. Pl. 29: sub. Pl. 2835, 1907, 中国植物志 35(2): 104(1979), 广东植物志 1: 164(1987)

科名：金缕梅科 Hamamelidaceae　　**属名：**蚊母树属 Distylium Sieb. et Zucc.

形态特征：常绿灌木或小乔木，嫩枝有鳞垢，老枝无毛，有皮孔，干后灰褐色；芽体无鳞状苞片，外面有鳞垢。叶革质，矩圆形或倒披针形，长 5～11cm，宽 2～4cm，先端锐尖，基部楔形，上面绿色，干后暗晦无光泽，下面秃净无毛；侧脉约 6 对，干后在上面下陷，在下面突起，网脉在上面不明显，在下面能见；边缘上半部有数个小齿突；叶柄长 5～8mm，有鳞垢；托叶早落。总状花序腋生，长 1～3cm，雄花与两性花同在 1 个花序上，两性花位于花序顶端，花序轴有鳞垢，苞片披针形，长 2～3mm；萼筒极短，萼齿 3～5 个，披针形，长约 3mm，有鳞垢；雄蕊 3～8 个，花药长约 3mm，红色，花丝长不及 2mm，子房上位，有星毛，花柱长 6～8mm。雄花的萼筒很短，雄蕊长短不一，无退化子房。蒴果卵圆形，长 1～1.2cm，有黄褐色星毛，先端尖，裂为 4 片，基部无宿存萼筒。种子长 6～7mm，褐色，有光泽。

分布与生境：海南各地；安徽、福建、广东、广西、贵州、湖南、江西、四川、云南、浙江。

利用：利水渗湿、祛风活络。主水肿、手足浮肿、风湿骨节疼痛、跌打损伤。

注：手绘图引自广东植物志；彩图由 PPBC/ 王峰祥拍摄。

钝叶假蚊母树 (钝叶水丝梨)(Distyliopsis tutcheri)

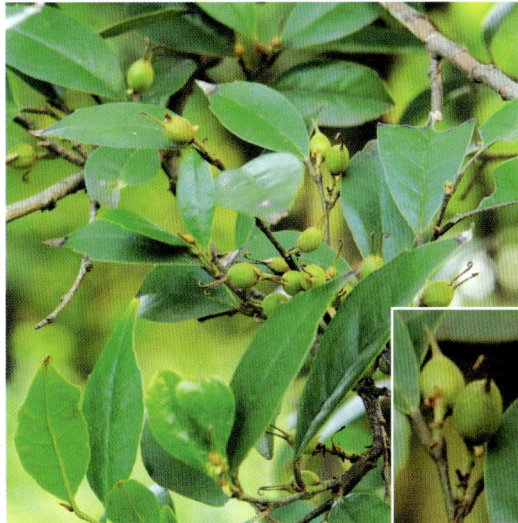

1. 花枝；2. 果枝；3. 雄花除去花萼；4. 苞片外面；
5. 苞片内面；6. 雄花；7. 雄蕊背面；8. 雄蕊正面；
9. 雌花除去花萼。

杨梅蚊母树 (Distylium myricoides)

中文名称：蚊母树

学名：Distylium racemosum Sieb. & Zucc. Fl. Jap. 179, pl. 94. 1835, 海南植物志 2: 336(1965), 中国植物志 35(2): 102(1979), 广东植物志 1: 163(1987), Flora of China 9: 29(2003)

科名：金缕梅科 Hamamelidaceae　　**属名：**蚊母树属 Distylium Sieb. et Zucc.

形态特征：常绿灌木。嫩枝有鳞秕，芽体无鳞苞，外有鳞秕。叶革质，椭圆形或倒卵形，长 3～6cm，宽 1.5～3.5cm，先端略钝，基部阔楔形，无毛，侧脉 5～6 对，网脉不明显，全缘，叶柄长5～10mm。总状花序，无毛，苞片披针形，雌雄花同在一个花序上，雌花位于花序顶端，萼齿大小不等；雄蕊 5～6 枚，花丝长约 2mm，花药长 3.5mm，子房有星状毛，花柱长 6～7mm。蒴果卵圆形，种子长 4～5mm，种脐白色，花期 4～5 月。

野外鉴别关键特征：嫩枝、叶柄有锈色鳞毛，先端圆或钝，基部阔楔形。

分布与生境：尖峰岭；福建、台湾、浙江；日本、朝鲜。生于山地林中。

利用：是制作盆景的良材。

注：手绘图引自海南植物志。

中文名称：▲ 硬叶蚊母树

学名：Distylium rigidifolium Chang, 广东植物志 1: 164(1987)

科名：金缕梅科 Hamamelidaceae　　**属名：**蚊母树属 Distylium Sieb. et Zucc.

形态特征：常绿乔木，高 18m，嫩枝有星状鳞秕，老枝灰白色，叶厚革质，长圆形，长 4～8cm，宽 2～3cm，先端圆形或钝，基部楔形，上面有光泽，下面无毛，侧脉 4～6 对，基部 1 对强劲，近似三出脉，全缘；叶柄长 5～8mm。果序长 2～4cm，仅在顶端 1～2 个正常发育。蒴果卵圆形，长约 1.5cm。

野外鉴别关键特征：叶厚革质，长圆形，先端圆形或钝，基部楔形，上面有光泽，下面无毛。

分布与生境：特有种，尖峰岭。生于山地雨林。

利用：用于热带雨林景观配置。

本种与杨梅蚊母树较为接近，所不同的是，本种叶披针形，全缘，干后发亮，而后者的叶长圆形，边缘上半部有数个小齿突；叶柄长 5～8mm，有鳞垢，干后不发亮。

花枝

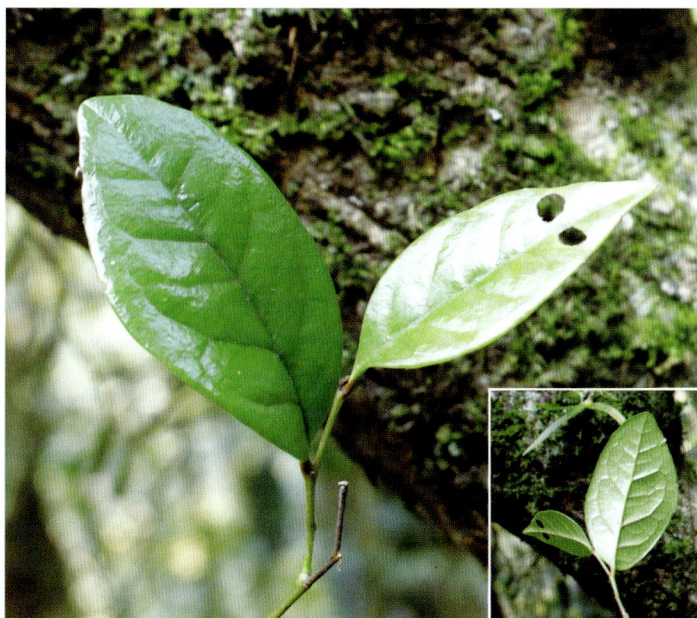

蚊母树 (Distylium racemosum)

中文名称：秀柱花

学名：**Eustigma oblongifolium** Gardn. &Champ. in Journ. Bot. Kew. Misc. 1: 312. 1849, 海南植物志 2: 335(1965), 中国植物志 35(2): 96(1979), 广东植物志 1: 162(1987), Flora of China 9: 34(2003)

科名：金缕梅科 Hamamelidaceae　属名：秀柱花属 Eustigma Gardn. et Champ.

形态特征：常绿灌木或小乔木。嫩枝初时有鳞毛，不久变秃净；老枝有皮孔，干后灰褐色。叶革质，矩圆形或矩圆披针形，长 7 ～ 17cm，宽 2.5 ～ 5.5cm，先端渐尖、基部钝或楔形，上面绿色，略有光泽，下面无毛，侧脉 6 ～ 8 对，在上面能见，在下面突起，网脉不大明显，边缘仅在靠近先端有少数齿突，通常全缘；叶柄长 5 ～ 10mm，初时有鳞毛；托叶线形，早落。总状花序长 2 ～ 2.5cm，花序柄长 6 ～ 8mm，有鳞毛；总苞片卵形，长约 1cm，苞片及小苞片均为卵形，与花梗等长，有星状绒毛；萼筒有星毛，萼齿卵圆形，长 3mm，花后脱落；花瓣倒卵形，先端 2 浅裂，比萼齿略短；雄蕊插生于萼齿基部，彼此对生，花丝极短，花药卵圆形，长 1mm，子房近下位，花柱长 8 ～ 12mm，红色。蒴果长 2cm，无毛，萼筒长为蒴果的 3/4，完全与蒴果合生，无毛，干后稍发亮。种子长卵形，黑色，有光泽。

野外鉴别关键特征：叶先端渐尖、基部钝或楔形，侧脉 6 ～ 8 对，在下面突起，网脉不大明显，边缘仅在靠近先端有少数齿突，通常全缘。

分布与生境：三亚、保亭；福建、广东、广西、贵州、江西、台湾。生于低海拔山地雨林。

利用：小乔木，可用于景观配置。

注：手绘图引自福建植物志。

中文名称：大果马蹄荷

学名：**Exbucklandia tonkinensis**(Lecomte)H. T. Chang, Acta Sci. Nat. Univ. Sunyatseni. 1959(2): 3. 1959, Flora of China 9: 24(2003).——Symingtonia tonkinensis(Lecomte)Steen. in Fl. Malesiana ser. 1, 5: 375. 1957, 海南植物志 2: 332(1965), 中国植物志 35(2): 43(1979)

科名：金缕梅科 Hamamelidaceae　属名：马蹄荷属 Exbucklandia R. W. Brown

形态特征：大乔木，嫩枝有褐毛，节膨大。叶革质，阔卵形，长 8 ～ 13cm，宽 5 ～ 9cm，先端渐尖，基部楔形，全缘或有时 3 浅裂，叶面发亮，下面无毛，掌状脉 3 ～ 5 条；叶柄长 3 ～ 5cm；托叶椭圆形，长 2 ～ 4cm，宽 8 ～ 13mm，有毛。花序单生，有花 7 ～ 9 朵，总花梗有褐色毛，花单性或两性，无花瓣；雄蕊长不及 1cm，子房有褐色毛，花柱长 4 ～ 5mm。蒴果卵圆形，外侧有小瘤状凸起，种子有狭翅。花期 4 ～ 8 月。

野外鉴别关键特征：托叶椭圆形，长 2 ～ 4cm，宽 8 ～ 13mm，有毛。

分布与生境：三亚、保亭；广东、广西、云南、江西、湖南、福建；老挝、越南。生于 1200m 以上的山地常绿林中。

利用：树形优美，可园林绿化；木材淡粉红色，为相当有用的材用树种。生长迅速，适于造林。

注：手绘图引自海南植物志。

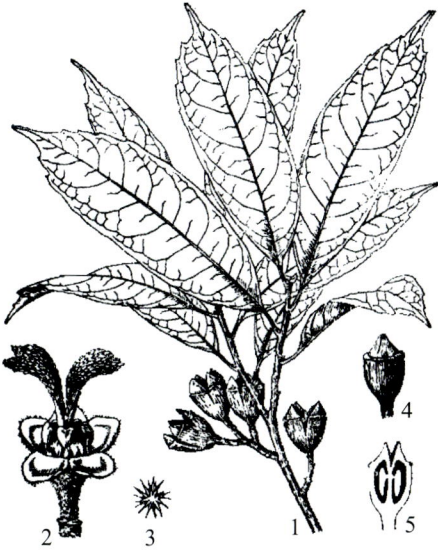

1. 果枝；2. 花；3. 星状毛；4. 蒴果；5. 果纵切面，示胚珠。

秀柱花 (Eustigma oblongifolium)

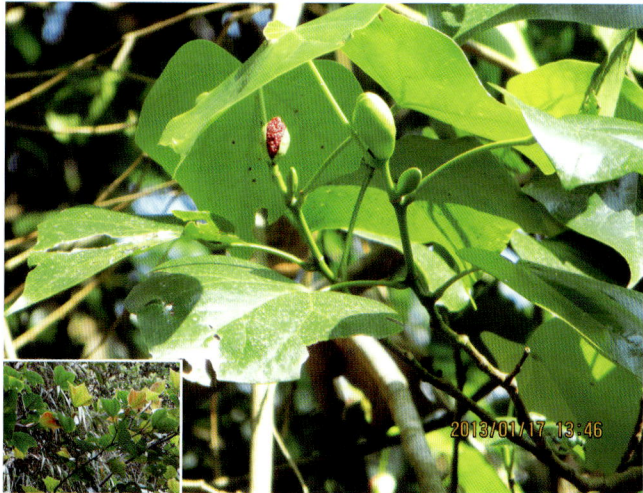

1. 果枝；2. 种子。

大果马蹄荷 (Exbucklandia tonkinensis)

中文名称：枫香

学名：**Liquidambar formosana** Hance in Ann. Sci. Nat., Bot., sér. 5, 5: 215. 1866, 海南植物志 2: 333(1965), 中国植物志 35(2): 55(1979), 广东植物志 1: 156(1987), Flora of China 9: 22(2003)

科名：金缕梅科 Hamamelidaceae　　属名：枫香树属 Liquidambar Linn.

形态特征：落叶大乔木。小枝有毛，芽体卵形。有光泽。叶掌状3裂，中央裂片尾状渐尖，两侧裂片平展，基部心形，无毛，掌状脉3～5条，边缘有锯齿，叶柄长达10cm，托叶长1～1.4cm。雄头状花序常排成总状；雌头状花序有花20～40朵；花序柄长3～6cm，萼齿4～7个，针状，长达8mm；子房有毛，花柱长1cm。头状果序球形，木质，直径3～4cm，有宿存萼齿及花柱。花期4～6月。

野外鉴别关键特征：叶掌状3裂，中央裂片尾状渐尖，基部心形，无毛，边缘有锯齿，叶柄长达10cm，托叶长1～1.4cm。

分布与生境：海南各地常见；我国河南至山东以南各省；越南。生于低海拔次生林中。

利用：树脂供药用，能解毒止痛、止血生肌；根、叶及果实亦可入药，有祛风除湿、通络活血的功效。

中文名称：檵木（继木）

学名：**Loropetalum chinense**(R. Brown)Oliver, Trans. Linn. Soc. London, Bot. 23: 459. 1862, 中国植物志 35(2): 70(1979), 广东植物志 1: 160(1987), Flora of China 9: 33(2003)

科名：金缕梅科 Hamamelidaceae　　属名：檵木属 Loropetalum R. Brown

形态特征：灌木，有时为小乔木，多分枝，小枝有星毛。叶革质，卵形，长2～5cm，宽1.5～2.5cm，先端尖锐，基部钝，不等侧，上面略有粗毛或秃净，干后暗绿色，无光泽，下面被星毛，稍带灰白色，侧脉约5对，在上面明显，在下面突起，全缘；叶柄长2～5mm，有星毛；托叶膜质，三角状披针形，长3～4mm，宽1.5～2mm，早落。花3～8朵簇生，有短花梗，白色，比新叶先开放，或与嫩叶同时开放，花序柄长约1cm，被毛；苞片线形，长3mm；萼筒杯状，被星毛，萼齿卵形，长约2mm，花后脱落；花瓣4片，带状，长1～2cm，先端圆或钝；雄蕊4个，花丝极短，药隔突出呈角状；退化雄蕊4个，鳞片状，与雄蕊互生；子房完全下位，被星毛；花柱极短，长约1mm；胚珠1个，垂生于心皮内上角。蒴果卵圆形，长7～8mm，宽6～7mm，先端圆，被褐色星状绒毛，萼筒长为蒴果的2/3。种子圆卵形，长4～5mm，黑色，发亮。花期3～4月。

野外鉴别关键特征：叶先端尖锐。

分布与生境：万宁；我国长江以南地区；印度、日本。

利用：可供药用。叶用于止血，根及叶用于跌打损伤，有去瘀生新功效。

注：手绘图引自山东植物志。

枫香 (Liquidambar formosana)

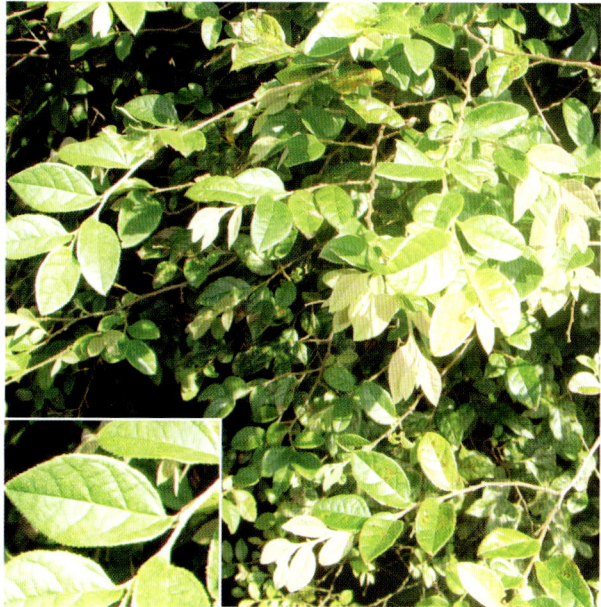

1. 花枝；2. 果枝；3. 去掉花冠的花；4. 花瓣；
　5. 雄蕊；6. 果实；7. 种子。

檵木 (继木)(Loropetalum chinense)

中文名称：★红花檵木

学名：**Loropetalum chinense** Oliver var. **rubrum** Yieh, 中国园艺专刊 , 2: 33. 1942. 中国植物志 35(2): 70(1979), Flora of China 9: 34(2003)

科名：金缕梅科 Hamamelidaceae　属名：檵木属 Loropetalum R. Brown

形态特征：叶与原种相同，先端圆。花紫红色，长 2cm。

野外鉴别关键特征：叶先端圆。

分布与生境：海南有栽培；广西、湖南。原产中国东北南部、华北及秦岭。

利用：园林、盆景用材。

中文名称：四药门花

学名：**Loropetalum subcordatum**(Bentham)Oliver, Hook. Ic. Pl. 15: t. 1417. 1883, Flora of China 9: 33(2003). —— Tetrathyrium subcordatum Benth. 1. C, Chun, 1. c, 中国植物志 35(2): 68(1979), 广东植物志 1: 159(1987)

科名：金缕梅科 Hamamelidaceae　属名：檵木属 Loropetalum R. Brown

形态特征：常绿灌木或小乔木，高达 12m；小枝无毛，干后暗褐色。叶革质，卵状或椭圆形，长 7～12cm，宽 3.5～5cm，先端短急尖，基部圆形或微心形，上面深绿色，发亮，下面秃净无毛，侧脉 6～8 对，在上面下陷，在下面突出，网脉干后在上面下陷，在下面稍突起；全缘或上半部有少数小锯齿；叶柄长 1～1.5cm；托叶披针形，长 5～6mm，被星毛。头状花序腋生，有花约 20 朵，花序柄长 4～5cm；苞片线形，长 3mm。花两性，萼筒长 1.5mm，被星毛，萼齿 5 个，矩状卵形，长 2.5mm，花瓣 5 片，带状，白色；雄蕊 5 个，花丝极短，花药卵形；退化雄蕊叉状分裂；子房有星毛。蒴果近球形，直径 1～1.2cm，有褐色星毛，萼筒长达蒴果 2/3。种子长卵形，长 7mm，黑色；种脐白色。

分布与生境：海南岛；广东、广西、贵州。

注：手绘图引自广东植物志；彩图由 PPBC/ 徐晔春拍摄。

红花檵木 (**Loropetalum chinense** var. **rubrum**)

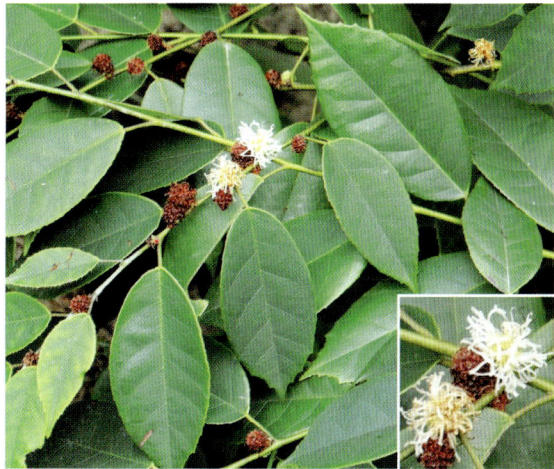

1. 花果枝；2. 花；3. 花萼裂片（内面）；4-5. 雄蕊；
6. 花；7. 苞片；8. 花瓣末端。

四药门花 (**Loropetalum subcordatum**)

中文名称： ★壳菜果

学名： **Mytilaria laosensis** Lecomte, Bull. Mus. Nat. Hist. Nat.(Paris). 30: 505. 1924. 中国植物志 35(2): 50(1979), 广东植物志 1: 152(1987), Flora of China 9: 26(2003)

科名： 金缕梅科 Hamamelidaceae　　**属名：** 壳菜果属 Mytilaria Lec.

形态特征： 常绿乔木，高达 30m；小枝粗壮，无毛，节膨大，有环状托叶痕。叶革质，阔卵圆形，全缘，或幼叶先端 3 浅裂，长 10～13cm，宽 7～10cm，先端短尖，基部心形；上面干后橄榄绿色，有光泽；下面黄绿色，或稍带灰色，无毛；掌状脉 5 条，在上面明显，在下面突起，网脉不大明显；叶柄长 7～10cm，圆筒形，无毛。肉穗状花序顶生或腋生，单独，花序轴长 4cm，花序柄长 2cm，无毛。花多数，紧密排列在花序轴；萼筒藏在肉质花序轴中，与子房壁连生，萼片 5～6 个，卵圆形，长 1.5mm，先端略尖，外侧有毛；花瓣带状舌形，长 8～10mm，白色；雄蕊 10～13 个，花丝极短，花药藏在稍为扩大的药隔里；子房下位，2 室，每室有胚珠 6 个，花柱长 2～3mm，柱头有乳状突。蒴果长 1.5～2cm，外果皮厚，黄褐色，松脆易碎；内果皮木质或软骨质，较外果皮为薄。种子长 1～1.2cm，宽 5～6mm，褐色，有光泽，种脐白色。

分布与生境： 海南有栽培；广东、广西、云南；老挝、越南。

利用： 木材红色，白蚁不侵，可作为箱柜、家具、房屋板料、造船等用材。

注： 手绘图引自福建植物志。

中文名称： 红花荷

学名： **Rhodoleia championii** Hook. f. Gen. Pl. 1: 668. 1865, 广东植物志 1: 155(1987), 中国植物志 35(2): 46(1979), Flora of China 9: 24(2003)

科名： 金缕梅科 Hamamelidaceae　　**属名：** 红花荷属 Rhodoleia Champ. ex Hook. f.

形态特征： 小乔木。叶厚革质，卵形，长 7～13cm，宽 4.5～6.5cm，先端钝或略尖，基部阔楔形，有三出脉，上面光亮，下面灰白色，无毛，侧脉 7～9 对，网脉不明显；叶柄长 3～5.5cm。头状花序长 3～4cm，常下垂，花序柄长 2～3cm，有鳞状苞片 5～6 片，总苞状，苞片卵圆形，大小不相等，有褐色柔毛；萼筒短，先端截平；花瓣匙形，长 2.5～3.5cm，宽 6～8mm；雄蕊与花瓣等长；子房无毛，花柱比雄蕊短。头状果序宽约 3cm；有蒴果 5 个；蒴果长 1.2cm，无宿存花柱，花期 3～4 月。

野外鉴别关键特征： 叶厚革质，卵形，三出脉，上面光亮，下面灰白色，叶柄长 3～5.5cm，红色。

分布与生境： 海南岛；广东、贵州；印度尼西亚、马来西亚、缅甸、越南。常生于山地常绿林。

利用： 材质较轻，结构细，色泽美观，可作为家具、车船、胶合板和贴面板用材。

注： 手绘图引自广东植物志。

1. 花枝 (花已开过)；2. 果序。

壳菜果 (Mytilaria laosensis)

1. 花枝；2. 花瓣；3. 雄蕊；4. 雌蕊；5. 果序。

红花荷 (Rhodoleia championii)

中文名称：★小花红花荷

学名：**Rhodoleia parvipetala** Tong in Bull. Dept. Biol. Sunyatsen Univ. 2: 35. 1930, 中国植物志 35(2): 46(1979), 广东植物志 1: 155(1987), Flora of China 9: 25(2003)

科名：金缕梅科 Hamamelidaceae　属名：红花荷属 Rhodoleia Champ. ex Hook. f.

形态特征：常绿乔木高达 20m，小枝干后黑褐色，无毛。叶革质，矩圆形，长 5 ～ 10cm，宽 2 ～ 4cm，先端尖锐，基部楔形；三出脉不很强烈；上面深绿色，发亮；下面灰白色，无毛；侧脉 7 ～ 9 对，在上面不明显，在下面隐约可见，网状小脉在上下两面均不明显；叶柄长 2 ～ 4.5cm，稍纤细。头状花序长 2 ～ 2.5cm，花序柄长 1 ～ 1.5cm，无鳞状小苞片；总苞片 5 ～ 7 片，卵圆形，大小不等，长 7 ～ 10mm，外面被暗褐色短柔毛；萼筒极短，先端平截；花瓣匙形，长 1.5 ～ 1.8cm，宽 5 ～ 6mm；雄蕊 6 ～ 8 个，约与花瓣等长；子房无毛，基部围以短萼筒，花柱与雄蕊等长，先端尖细。头状果序宽 2 ～ 2.5cm，有蒴果 5 个，果序柄长 1 ～ 2cm；蒴果卵圆形，长约 1cm，果皮薄，木质，先端裂成 4 片；种子多数，扁平。花期 4 月。

分布与生境：海南有栽培；广西、广东、云南；越南。

利用：为较高大树木，材质较轻，结构细，色泽美观，可作为家具、车船、胶合板和贴面板用材。

注：本种的叶片矩圆形，花瓣较短而窄，花序柄较短，蒴果亦较小，易与红花荷 R. champioal 相区别。手绘图引自贵州植物志；彩图由 PPBC/ 李西贝阳拍摄。

中文名称：窄瓣红花荷（海南红苞木）

学名：**Rhodoleia stenopetala** H. T. Chang, Acta Sci. Nat. Univ. Sunyatseni.(2): 31. 1959, 海南植物志 2: 331(1965)，中国植物志 35(2): 49(1979), 广东植物志 1: 155(1987), Flora of China 9: 26(2003)

科名：金缕梅科 Hamamelidaceae　属名：红花荷属 Rhodoleia Champ. ex Hook. f.

形态特征：常绿乔木，高达 20m；小枝粗壮，被鳞垢，干后皱缩。叶厚革质，卵形或阔卵形，长 6 ～ 10cm，宽 9 ～ 6.5cm，先端钝或稍尖，基部圆形或钝，上面深绿色，稍发亮，干后皱缩，下面灰白色，侧脉 4 ～ 6 对，在上面隐约可见，在下面稍突起，最基部的一对呈三出脉状；网脉在上面不明显，在下面隐约可见；叶柄长 3 ～ 5cm，颇粗壮，无毛，干后多少皱缩。头状花序长 2cm，常弯垂，花序柄长 1 ～ 1.5cm，被星毛，有鳞状小苞片数个；总苞片约 10 片，卵圆形，大小不相等，长 5 ～ 9mm，先端圆形，外侧被星状绒毛；萼筒短小，先端平截，萼齿不明显；花瓣 9 片，狭窄倒披针形，长 1.5 ～ 2cm，宽 1.5 ～ 3mm，红色，雄蕊 8 个，花丝粗壮，无毛；子房半下位，花柱长 1.5cm，子房之间有绒毛。头状果序宽 2.5cm，有蒴果 5 个；蒴果卵圆形，长 1.2cm，无宿存花柱；种子扁平，暗褐色。

分布与生境：琼中、白沙、三亚、保亭；广东。生于山地林里。

利用：是一种高大的乔木，树身高大，可作为家具、车船、胶合板和贴面板用材。

注：手绘图引自海南植物志；标本引自中山大学标本馆。

1. 果枝；2. 头状花序；3. 瓣；4. 雄蕊。

小花红花荷 (Rhodoleia parvipetala)

1. 花果枝；2. 花序；3. 花瓣；4. 雄蕊；5. 花序除去总苞片、
　 花萼、花瓣，示雄蕊和雌蕊。

窄瓣红花荷 (海南红苞木)(Rhodoleia stenopetala)

中文名称：半枫荷

学名：**Semiliquidambar cathayensis** H. T. Chang, Acta Sci. Nat. Univ. Sunyatseni.(1): 37. 1962, 海南植物志 2: 333(1965), 中国植物志 35(2): 58(1979), 广东植物志 1: 157(1987), Flora of China 9: 23(2003)

科名：金缕梅科 Hamamelidaceae   属名：半枫荷属 Semiliquidambar Chang

形态特征：常绿大乔木，树皮灰色；芽体长卵形，有短柔毛，嫩枝无毛。叶掌状 2 ～ 3 裂，裂片向上举，或不分裂，长圆形，长 8 ～ 13cm，宽 3.5 ～ 6cm；先端渐尖，尾部长 1 ～ 1.5cm；基部阔楔形，有三出脉，无毛，边缘有锯齿，叶柄长 2.5 ～ 4cm；托叶线形，长 5 ～ 8mm。雄花头状花序排成总状，无花瓣，雄蕊多数，雌花头状花序单生，萼齿针形，长 3 ～ 6mm，花柱长 6 ～ 8mm，先端反卷。头状果序直径 2.5cm，有蒴果 20 ～ 28 个，宿存萼齿比花柱短。花期 5 月。

野外鉴别关键特征：叶掌状 2 ～ 3 裂，裂片向上举，或不分裂，长圆形，先端渐尖，尾部长 1 ～ 1.5cm。

分布与生境：保亭；广东、广西、江西。生于低海拔山地常绿林中。

利用：根供药用，治风湿跌打、瘀积肿痛、产后风瘫等。

注：手绘图引自广东植物志。

半枫荷 (*Semiliquidambar cathayensis*)

中文名称：★雀舌黄杨

学名：**Buxus bodinieri** H. Léveillé, Repert. Spec. Nov. Regni Veg. 11: 549. 1913, 中国植物志 45(1): 36(1980), 广东植物志 3: 234(1995), Flora of China 11: 326(2008)

科名：黄杨科 Buxaceae　　**属名**：黄杨属 Buxus Linn.

形态特征：灌木，高 3～4m；枝圆柱形，小枝四棱形，被短柔毛，后变无毛。叶薄革质，通常匙形，亦有狭卵形或倒卵形，大多数中部以上最宽，长 2～4cm，宽 8～18mm，先端圆或钝，往往有浅凹口或小尖凸头，基部狭长楔形，有时急尖，叶面绿色，光亮，叶背苍灰色，中脉两面凸出，侧脉极多，在两面或仅叶面显著，与中脉呈 50°～60° 角，叶面中脉下半段大多数被微细毛；叶柄长 1～2mm。花序腋生，头状，长 5～6mm，花密集，花序轴长约 2.5mm；苞片卵形，背面无毛，或有短柔毛；雄花约 10 朵，花梗长仅 0.4mm，萼片卵圆形，长约 2.5mm，雄蕊连花药长 6mm，不育雌蕊有柱状柄，末端膨大，高约 2.5mm，与萼片近等长，或稍超出；雌花外萼片长约 2mm，内萼片长约 2.5mm，受粉期间，子房长 2mm，无毛，花柱长 1.5mm，略扁，柱头倒心形，下延达花柱 1/3～1/2 处。蒴果卵形，长 5mm。宿存花柱直立，长 3～4mm。花期 2 月；果期 5～8 月。

野外鉴别关键特征：小枝四棱形，被短柔毛，后变无毛。叶薄革质，通常匙形，亦有狭卵形或倒卵形，大多数中部以上最宽，先端圆或钝。

分布与生境：海南有栽培；甘肃、广东、广西、贵州、河南、湖北、江西、陕西、四川、云南、浙江。原产中国。

利用：园林景观配置。

注：手绘图引自山东植物志。

中文名称：▲ 海南黄杨

学名：**Buxus hainanensis** Merr. in Lingnan Sci. J. 14: 25. 1935, 海南植物志 2: 338(1965), 中国植物志 45(1): 22(1980), 广东植物志 3: 232(1995), Flora of China 11: 323(2008)

科名：黄杨科 Buxaceae　　**属名**：黄杨属 Buxus Linn.

形态特征：灌木，高 1～2m。枝略呈圆柱状，有 2 条对生的纵沟，无毛或沟上被疏毛。叶革质，椭圆状长圆形或长圆状披针形，长 8.5～12cm，宽 3～3.8cm，生于老枝下部的常较小，长 5.5～7cm，宽 1.8～2.3cm，顶端渐尖，钝头或兼有小凸尖，基部楔形，边反卷，两面光亮无毛；中脉两面凸起，侧脉很密，多达 18～20 对，在上面很清晰，侧脉间可见网状小脉；叶柄很短。花未见。蒴果（未成熟）球形，直径约 5mm，宿存花柱与果近等长，果梗长约 4mm，顶部有披针形苞片数片。

野外鉴别关键特征：叶革质，椭圆状长圆形或长圆状披针形，生于老枝下部的常较小，顶端渐尖。

分布与生境：特有种，吊罗山。生于溪边或潮湿的林下。

1. 花枝；2. 叶背面；3. 蒴果。

雀舌黄杨 (Buxus bodinieri)

海南黄杨 (Buxus hainanensis)

中文名称：匙叶黄杨（细叶黄杨）

学名：**Buxus harlandii** Hance in J. Linn. Soc., Bot. 13: 123. 1873, 海南植物志 2: 339(1965), 中国植物志 45(1): 33(1980), Flora of China 11: 326(2008).

科名：黄杨科 Buxaceae　　**属名**：黄杨属 Buxus Linn.

形态特征：小灌木，高 0.5～1m，枝近圆柱形，小枝近四棱形，纤细，直径约 1mm，被轻微的短柔毛，节间长 1～2cm。叶薄革质，匙形，稀狭长圆形，长 2～3.5（～4）cm，宽 5～8（～9）mm，先端稍狭，顶圆或钝，或有浅凹口，基部楔形，叶面光亮，中脉两面凸出，侧脉和细脉在叶面细密、显著，侧脉与中脉呈 30°～35°角，在叶背不甚分明，叶面中脉下半段常被微细毛；无明显的叶柄。花序腋生兼顶生，头状，花密集，花序轴长 3～4mm；苞片卵形，尖头；雄花 8～10 朵，花梗长 1mm，萼片阔卵形或阔椭圆形，长约 2mm，雄蕊连花药长 4mm，不育雌蕊具极短柄，末端甚膨大，高约 1mm，为萼片长度的 1/2；雌花萼片阔卵形，长约 2mm，边缘干膜质，受粉期间花柱长度稍超过子房，子房无毛，花柱直立，下部扁阔，柱头倒心形，蒴果近球形，长 7mm，无光，平滑，宿存花柱长 3mm，末端稍外曲。花期 5 月；果期 10 月（在海南岛 12 月仍开花，翌年 5 月果熟）。

野外鉴别关键特征：叶薄革质，匙形，稀狭长圆形。

分布与生境：保亭、琼海；广东。生于溪旁或疏林中。

中文名称：日本黄杨（小叶黄杨）

学名：**Buxus microphylla** Sieb. & Zucc. in Abh. Akad. Wiss. Münch. 4(2): 142. 1843, 海南植物志 2: 339 (1965)

科名：黄杨科 Buxaceae　　**属名**：黄杨属 Buxus Linn.

形态特征：灌木，直立，高达 60cm；树皮灰白色，纵裂，小枝被短柔毛，节间短。叶革质，倒披针形、长椭圆形至狭椭圆形，长 1.2～2cm，宽 4～7mm，中部或中部以上最宽，顶端圆而微缺，基部阔楔形，干后黄绿色，背面稍淡，腹面基部有微柔毛，背面无毛；中脉在两面凸起，侧脉上面明显，下面不明显；叶柄长 1～4mm，被短疏柔毛；苞片长约 2mm；花梗长约 1mm；雄花的萼片长 2～2.5mm，雄蕊长为萼片长的 2 倍；不育雌蕊比萼片短 2/3～1/2；雌花的萼片长约 2mm；柱头粗大，顶端 2 浅裂。果球状，连角长 9～10mm，顶端常有疣状凸起，角粗壮，长 2.5～3.5mm，宿存萼片圆形。

分布与生境：海南有分布；日本。

注：手绘图引自：http://www. anbg. gov. au/poison-plants/AB-poison. html；

彩图引自：http://magnoliagardensnursery. com/plants/buxus-microphylla-winter-gem-winter-gem-boxwoood/。

匙叶黄杨 (细叶黄杨)(Buxus harlandii)

1. 植株部分；2. 叶片；3. 花。

日本黄杨 (小叶黄杨)(Buxus microphylla)

中文名称：杨梅黄杨

学名：**Buxus myrica** Lévl. in Fedde, Repert. Sp. Nov. 11: 549. 1913, 海南植物志 2: 338(1965), 中国植物志 45(1): 22(1980), 广东植物志 3: 232(1995), Flora of China 11: 323(2008)

科名：黄杨科 Buxaceae　属名：黄杨属 Buxus Linn.

形态特征：灌木，高 1～3m。小枝四棱形，近无毛或被疏柔毛。叶革质或薄革质，长圆状披针形或狭披针形，长 3～7cm，宽 1～2cm 或稍过之，顶端短尖或短渐尖，很少微凹，基部常楔形，边缘反卷，上面中脉上被短柔毛；中脉两面均凸起；侧脉很密，两面均明显；叶柄长 1～3mm，被短柔毛。花序短穗状，有花约 10 朵，腋生和顶生，总梗很短，总轴和苞片均被短柔毛；雄花萼片卵形，长 2～2.5mm，无毛；不育雌蕊四角形，长不及 1mm；雌花萼片卵形或卵状椭圆形，长约 3mm，边缘常干膜质；子房长约 1.5mm，花柱稍阔扁，长 3.5～4mm，顶端外弯，柱头下延至花柱中部。蒴果近球形，直径 1～1.8cm，宿存花柱长约 5mm。花期春夏；果期夏秋。

分布与生境：文昌、琼海、三亚、白沙、乐东；广西、贵州、湖南、四川；越南。常生于溪边或林下，较常见。

注：手绘图引自中国植物志；彩图引自：http://en. wikipedia. org/wiki/Buxus。

中文名称：▲ 毛枝黄杨

学名：**Buxus pubiramea** Merr. & Chun in Sunyatsenia. 5: 104. 1940, 海南植物志 2: 339(1965), 中国植物志 45(1): 21(1980), 广东植物志 3: 232(1995), Flora of China 11: 322(2008)

科名：黄杨科 Buxaceae　属名：黄杨属 Buxus Linn.

形态特征：灌木，高约 3m；枝圆柱形；小枝四棱形，直径 1～2mm。枝、小枝、叶柄及叶中脉全部密被均匀细短柔毛。叶厚革质，长圆状披针形，稀长圆形或倒卵形，中部或中部以上较宽，长 5～7cm，宽 1.5～2.5cm，先端渐狭，圆头或钝头，常有小凹口，基部狭尖，边缘软骨质，稍向下曲。叶面中脉凸出，侧脉稀疏，各脉相距 1.5～2.5mm，干后脉间有与侧脉多少平行的凸纹多条，外观上叶两面均布满皱纹，侧脉反不显著；叶柄扁，长 1～5mm。花序腋生或顶生，花未见。蒴果长圆形，长 9mm，宿存花柱长约 7mm，柱头下延仅达花柱的 1/4 处，果基部宿存萼片长约 1.5mm，果柄长 5～8mm，被短柔毛，上有卵形、渐尖、长约 1mm 的苞片多片。果期 6～7 月。

野外鉴别关键特征：枝、小枝、叶柄及叶中脉全部密被均匀细短柔毛。

分布与生境：特有种，吊罗山。生于海拔 650m 山坡林中。

利用：园林应用。

注：标本引自中山大学标本馆。

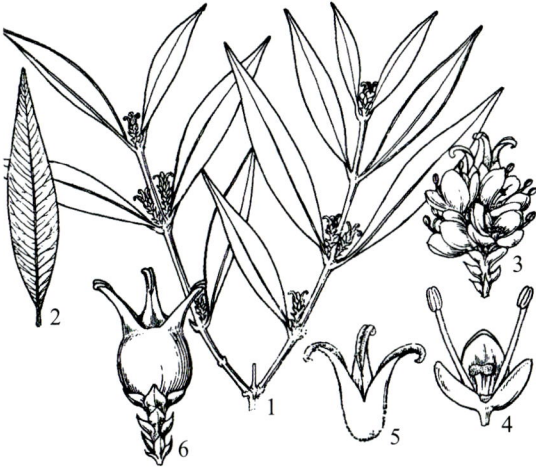

1. 花枝；2. 叶面；3. 花序；4. 雄花；5. 雌蕊；6. 果实。

杨梅黄杨 (Buxus myrica)

毛枝黄杨 (Buxus pubiramea)

中文名称：黄杨

学名：**Buxus sinica**(Rehder & E. H. Wilson)M. Cheng, Fl. Reipubl. Popularis Sin. 45(1): 37. 1980, Flora of China 11: 327(2008). ——Buxus microphylla var. sinica Rehd. & Wils. in Sarg. Pl. Wils. 2: 165. 1916, 海南植物志 2: 339(1965)

科名：黄杨科 Buxaceae　**属名**：黄杨属 Buxus Linn.

形态特征：灌木或小乔木。嫩枝被短柔毛，老枝近圆柱形，有纵皱纹，灰白色。叶厚革质或革质，阔椭圆形、阔倒卵形、卵状椭圆形或长圆形，长 1.5～3.5cm，宽 0.8～2cm，顶端圆或钝，常微凹，基部圆或阔楔尖，上面光亮，中脉上有时被疏柔毛；中脉在上面凸起，在下面平坦，侧脉仅在上面明显；叶柄很短，常被短柔毛。花序头状，有花约 10 朵，腋生；苞片阔卵形，长 2～2.5mm，略被毛；雄花萼片外轮卵状椭圆形，内轮近圆形，长 2.5～3mm，无毛；雄蕊长约 4mm；不育雌蕊有柄，雌花萼片长约 3mm，子房稍长于花柱。蒴果近球形，直径 6～8mm，有时达 10mm，宿存花柱比果实短很多。花期早春；果期夏季。

分布与生境：保亭；我国长江以南各地。生于密林中。

利用：盆景、木雕之良材。性味归经苦、辛，平。该物种为中国植物图谱数据库收录的有毒植物，其毒性为叶有毒。人和动物中毒后主要症状是腹痛、腹泻、步态不稳、痉挛，因呼吸和循环障碍而死亡。有祛风除湿、行气活血之效。用于风湿关节痛、痢疾、胃痛、疝痛、腹胀、牙痛、跌打损伤、疮疡肿毒。

注：手绘图引自：http://flora. ac. cn/sp/Buxus%20sinica。

中文名称：海南野扇花（大叶野扇花）

学名：**Sarcococca vagans** Stapf, Bull. Misc. Inform. Kew. 1914: 230. 1914, 中国植物志 45(1): 47(1980), 广东植物志 3: 235(1995), Flora of China 11: 329(2008). ——Sarcococca balansae Gagnep. in Bull. Soc. Bot. France 68: 482. 1921, 海南植物志 2: 3 40(1965)

科名：黄杨科 Buxaceae　**属名**：野扇花属 Sarcococca Lindl.

形态特征：灌木，高 1～1.5m；小枝干后有细纵棱。叶纸质，长椭圆形至卵状披针形，长 9～20cm，宽 4～9cm，顶端渐尖，基部阔楔形，干时腹面灰绿色，背面淡灰绿色，两面无毛；离基三出脉，中脉每边具侧脉 3～5 条，腹面平坦，纤细可见，背面凸起，网脉极疏离；叶柄长 1～2cm。总状花序单个腋生，长 1～1.5cm；雄花未见；雌花 3～5 朵生于总轴的下部；小苞片 3～6 片，长的为萼片的一半，边缘有缘毛；萼片 6 片，三角状卵形，长 1.5～2mm，边有缘毛；子房 2 室，花柱 2，斜向外弯，柱头下延几达花柱的基部。果近球形。花期春夏季；果期秋冬季。

野外鉴别关键特征：叶纸质，离基三出脉，中脉每边具侧脉 3～5 条。

分布与生境：保亭、陵水等地；我国南部；缅甸、越南。生于密林下。

利用：民间用于治疗癌症。

1.花枝；2.示雄蕊；3.子房纵切面。

黄杨 (Buxus sinica)

海南野扇花 (大叶野扇花)(Sarcococca vagans)

中文名称：▲ 琼岛杨

学名：Populus qiongdaoensis T. Hong et P. Luo, 广东植物志 3: 375(1995), Flora of China 4: 145(1999).

科名：杨柳科 Salicaceae　**属名：**杨属 Populus Linn.

形态特征：大乔木，高可达 40m，胸径达 1.7m；树皮灰黑色，浅纵裂；枝暗绿色，老时呈褐色至灰色。顶芽卵圆形或窄卵圆形，芽鳞黄绿色，被灰白色毛或无毛，边缘褐色。叶卵形、窄卵形或宽卵形，长 7 ～ 13.5cm，宽 5.5 ～ 10.5cm，顶端渐尖或短渐尖，基部圆形、截平或宽楔形，背面带灰白色，沿中脉及侧脉被毛或无毛，侧脉 6 ～ 8 对，叶缘疏生锯齿；叶柄长 3 ～ 6cm，两侧扁，顶端无腺体或具 2 个腺体。雌花序长约 8cm，花序轴密被毛；苞片锥形；花盘杯状，边缘不规则齿裂；子房卵圆形，具 4 颗胚珠，柱头鸡冠状，带红色。蒴果 2 瓣裂。

野外鉴别关键特征：叶卵形、窄卵形或宽卵形，顶端渐尖或短渐尖，基部圆形、截平或宽楔形，背面带灰白色，沿中脉及侧脉被毛或无毛，侧脉 6 ～ 8 对，叶缘疏生锯齿。

分布与生境：特有种，霸王岭、鹦哥岭。生于海拔 1200m 的林中。

注：该珍贵树种在海南岛霸王岭高山地区被发现，它的发现打破了杨树在我国南缘分布的纬度界限，是海南林业的一新发现。琼岛杨分布于海南岛西部昌江和白沙两县交界处，霸王岭保护区东部子宰林场处等。

中文名称：★垂柳

学名：Salix babylonica L. Sp. Pl. 1017. 1753, 中国植物志 20(2): 138(1984), 广东植物志 3: 377(1995), Flora of China 4: 186(1999)

科名：杨柳科 Salicaceae　**属名：**柳属 Salix Linn.

形态特征：乔木，高达 18m，树冠开展而疏散；树皮灰黑色，不规则裂；枝细小、柔软下垂，无毛；芽线形，顶端急尖。叶狭披针形，长 9 ～ 16cm，宽 0.5 ～ 1.5cm，顶端长渐尖，基部楔形，两面无毛或幼时被微毛，边缘具细锯齿；叶柄长 3 ～ 12mm，被短柔毛；托叶仅生于萌发枝上，斜披针形或卵圆形。花序先叶开放，或与叶同时开放；雄花序长 1.5 ～ 3cm，具短梗，轴被毛；雄蕊 2 枚，花丝与苞片近等长或较长，基部被长毛，花药橙红色；苞片披针形，外面被毛；腺体 2 个；雌花序长 2 ～ 3（～ 5）cm，具梗，基部有 3 ～ 4 片小叶，轴被毛；子房椭圆形，无毛或下部稍被毛，无柄或近无柄，花柱短，柱头 2 ～ 4 深裂；苞片披针形，长 1.8 ～ 2.5mm，外面被毛；腺体 1 个。蒴果长 3 ～ 4mm。花期 3 ～ 4 月；果期 4 ～ 5 月。

分布与生境：海南各地有栽培；长江流域、黄河流域。多植于水边。

利用：园林绿化树种。多用插条方法繁殖。

注：手绘图引自秦岭植物志。

琼岛杨 (Populus qiongdaoensis)

1. 雄花枝；2. 果枝；3. 雄花；4. 果实。

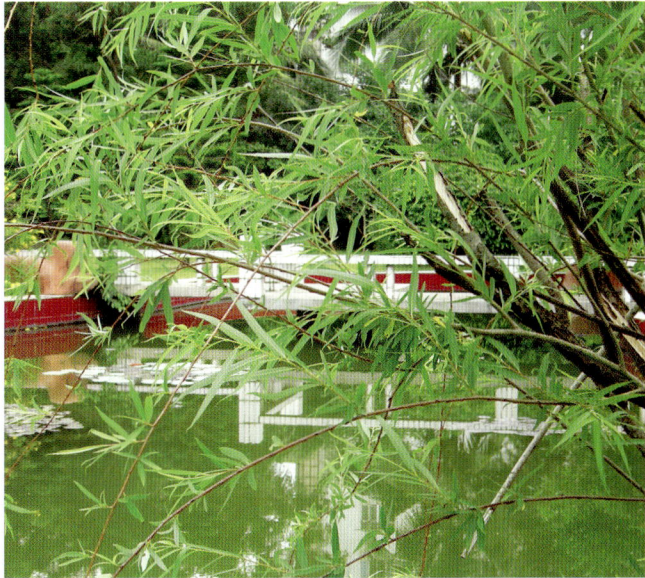

垂柳 (Salix babylonica)

中文名称： ▲ 海南柳

学名：Salix hainanica A. K. Skvortsov, Harvard Pap. Bot. 3: 107. 1998, Flora of China Vol. 4(1999).

科名： 杨柳科 Salicaceae　**属名：** 柳属 Salix Linn.

形态特征： 灌木，枝密集，有腋芽。叶片长 4～5cm，宽 0.6～0.8cm，叶柄 1～4mm，雌花序长 1.5～2.5cm，苞片膜质，被毛，先端钝，长约 1mm。蒴果，卵形，长 1～1.5mm。

分布与生境： 特有种，海南岛。生于干旱缓坡、砂质土上或灌木丛中。

注： 引自：Alexei K. Skvortsov, A new species of Salix(Salicaceae)from Hainan, China. Harvard Papers in Botany, 1998, 3(1): 107-108。该植物到目前为止未发现实物，仅见一报道。

中文名称： 四子柳

学名：Salix tetrasperma Roxb. Pl. Corom. 1: 66, t. 97. 1795, 海南植物志 2: 340(1965), 中国植物志 20(2): 95(1984), 广东植物志 3: 377(1995), Flora of China 4: 171(1999)

科名： 杨柳科 Salicaceae　**属名：** 柳属 Salix Linn.

形态特征： 小乔木，高 6～12m；小枝被短柔毛或近无毛。叶线状披针形，长 6～16cm，宽 1.5～3cm，绿色，顶端渐尖，边缘具细锯齿，腹面无毛，背面初时被白色绵毛，老时无毛；叶柄长 1～1.5cm，被柔毛或无毛，花后叶开放。雄柔荑花序长 5～8cm；苞片顶端截平或圆形，密被短柔毛；雄蕊 8～9 枚，花丝的长度为苞片的 3 倍，稍反卷，基部被长柔毛；雌柔荑花序圆柱形，长达 10cm，柱头 2 枚。蒴果卵形，无毛，1 室，有种子 4，果柄与果实等长或较短。

分布与生境： 儋州；西藏、云南、广东、广西；印度、尼泊尔、中南半岛、印度尼西亚。

利用： 园林应用。

注： 手绘图引自中国植物志；彩图由 PPBC/ 王东超拍摄。

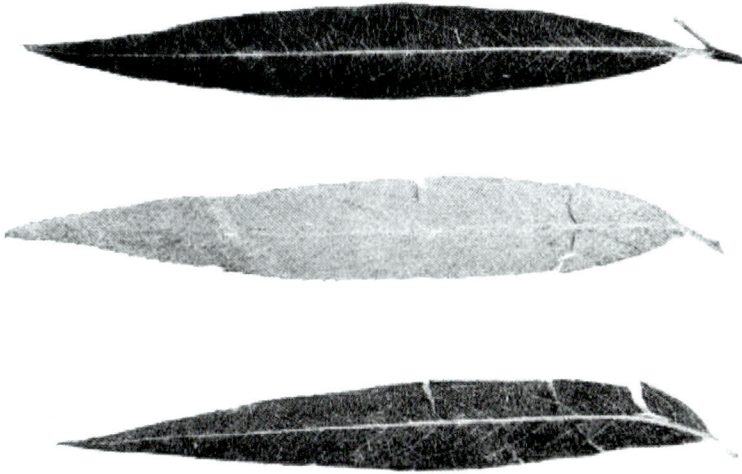

海南柳 (*Salix hainanica*)

1. 雄花序枝；2. 雄花；3. 雌花序 (幼果)；4. 幼果。

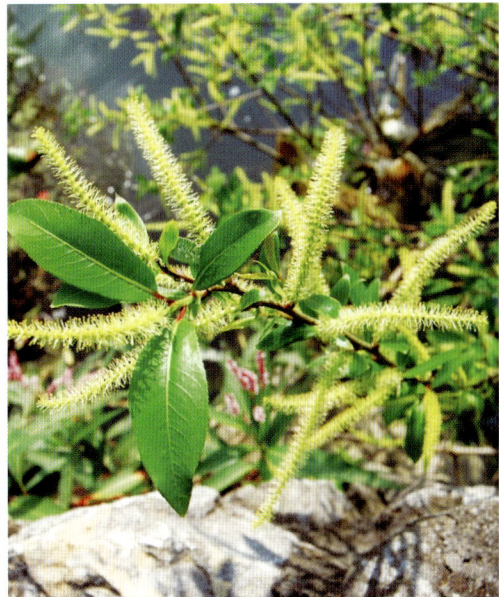

四子柳 (*Salix tetrasperma*)

中文名称：青杨梅

学名：**Myrica adenophora** Hance in J. Bot. 21: 357. 1883, 海南植物志 2: 341(1965), 中国植物志 21: 3(1979), 广东植物志 3: 238(1995), Flora of China 4: 275(1999)

科名：杨梅科 Myricaceae　属名：杨梅属 Myrica Linn.

形态特征：常绿灌木，高 1～9m；嫩枝圆柱形，密被绒毛及黄色腺体，老时无毛。叶互生，薄革质，倒卵形至倒披针形，长 2～7cm，宽 5～30mm，顶端急尖，基部渐狭，边背卷，全缘或具疏锯齿，上面幼时有腺体，后脱落而留下凹点，下面有不易脱落的腺体，中脉初被短柔毛，后脱落；叶柄长 1～10mm，被绒毛。花雌雄异株，雄穗状花序单生叶腋，长 7～15mm；雄花苞片卵形，外面密被腺点，具缘毛；雄蕊 3～6 枚，花丝分离；雌花序长 5～6mm；雌花苞片卵状三角形，具缘毛，小苞片 2；子房具瘤状突起，并混生黄褐色柔毛，有 2 细长柱头。核果球形，径约 1cm，成熟时紫红色。花果期 11 至翌年 4 月。

野外鉴别关键特征：叶薄革质，倒卵形至倒披针形，顶端急尖，基部渐狭，边背卷，全缘或具疏锯齿。

分布与生境：澄迈、儋州、琼海、保亭、万宁、陵水；广东、广西、台湾。生于山坡疏林中或沿河谷处。

利用：果实用盐渍名青梅，有祛痰、解酒、止吐等效用。

中文名称：★杨梅

学名：**Myrica rubra**(Lour.)Sieb. Et Zucc. in Abh. Muench. Akad. 4(3): 230. 1846, 中国植物志 21: 4(1979), 广东植物志 3: 239(1995), Flora of China 4: 276(1999)

科名：杨梅科 Myricaceae　属名：杨梅属 Myrica Linn.

形态特征：常绿乔木，高可达 15m 以上，树皮灰色，小枝较粗壮，无毛。叶革质，倒卵状长圆形至倒披针形，长 5～14cm，宽 1～4cm，顶端急尖或钝，基部楔形，全缘或上部有疏锯齿，无毛，下面有稀疏的金黄色小腺体；叶柄长 2～10mm。花雌雄异株；雄穗状花序单独或数条丛生于叶腋，长 1～3cm，通常不分枝；苞片覆瓦状排列，每苞内有 1 朵雄花，小苞片 2～4；雄蕊 4～6；雌花序常单生叶腋，长 5～15mm；苞片覆瓦状排列；小苞片 4 枚，卵形；花柱极短，柱头 2，子房卵形。核果球形，直径 1～1.5cm，外果皮肉质，多汁液及树脂，味酸甜，表面有小疣状凸起，熟时深红色、紫红色或青白色，核坚硬。花期 3～4 月；果期 5～6 月。

分布与生境：海南有栽培；我国长江以南各省；朝鲜、日本。生于丘陵山地疏林中，喜酸性土壤。

利用：果为著名水果，味酸甜。茎、根皮、果及种仁均供药用。果治咳嗽多痰、食欲不振；种仁治心胃气痛、腹痛吐泻；根皮治痢疾下血、筋骨疼痛。木材质坚，供细工用，叶可提芳香油。

注：手绘图引自广东植物志。

青杨梅 (Myrica adenophora)

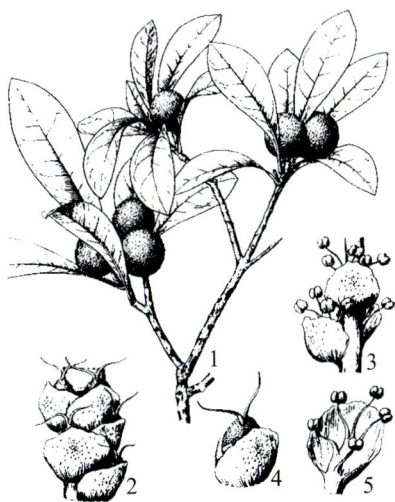

1. 果枝；2. 雌花序一段；3. 雄花序一段；4. 雌花；5. 雄花。

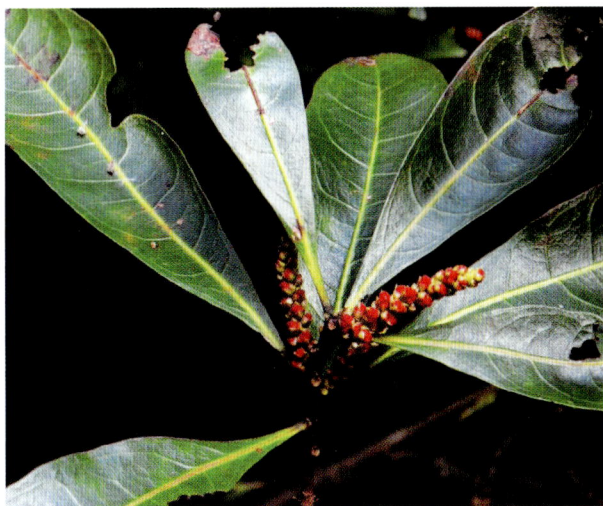

杨梅 (Myrica rubra)

中文名称：西桦

学名：**Betula alnoides** Buch. -Ham. ex D. Don, Prod. Fl Nepal. 58. 1825, 中国植物志 21: 108(1979), Flora of China 4: 306(1999)

科名：桦木科 Betulaceae　属名：桦木属 Betula Linn.

形态特征：乔木，高达 16m；树皮红褐色；枝条暗紫褐色，有条棱，无毛；小枝密被白色长柔毛和树脂腺体。叶厚纸质，披针形或卵状披针形，长 4～12cm，宽 2.5～5.5cm，顶端渐尖至尾状渐尖，基部楔形、宽楔形或圆形，少有微心形，边缘具内弯的刺毛状的不规则重锯齿，上面无毛，下面的脉上疏被长柔毛，脉腋间具密髯毛，其余无毛，密生腺点；侧脉 10～13 对；叶柄长 1.5～3（～4）cm，密被长柔毛及腺点。果序长圆柱形，（2～）3～5 枚排成总状，长 5～10cm，直径 4～6mm；总梗长 5～10mm，序梗长 2～3mm，均密被黄色长柔毛；果苞甚小，长约 3mm，背面密被短柔毛，边缘具纤毛，基部楔形，上部具 3 枚裂片，侧裂片不甚发育，呈耳突状，中裂片矩圆形，顶端钝。小坚果倒卵形，长 1.5～2mm，背面疏被短柔毛，膜质翅大部分露于果苞之外，宽为果的 2 倍。

分布与生境：昌江、乐东；福建、广东、广西、湖北、四川、云南；不丹、印度、缅甸、尼泊尔、泰国、越南。生于海拔 700～1800m 的山坡杂林中。

利用：树皮可提取栲胶。

注：手绘图引自中国高等植物图鉴。

1. 叶与果序；2. 果苞；3. 小坚果。

西桦 (Betula alnoides)

中文名称： 海南鹅耳枥

学名： **Carpinus londoniana** var. **lanceolata**(Handel-Mazzetti)P. C. Li in P. C. Li & S. H. Cheng, Fl. Reipubl. Popularis Sin. 21: 68. 1979, 中国植物志 21: 68(1979), Flora of China 4: 293(1999)

科名： 桦木科 Betulaceae　**属名：** 鹅耳枥属 Carpinus Linn.

形态特征： 大乔木，高达 22m，胸径达 40～60cm，树皮灰色或灰白色；小枝密，开展，栗褐色，无毛，有细而苍白色的皮孔；芽卵形，急尖，长约 5mm，芽鳞栗褐色，无毛，外面的为卵形，内部的多数较长，为披针形。叶披针形，多少带卵形，长 5～7cm，有时长 12cm，长为宽的 3～4 倍，顶端钝至锐利的尾状渐尖，基部楔形至圆形，边缘密生重锯齿，齿端呈渐尖头，纸质，腹面无毛，背面中脉上疏生贴伏的长毛，脉腋有丛生毛，侧脉每边 8～12 条，斜而直伸，直达齿尖，在叶背面显著，带红色；叶柄细，长 5～8mm，初时薄被茸毛，后渐脱落。柔荑状果序长 12～15cm，果序柄长 1～2cm，无毛，轴上被柔毛，果疏离，叶状总苞片纸质，长约 2cm，有明显的网脉，3 裂，两侧裂片三角形，中央裂片披针形，有时微呈镰刀形，外缘具少数细齿，内缘通常全缘；小坚果卵形或阔卵形，扁平，长 3mm，有 8 条明显隆起的脊，被短柔毛及树脂质腺体，顶端具长柔毛。花期 1～2 月。

分布与生境： 定安、琼中；云南；越南、尼泊尔。生于疏林中。

利用： 可绿化山坡，园林观赏。

注： 手绘图引自中国高等植物图鉴。

1. 花枝；2. 叶状总苞片；3. 果。

海南鹅耳枥 (Carpinus londoniana var. lanceolata)

中文名称：★板栗

学名： **Castanea mollissima** Bl. in Mus. Bot. Lugd. -Bat. 1: 286. 1850, 海南植物志 2: 343(1965), 中国植物志 22: 9(1998), Flora of China 4: 316(1999)

科名： 壳斗科 Fagaceae　**属名：** 栗属 Castanea Mill.

形态特征： 落叶乔木，高 18 ～ 20m，胸径达 1m；树皮暗灰色，不规则深纵裂；冬芽被毛。叶长椭圆形至长椭圆状披针形，长 8 ～ 25cm，顶端渐尖，基部圆形或近截平，新叶的基部通常楔尖，边缘有疏锯齿，腹面除中脉外无毛，背面被灰白色星状毛，有时毛逐渐脱落，侧脉每边 10 ～ 18 条，直达齿端；叶柄长 6 ～ 12mm，被疏柔毛。穗状花序通常单生于叶腋；雌花通常生于雄花序的基部。壳斗球形，宽 3 ～ 5cm，高 1 ～ 1.5cm，刺密生，被短柔毛，每壳斗通常有坚果 3 颗，侧生的 2 颗为半圆形，直径 1.5 ～ 3cm，中间 1 颗往往发育不全。花期 4 ～ 5 月；果期 9 ～ 11 月。

野外鉴别关键特征： 壳斗球形，刺密生，被短柔毛，每壳斗通常有坚果 3 颗，侧生的 2 颗为半圆形，中间 1 颗往往发育不全。

分布与生境： 海南有栽培；我国广泛栽培；朝鲜。

利用： 栗子可食用，营养丰富。栗木纹理直、结构粗、坚硬、耐水湿，属优质材。壳斗及树皮富含没食子类鞣质。叶可作为蚕饲料。

注： 手绘图引自福建植物志。

中文名称： 安南栲（越南栲）

学名： **Castanopsis annamensis** Hick. et A. Camus, 海南岛尖峰岭地区生物物种名录

科名： 壳斗科 Fagaceae　**属名：** 锥栗属 Castanopsis Spach

形态特征： 乔木；高达 12m。幼枝稍被毛。叶革质，卵状长椭圆形或长椭圆形，长 13 ～ 18cm，宽 4.5 ～ 7cm，顶端圆钝，基部楔形，不对称，全缘，两面同色或背面稍带灰绿色，侧脉 12 ～ 15 对，背面显著凸起，近叶缘处网结，二次侧脉明显；叶柄长 1 ～ 1.5cm，有短疏毛或无毛。果序长 15 ～ 20cm，轴径 3 ～ 4mm。总苞近球形，连刺直径 3 ～ 4cm，高 2 ～ 3cm；苞片针刺形，疏生，基部结合成短刺轴，上部分为 4 ～ 6 叉，长 0.5 ～ 0.9cm。坚果 1 个，卵形，直径 1 ～ 1.5cm，被绢毛，果脐与坚果基部几等大，但不规整。

分布与生境： 尖峰岭；广西；越南。

注： 标本引自中山大学。

1. 花枝；2. 壳斗及坚果。

板栗 (Castanea mollissima)

安南栲（越南栲）(Castanopsis annamensis)

中文名称：榄壳锥

学名：**Castanopsis boisii** Hickel & A. Camus, Bull. Soc. Bot. France. 68: 396. 1921, 中国植物志 22: 47(1998), Flora of China 4: 326(1999), 广东植物志 9: 8(2009)

科名：壳斗科 Fagaceae　**属名**：锥栗属 Castanopsis Spach

形态特征：乔木，高达 25m，胸径可达 60cm，小枝干后暗黑褐色，与果序轴相同均有黄灰色稍凸起的皮孔，嫩枝、嫩叶叶柄、叶背、壳斗及刺均被黄棕色或棕红色细片状蜡鳞及微柔毛，毛较早脱落，有时蜡鳞在早期亦大多脱落，故叶片两面近同色。叶厚纸质，卵状椭圆形、卵形或狭长椭圆形，长 9～18cm，宽 4～6cm，顶部渐尖，基部近圆形或短楔尖，两侧对称或一侧略短且偏斜，全缘，稀在近顶部浅波浪状，中脉在叶面凹陷，有时在近基部一段微凸起或平坦，侧脉每边 13～17 条，网状支脉尚明显；叶柄长 1.5～2cm。雄花序常为圆锥花序，花序轴密被微柔毛，雄蕊 10～12 枚；果序长达 27cm，果序轴近基部一段横切面径 2～3.5mm；壳斗椭圆形或阔倒卵形，基部有时有甚短的柄，着生于果序轴上斜向上升，连刺横径 25～30mm，壳斗的近轴面无刺，刺长 8～10mm，在基部合生成刺束，刺束均匀散生，壳斗外壁可见，每壳斗有 1 坚果，坚果阔卵形，长 12～14mm，宽 9～12mm，被短伏毛，果脐位于坚果底部。花期 6～8 月；果翌年 10～11 月成熟。

野外鉴别关键特征：刺束均匀散生，壳斗外壁可见，每壳斗有 1 坚果。

分布与生境：海南有分布；广东、广西、云南；越南。生于海拔 1000～1500m 山地密林中较湿润地方。

注：手绘图引自中国植物志。

中文名称：小红栲（米槠）

学名：**Castanopsis carlesii**(Hemsley)Hayata, Icon. Pl. Formos. 6 Suppl: 72. 1917, 中国植物志 22: 66(1998), Flora of China 4: 330(1999)

科名：壳斗科 Fagaceae　**属名**：锥栗属 Castanopsis Spach

形态特征：乔木，高达 20m，胸径可达 80cm，芽小，两侧压扁状，新生枝及花序轴有稀少的红褐色片状蜡鳞，二及三年生枝黑褐色，皮孔甚多，细小。叶披针形，长 6～12cm，宽 1.5～3cm，或长 4～6cm，宽 1～2cm，或卵形，长 6～9cm，宽 3～4.5cm，顶部渐尖或渐狭长尖，基部有时一侧稍偏斜，叶全缘，或兼有少数浅裂齿，鲜叶的中脉在叶面平坦或微凸起，压干后常变凹陷，侧脉每边 8～13 条，稀较少，在叶面微凸，在叶缘附近上下联结，支脉纤细，嫩叶叶背有红褐色或棕黄色稍紧贴的细片状蜡鳞层，成长叶呈银灰色或多少带灰白色；叶柄长通常不到 10mm，基部增粗呈枕状。雄圆锥花序近顶生，花序轴无毛或近无毛，雌花的花柱 3 或 2 枚，长约 0.5mm；果序轴横切面径 2～3mm，无毛，壳斗近圆球形或阔卵形，长 10～15mm，顶部短狭尖或圆，基部圆或近平坦，或突然收窄而又稍微延长呈短柄状，外壁有疣状体，或甚短的钻尖状，或部分横向连生呈脊肋状，有时位于顶部的为长 1～2mm 的短刺，被棕黄或锈褐色毡毛状微柔毛及蜡鳞；坚果近圆球形或阔圆锥形，顶端短狭尖，顶部近花柱四周及近基部被疏伏毛，熟透时变无毛，果脐位于坚果底部。花期 3～6 月；果翌年 9～11 月成熟。

野外鉴别关键特征：嫩叶叶背有红褐色或棕黄色稍紧贴的细片状蜡鳞层。

分布与生境：海南各地；安徽、福建、广东、广西、贵州、湖北、湖南、江苏、江西、四川、台湾、云南、浙江。

利用：封山育林树种；其仁味甜可吃，淀粉含量可达 65%。

注：手绘图引自安徽植物志。

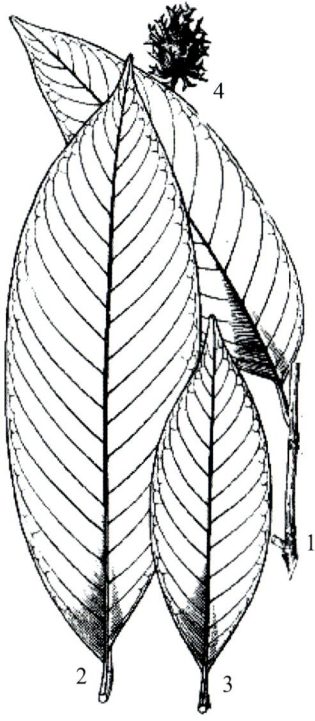

1. 枝；2-3. 叶；4. 壳斗。

榄壳锥 (Castanopsis boisii)

1. 果枝；2. 坚果。

小红栲 (米槠)(Castanopsis carlesii)

中文名称：★桂林栲（锥栗）

学名：**Castanopsis chinensis**(Sprengel)Hance, J. Linn. Soc., Bot. 10: 201. 1868, 中国植物志 22: 52(1998), Flora of China 4: 327(1999)

科名：壳斗科 Fagaceae　　**属名**：锥栗属 Castanopsis Spach

形态特征：乔木，高 10～20m，胸径 20～60cm，树皮纵裂，片状脱落，枝、叶均无毛。叶厚纸质或近革质，披针形，稀卵形，长 7～18cm，宽 2～5cm，顶部长尖，基部近圆形或短尖，叶缘至少在中部以上有锐裂齿，中脉在叶面凸起，侧脉每边 9～12 条，直达齿端，在叶面稍凸起，网状叶脉明显，两面同色；叶柄长 1.5～2cm。雄穗状花序或圆锥花序花序轴无毛，花被裂片内面被短柔毛；雌花序生于当年生枝的顶部，每壳斗有雌花一朵，花柱 3 或 4 枚，有时 2 枚，长达 1.5mm。果序长 8～15cm；壳斗圆球形，连刺径 25～3.5mm，通常整齐的 3～5 瓣开裂，刺长 6～12mm，在下部或近中部合生成刺束，几将壳斗外壁完全遮蔽，很少因刺疏且短致壳壁明显可见，初时密被灰棕色短伏毛，透熟时几无毛，内壁密被棕色长绒毛；坚果圆锥形，高 12～16mm，横径 10～13mm，无毛，或在顶部有稀疏伏毛，果脐在坚果底部。花期 5～7 月；果翌年 9～11 月成熟。

分布与生境：海南有栽培；广东、广西、贵州、湖南、云南；越南。

利用：成年大树木材棕黄色，木射线甚窄，材质较轻，结构略粗，纹理直，不耐水湿，属黄锥类，为广东及广西较常见的用材树种，其坚果又称为桂林锥。

注：手绘图引自中国植物志；彩图由 PPBC/ 孙观灵拍摄。

中文名称：华南栲（华南锥）

学名：**Castanopsis concinna**(Champion ex Bentham)A. de Candolle in Hance, J. Bot. 1: 182. 1863, 中国植物志 22: 30(1998), Flora of China 4: 322(1999), 广东植物志 9: 8(2009)

科名：壳斗科 Fagaceae　　**属名**：锥栗属 Castanopsis Spach

形态特征：乔木，高 10～15m，很少达 20m，胸径达 50cm，当年生枝及花序轴被黄或红棕色微柔毛及颇厚的细片状易抹落的蜡鳞层，三年生枝无或几无毛。叶革质，硬而脆，椭圆形或长圆形，有时兼有倒披针形，长 5～10cm，宽 1.5～3.5cm，稀更大，顶部短或渐尖，基部圆或宽楔形，通常两侧对称，少有稍不对称，边全缘，略向背卷，中脉在叶面明显凹陷，侧脉每边 12～16 条，支脉不显，有时隐约可见，叶背密被粉末状红棕色或棕黄色易刮落的鳞秕，嫩叶叶背及中脉叶缘有疏长毛；叶柄长 4～12mm。雄穗状花序通常单穗腋生，或为圆锥花序，雄蕊 10～12 枚；雌花序长 5～10cm，花柱 3 或 4 枚，少有 2 枚。果序长 4～8cm，轴横切面径 4～6mm；壳斗有 1 坚果，壳斗圆球形，连刺径 50～60mm，整齐的 4 瓣开裂，刺长 10～20mm，被微柔毛，下部合生成刺束，将壳壁完全遮蔽；坚果扁圆锥形，高约 10mm，横径约 14mm，密被短伏毛，果脐占坚果面积的 1/3 或不到一半。花期 4～5 月；果翌年 9～10 月成熟。

野外鉴别关键特征：叶革质，硬而脆，椭圆形或长圆形，有时兼有倒披针形，顶部短或渐尖，基部圆或宽楔形，通常两侧对称，边全缘，叶背密被粉末状红棕色或棕黄色易刮落的鳞秕。

分布与生境：尖峰岭；广东、广西。生于海拔 500m 以下的常绿阔叶林中。

利用：树皮稍粗糙，不开裂，暗褐黑色，内皮淡红棕色，韧皮纤维粗长。心材大，褐红色，心材淡红棕色，年轮可分辨，木射线窄，材质坚重，有弹性，结构略粗，纹理直，耐水湿，为优质的建筑器械及家具材，属红锥类。

注：手绘图引自中国高等植物图鉴；彩图由 PPBC/ 孙观灵拍摄。

1. 果枝；2. 壳斗瓣；3. 坚果；4. 树皮。

桂林栲（锥栗）(Castanopsis chinensis)

1. 果枝；2. 坚果。

华南栲（华南锥）(Castanopsis concinna)

中文名称：短刺锥

学名：**Castanopsis echinocarpa** J. D. Hooker & Thomson ex Miquel, Ann. Mus. Bot. Lugduno -Batavi. 1: 119. 1863, 中国植物志 22: 65(1998), Flora of China 4: 30(1999)

科名：壳斗科 Fagaceae　属名：锥栗属 Castanopsis Spach

形态特征：乔木，通常高 7～15m，稀高达 25m，胸径 80cm，小枝干后暗褐或褐黑色，与果序轴相同均散生细小、色暗淡的皮孔，枝叶均无毛。叶厚纸质，椭圆形、卵形或披针形，顶端渐尖或突狭的尾状尖，基部近圆形或有时短尖，通常一侧略短且偏斜，通常有裂齿，两侧叶缘的裂齿数目不相等，稀近全缘，中脉在叶面微凹陷，很少近平坦，侧脉每边 9～13 条，支脉或隐约，或明显，叶背有颇紧实的蜡鳞层，嫩叶叶背红或黄棕色，成长叶暗棕或灰黄色，叶柄长 1～1.5cm。雄花序穗状或圆锥花序，雌雄花序轴均无毛或几无毛，雄蕊 12 或 10 枚；雌花的花柱 3 枚，稀 2 枚，长不及 0.5mm。果序长 10～20cm，少有较短。果序轴基部横切面径 2～3.5mm；壳斗圆球形，基部有时突狭窄呈极短的柄状，连刺径 15～20mm，少见开裂，刺粗而短，横切面三或四角，近似木质，通常长 1～3mm，有时仅有疣状凸起，有时刺的基部略连生成不连续的刺环，全被灰黄色微柔毛，壳斗有 1 坚果；坚果近圆球形或高稍过宽的圆锥形，顶部狭尖，径 10～13mm，无毛，果脐在坚果底部。花期 4～5 月；果翌年 8～10 月成熟。

分布与生境：尖峰岭；西藏、云南；孟加拉国、不丹、印度、缅甸、尼泊尔、泰国、越南。生于山地杂木林中。

注：手绘图引自中国植物志；彩图引自：http://zipcodezoo. com/Key/Plantae/Castanopsis_Genus. Asp.

中文名称：罗浮栲

学名：**Castanopsis fabri** Hance in J. Bot. 22: 230. 1884, 海南植物志 2: 345(1965), 中国植物志 22: 71(1998), Flora of China 4: 331(1999)

科名：壳斗科 Fagaceae　属名：锥栗属 Castanopsis Spach

形态特征：乔木，高达 18m，胸径约 40cm；树皮暗灰色；小枝具明显的棱，无毛；顶芽扁卵形至扁椭圆形，芽鳞具膜质边缘。叶革质，卵状长椭圆形或长椭圆形，长 2～17cm，宽 3～6cm，有时较大，上部渐狭，顶端渐尖，呈镰刀状，或上部短渐尖，基部阔楔尖至近圆形，腹面无毛，背面被棕黄色至红褐色毛状鳞秕，干后常呈灰黄色至苍灰色，全缘或近顶部有少数疏裂齿，中脉在腹面凹陷，侧脉每边 9～14 条，小脉纤细，在叶背颇明显；叶柄长 1～1.5cm。果序长 16～20cm；果常密集，极不对称，仅在背轴面有短刺；壳斗扁球形，被锈色绒毛，3 或 4 瓣裂；刺稍呈轮状排列，不完全遮盖壳斗表面，长 3～4mm，纤细，上部分枝，下部略扁且被毛、分枝短，顶端锐利；坚果 3 颗，有时其中 2 颗发育不全，无毛。花期 4～5 月；果期 9～12 月。

野外鉴别关键特征：叶革质，卵状长椭圆形或长椭圆形，上部渐狭，顶端渐尖，呈镰刀状，或上部短渐尖，基部阔楔尖至近圆形，腹面无毛，背面被棕黄色至红褐色毛状鳞秕。

分布与生境：海南中部以南各地；福建、广东、广西、贵州、湖南、江西、台湾、云南、浙江；老挝、越南。生于阳坡稍干燥的疏林中，在稍湿润的密林中少见。

利用：绿化山坡。

注：手绘图引自安徽植物志。

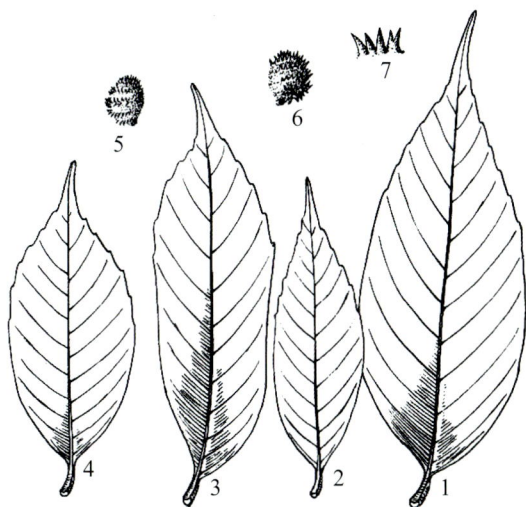

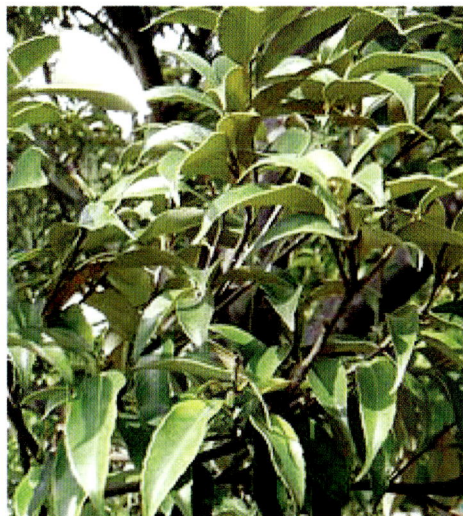

1-4. 叶，示叶形变化；5-6. 壳斗；7. 壳斗外壁的刺。

短刺锥 (Castanopsis echinocarpa)

1. 枝；2. 果序；3. 示总苞内部；4. 坚果。

罗浮栲 (Castanopsis fabri)

中文名称：鳌蓢栲（闽粤栲）

学名：**Castanopsis fissa**(Champ.)Rehd. & Wils. Sarg. Pl. Wils. 3: 203. 1916, 海南植物志 2: 346(1965), 中国植物志 22: 21(1998), Flora of China 4: 320(1999)

科名：壳斗科 Fagaceae　**属名**：锥栗属 Castanopsis Spach

形态特征：乔木，高 7～15m，胸径达 40cm；树皮褐灰色；小枝粗壮，初时具明显的槽纹，被褐锈色微柔毛。叶薄革质，倒卵状长椭圆形至倒披针形，或长椭圆形而两端渐狭，长 15～25cm，宽 4～8cm，顶端短尖，基部楔尖，边缘有稀疏圆锯齿或锐齿，背面初时被暗灰黄色微柔毛状鳞秕，后变灰色，中脉在腹面平坦或微凸起，侧脉每边 15～20 条，小脉纤细，干后在叶背颇明显；叶柄长达 2cm。果序长 7～15cm；果 2 年成熟，少数，单个散生，坚果脱落后壳斗仍宿存在轴上；壳斗无刺，完全包围坚果 1 颗，薄、阔卵形，高 1.5～2.5cm，或近球形而较小，成熟时上部破裂成不规则的开裂 3～4 片，内面被伏贴绢质柔毛，外面被微柔毛状锈色鳞秕；苞片鳞片状，细小，三角形，结果时多少消失，基部连成疏、略倾斜、间断或不间断环纹 3～4 条；坚果阔卵形或近圆形而顶端稍尖，长 1.2～2.2cm，除顶部被柔毛外无毛。花期 4～5 月；果期 8～11 月。

野外鉴别关键特征：壳斗无刺，完全包围坚果 1 颗。

分布与生境：东方、三亚、保亭、陵水、琼海等地；福建、广东、广西、贵州、湖南、江西、云南；泰国、越南。生于山坡疏林中，密林较少见。

利用：木材灰黄色，质轻，适作为家具用材，但易受白蚁侵蚀。

注：手绘图引自福建植物志。

中文名称：▲ 海南栲

学名：**Castanopsis hainanensis** Merr. in Philip. J. Sci. 21: 340. 1922, 海南植物志 2: 344(1965), 中国植物志 22: 35(1998), Flora of China 4: 323(1999), 广东植物志 9: 9(2009)

科名：壳斗科 Fagaceae　**属名**：锥栗属 Castanopsis Spach

形态特征：乔木，高 15～20m，胸径 50～70cm；树皮暗褐色；小枝幼时被短柔毛和黄锈色毛状鳞秕，毛逐渐脱落，密生褐色小皮孔。叶革质或厚革质，长椭圆状倒卵形或倒卵形，少有长椭圆形，长 8～17cm，宽 3～7cm，顶端骤狭急尖，急尖，或圆形，基部狭楔尖，腹面无毛，背面被灰黄色至淡红褐色微柔毛和鳞秕，边缘除基部外有疏锯齿，少有波状钝齿，侧脉每边 8～13 条，直达齿端，小脉密集，在叶背明显；叶柄长 1～1.5cm。果序长 14～17cm，果密集，近圆形，具短柄，有坚果 1 颗，通常辐射对称，连刺直径 3～4cm；刺密集，长 8～13mm，被短柔毛，多条在近基部处合生成束，完全遮蔽壳斗表面；坚果圆锥形或阔卵形，长 1.5cm，直径约 1.3cm，稍被毛。花期 3～5 月；果期 9～11 月。

野外鉴别关键特征：刺密集，完全遮蔽壳斗表面。

分布与生境：特有种，霸王岭、吊罗山、尖峰岭、鹦哥岭等。生于山地疏或密林中。

利用：木材淡黄色，质坚硬，适作为农具及家具用材。

注：手绘图引自海南植物志。

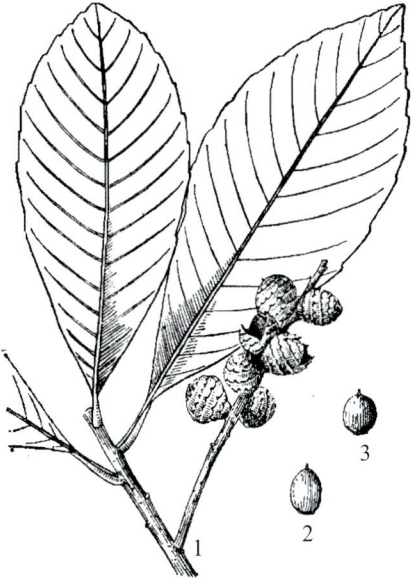

1. 果枝；2-3. 坚果。

黧蒴栲 (闽粤栲)(Castanopsis fissa)

1. 果枝；2. 雌花序的一部分；3. 雄花；4. 壳斗的
一部分。

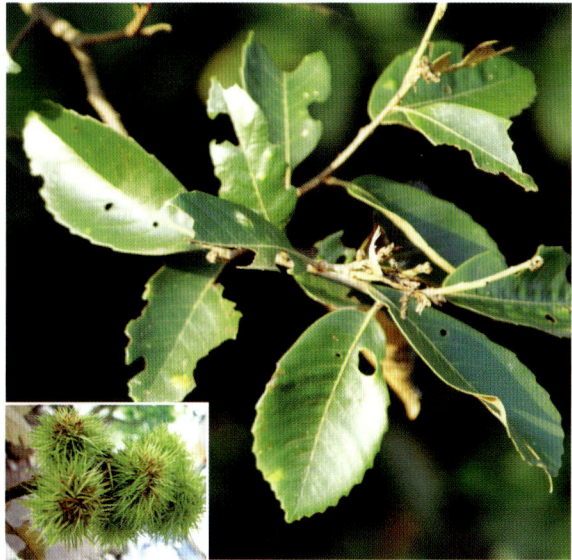

海南栲 (Castanopsis hainanensis)

中文名称：▲ 毛果锥（长刺牛锥）

学名：Castanopsis hairocarpa G. A. Fu, Guihaia. 21: 96, 2001, Flora of China Vol. 4(1999)

科名：壳斗科 Fagaceae　　**属名：**锥栗属 Castanopsis Spach

形态特征：常绿乔木，高达 16m，胸径达 32cm，树皮暗灰褐色。小枝密被微柔毛，老枝散生褐色开口皮孔。叶革质，长椭圆形或椭圆形，长 6 ～ 10.5cm，宽 4 ～ 7.5cm，顶端渐尖，钝或微凹，基部楔形和阔楔形，边缘除基部外具疏腺齿；侧脉每边 10 ～ 12 条，直达齿端，中脉与侧脉在背面密被微柔毛；叶柄长约 9mm，密被微柔毛。穗状花序；雄花花序长达 11cm，花萼倒卵形或浅杯状，6 深裂，顶端边缘具睫毛，雄蕊 8 ～ 10 枚，花丝长 1.5 ～ 3.5mm；雌花单朵或 2 朵聚生于一总苞内，子房 3 室，花柱通常 3 枚，稀 2 枚，长 0.8 ～ 1mm。穗状果序长 5 ～ 15cm，1 或 2 ～ 3 个聚生于果枝上；壳斗连刺直径 1.5 ～ 2.7cm，刺较长而软，长 5 ～ 12mm；壳斗仅包住坚果不够一半；坚果圆锥形，长达 2.2cm，密被锈色短柔毛和具粗棱。花期 7 ～ 8 月或 11 ～ 12 月；果期 9 ～ 10 月或 1 ～ 2 月。

野外鉴别关键特征：刺较长而软，长 5 ～ 12mm；壳斗仅包住坚果不够一半。

分布与生境：特有种，文昌。本种仅见于海南文昌市东北部森林中，资源甚少，急需进行人工管护与扩种。

利用：文昌村庄防护林树种。

注：手绘图引自：符国瑷 . 海南锥栗属新植物 . 广西植物，2001, 21(2): 95-98.

中文名称：刺栲（红锥）

学名：Castanopsis hystrix A. DC. in J. Bot. 1: 182. 1836, 海南植物志 2: 345(1965), 中国植物志 22: 28 (1998), Flora of China 4: 322(1999), 广东植物志 9: 9(2009)

科名：壳斗科 Fagaceae　　**属名：**锥栗属 Castanopsis Spach

形态特征：乔木，高 10 ～ 20m，胸径 50 ～ 80cm；树皮暗褐色；小枝幼时和花序均疏被短柔毛，毛早落，小枝暗褐色至褐黑色，有稀疏、不明显皮孔。叶革质，狭椭圆形或长椭圆状披针形，长 6 ～ 12（～ 15）cm，宽 2 ～ 3cm，上部渐狭，顶端渐尖，基部圆形或阔楔形延伸，全缘或顶部有少数细钝齿，叶背沿中脉有早落的疏柔毛，在面上密被锈色、卷绵毛状鳞秕，干后灰黄色或苍灰色；叶脉在叶腹面凹陷，侧脉每边 8 ～ 12 条，在叶背面和小脉均不明显；叶柄长 7 ～ 13mm，幼时被疏柔毛。果序长 4 ～ 10cm，通常有少数不发育的果；壳斗圆形，辐射对称，有坚果 1 颗，连刺直径 2.5 ～ 4cm，4 瓣裂，刺密生，完全遮蔽壳斗表面，长 6 ～ 13mm，通常数条至基部稍上处合生成束，被稀疏微柔毛，坚果圆锥形，高 8 ～ 15mm，无毛。花期 3 ～ 5 月；果期 9 ～ 11 月。

野外鉴别关键特征：叶背面密被锈色、卷绵毛状鳞秕。刺密生，完全遮蔽壳斗表面，长 6 ～ 13mm。

分布与生境：海南中部以南各地；福建、广东、广西、贵州、湖南、西藏、云南；不丹、柬埔寨、印度、老挝、缅甸、尼泊尔、斯里兰卡、越南。生于山地疏或密林中。

利用：木材红褐色，质坚实，耐湿，不受白蚁蛀蚀，适作为交通、建筑用材；种子可生食。

注：手绘图引自贵州植物志。

1. 枝叶；2. 雄花；3. 雄花序；4. 雌花序；5. 带坚果壳斗；6. 坚果。

毛果锥 (长刺牛锥)(Castanopsis hairocarpa)

1. 枝；2. 叶背一部分；3. 果序一部分。

刺栲 (红锥)(Castanopsis hystrix)

中文名称：印度栲（黄楣）

学名：**Castanopsis indica**(Roxb.)A. DC. in J. Bot. 1: 182. 1863, 海南植物志 2: 344(1965), 中国植物志 22: 34(1998), Flora of China 4: 323(1999), 广东植物志 9: 8(2009)

科名：壳斗科 Fagaceae　　**属名**：锥栗属 Castanopsis Spach

形态特征：乔木，高达 20m，胸径 80cm；树皮灰褐色，片状脱落；幼枝、叶柄和花序均被短柔毛。叶厚革质，长椭圆形或卵状长椭圆形，长 8 ～ 20cm，宽 4 ～ 10cm，顶端短尖至短渐尖，基部阔楔尖至近圆形，干时红褐色，背面常被短柔毛，边缘除基部外，有疏离、顶端内弯的尖锐锯齿，中脉在叶面微凹陷，初时被微柔毛，侧脉每边 15 ～ 24 条，直达齿端，腹面微凹陷，小脉密集，平行，甚明显；叶柄长 1 ～ 1.5cm，初时被短柔毛。果序长 10 ～ 25cm，果无柄，密集在直径 3mm 的总轴上；壳斗圆形，辐射对称，具密集的长刺，4 瓣裂，有坚果 1 颗，壁薄。内面被丝质毛，外面被黑色绒毛；刺针状，直，纤细，分枝或不分枝，长短不一，完全遮蔽壳斗表面；坚果椭圆形至扁椭圆形，浅褐色，被柔毛，顶部有短尖。花期 4 ～ 5 月；果期 10 ～ 12 月。

野外鉴别关键特征：叶边缘除基部外，有疏离、顶端内弯的尖锐锯齿。壳斗圆形，辐射对称，具密集的长刺。刺针状，直，纤细，分枝或不分枝，长短不一，完全遮蔽壳斗表面。

分布与生境：海南岛中部以南各地；广东、广西、台湾、西藏、云南；孟加拉国、不丹、印度、老挝、缅甸、尼泊尔、斯里兰卡、泰国、越南。生于山地疏或密林中。

利用：本种是亚热带、热带常绿阔叶林中常见大乔木之一，常成纯林。木材暗红褐色，纹理细致，材质坚硬，干后不易爆裂，适作为建筑及交通用材；种子可生食。

注：手绘图引自西藏植物志。

中文名称：▲ 尖峰栲

学名：**Castanopsis jianfenglingensis** Duanmu in Silv. Sci. 8(2): 187. 1963, 中国植物志 22: 43(1998), Flora of China 4: 325(1999), 广东植物志 9: 12(2009)

科名：壳斗科 Fagaceae　　**属名**：锥栗属 Castanopsis Spach

形态特征：乔木，高达 20m，胸径 50cm，嫩枝及嫩叶叶背被很早脱落的单毛及星芒状毛，毛甚短，兼有红棕或灰棕色细片状蜡鳞，二年生枝有灰黄色皮孔。叶厚纸质，卵状椭圆形或长圆形，稀阔卵形，长 12 ～ 24cm，宽 5 ～ 8cm，全缘，稀兼有在顶部叶缘有少数浅钝裂齿的叶，顶部长渐尖，基部阔楔形，常一侧稍短且偏斜，中脉在叶脉微凹陷，很少近基部一段平坦或微凸起，侧脉每边 12 ～ 14 条，支脉纤细，两面近同色；叶柄长 2.5 ～ 3.5cm（嫩叶的叶柄甚短），果序长 5 ～ 15cm，果序轴横切面径 2 ～ 3mm；壳斗近圆球形，连刺横径 20 ～ 30mm，基部收窄呈短柄状，斜向上升着生于果序轴上，刺长 3 ～ 6mm，通常多条在基部合生成束，少数离生，壳斗向轴面无刺，被褐锈色或灰黄色微柔毛及蜡鳞；坚果椭圆形，高 12 ～ 20mm，密被红锈色短伏毛，果脐位于坚果的底部。果期 10 ～ 11 月。

野外鉴别关键特征：叶厚纸质，卵状椭圆形或长圆形，稀阔卵形，长 12 ～ 24cm，宽 5 ～ 8cm，全缘，顶部长渐尖；壳斗近圆球形，连刺横径 20 ～ 30mm，基部收窄呈短柄状，斜向上升着生于果序轴上，刺长 3 ～ 6mm，通常多条在基部合生成束，少数离生，壳斗向轴面无刺。

分布与生境：特有种，尖峰岭。生于海拔 500 ～ 800m 山地常绿阔叶林中。

利用：山地森林恢复树种。

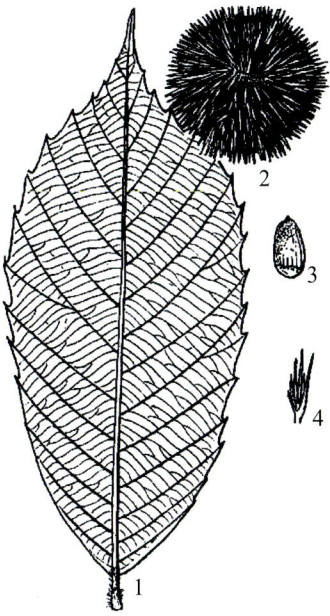

1. 叶；2. 壳斗；3. 坚果；4. 壳斗刺。

印度栲 (黄楣)(Castanopsis indica)

尖峰栲 (Castanopsis jianfenglingensis)

中文名称：乌楣栲

学名：**Castanopsis jucunda** Hance in J. Bot. 22: 230. 1884, 中国植物志 22: 58(1998), Flora of China 4: 328 (1999). ——Castanopsis formosana(Skan)Hayata, Icon. Pl. Formos. 3: 189. 1913, 海南植物志 2: 345(1965), 中国植物志 22: 49(1998), 广东植物志 9: 11(2009)

科名：壳斗科 Fagaceae　　属名：锥栗属 Castanopsis Spach

形态特征：乔木，高达 26m，胸径 80cm，树皮灰黑色，块状脱落，当年生枝及新叶叶面干后褐黑色，芽鳞、嫩枝、嫩叶叶柄、叶背及花序轴均被早脱落的红棕色略松散的蜡鳞，枝、叶均无毛。叶纸质或近革质，卵形、卵状椭圆形或长椭圆形，常兼有倒卵形或倒卵状椭圆形，长 10 ～ 18cm，宽 4 ～ 8cm，顶部短或渐尖，基部近圆形或阔楔形，常一侧略短且偏斜，或两侧对称，叶缘至少在中部以上有锯齿状、很少波浪状裂齿，裂齿通常向内弯钩，中脉在叶面凹陷，侧脉每边 8 ～ 11 条，直达齿尖，支脉甚纤细；叶柄长 1 ～ 2.5cm。雄花序穗状或圆锥花序，花序轴无毛，花被裂片内面被短卷毛；雄蕊通常 10 枚；雌花序单穗腋生，各花部无毛，花柱 3 或 2 枚，长不超过 1mm。果序长达 15cm，果序轴较其着生的小枝纤细；壳斗近圆球形，包括刺直径 25 ～ 30mm，基部无柄，3 ～ 5 瓣裂，刺长 6 ～ 10mm，多条在基部合生成束，有时又横向连生成不连续刺环，刺及壳斗外壁被灰棕色片状蜡鳞及微柔毛，幼嫩时最明显；坚果阔圆锥形，高 11 ～ 15mm，横径 10 ～ 13mm，无毛或几无毛。花期 4 ～ 5 月；果翌年 9 ～ 10 月成熟。

野外鉴别关键特征：叶纸质或近革质，卵形、卵状椭圆形或长椭圆形，常兼有倒卵形或倒卵状椭圆形。

分布与生境：海南各地；安徽、福建、广东、广西、贵州、湖北、江苏、江西、台湾、浙江；越南。生于海拔 450m 以下的疏林中。

利用：木材淡黄色，质颇坚实；种子煮熟可食。

注：手绘图引自安徽植物志；黄楣栲、台湾锥（Castanopsis formosana）被 Flora of China 归并为乌楣栲（Castanopsis jucunda）。

中文名称：青钩栲（吊皮锥，赤栲）

学名：**Castanopsis kawakamii** Hayata, J. Coll. Sci. Imp. Univ. Tokyo. 30(1): 300. 1911, 中国植物志 22: 26(1998), Flora of China 4: 321(1999)

科名：壳斗科 Fagaceae　　属名：锥栗属 Castanopsis Spach

形态特征：乔木，高 15 ～ 28m，胸径 30 ～ 80cm，树皮纵向带浅裂，老树皮脱落前为长条（长达 20cm）如蓑衣状吊在树干上，新生小枝暗红褐色，散生颜色苍暗的皮孔，枝、叶均无毛。嫩叶与新生小枝近同色，成长叶革质，卵形或披针形，长 6 ～ 12cm，宽 2 ～ 5cm，很少更宽，顶部长尖，基部阔楔形或近圆形，对称或一侧略短且偏斜，全缘，很少在近顶部有 1 ～ 3 小裂齿，中脉在叶面平坦或上半段微凹陷，近基部一段稍凸起，侧脉每边 9 ～ 12 条，网状叶脉明显，两面同色；叶柄长 1 ～ 2.5cm。雄花序多为圆锥花序，花序轴被疏短毛，雄蕊 10 ～ 12 枚；雌花序无毛，长 5 ～ 10cm，花柱 3 或 2 枚，长不及 1mm。果序短，壳斗有坚果 1 个，圆球形，连刺横径 60 ～ 80mm，刺长 20 ～ 30mm，合生至中部或中部稍下呈放射状多分枝的刺束，将壳壁完全遮蔽，成熟时 4 瓣、很少 5 瓣开裂，刺被稀疏短毛或几无毛，壳斗内壁密被灰黄色长绒毛；坚果扁圆形，高 12 ～ 15mm，横径 17 ～ 20mm，密被黄棕色伏毛，果脐占坚果面积的 1/3 或很少近一半。花期 3 ～ 4 月；果翌年 8 ～ 10 月成熟。

分布与生境：尖峰岭；福建、广东、广西、江西、台湾；越南。生于海拔 1000m 以下的山地疏林或密林中。

利用：易加工，是优质的家具及建筑材，属红锥类，是重要用材树种。

注：彩图由何中声（叶彩图）、陈世品（果彩图）拍摄。

1. 果枝；2. 坚果。

乌楣栲 (Castanopsis jucunda)

青钩栲 (吊皮锥，赤栲)(Castanopsis kawakamii)

中文名称：乐东锥（短刺坡锥）

学名：**Castanopsis ledongensis** Huang et Y. T. Chang in Guihaia. 10(1): 5. 1990, 中国植物志 22: 51(1998), Flora of China 4: 326(1999), 广东植物志 9: 10(2009)

科名：壳斗科 Fagaceae　**属名**：锥栗属 Castanopsis Spach

形态特征：乔木，高约 18m，胸径 20cm，小枝暗褐或褐黑色，皮孔多，黄棕或白灰色，新生枝与雄花序轴均被早脱落的微柔毛及红棕色细片状蜡鳞。叶硬纸质，长圆形，有时兼有倒卵状椭圆形的叶，长 5～9cm，宽 2～3.5cm，顶部短尖或短尾状尖，基部短楔尖，有时两侧稍不对称，叶缘有疏浅裂齿，中脉在叶面凹陷，侧脉每边 9～12 条，支脉甚纤细或不显；新生嫩叶背面沿中脉被甚稀疏长伏毛，毛不久即脱落，有红褐色细片状稍紧实的蜡鳞层；叶柄长稀超过 1cm。雄圆锥花序长达 10cm；雄花的花柱长约 1/2mm；果序长达 16cm，果序轴横切面径 1.5～2mm，无毛；壳斗近圆球形，连刺横径很少达 20mm，下部及向轴面无或几无刺，基部突然收窄且略延长呈短柄状，刺长 3～5mm，稀稍更长，横切面三或四角形，基部宽而扁，有时多条在基部横向连生呈鸡冠状，被微柔毛及褐色蜡鳞，壳斗开裂为 2 瓣；坚果阔圆锥形，横径 10～12mm，顶端锥尖，有稀疏细伏毛，果脐位于底部。果期 10～11 月。

分布与生境：昌江、乐东；广东。生于海拔 850m 的山地阳坡处。

注：标本引自中国科学院成都生物研究所。

中文名称：▲ 油锥（假牛锥）

学名：**Castanopsis oleifera** G. A. Fu, Guihaia. 21: 97, 2001, Flora of China Vol. 4(1999)

科名：壳斗科 Fagaceae　**属名**：锥栗属 Castanopsis Spach

形态特征：常绿乔木，高达 12m，胸径达 28cm，小枝密被微柔毛，老枝散生灰白色皮孔。叶革质，长圆形或长椭圆形，长 4.5～9cm，宽 2～4cm，先端渐尖或长渐尖，基部阔楔形，稀圆钝，背面无毛，边缘 1/2～2/3 具疏而利的腺齿；侧脉每边约 9 条，直达齿端；叶柄长约 9mm，无毛。穗状花序；雄花花序长 2.5～3.5cm，2～7 朵花聚生于花枝上，其中仅 2～3 朵发育，花萼倒卵形或浅杯状，5 深裂，稀 6 深裂，顶端边缘具睫毛；雄蕊 10 枚，稀 8 枚，花丝长 3～4mm；雌花花序长 8～11cm，密被灰白色微柔毛，单朵或 2 朵聚生于一总苞内，子房 3 室，花柱 3 枚，稀 2 枚，长 1～1.5mm。穗状果序长 6～13cm，果单生或 2 个聚生于果枝节上，壳斗不开裂或开裂，壳斗连刺直径 2～2.5cm，刺长约 8mm；坚果圆筒形，具棱，初被微柔毛，后渐脱落，仅顶部微柔毛宿存；果脐面积为 8mm×7mm，凸起。花期 1～3 月；果期 10～12 月。

野外鉴别关键特征：本种与海南栲近缘，不同在于本种叶为长圆形或长椭圆形，侧脉呈弓形弯拱；而海南栲叶为倒卵形或倒卵状椭圆形，侧脉直达齿端。差别较大，容易鉴别。

分布与生境：特有种，文昌。本种仅见于文昌东部海拔约 20m 森林中，资源甚少，急需保护与扩种，以免绝种。

利用：文昌村庄，防护林树种。

注：手绘图引自：符国瑗 . 海南锥栗属新植物 . 广西植物，2001, 21(2): 95-98.

乐东锥 (短刺坡锥)(*Castanopsis ledongensis*)

1. 枝叶；2. 雄花；3. 雌花序；4. 带坚果壳斗；5. 坚果。

油锥 (假牛锥)(*Castanopsis oleifera*)

中文名称：▲ 琼北锥

学名：**Castanopsis qingbeiensis** G. A. Fu, Guihaia. 21: 96, 2001, Flora of China Vol. 4(1999)

科名：壳斗科 Fagaceae　属名：锥栗属 Castanopsis Spach

形态特征：常绿乔木，高 4～9m，胸径 14～20cm，树皮暗灰褐色。小枝无毛，老枝散生灰色凸起皮孔。叶革质，卵状披针形或卵状长圆形与卵状椭圆形，长 6.5～9.5（～11.5）cm，宽 2～3.5（～4.5）cm，先端长渐尖，基部阔楔形或近圆形，常偏斜，2/3 边缘具疏而利的腺齿；侧脉每边 9～10 条，直达齿端，叶柄长 10～12mm，无毛。穗状花序；雄花花序长 2.5～3.5cm，花萼倒卵形，6 深裂，顶端边缘具睫毛，雄蕊 10～12 枚，花丝长 3～4mm；雌花花序长 5～6cm，单朵或 2 朵聚生于一总苞内，子房 3 室，花柱通常 3 枚，稀 2 或 4 枚，长 1～1.5mm，向外卷曲。穗状果序长 7～8.5cm，单个或 2 个着生于果枝上；壳斗连刺直径达 3.5cm，刺长 5～9mm，刺除顶端外被微柔毛，有时中部以上有 2～5 枚分枝刺；坚果圆筒形或圆球形，初被微柔毛，毛除顶端外，后渐脱落；果脐直径 6～9mm，凸起。花期 1～4 月；果期 10 月至翌年 1 月。

野外鉴别关键特征：本种与桂林栲（Castanopsis chinensis）近缘，不同在于本种叶为卵状披针形或卵状长圆形与卵状椭圆形，以及叶质地较坚硬等，容易区别。

分布与生境：特有种，文昌。生于森林中。

利用：文昌村庄，防护林树种。

注：手绘图引自：符国瑗 . 海南锥栗属新植物 . 广西植物，2001, 21(2): 95-98.

中文名称：公孙锥（细刺栲，越南白椎）

学名：**Castanopsis tonkinensis** Seem. in Bot. Jahrb. Beibl. 23: 55. 1897, 中国植物志 22: 45(1998), Flora of China 4: 325(1999)

科名：壳斗科 Fagaceae　属名：锥栗属 Castanopsis Spach

形态特征：乔木，高 10～20m，胸径达 40cm，嫩叶背面有红褐色细片状颇松散的蜡鳞层，且沿中脉被少数早脱落的长直毛，树皮浅纵裂，枝、叶均无毛，皮孔小，多，微凸起。叶略厚纸质，披针形，长 6～13cm，宽 1.5～4cm，顶部长渐尖，有时具短的锐尖头，基部狭楔尖，沿中脉下延，对称或一侧稍偏斜，全缘，叶面深绿，叶背浅绿，中脉在叶面近凹陷，侧脉每边 9～13 条，支脉纤细；叶柄长 1～2cm。雌、雄花序轴被甚早脱落性的丛状微柔毛及细片状蜡鳞；雄圆锥花序的顶部常着生 1～3 穗；雌穗状花序，长达 20cm；雌花的花柱 3 或 2 枚，长稍超过 1mm，近基部被疏短毛。壳斗阔椭圆形或卵形，稀个别近圆球形，基部突然收缩且稍延长呈短柄状，倾斜向上着生于果序轴，连刺横径 20～30mm，刺长 6～10mm，成熟壳斗的壳壁及刺几无毛，干后暗褐黑色，刺很少完全遮蔽壳斗外壁；每壳斗有 1 坚果，坚果长圆锥形或宽椭圆形，横径 9～12mm，密被棕色长伏毛，果脐位于坚果底部。花期 5～6 月；果翌年 9～10 成熟。

野外鉴别关键特征：叶略厚纸质，披针形，顶部长渐尖，有时具短的锐尖头，基部狭楔尖。很少完全遮蔽壳斗外壁；每壳斗有 1 坚果。

分布与生境：海南有分布；广东、广西、云南；越南。常生于海拔 1200～1300m 山地。

利用：树干直，老龄树的树皮浅纵裂，木材淡黄褐色，心边材无明显界线，年轮明显，生长不均匀，木材的木射线宽窄不等，不规则间隔，早材的管孔大，但结构尚密致。材质坚实，不收缩，少爆裂，属优良用材，适作为车、船、梁、柱、地板、家具等材。

注：手绘图引自中国植物志。

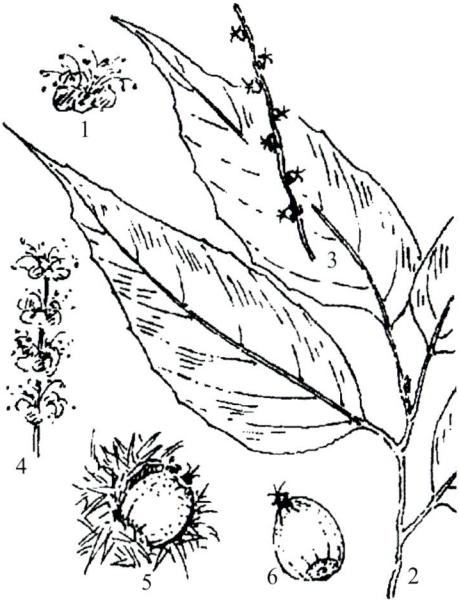

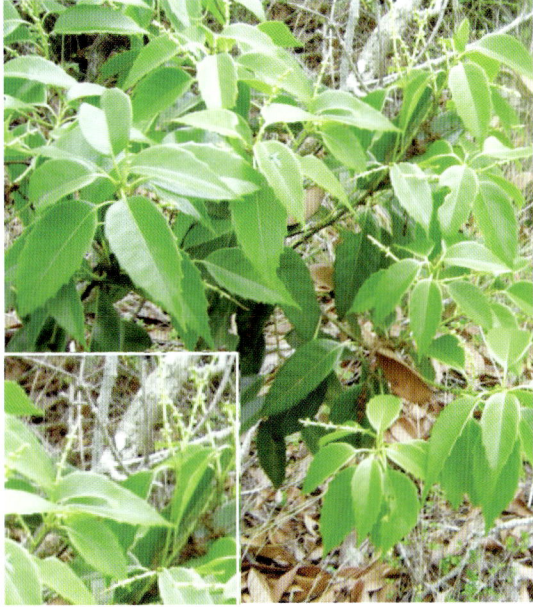

1. 雄花；2. 枝叶；3. 雌花序；4. 雄花序；5. 带坚果壳斗；
6. 坚果。

琼北锥 (Castanopsis qingbeiensis)

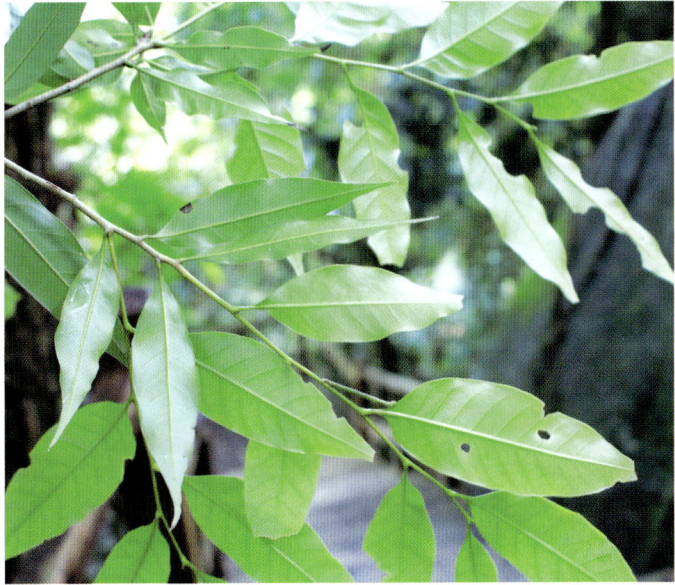

1-2. 叶；3. 果序。

公孙锥 (细刺栲，越南白椎)(Castanopsis tonkinensis)

中文名称：▲ 波叶锥

学名：**Castanopsis undulatifolia** G. A. Fu, sp. nov.

科名：壳斗科 Fagaceae　　**属名**：锥栗属 Castanopsis Spach

形态特征：常绿乔木，高 4.5 ～ 6m，胸径 10 ～ 18cm，树皮暗灰褐色，幼枝、叶柄、花序轴密被灰黑色微柔毛，老枝散生灰褐色皮孔，叶厚革质，长圆形，稀椭圆形，长 6.7 ～ 12.8cm，宽 2.4 ～ 4cm，顶端渐尖或急尖，钝头或微凹，基部圆或钝，稀阔楔形，腹面无毛，背面被锈色鳞秕与微柔毛，边缘骨质，除基部外，波状起伏或具疏锯齿，侧脉顶端具腺齿，叶脉每边通常 9 条，直达齿端，叶柄长 9 ～ 15mm，基部稍膨大。穗状花序，长达 4cm；雄花花萼 6 深裂，倒卵形或近椭圆形，边缘及背面被短柔毛，雄蕊 10 枚，长约 3.4cm，雌花单朵或 2 朵聚生于总苞内，花萼 6 深裂，子房 3 室，花柱 8 枚，稀 1 ～ 2 枚，长约 1mm，穗状果序长 6.5 ～ 10.5cm；果 1 ～ 4 个聚生于果枝上，壳斗连刺直径 2 ～ 2.5cm，壳斗刺长 3 ～ 5mm，被短柔毛，完全遮盖壳斗或遮盖大部分，坚果圆锥形，长约 1.4cm，直径约 1.3cm，外面被短柔毛，顶端具 3 条突棱，基部果脐长 10mm，宽 6mm。花期 3 ～ 4 月；果期 9 ～ 10 月。

野外鉴别关键特征：本种与海南栲近缘，不同在于本种叶为长圆形，基部圆或钝，边缘除基部外，波状起伏，具腺齿，穗状果序较短，壳斗较小（对比 2 种的性状描写）。

分布与生境：特有种，文昌东北部。生于低海拔森林中。

利用：文昌农村周边植物，防护林树种。

注：手绘图引自：符国瑗 . 中国锥属一新种 . 广西植物，1994, 14(4): 301-302.

中文名称：▲ 文昌锥

学名：**Castanopsis wenchangensis** G. A. Fu et Huang in Act. Phytotax. Sin. 27(2): 151. 1989, 中国植物志 22: 64(1998), Flora of China 4: 329(1999), 广东植物志 9: 12(2009)

科名：壳斗科 Fagaceae　　**属名**：锥栗属 Castanopsis Spach

形态特征：乔木，高 5 ～ 8m，胸径 15 ～ 20cm，顶芽近圆球形，枝、叶、芽鳞及花序轴均无毛，当年生枝及壳斗干后黑褐色，小枝有微凸起的小皮孔。叶革质，新生嫩叶叶背有紧贴的与叶背同色稀薄的蜡鳞层。成长叶两面同色，披针形或卵形，通常长 5 ～ 9cm，宽 2 ～ 3.5cm，较大的长 12cm，宽 6cm，较小的长约 3cm，宽 1.2cm，顶部渐尖，稀短尖，基部近圆形或急尖，边缘有浅或深的锯齿状锐齿，齿尖有小硬体，齿端稍向内弯，中脉至少下半段及侧脉在叶面均凸起，很少兼有中脉微凹陷的叶（多属二年生叶），侧脉每边 6 ～ 10 条，直达齿端，支脉不显或甚纤细；叶柄长 1 ～ 2cm。花序轴无毛，雌花序长 3 ～ 9cm，花柱 2 ～ 3 枚，长达 1.5mm，花柱下半段被早脱落的短柔毛。果序长 4 ～ 5cm，果序轴横切面直径 1 ～ 1.5mm，有成熟壳斗 1 ～ 6 个，壳斗近圆球形，全包坚果，径 15 ～ 20mm，基部突然狭窄而稍延长呈短柄状，不等大的 4 或 3 瓣开裂，被稀疏微柔毛及细片状蜡鳞，近基部无或几无刺，刺疏生，或少数在基部合生成刺束，长 2 ～ 4mm；坚果近圆球形，顶部锥尖且稍长及被微柔毛，径 13 ～ 14mm，果脐位于底部。花期 7 ～ 8 月；果翌年 10 ～ 12 月成熟。

分布与生境：特有种，文昌。生于村边疏林中。

利用：文昌村庄防护林树种。

注：手绘图引自中国植物志。本种与海南栲近缘。不同在于其叶较小，长 4.5 ～ 6.5cm，宽 1.9 ～ 3.1cm，顶端渐尖，基部钝或阔楔形，侧脉每边 6 ～ 7 条；坚果较小，连刺直径 1 ～ 2.2 cm，壳斗刺较粗短，易区别。

1. 雄花；2. 枝叶；3. 雌花序；4. 雄花序；5. 叶；6. 带坚果壳斗；7. 坚果。

波叶锥 (Castanopsis undulatifolia)

1. 果枝；2. 壳斗外壁的刺。

文昌锥 (Castanopsis wenchangensis)

中文名称： ▲ 五指山锥

学名： **Castanopsis wuzhishangensis** G. A. Fu, Guihaia. 21: 95, 2001, Flora of China Vol. 4(1999)

科名：壳斗科 Fagaceae   属名：锥栗属 Castanopsis Spach

形态特征：常绿乔木，树干通直，高达 19m，胸径达 26 ～ 32cm，树皮暗灰色或浅灰黑色，韧皮部黄褐色；小枝黑褐色，无毛。叶革质，长圆形，两端渐狭，长 5.5 ～ 10.5cm，宽 1 ～ 2.8cm，顶端尾状渐尖，基部楔形或阔楔形，干时上面亮绿色，无毛，背面被锈色或灰黄色鳞秕，上部边缘具疏腺齿；中脉于上面下凹，侧脉每边 10 ～ 11 条，背面明显凸起；叶柄长约 7mm。穗状花序；雄花花序长 4.5 ～ 12.5cm，花 1 ～ 3 朵着生于花枝节上；花序轴初被短柔毛；花萼倒卵形或浅杯状，6 深裂，顶端边缘具睫毛；雄蕊 10 ～ 13 枚，花丝长 3.5 ～ 4mm。雌花花序长 6 ～ 15cm，单朵或 2 朵聚生于总苞内；子房 3 室，花柱 3 枚，稀 2 枚，花柱长约 1mm。穗状果序，长 5.5 ～ 14cm，果单生或 2 ～ 3 个聚生于果枝上；坚果扁圆球形，直径约 1.2cm，顶端具棱；壳斗连刺直径 13 ～ 20mm，刺长 2 ～ 5mm，被微柔毛；刺仅部分遮蔽壳斗表面；果脐面积为 9mm×6mm，平坦。花期 8 ～ 9 月；果期 10 ～ 11 月。

分布与生境：特有种，五指山。生于海拔 700 ～ 850m 原生或次生雨林中。

注：手绘图引自：符国瑗 . 海南锥栗属新植物 . 广西植物 , 2001, 21(2): 95-98.

中文名称： ▲ 白枝青冈

学名： **Cyclobalanopsis albicaulis** (Chun et Ko)Y. C. Hsu et H. W. Jen in Journ. Beij. Forest. Univ. 15(4): 45. 1993, 中国植物志 22: 284(1998), Flora of China 4: 388(1999), 广东植物志 9: 40(2009). ——Quercus albicaulis Chun & Ko in Act. Phytotax. Sin. 7: 33. 1958, 海南植物志 2: 358(1965)

科名：壳斗科 Fagaceae   属名：青冈属 Cyclobalanopsis Oersted

形态特征：乔木，高 12 ～ 15m；幼枝有棱，无毛，小枝白色带象牙色，圆柱状，有小疱状皮孔。叶薄革质，异形，小的椭圆状披针形或卵状披针形，长 9 ～ 11cm，宽 2.5 ～ 3.5cm，大的椭圆形或卵状披针形，长 12 ～ 20cm，宽 4 ～ 6cm，顶端长渐尖，具略弯的尖头，基部楔尖，沿叶柄下延，边缘浅或深波状，干后背面淡棕色，两面无毛，中脉在腹面凹陷，侧脉每边 6 ～ 8 条，近叶缘处上弯，小脉网状，稠密，干后两面均明显；叶柄长 2 ～ 3.5cm。雄花序聚生于嫩枝上部叶腋，与新叶同时抽出，花序稍有毛或无毛；雌花序长 2 ～ 3cm，有花 2 ～ 3 朵，果 2 年成熟；壳斗（未成熟的）包住坚果，木质，球状陀螺形，直径约 1cm，外面被灰黄色微柔毛，环带 7 ～ 8，等宽，全缘；坚果扁球形，栗褐色，光亮，无毛，柱座突起，圆锥状，基部周围有环枕。花期 10 月。

分布与生境：特有种，三亚。生于杂木林中。

注：手绘图引自中国植物志；标本引自华南植物园。

1. 枝叶；2. 雄花序；3. 雄花；4. 雌花序；5. 坚果；6. 带坚果壳斗。

五指山锥 (Castanopsis wuzhishangensis)

1. 果枝；2. 叶；3. 壳斗及坚果。

白枝青冈 (Cyclobalanopsis albicaulis)

中文名称：槟榔青冈

学名：**Cyclobalanopsis bella**(Chun et Tsiang)Chun ex Y. C. Hsu et H. W. Jen in Journ. Beij. Forest. Univ. 15(4): 45. 1993, 中国植物志 22: 302(1998), Flora of China 4: 393(1999), 广东植物志 9: 40(2009). ——Quercus bella Chun & Tsiang in Journ. Arn. Arb. 28: 326. 1927, 海南植物志 2: 358(1965)

科名：壳斗科 Fagaceae　属名：青冈属 Cyclobalanopsis Oersted

形态特征：乔木，高 10～15m；当年生枝有细棱，无毛；二年生枝黑褐色，有时具不明显的皮孔；芽细小，阔卵形或近圆形，芽鳞无毛。叶厚纸质，长椭圆状披针形，长 8～16cm，宽 2.5～4cm，顶端狭渐尖，基部渐尖，近顶部或中部以上有细小的裂齿，背面被早落的伏贴疏柔毛，老时灰绿色，无毛；中脉在腹面平坦，侧脉每边 10～16 条，支脉平行、密集，小脉网状，在叶背明显；叶柄长 1～2.5cm。雌花序比叶柄短，通常有花 2 朵；花柱 4，被毛，长 1～1.5mm。壳斗木质，略厚，浅碟状，近平坦，宽 2.2～3cm，高 5mm，外面被灰黄色微柔毛，毛逐渐脱落，内面被棕黄色长伏贴柔毛；环带 6～8，坚果近球形，略扁，直径 2.2～2.8cm，长 1.5～2cm，基部近截平，幼时密被微柔毛，成熟时近无毛，柱座高达 3mm，果脐略凹陷，略粗糙，边缘平滑，颜色较浅，直径 10～14mm。花期 2～4 月；果期 10～12 月。

野外鉴别关键特征：壳斗木质，略厚，浅碟状，近平坦，外面被灰黄色微柔毛，毛逐渐脱落，内面被棕黄色长伏贴柔毛；环带 6～8，坚果近球形，略扁，基部近截平。

分布与生境：东方、保亭；广东、广西。生于中海拔山谷密林中。

利用：木材供器具、家具用材；树干可培养香菇。据资料：种子含碳水化合物 40.37%，其中，可溶性糖 0.55%，淀粉 35.86%，水分 13.4%。

注：手绘图引自中国植物志。

中文名称：栎子青冈

学名：**Cyclobalanopsis blakei**(Skan)Schott. in Bot. Jahrb. Syst. 47: 648. 1912, 中国植物志 22: 304(1998), Flora of China 4: 393(1999), 广东植物志 9: 41(2009). ——Quercus blakei Skan in Hook. Ic. Pl. 27, pl. 2662. 1900, 海南植物志 2: 361(1965)

科名：壳斗科 Fagaceae　属名：青冈属 Cyclobalanopsis Oersted

形态特征：乔木，高 10～20m；当年生枝无毛，干后褐黑色；二年生枝密生皮孔；芽近球形，细小，芽鳞几无毛。叶厚纸质，长椭圆状披针形或倒披针形，大小不一，大的长 12～18cm，宽 3～6cm，小的长 7～12cm，宽 1.5～2.5cm，两端渐狭尖，中部以上边缘具浅锯齿，嫩时两面被红褐色长绒毛，毛极早脱落，干后背面褐色或淡棕色，中脉在腹面凸起，侧脉每边 8～14 条，支脉纤细，近平行，在幼叶的背面很明显；叶柄纤细，长 1.5～3cm，腹面平坦。雌花序长 1～2cm，有花 1～3 朵；花柱 3～5，长 1～1.5mm。果单个或成对着生于长 1～1.5cm 的果轴上；壳斗浅碟状，宽 2～3cm，高 5～8mm，稀更高，包围坚果基部，外面被暗黄色短绒毛，内面被红棕色长伏毛，环带 6～7，幼时各环具锯齿，成熟时仅最下面的 1～2 环具细锯齿，其余全缘；坚果阔卵形至椭圆状卵形，长 2.5～3.5cm，直径 1.5～2.2cm，柱座凸起，基部截平，被稀疏的黄色柔毛，毛逐渐脱落，果脐扁平或稍凹陷，直径 7～11mm。花期 3 月；果期 10～12 月。

野外鉴别关键特征：壳斗浅碟状，包围坚果基部，外面被暗黄色短绒毛，内面被红棕色长伏毛，环带 6～7，坚果阔卵形至椭圆状卵形。

分布与生境：东方、乐东、琼中、陵水、白沙等地；广东、广西、贵州；老挝、越南。生于中海拔的山谷密林或灌丛中。

注：手绘图引自中国植物志。

1. 果枝；2. 壳斗；3. 坚果；4. 叶。

槟榔青冈 (Cyclobalanopsis bella)

1-2. 果枝；3. 壳斗及坚果；4-5. 坚果；6. 坚果底部。

栎子青冈 (Cyclobalanopsis blakei)

中文名称：岭南青冈

学名：**Cyclobalanopsis championii**(Benth.)Oerst. in Vid. Medd. Nat. For. Kjoeb. 18: 79. 1867, 中国植物志 22: 281(1998), Flora of China 4: 388(1999), 广东植物志 9: 41(2009). ——Quercus championi Benth. in Journ. Bot. Kew. Misc. 6: 113. 1854, 海南植物志 2: 363(1965)

科名：壳斗科 Fagaceae　　属名：青冈属 Cyclobalanopsis Oersted

形态特征：常绿乔木，高达 20m，胸径达 1m，树皮暗灰色。薄片状开裂。小枝有沟槽，密被灰褐色星状绒毛。叶片厚革质，聚生于近枝顶端，倒卵形有时为长椭圆形，长 3.5～10（～13）cm，宽 1.5～4.5cm，顶端短钝尖，稀微凹，基部楔形，全缘，稀近顶端有数对波状浅齿，叶缘反曲，中脉、侧脉在叶面凹陷，侧脉每边 6～10 条，叶面深绿色，无毛，叶背密生星状绒毛，星状毛有 15 个以上分叉，中央呈鳞片状，覆以黄色粉状物，毛初为黄色，后变为灰白色；叶柄密被褐色绒毛。全体被褐色绒毛；雌花序长达 4cm，有花 3～10 朵，被褐色短绒毛。壳斗碗形，包着坚果 1/3～1/4，直径 1～1.3（～2）cm，高 0.4～1cm，内壁密被苍黄色绒毛，外壁被褐色或灰褐色短绒毛。小苞片合生成 4～7 条同心环带，环带通常全缘，有时下部 1～2 环的边缘有波状裂齿。坚果宽卵形或扁球形，直径 1～1.5（～1.8）cm，高 1.5～2cm，两端钝圆，幼时有毛，老时无毛，果脐平，直径 4～5mm。花期 12 月至翌年 3 月；果期 11～12 月。

野外鉴别关键特征：坚果宽卵形或扁球形。

分布与生境：保亭；广东、广西、台湾、云南。生于林中。

利用：木材，常与陆均松、五列木同为山地雨林上层林木的建群种，是中海拔生态恢复优良树种。

注：手绘图引自福建植物志。

中文名称：▲ 昌化岭青冈

学名：**Cyclobalanopsis changhualingensis** G. A. Fu & X. J. Hong, Guihaia. 27: 29, 2007, Flora of China Vol. 4(1999)

科名：壳斗科 Fagaceae　　属名：青冈属 Cyclobalanopsis Oersted

形态特征：乔木，高 6m，胸径 18cm。老枝散生灰白色皮孔。叶互生，革质，长圆形、卵状长圆形或长椭圆形，长 4.3～7cm，宽 1.4～2.7cm，顶端尾状渐尖，基部阔楔形或钝圆，上面无毛，下面灰白色，有伏贴单毛。叶缘 2/3 具疏锯齿，侧脉每边 7～8 条；叶柄长 8～12mm。花未见。果序轴长 5.5～15cm，着生果 2～3 枚；壳斗杯状，包着坚果 1/4～1/3，直径 8～11mm，高 5～6mm，外面无毛，具有同心环带 4～5 条，环带边缘通常全缘或无裂齿（基部除外）。坚果圆筒形或圆锥形，直径 7～8mm，长 13～19mm，干时，有长约 1mm 花柱，基部无毛，柱头 3 枚，头状。果期 9～11 月。

分布与生境：特有种，昌江。生于海拔 200m 的林中。

利用：园林应用。主干端直；木材坚重，耐腐、耐磨、耐水渍，适作为船舶、农具、车辆、体育器材等用材。

注：手绘图引自：符国瑗, 洪小江. 海南岛青冈属（壳斗科）一新种. 广西植物, 2007, 27(1): 29-30.

1. 果枝；2. 壳斗；3. 坚果。

岭南青冈 (Cyclobalanopsis championii)

1. 枝叶；2. 壳斗；3-4. 果实及坚果。

昌化岭青冈 (Cyclobalanopsis changhualingensis)

中文名称：碟斗青冈

学名： **Cyclobalanopsis disciformis**(Chun et Tsiang)Y. C. Hsu et H. W. Jen in Acta Bot. Yunnan. 1: 148. 1979, 中国植物志 22: 318(1998), Flora of China 4: 397(1999), 广东植物志 9: 43(2009). ——Quercus disciformis Chun & Tsiang in Journ. Arn. Arb. 28: 324. 1927, 海南植物志 2: 358(1965)

科名：壳斗科 Fagaceae　**属名：**青冈属 Cyclobalanopsis Oersted

形态特征：乔木，高 10～14m；小枝、叶柄及叶片幼时均被早落的暗黄色绒毛，毛异形，一为短星状毛，另一为单柔毛；枝暗褐色。叶近革质，长椭圆形或倒卵状长椭圆形，或略呈倒披针形，大小不一，小的长 6cm，宽 2.5cm，大的长 10～13cm，宽达 4.5cm，顶端渐尖，基部阔楔形或近圆形，通常两侧不对称，干时两面褐色，边缘具细锯齿或中部以上的齿较大、内弯、具角质的小尖头；中脉在腹面稍凹陷，侧脉每边 11～13 条，纤细，略弧形，小脉网状、密，在叶背面明显；叶柄长约 2cm，腹面凹陷。果序短，有 2 年成熟的坚果 1～2 颗；壳斗碟状，成熟时扁平，宽 3～4cm，边缘平展，外面被灰黄色伏贴绒毛，内面被暗棕色稍挺直的毡状绒毛，环带 8～10，中部以下的数环细锯齿，上部 3～4 环全缘；坚果半球形，直径约 3cm，长 1.5～2cm，顶部圆，中央突起，被微柔毛，底部平坦，直径约 2cm。花期 3 月；果期 8～12 月。

分布与生境：白沙；广东、广西、贵州、湖南。生于密林中。

注：手绘图引自中国植物志；彩图由 PPBC/ 徐晔春拍摄。

中文名称： ▲ 东方青冈

学名： **Cyclobalanopsis dongfangensis**(C. C. Huang, F. W. Xing & Z. X. Li)Y. Y. Luo & R. J. Wang, J. Trop. Subtrop. Bot. 15: 261, 2007, Flora of China Vol. 4(1999), 广东植物志 9: 43(2009)

科名：壳斗科 Fagaceae　**属名：**青冈属 Cyclobalanopsis Oersted

形态特征：乔木，高 8m，胸径 20cm。当年生枝稍具棱角，被灰黄色粉末状鳞秕，2～3 年生枝褐黑色，散生小皮孔。叶片披针形，长 3～6cm，宽 1～2.2cm，两面同色，均无毛，全缘，有时在近顶部有 3～5 浅裂齿，顶部短尖，略钝头，基部急尖，两侧有时稍不对称，中脉在叶面平坦，侧脉每边 6～8 条，纤细，支脉隐约可见；叶柄长 5～8mm。果序长 0.5～1cm，有果 1～2 个，壳斗浅碗状或碟状，高 4～6mm，宽 10～12mm，5～6 环，轮环顶部齿状浅裂，被灰黄色微柔毛，坚果高稍过于宽，高约 13mm，宽约 11mm，被灰黄色伏贴微柔毛，果成熟时毛多少脱落，果顶部稍凸起，无轮环，残存花柱 3～4，果脐微凹陷，径约 6mm。

分布与生境：特有种，东方猕猴岭。生于海拔 1500m 的山林中。

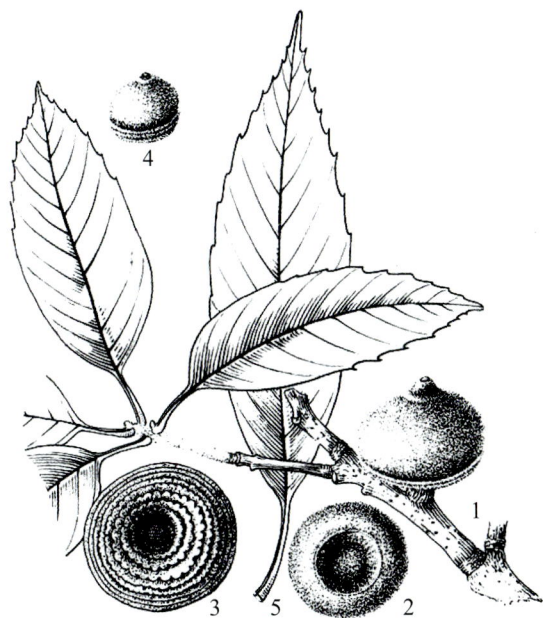

1. 果枝；2. 坚果底部；3. 壳斗；4. 壳斗及坚果；5. 叶。

碟斗青冈 (Cyclobalanopsis disciformis)

中文名称：华南青冈

学名：**Cyclobalanopsis edithiae** (Skan)Schott. in Bot. Jahrb. Syst. 47: 650. 1912, 中国植物志 22: 306(1998), Flora of China 4: 393(1999), 广东植物志 9: 43(2009). ——Quercus edithae Skan in Hook. Ic. Pl. 27, pl. 2661. 1900, 海南植物志 2: 362(1965)

科名：壳斗科 Fagaceae　**属名**：青冈属 Cyclobalanopsis Oersted

形态特征：常绿乔木，高达 20m，树皮灰褐色。小枝微具细棱，无毛，二年生小枝散生小点状皮孔。芽宽卵形至近球形，芽鳞淡褐色，几无毛；叶片革质，长椭圆形或倒卵状长椭圆形，长 5～16cm，宽 2～6cm，顶端短钝尖，基部楔形，叶缘 1/3 以上有疏浅锯齿，中脉在叶面平坦。侧脉每边 9～12 条，不甚明显，叶面深绿色，叶背灰色或灰白色，支脉明显，幼叶被棕色绒毛，后无毛；叶柄长 2～3cm，无毛。雌花序长 1～2cm，着生花 3～4 朵，花柱 4，长 2～2.5mm，苞片及花柱下部被灰黄色绒毛。果序轴粗短，长约 1cm，有果 1～2 个壳斗碗形，包着坚果 1/4～1/3，直径 1.8～2.5cm，高 1.2～1.5cm，壁厚 2～3mm，外壁被暗黄色短绒毛，内壁被淡褐色长伏毛；小苞片合生成 6～8 条同心环带，除下部 2～3 环几全缘外均有裂齿。坚果椭圆形或柱状椭圆形，直径 2～3cm，高 3～4.5cm，柱座凸起，被微柔毛，果脐微突起，直径约 7mm。果期 10～12 月。

野外鉴别关键特征：坚果相对较大，椭圆形或柱状椭圆形。

分布与生境：保亭、万宁；广东、广西；越南。生于海拔 400～1800m 的常绿阔叶林中。

利用：木材。

注：手绘图引自中国植物志。

中文名称：饭甑青冈（饭甑栎）

学名：**Cyclobalanopsis fleuryi**(Hick. et A. Camus)Chun ex Q. F. Zheng in Fl. Fujian. 1: 404. 1982, 中国植物志 22: 275(1998), Flora of China 4: 385(1999), 广东植物志 9: 44(2009). ——Quercus fleuryi Hick. & A. Camus in Bull. Mus. Hist. Nat. Paris 29: 600. 1923, 海南植物志 2: 361(1965)

科名：壳斗科 Fagaceae　**属名**：青冈属 Cyclobalanopsis Oersted

形态特征：乔木，高 15～20m；小枝粗壮，初时密被黄色或红色卷毛状绒毛，毛极早脱落，具棱，密生皮孔；芽大，卵形，具 6 棱，芽鳞被绒毛。叶硬革质，椭圆形、长椭圆形至椭圆状披针形，长 14～24cm，宽 4～8cm，顶端急尖或阔渐尖，有时近圆形，基部渐狭，稀钝，腹面干时红褐色，嫩叶被密而厚的卷毛状绒毛，毛早落，叶缘增厚，下部全缘，上部具圆锯齿，齿直立或扩展；中脉在叶面平坦或微凸，侧脉每边 10～15 条，近边缘上曲，支脉细小；叶柄长 2.5～4cm。雌花序长 2.5～3.5cm，生于上部叶腋，有花 4～5 朵，花序轴粗壮，密被黄色卷毛状绒毛；花柱 5～8，长 4mm，广展，柱头厚，略 2 裂。果序轴短，此小枝较为粗壮；壳斗钟形或近圆柱形，高 3.5～4cm，宽约 3.5cm，包围坚果 1/2～2/3，壁（连毛）厚达 6mm，稍脆，外面密被棕色绒毛，内面有 2 层不同形的毛，上层的松散，卷绵毛状，下层的为密集、直立、丝质柔毛；环带 12～13 条，近全缘；坚果椭圆状圆柱形，被灰黄色紧贴的微柔毛，顶端渐狭，柱座长 5～6mm，果脐凸出，直径约 12mm。花期 3 月；果期 9～12 月。

野外鉴别关键特征：壳斗钟形或近圆柱形，高 3.5～4cm，宽约 3.5cm，包围坚果 1/2～2/3。

分布与生境：东方、乐东、保亭；福建、广东、广西、贵州、湖南、江西、云南；老挝、越南。生于高海拔的山谷密林中。

利用：林缘常有分布，可作为坡地绿化树种。

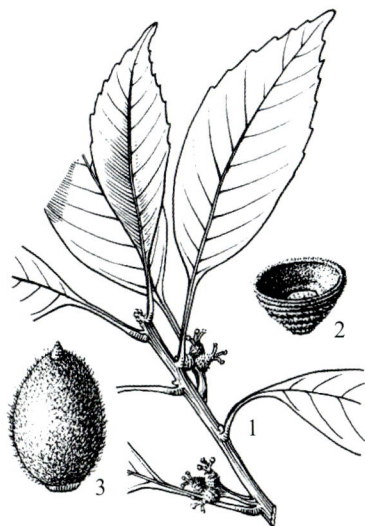

1. 花枝；2. 壳斗；3. 坚果。

华南青冈 (Cyclobalanopsis edithiae)

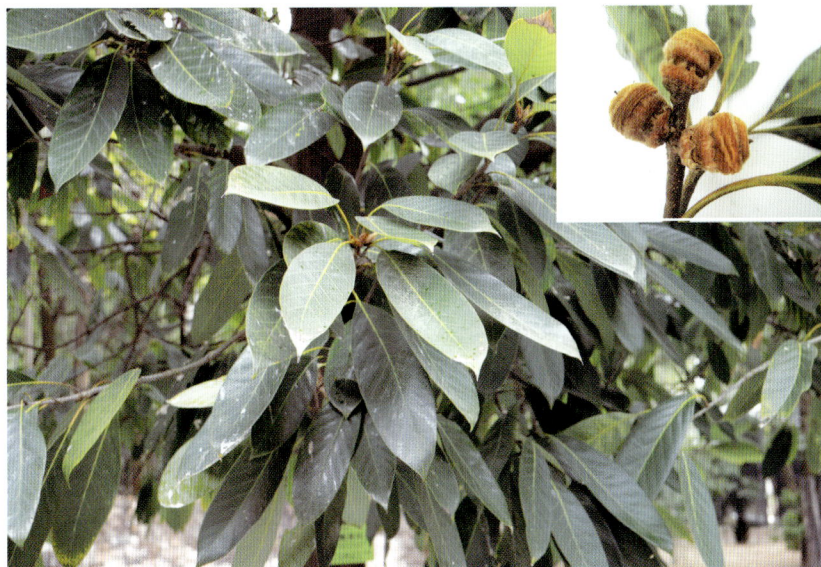

饭甑青冈 (饭甑栎)(Cyclobalanopsis fleuryi)

中文名称：▲ 乌壳青冈

学名：**Cyclobalanopsis fuliginosa**(Chun & W. C. Ko)Y. Y. Luo & R. J. Wang, J. Trop. Subtrop. Bot. 15: 261. 2007, Flora of China 4(1999), 广东植物志 9: 41(2009). ——Quercus fuliginosa Chun & Ko in Act. Phytotax. Sin. 7: 36. 1958, 海南植物志 2: 363(1965)

科名：壳斗科 Fagaceae　**属名**：青冈属 Cyclobalanopsis Oersted

形态特征：乔木，高 12m，小枝、叶、坚果均无毛；小枝干后黑色。叶薄革质，椭圆状披针形，稀基部稍宽，长 6～8cm，宽 2～2.5cm，顶端突然收缩成钝头，基部楔尖，边缘近中部以上具有深弯缺、略疏离的锯齿；两面无毛，腹面干后绿黄色，中脉纤细，侧脉和平行小脉均略突起，背面红褐色，小脉不明显，侧脉每边 8～11 条，叶柄长 9～16mm，纤细。果隔年成熟，大部分突出于壳斗，壳斗坚硬，杯状，基部渐狭，高、宽近相等，外面暗黑色被粉质微柔毛，内面被古铜色疏柔毛，干后暗黑色；环带约 10 条，紧贴，不明显，边缘无毛，中部 3～4 环，较疏离，具不规则的钝齿；坚果近圆柱形，长 3.6cm，直径 1.5cm，柱座圆形，略粗，基部突然收窄，深棕色，无毛，果脐略隆起，棕色，直径 8mm。果期 4 月。

分布与生境：特有种，东方。生于干燥陡坡上。

注：标本引自华南植物园。

中文名称：雷公青冈（雷公椆）

学名：**Cyclobalanopsis hui**(Chun)Chun ex Y. C. Hsu et H. W. Jen in Journ. Beij. Forest. Univ. 15(4): 45. 1993, 中国植物志 22: 282(1998), Flora of China 4: 388(1999), 广东植物志 9: 46(2009). ——Quercus hui Chun in Journ. Arn. Arb. 9: 126. 1928, 海南植物志 2: 360(1965)

科名：壳斗科 Fagaceae　**属名**：青冈属 Cyclobalanopsis Oersted

形态特征：乔木，通常高 10～12m；新枝被黄色卷绵状绒毛；小枝纤细，无毛，有细小皮孔，灰褐色至黑褐色。叶薄革质，长椭圆形、倒披针形或椭圆状披针形，长 6～12cm，宽 1.5～3.5cm，顶端短尖或钝，基部狭尖，两侧略不对称，通常近顶部浅波状，有时具少数不明显的细裂齿，或全缘，干后背面常带灰白色，幼时在背面基部被长卷毛，中脉在腹面平坦，侧脉每边 6～8 条，支脉纤细，有时不明显；叶柄长 1～1.4cm，幼时被卷毛。花序轴密被长卷毛；雄花序长达 7cm，2 至数个簇生；雌花序长 5～15mm；花 2～5 朵聚生于花轴顶部，花柱 5～6，长约 3mm，辐射状展开。果序通常有果 1～2 枚，壳斗浅碟状，包围坚果的基部，两面均被棕黄色至褐锈色绒毛，环带 4～6，坚果近球形，直径 1.5～2cm，幼时被毛，成熟时无毛，柱座突起，果脐直径 7～10mm，锅状凹陷。花期 4～5 月；果期 10～12 月。

野外鉴别关键特征：壳斗浅碟状，包围坚果的基部，两面均被棕黄色至褐锈色绒毛，环带 4～6，坚果近球形。

分布与生境：东方、乐东、保亭、陵水；广东、广西。生于密或疏林中。

乌壳青冈 (**Cyclobalanopsis fuliginosa**)

雷公青冈 (雷公椆)(**Cyclobalanopsis hui**)

中文名称：毛叶青冈（平脉椆）

学名：**Cyclobalanopsis kerrii**(Craib)Hu in Bull. Fan Mcm. Inst. Biol. 10: 106. 1940, 中国植物志 22: 294(1998), Flora of China 4: 391(1999), 广东植物志 9: 47(2009). ——Quercus kerrii Craib in Kew Bull. 471. 1911, 海南植物志 2: 359(1965)

科名：壳斗科 Fagaceae　**属名**：青冈属 Cyclobalanopsis Oersted

形态特征：常绿乔木，高达 20m。小枝密生黄褐色绒毛，后渐无毛或被薄毛。叶片长椭圆状披针形、长椭圆形或长倒披针形，长 9～18(～24)cm，宽 3～7(～9)cm，顶端圆钝或短渐尖，基部圆形或宽楔形，叶缘 1/3 以上有钝锯齿。中脉在叶面平坦或微凸起，侧脉每边 10～14 条，叶背支脉明显，幼时两面密被黄褐色绒毛，老时仅叶背被易脱落之星状绒毛或无毛；叶柄长 1～2cm，被绒毛，雄花序多个簇生于近枝顶，长 5～8cm；雌花序单生，长 2～5cm，稀达 7cm。壳斗盘形，深浅不一，包着坚果基部，直径 2～2.5(～3)cm，高 5～10mm，被灰色或灰黄色柔毛；小苞片合生成 7～11 条同心环带，环带边缘有细锯齿或全缘。坚果扁球形，直径 2～2.8cm，高 7～12mm，顶端中央凹陷或平坦，柱座凸起。被绢质灰色短柔毛，果脐微凸起，直径 1～2cm。花期 3～5 月；果期 10～11 月。

野外鉴别关键特征：壳斗盘形，深浅不一，包着坚果基部，直径 2～2.5(～3)cm，高 5～10mm，被灰色或灰黄色柔毛。

分布与生境：三亚、儋州；广东、广西、云南；泰国、越南。生于山地疏林中。

中文名称：广西青冈（多环椆）

学名：**Cyclobalanopsis kouangsiensis**(A. Camus)Y. C. Hsu et H. W. Jen in Act. Phytotax. Sin. 14(2): 78. Pl. 13. f. 4. 1976, 中国植物志 22: 308(1998), Flora of China 4: 393(1999). ——Quercus nemoralis Chun in Journ. Arn. Arb. 28: 241. 1947, 海南植物志 2: 361(1965)

科名：壳斗科 Fagaceae　**属名**：青冈属 Cyclobalanopsis Oersted

形态特征：常绿乔木，高 15m。小枝有沟槽，密被黄褐色短绒毛。叶片革质，长椭圆形或长椭圆状披针形，长 12～20cm，宽 3.5～5.5cm，顶端渐尖，基部楔形，常偏斜，叶缘上部有锯齿，中脉、侧脉在叶面近平坦，在叶背显著凸起，侧脉每边 10～14 条，叶背密被灰黄色绒毛；叶柄长 1.5～3cm，密被黄色绒毛。雌花序长 1.5cm，花序轴被棕色绒毛。壳斗钟形，包着坚果 1/2 以上，直径 2.5～3.5cm，高约 2.5cm，被长绒毛；小苞片合生成 8～9 条同心环带，环带边缘呈齿牙状。坚果柱状长椭圆形，直径约 2.5cm，高约 5cm，被绒毛；果脐微凸起，径约 1.5cm。

分布与生境：东方、乐东、保亭；湖南、广东、广西、云南。生于中海拔山谷灌丛或密林中。

注：标本引自华南植物园。

毛叶青冈 (平脉椆)(Cyclobalanopsis kerrii)

广西青冈 (多环椆)(Cyclobalanopsis kouangsiensis)

中文名称： ▲ 尖峰青冈

学名： **Cyclobalanopsis litoralis** Chun et Tam ex Y. C. Hsu et H. W. Jen in Acta Bot. Yunnan. 1: 147. f. 4. 1979, 中国植物志 22: 301(1998), Flora of China 4: 392(1999), 广东植物志 9: 47(2009)

科名： 壳斗科 Fagaceae　　**属名：** 青冈属 Cyclobalanopsis Oersted

形态特征： 常绿乔木，高达 15m，胸径 40cm，树皮灰褐色。小枝粗壮，幼时密被棕色厚绒毛，老枝无毛，有细小凸起皮孔。叶片革质，椭圆形，长 10～20cm，宽 5～10cm，顶端短钝尖，基部楔形，叶缘具疏浅锯齿，中脉、侧脉在叶面微凸起，侧脉每边 7～9 条，支脉不明显，幼叶两面被棕色绒毛，后渐无毛，叶背灰绿色，干后褐色；叶柄长 2.5～5cm，幼时密被棕色厚绒毛，老时无毛。雄花序生于新枝下部，长 9～12cm，花序轴及花被有棕色绒毛；雌花序生于枝顶叶腋，长 2～3cm，着生花 3～5 朵，结果 1～2 个。壳斗倒圆锥形，包着坚果 1/2 以下，直径 2.5～3.5cm，高 2～2.5cm，壁厚 3～5mm；小苞片合生成 9～12 条同心环带，上缘环带内卷，上部环带有裂齿，下部环带全缘，内外壁均被灰黄色绒毛。坚果椭圆形，直径 2.5～2.8cm，高约 4.5cm，顶端圆，柱座明显，长约 3mm，果脐圆锥形。花期 12 月；果期翌年 6～7 月。

野外鉴别关键特征： 壳斗倒圆锥形，包着坚果 1/2 以下，直径 2.5～3.5cm，高 2～2.5cm，壁厚 3～5mm；小苞片合生成 9～12 条同心环带。

分布与生境： 特有种，霸王岭、尖峰岭。生于海拔 900～1000m 的山地杂木林中。

注： 手绘图引自中国植物志。

中文名称： 竹叶青冈

学名： **Cyclobalanopsis neglecta** Schottky, Bot. Jahrb. Syst. 47: 650. 1912, Flora of China 4: 387(1999), 广东植物志 9: 49(2009). ——Cyclobalanopsis bambusaefolia(Hance)Y. C. Hsu et H. W. Jen in Journ. Forest. Univ. 15(4): 44. 1993, 中国植物志 22: 280(1998). ——Quercus bambusifolia Hance ex Seem. in Bot. Voy. Herald. t. 19. 1857, 海南植物志 2: 364(1965)

科名： 壳斗科 Fagaceae　　**属名：** 青冈属 Cyclobalanopsis Oersted

形态特征： 常绿乔木，高达 20m，胸径达 60cm，树皮灰黑色，平滑。小枝幼时被灰褐色丝质长柔毛，后渐脱落。叶片薄革质，集生于枝顶，窄披针形或椭圆状披针形，长 2.5～11cm，宽 5～18mm，顶端钝圆，基部楔形，全缘或顶部有 1～2 对不明显钝齿，中脉在叶面微凸起或平坦，侧脉每边 7～14 条，不甚明显，叶背带粉白色，无毛或基部有残存长柔毛；叶柄无毛。雄花序长 1.5～5cm；雌花序着生花 2 至数朵，花序轴幼时被黄色绒毛，花柱 3～4，长约 1mm。果序长 5～10mm，通常有果 1 个。壳斗盘形或杯形，包着坚果基部，直径 1.3～1.5(～1.8)cm，高 0.5～1cm，内壁有棕色绒毛，外壁被灰棕色短绒毛；小苞片合生成 4～6 条同心环带，环带全缘或有三角形裂齿。坚果倒卵形或椭圆形，初被微柔毛，后渐脱落，柱座明显；果脐微凸起，直径 5～7mm。花期 2～3 月；果期翌年 8～11 月。

野外鉴别关键特征： 叶片薄革质，集生于枝顶，窄披针形或椭圆状披针形。壳斗盘形或杯形，包着坚果基部，直径 1.3～1.5(～1.8)cm，高 0.5～1cm，内壁有棕色绒毛，外壁被灰棕色短绒毛。

分布与生境： 昌江、乐东、东方等地；广东、广西；越南。生于山地密林中。

利用： 海南中部中海拔森林代表种之一，为坡地绿化优良树种。

1. 果枝；2. 壳斗及坚果；3. 坚果。

尖峰青冈 (Cyclobalanopsis litoralis)

竹叶青冈 (Cyclobalanopsis neglecta)

中文名称：托盘青冈（托盘稠，盘壳栎）

学名：**Cyclobalanopsis patelliformis**(Chun)Y. C. Hsu et H. W. Jen in Journ. beij. Forest. Univ. 15(4): 45. 1993, 中国植物志 22: 322(1998), Flora of China 4: 398(1999), 广东植物志 9: 50(2009). ——Quercus patelliformis Chun in Journ. Arn. 28: 241. 1927, 海南植物志 2: 359(1965)(Castanopsis patelliformis)

科名：壳斗科 Fagaceae　**属名**：青冈属 Cyclobalanopsis Oersted

形态特征：乔木，高 10 ～ 18m，新枝有明显的脊棱，无毛；二年生枝暗灰褐色至灰黑色，皮孔散生，有时不明显；芽卵形至卵状椭圆形，芽鳞暗黄棕色，无毛。叶硬革质，椭圆形、长椭圆形或披针状卵形，长 8 ～ 12cm，宽 2.5 ～ 6cm，顶端狭长渐尖，基部楔形，稀近圆形，有时两侧不对称，嫩叶背面被早落星状毛，边缘具锯齿，齿端多少内弯，背面干后暗棕色至暗褐色，常微带灰色，中脉在腹面平坦，侧脉每边 9 ～ 11 条，直达齿端，支脉纤细，密生，近平行，在叶背通常较明显；叶柄长 2 ～ 4.5cm。雌花序长 2 ～ 3cm；花柱 8。坚果 2 年成熟，单生于长约 1cm 的轴上；壳斗盘状，偶有较浅的，外面被灰黄色微柔毛，内面被伏贴的绢质柔毛；环带 8 ～ 9，通常上部 2 ～ 3 环近全缘，坚果近球形，未完全成熟时近半球形，直径 2.5 ～ 2.8cm，长 2 ～ 2.5cm，柱座凸起，被暗黄色微柔毛，果脐锅状凹陷或平坦，直径 1.5 ～ 2cm。

野外鉴别关键特征：壳斗盘状，偶有较浅的，外面被灰黄色微柔毛，内面被伏贴的绢质柔毛；环带 8 ～ 9，通常上部 2 ～ 3 环近全缘，坚果近球形，未完全成熟时近半球形。

分布与生境：东方、乐东、三亚、保亭、陵水等地；广东、广西、江西。生于中海拔至高海拔的阔叶林中。

注：手绘图引自海南植物志。

中文名称：亮叶青冈（亮叶稠）

学名：**Cyclobalanopsis phanera**(Chun)Y. C. Hsu et H. W. Jen in Acta Bot. Yunnan. 1: 148. 1979, 中国植物志 22: 306(1998), Flora of China 4: 393(1999), 广东植物志 9: 50(2009). ——Quercus insularis Chun & Tam, in Act. Phytotax. Sin. 10: 208. 1965, 海南植物志 2: 362(1965)

科名：壳斗科 Fagaceae　**属名**：青冈属 Cyclobalanopsis Oersted

形态特征：常绿乔木，高达 25m，胸径达 70cm，树皮灰棕色，有细浅裂纹。小枝幼时有绒毛，后无毛。叶片厚革质，长椭圆形或倒卵状长椭圆形，长 5 ～ 15cm，宽 2 ～ 6cm，顶端短渐尖，或长渐尖，基部楔形，偏斜，叶缘中部以上有锯齿，中脉在叶面平坦，在叶背凸起，侧脉每边 7 ～ 10 条，两面均为亮绿色，无毛；叶柄长 1 ～ 1.8cm。雄花序数个簇生，长约 5cm，苞片比雄蕊长，花序轴被棕色绒毛；雌花序长约 5mm，通常有 1 花，花柱 4，长约 1.5mm。果序长约 1cm，果序轴粗壮，有皮孔。壳斗碗形，包着坚果约 1/4，直径 1.8 ～ 2.5cm，高 1 ～ 1.5cm，壁厚 2 ～ 3mm。内壁被棕色绒毛，外壁被苍黄色短绒毛；小苞片合生成 8 ～ 12 条同心环带，上部 3 环极密，中部 4 ～ 5 环最宽且有深裂齿。坚果圆柱形或椭圆形，直径 2 ～ 2.5cm，高 3 ～ 4cm，有柔毛，柱座明显且基部有环纹；果脐圆形，微凸起，直径 8 ～ 10mm。

野外鉴别关键特征：坚果圆柱形或椭圆形。

分布与生境：东方、保亭、陵水；广西。生于杂木林中。

注：手绘图引自中国植物志；基座稠（Quercus basellata），南岛稠（Quercus insularis）被 Flora of China 归并为亮叶青冈（Cyclobalanopsis phanera）。

1. 果枝；2. 壳斗；3. 坚果。

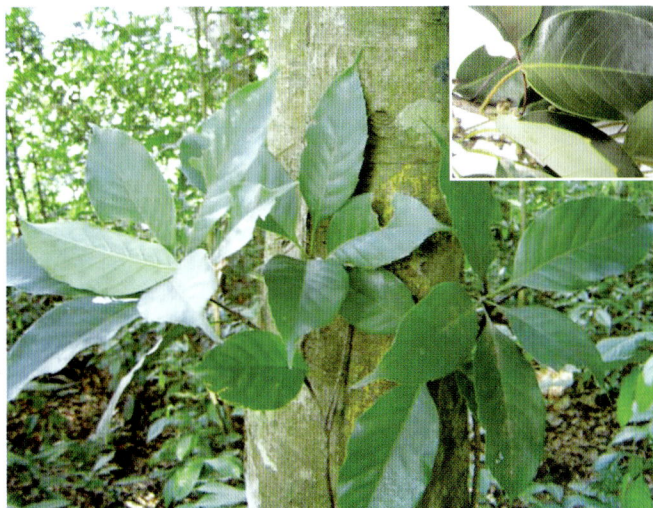

托盘青冈 (托盘椆，盘壳栎)(Cyclobalanopsis patelliformis)

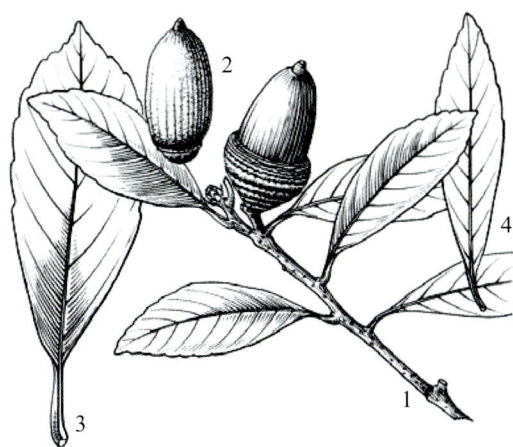

1. 果枝；2. 果；3-4. 叶。

亮叶青冈 (亮叶椆)(Cyclobalanopsis phanera)

中文名称：黄背青冈

学名：**Cyclobalanopsis poilanei**(Hick. et A. Camus)Hjelmq. in Dansk Bot. Ark. 23(4): 508. 1968, 中国植物志 22: 329(1998), Flora of China 4: 399(1999)

科名：壳斗科 Fagaceae　　**属名**：青冈属 Cyclobalanopsis Oersted

形态特征：常绿乔木，高达 15m，胸径达 60cm，树皮灰褐色，平滑。幼枝密被黄棕色毡状绒毛。叶片椭圆形或倒卵状椭圆形，长 4～8cm，宽 3～6cm，顶端渐尖或短尾尖，基部圆形或宽楔形，叶缘顶端有数对疏浅锯齿或全缘，侧脉每边 10～15 条，侧脉在叶面凹陷，幼叶两面被黄棕色星状绒毛，后渐脱落，老叶背之毛宿存或脱落；叶柄长 1～1.5cm，幼时被黄棕色绒毛，后渐脱落；托叶窄长椭圆形，长 1.5cm，宽 3mm，背面有黄棕色绒毛，老枝托叶脱落。雄花序数个簇生于新枝基部，全体被黄棕色绒毛；雌花序生于新枝顶端，长 1～2cm，着生 3～7 朵花。壳斗浅碗形，包着坚果 1/4～1/3，直径 1.5～1.8cm，高约 8mm，壁厚 1.8mm，被黄棕色或灰色绒毛；小苞片合生成 7～8 条同心环带，环带全缘或上部数环具粗钝齿，下部 1～2 环具细裂齿，坚果椭圆形或卵状椭圆形。

野外鉴别关键特征：幼叶两面被黄棕色星状绒毛，托叶窄长椭圆形，长 1.5cm，宽 3mm，坚果椭圆形或卵状椭圆形。

分布与生境：海南有分布；广西；泰国、越南。

中文名称：▲ 鹿茸青冈（鹿茸槠）

学名：**Cyclobalanopsis subhinoidea**(Chun et Ko)Y. C. Hsu et H. W. Jen ex Y. T. Chang in Act. Phytotax. Sin. 34(3): 339. 1996, 中国植物志 22: 320(1998), Flora of China 4: 397(1999), 广东植物志 9: 51(2009). —— Quercus subhinoidea Chun & Ko in Act. Phytotax. Sin. 7: 39. 1958, 海南植物志 2: 360(1965)

科名：壳斗科 Fagaceae　　**属名**：青冈属 Cyclobalanopsis Oersted

形态特征：常绿乔木，高达 13m，小枝幼时被灰黄色 6～8 分枝的星状绒毛。不久即脱落，老枝黑褐色，散生皮孔。冬芽卵形，芽鳞被短伏毛，边缘膜质。叶片薄革质，长椭圆形或披针状长椭圆形，长 7～12cm，宽 2.5～4cm，顶端长渐尖或短尾尖，基部宽楔形，有时不对称，叶缘具锐锯齿，中脉在叶面凸起，侧脉每边 15～17(～22) 条，直达齿端，叶背支脉明显，两面淡绿色无毛；叶柄长 1.5～2cm，初被绒毛，后渐脱落。坚果翌年成熟。壳斗皿形，直径 3cm，高 1～1.5cm；小苞片合生成 8～9 条同心环带，下面的环带较宽，边缘呈啮蚀状。中间的 3～4 环较密，口缘处内弯，被短绒毛，坚果扁球形，直径 2.5～3cm，高 1～1.5cm，顶端凹陷，柱座凸起，被黄灰色微柔毛，果脐凸起，径约 1.8cm，果期 8～12 月。

野外鉴别关键特征：叶片薄革质，长椭圆形或披针状长椭圆形，顶端长渐尖或短尾尖，基部宽楔形，有时不对称，叶缘具锐锯齿。坚果扁球形。

分布与生境：特有种，东方。生于海拔 380～500m 的山谷密林中。

注：手绘图引自中国植物志。

黄背青冈 (Cyclobalanopsis poilanei)

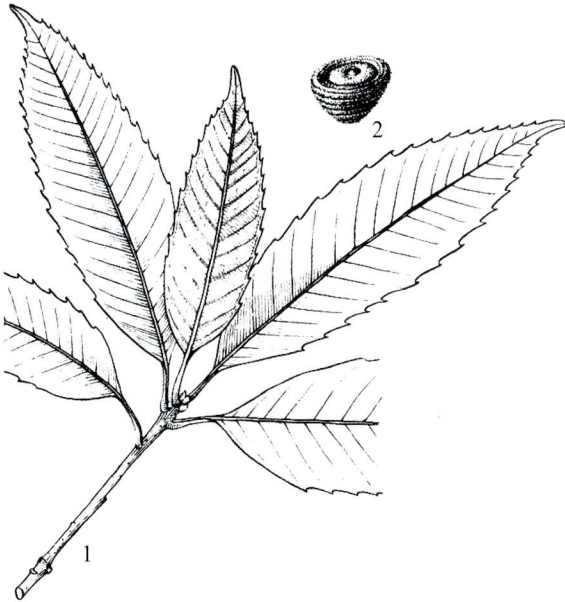

1. 枝；2. 壳斗及坚果。

鹿茸青冈 (鹿 茸 椆)(Cyclobalanopsis subhinoidea)

中文名称：▲ 吊罗椆

学名：**Cyclobalanopsis tiaoloshanica**(Chun & W. C. Ko)Y. C. Hsu & H. W. Jen, Acta Bot. Yunnan. 1(1): 148. 1979, Flora of China 4: 387(1999), 广东植物志 9: 51(2009). ——Quercus tiaoloshanica Chun & Ko in Act. Phytotax. Sin. 7: 42. 1958, 海南植物志 2: 364(1965)

科名：壳斗科 Fagaceae　**属名**：青冈属 Cyclobalanopsis Oersted

形态特征：常绿乔木，高达 12m。一年生小枝具细棱，幼时被黄色卷曲绒毛，2 年生小枝有不明显皮孔。叶聚生于小枝上部，叶片革质，长椭圆形或倒卵状椭圆形，长 4 ～ 10cm，宽 1.2 ～ 3cm，顶端短突尖，基部楔形。叶缘顶部有 2 ～ 5 对浅钝齿或全缘，中脉在叶面平坦，侧脉每边 5 ～ 7 条，两面同为绿色，幼时叶背被黄色卷曲绒毛；叶柄长 5 ～ 8mm，初被黄色卷曲绒毛。雄花序长 5cm，花序轴被黄色长绒毛；雌花序长 5 ～ 15mm，着生花 2 ～ 3 朵。花柱 3 ～ 5，长约 1.5mm。壳斗杯形，包着坚果 1/3，直径 1.2cm，内壁被棕色长柔毛，外壁被灰黄色微柔毛；小苞片合生成 6 ～ 7 条同心环带，环带全缘或有细裂齿，上部 2 ～ 3 环较窄，全缘。坚果卵状椭圆形或椭圆形，直径 1.4 ～ 1.6cm，高 2 ～ 2.2cm，被伏贴微柔毛，成熟时仅顶部有毛，柱座微凸起；果脐平坦或凹陷，直径 6 ～ 9mm。花期 1 ～ 2 月；果期 10 ～ 12 月。

野外鉴别关键特征：小枝幼时被黄色卷曲绒毛。叶聚生于小枝上部，叶片革质，两面同为绿色，幼时叶背被黄色卷曲绒毛；叶柄长 5 ～ 8mm，初被黄色卷曲绒毛。

分布与生境：特有种，霸王岭、吊罗山、尖峰岭。生于海拔 900 ～ 1400m 的山地疏或密林中。

中文名称：▲ 燕千青冈

学名：**Cyclobalanopsis yin-qianii** G. A. Fu, Bull. Bot. Res, Harbin 27: 1, 2007, Flora of China Vol. 4(1999)

科名：壳斗科 Fagaceae　**属名**：青冈属 Cyclobalanopsis Oersted

形态特征：常绿乔木，高 7m，胸径 19cm；小枝无毛，散生深褐色皮孔。叶互生，革质，长圆形或椭圆形，稀卵状披针形，长 4.5 ～ 8cm，宽 1.6 ～ 2.9cm，顶端长渐尖或尖尾状，基部阔楔形或钝圆，边缘 1/2 有锯齿，中脉上面下陷，下面凸起，侧脉每边 7 ～ 9 条，叶上面无毛，下面稍灰白色。叶柄长 1.1 ～ 1.9(2.5)cm。壳斗杯状，直径约 1cm，长 7mm。小苞片合生成 3 ～ 5 条同心环带，环带无毛，边缘有锯齿或缺刻。坚果卵形或圆锥形，直径约 1.3cm，长约 1.7cm，花柱宿存，果脐凸起。果期 9 ～ 11 月。

野外鉴别关键特征：叶互生，革质，长圆形或椭圆形，稀卵状披针形，顶端长渐尖或尖尾状，基部阔楔形或钝圆，边缘 1/2 有锯齿，坚果卵形或圆锥形。

分布与生境：特有种，昌江。生于干旱山地。

利用：园林应用。主干端直，木材坚重，耐腐、耐磨、耐水渍，适作为船舶、车辆、农具、体育器具等用材。

注：资料引自：符国瑗. 海南岛青冈属（壳斗科）一新种. 植物研究，2007，27(1)：1-2.

吊罗锥 (Cyclobalanopsis tiaoloshanica)

1. 果枝，2. 坚果。

燕千青冈 (Cyclobalanopsis yin-qianii)

中文名称：杏叶柯

学名：**Lithocarpus amygdalifolius**(Skan)Hayata, Icon. Pl. Formos. 6 Suppl. 72. 1917, 中国植物志 22: 100(1998), Flora of China 4: 341(1999), 广东植物志 9: 17(2009)

科名：壳斗科 Fagaceae　**属名**：柯属 Lithocarpus Bl.

形态特征：乔木，高达 30m，胸径达 2m。春夏季抽出的新枝及嫩叶背面密被黄棕色卷柔毛，秋后毛全部脱落。叶厚革质，披针形或狭长椭圆形，长 8～15cm，宽 2.5～4cm，萌生枝的叶长达 20cm，宽达 9cm，顶部长渐尖或短突尖，基部楔形，全缘，有时少数叶片的顶部边缘浅波状，侧脉每边 10～14 条，中脉的下段在叶面微凸起，支脉不明显或隐约可见，嫩叶干后叶面常有油润光泽，成长叶的叶背有较厚的蜡鳞层，带灰色；叶柄长 1～2cm。雄穗状花序单穗腋生或多穗排成圆锥花序，花序轴密被柔毛；雌花每 3 朵一簇，有时兼有单朵散生。壳斗近圆球形，径 2～2.5cm，全包坚果，小苞片三角形，或多边形，通常与壳壁融合，呈不连续的环状，较幼嫩的壳斗，其上部的小苞片仍为三角形或四边形且其顶部不与壳壁粘贴；坚果的果壁比壳斗壁稍厚，厚 1.5～2mm，果脐占坚果的绝大部分，坚果顶部被微柔毛。花期 3～9 月；果翌年 8～12 月成熟。

野外鉴别关键特征：叶厚革质，披针形或狭长椭圆形，顶部长渐尖或短突尖，基部楔形，全缘，有时少数叶片的顶部边缘浅波状，侧脉每边 10～14 条。壳斗近圆球形，径 2～2.5cm，全包坚果。

分布与生境：东方、乐东、保亭；福建、广东、广西、台湾；越南。生于山坡林中。

利用：高大树木，用材树种。

中文名称：尖齿椆

学名：**Lithocarpus apicidens** Chun et Tam, 仅见海南岛尖峰岭地区生物物种名录

科名：壳斗科 Fagaceae　**属名**：柯属 Lithocarpus Bl.

分布与生境：黎母山、尖峰岭。

注：在中国科技资源共享网 (http://www. escience. gov. cn/MetaDataSiteMap /Crawler?resourceId=ziranbiaoben_ 2111C0007000305824) 中有记载：尖齿椆植物干制标本；标本采自海南黎母山；目前该标本保存于中国林业科学研究院热带林业研究所植物标本室。

杏叶柯 (**Lithocarpus amygdalifolius**)

中文名称： 茸果柯（茸果石栎）

学名： **Lithocarpus bacgiangensis**(Hick. et A. Camus)A. Camus in Riv. Sci. 18: 39. 1932, 中国植物志 22: 154(1998), Flora of China 4: 355(1999), 广东植物志 9: 17(2009)

科名： 壳斗科 Fagaceae　　**属名：** 柯属 Lithocarpus Bl.

形态特征： 乔木，高 10～15m，胸径 30～50cm，一年生枝有皮孔，枝、叶无毛。叶纸质，略硬，椭圆形、卵状椭圆形或偶为卵形，长 10～15cm，宽 3～6cm，顶端长渐尖或短急尖，基部宽楔形，全缘，中脉在叶面甚凸起，但中央裂槽状，侧脉每边 10～15 条，支脉尚明显，叶背有紧实的蜡鳞层，干后苍灰色或带灰白色；叶柄长很少超过 1cm。雄穗状花序单穗腋生或 3～5 穗排成圆锥花序，花序轴密被糠秕状鳞秕；雌花序的上段常着生雄花及雌花中兼有 2～4 枚雄蕊，雌花每 3 朵、很少 2 朵一簇，花簇基部初时无柄，花后不久长出与幼嫩壳斗约等长的壳斗柄，花柱 3 枚，彼此靠合且挺直，被疏毛，长约 1mm，果序长 8～18cm，果序粗 6～8mm；壳斗浅碗状，基部有短柄，柄长 3～5mm，高 5～10mm，宽 12～20mm，包着坚果很少达 1/2，上部边缘甚薄，向下明显增厚，木质，小苞片细三角形，通常仅顶端钻尖部分明显，密被灰黄色糠秕状鳞秕；坚果扁圆形或高过于宽的圆锥形，高 10～20mm，宽 15～25mm，顶部圆或锥尖，密被黄灰色细毛，果脐凹陷。花期 l2～3 月；果翌年同期或 10～12 月成熟。

野外鉴别关键特征： 叶纸质，略硬，椭圆形、卵状椭圆形或偶为卵形，顶端长渐尖或短急尖，基部宽楔形，全缘，叶背有紧实的蜡鳞层，干后苍灰色或带灰白色。

分布与生境： 海南岛；广西、云南；越南。生于海拔较低的山地杂木林中。

利用： 树皮暗褐黑色，较厚，内皮淡红褐色，槽棱明显，散孔材，木质部的管孔在放大镜下尚可见，宽木射线少而窄，年轮呈菊花心状，木材淡红棕色，尚坚实。

注： 手绘图引自云南植物志。

中文名称： 帽柯

学名： **Lithocarpus bonnetii**(Hickel & A. Camus)A. Camus, Riviera Sci. 18: 39. 1931 [1932], 中国植物志 22: 166(1998), Flora of China 4: 359(1999), 广东植物志 9: 18(2009)

科名： 壳斗科 Fagaceae　　**属名：** 柯属 Lithocarpus Bl.

形态特征： 乔木，高达 20m，树皮灰色，不开裂，嫩枝浑圆，粗壮，与芽鳞、嫩叶叶背及花序轴均被黄棕色长绒毛。叶革质，倒披针形或倒卵状长圆形，长 15～24cm，宽 6～9cm，稀更大，顶部短突尖，基部稍狭，全缘或顶部浅波浪状，中脉在叶面近平坦或下段稍凸起，近顶段微凹陷，侧脉每边 12～16 条，在叶面凹陷，上段的在近叶缘处急弯向上并与其邻脉联结，支脉彼此近平行；叶柄长 15～20mm，粗壮。果序长 6～13cm，壳斗每 3 个一簇，1 或 2 个成熟，成熟壳斗宽 16～18mm，高 8～10mm，包着坚果一半稍过，小苞片短线状，长 2～3mm，被微柔毛；坚果扁圆锥形，高 12～14mm，宽 14～16mm，顶部稍狭尖，栗褐色，底部果脐凹陷，深 1～1.5mm，口径 8～9mm。花期 5～6 月；果翌年 7～8 月成熟。

分布与生境： 霸王岭；云南；越南。生于山地沟谷杂木林中。

利用： 用材树种。

注： 标本引自中国科学院成都生物研究所。

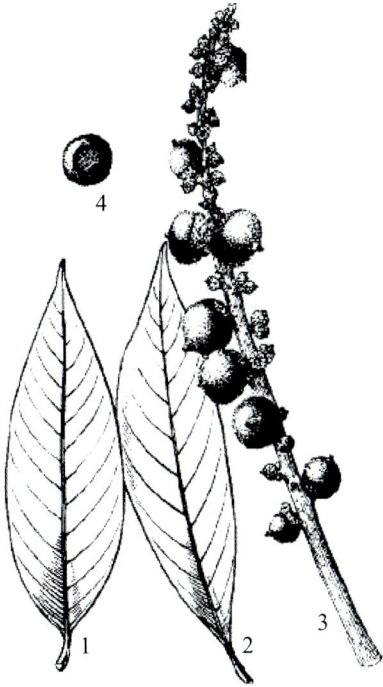

1. 雄花序枝；2. 果序；3-4. 坚果。

茸果柯 (茸果石栎)(Lithocarpus bacgiangensis)

帽柯 (Lithocarpus bonnetii)

中文名称：短穗柯

学名：**Lithocarpus brachystachyus** Chun in Arn. Arb. 28: 280. 1947, 海南植物志 2: 351(1965), 中国植物志 22: 140(1998), Flora of China 4: 352(1999), 广东植物志 9: 18(2009)

科名：壳斗科 Fagaceae　**属名**：柯属 Lithocarpus Bl.

形态特征：乔木，高 3～8m，芽鳞及嫩叶干后常有暗褐色半透明油润的树脂，小枝干后暗褐色至褐黑色，皮孔稀少或不显，枝、叶无毛。叶硬革质，卵形或卵状椭圆形，长 3～7cm，宽 1～3cm，顶部短突尖或尾状或长渐尖，端钝或圆，基部有时一侧稍偏斜，全缘，中脉在叶面凸起，侧脉每边 7～10 条，成长叶干后暗棕色，叶背有苍灰色紧实的蜡鳞层；叶柄长不超过 1cm。雄穗状花序单穗腋生，少有 2～4 穗聚生，长 3～5cm，花序轴纤细，粗 1～2mm；雌花序轴长很少超过 5cm，有灰色毡毛状鳞秕层；有花 3～10 朵，花单朵散生，基部有长约 1mm、结果时长 4～7mm 的果柄，花柱 3 枚，长不及 1mm。壳斗浅碗状或碟状，高 2～5mm，宽 10～15mm，包着坚果的底部或约 1/3，小苞片甚小或隐约可见的三角形，中部以下的常略连生成圆环，仅顶端钻尖部分略明显，坚果扁圆形或圆锥形，高 10～14mm，宽 12～16mm，顶端中央有明显凸起的柱座，无毛，底部平坦，果脐凹陷，深约 1mm，口径 7～10mm。花期 10～11 月或 2 月，果翌年 8～10 月成熟。

分布与生境：东方、乐东、保亭、万宁等；广东。生于山地密林或灌丛中。

利用：用材树种。

注：手绘图引自中国植物志；标本引自中国科学院植物研究所标本馆。

中文名称：岭南柯（短尾柯）

学名：**Lithocarpus brevicaudatus**(Skan)Hayata. Gen. Ind . Fl. Formos. 72. 1917, 海南植物志 2: 356(1965), 中国植物志 22: 195(1998), Flora of China 4: 366(1999), 广东植物志 9: 18(2009)

科名：壳斗科 Fagaceae　**属名**：柯属 Lithocarpus Bl.

形态特征：乔木，高达 20m，胸径 50cm；枝、叶均无毛；当年生枝常具 4 棱，褐色。叶硬革质，长椭圆形，通常长 4～15cm，宽 2.4～5cm，顶端狭长渐尖，基部圆或近叶柄处稍收狭，一侧稍歪斜，干时两面褐色，侧脉每边 8～13 条，在叶背明显，网状小脉不明显；叶柄长 1.5～4.5cm，稀较短，基部增粗。雄花序复穗状，分枝长不及 1cm，平展；雌花 3 朵 1 簇，仅 1 朵结实。果序轴粗壮，直径 5～10mm，长 5～12cm；壳斗浅杯状，围绕坚果的基部，木质，厚，暗黄灰色，直径 1.8～2.2cm，鳞片状苞片螺旋排列，紧贴，阔三角形，顶端渐尖；坚果椭圆形，长约 2.5cm，直径约 2cm，或为圆锥状椭圆形，高宽约 2.5cm，基部平坦，果皮厚达 4mm，果脐深凹陷，深达 3mm，直径 9～12mm。果期 8～10 月。

野外鉴别关键特征：枝、叶均无毛；当年生枝常具 4 棱，褐色。叶硬革质，长椭圆形，顶端狭长渐尖，基部圆或近叶柄处稍收狭，一侧稍歪斜。

分布与生境：东方、琼中、白沙；福建、广东、广西、贵州、湖北、湖南、江西、四川、台湾、浙江。常生于山顶或中海拔的山谷溪边密林中。

利用：用材树种。

注：手绘图引自中国高等植物图鉴；标本引自中国科学院植物研究所标本馆。

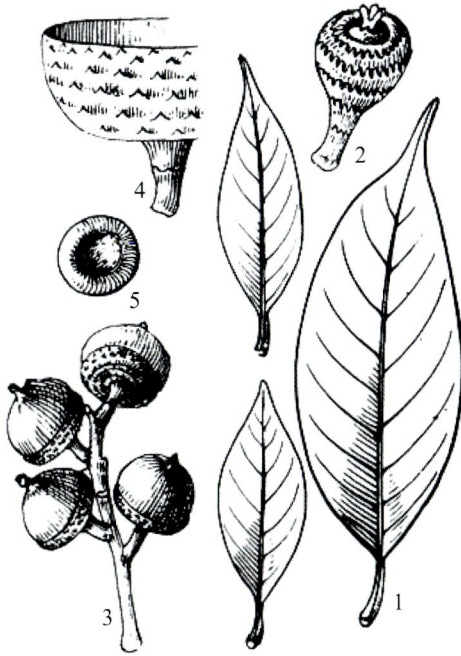

1.叶；2.壳斗（幼时）；3.果序；4.壳斗，示小苞片；
5.坚果，示果脐。

短穗柯 (Lithocarpus brachystachyus)

1.果枝；2.坚果。

岭南柯（短尾柯）(Lithocarpus brevicaudatus)

中文名称：尾叶柯

学名：**Lithocarpus caudatilimbus**(Merr.)A. Camus in Not. Syst. 6: 185, fig. 64. 1938, 海南植物志 2: 356 (1965), 中国植物志 22: 138(1998), Flora of China 4: 351(1999), 广东植物志 9: 19(2009)

科名：壳斗科 Fagaceae　　属名：柯属 Lithocarpus Bl.

形态特征：乔木，高 15～25m，胸径 60～100cm，当年生嫩枝有浅沟棱，二年生枝浅灰色或浅灰棕色，各部无毛，叶硬纸质，宽卵形至近圆形，长 7～14cm，宽 3～8cm，顶部突急尖，短尾状，稀长尖，基部阔楔形，沿叶柄下延，全缘，中脉在叶面稍凸起或平坦，侧脉每边 6～10 条，支脉纤细或不显，叶背有紧实蜡鳞层；叶柄长 3～4cm。雄穗状花序多穗排成圆锥花序，长 6～10cm；雌花序单穗或成对生于枝顶部，雌花基部有柄，单朵散生于花序轴上，花柱长约 1mm。壳斗包着坚果 2/3 以上，漏斗状半圆形，基部有长达 15mm、粗 6mm 的壳斗柄，连柄高 25～30mm，宽 20～25mm，壳壁薄，脆壳质，小苞片细三角形，疣状，彼此疏离，位于壳斗一近顶部的常仅有痕迹，壳斗柄常有 2～4 个圆环；坚果扁圆形，高 14～18mm，宽 18～23mm，无毛，底部平坦，果脐凹陷。花期 10～12 月；果翌年同期或稍迟 2～3 个月成熟。

野外鉴别关键特征：叶硬纸质，宽卵形至近圆形，顶部突急尖，短尾状，稀长尖，基部阔楔形，沿叶柄下延，全缘。

分布与生境：三亚、万宁；广东。生于海拔约 700m 山地常绿阔叶林中。

利用：用材树种。

注：手绘图引自海南植物志。

中文名称：▲ 琼中柯

学名：**Lithocarpus chiungchungensis** Chun & Tam, in Act. Phytotax. Sin. 10: 207. 1965, 海南植物志 2: 353(1965), 中国植物志 22: 164(1998), Flora of China 4: 358(1999), 广东植物志 9: 20(2009)

科名：壳斗科 Fagaceae　　属名：柯属 Lithocarpus Bl.

形态特征：乔木，高 16m；枝深灰色，疏生皮孔，幼时具浅槽，密被微柔毛，毛早落。叶聚集在小枝上部，狭椭圆形至椭圆形，长 6～15cm，宽 2～5cm，上部突然渐尖，顶端钝，基部沿叶柄下延，革质，全缘，干后腹面灰褐色，背面黄褐色，中脉和侧脉在两面均凸起；侧脉每边 8～10（～12）条，近叶缘处略弯；叶柄扁，被暗灰色微柔毛和短柔毛。果序长 9cm，密生 3 个一簇，仅一个发育的壳斗；果 2 年成熟，无梗，聚生在轴的上部；壳斗近球形，宽 1.5cm，除顶端孔穴外将坚果全部包围，仅在底部的中央与坚果着生，壁薄，质脆，外面灰色，被微柔毛，内面紫褐色，无毛；苞片鳞片状，螺旋排列，线状锥形，多少蜿蜒内弯，开展，长 1.5～2mm，下部的疏离，上部的较小，较密，斜上弯，坚果近球形，长 12～14mm，栗色，顶端有短而具头状柱头的宿存花柱，基部截平；果脐白色，微凹陷。果期 10 月。

野外鉴别关键特征：叶聚集在小枝上部，顶端钝，基部沿叶柄下延，革质，全缘；壳斗近球形，除顶端孔穴外将坚果全部包围，仅在底部的中央与坚果着生。

分布与生境：特有种，鹦哥岭。生于中海拔密林中。

利用：用材树种。

注：手绘图引自中国植物志。

1. 果枝；2. 雌花序；3. 雌花；4-5. 坚果；6. 壳斗。

尾叶柯 (Lithocarpus caudatilimbus)

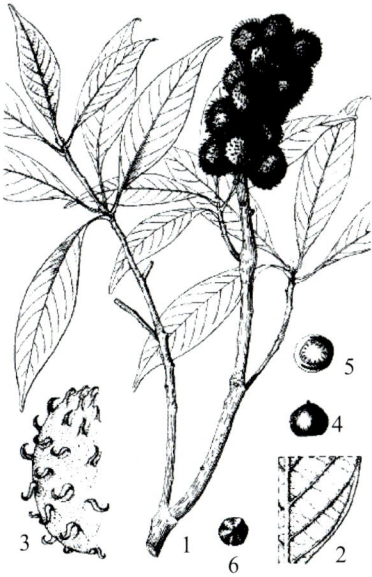

1. 果枝；2. 叶背面；3. 壳斗外壁小苞片；4. 坚果；
　5. 果，示果脐；6. 子叶（果仁）。

琼中柯 (Lithocarpus chiungchungensis)

中文名称： 烟斗柯

学名： **Lithocarpus corneus**(Lour.)Rehd. in Bailey, Stand . Cyclop. Hort. 3569. 1917, 海南植物志 2: 349 (1965), 中国植物志 22: 128(1998), Flora of China 4: 349(1999), 广东植物志 9: 20(2009)

科名： 壳斗科 Fagaceae　**属名：** 柯属 Lithocarpus Bl.

形态特征： 乔木，高 3～15m，树皮暗灰色；芽鳞披针形，被疏柔毛；嫩枝被短柔毛。叶聚生于小枝上部，薄革质，长椭圆形、卵状长椭圆形或倒卵形至倒卵状披针形，长 6～12cm，宽 2～4cm，有时更大，顶端渐尖或骤狭尖，基部渐狭或阔楔尖，一侧常歪斜，边缘具疏锯齿或少数钝齿，有时波状或全缘，叶背面脉上初时被疏长柔毛，侧脉每边 10～15 条，到达齿端，中脉及侧脉在腹面微凹陷，被微柔毛，叶柄长 0.8～1.5cm，初时被毛。穗状花序通常雌雄花同序；雌花 5 朵，仅 1 花结实。果截平陀螺形或半球形，无柄，宽 2.5～5cm，高 1.5～3cm，坚果顶部露出；壳斗半球形，完全与坚果愈合，壁木栓质，鳞片状苞片螺旋覆瓦状排列，多、整齐，三角形或近菱形，被微柔毛，边缘的极小极密；坚果的裸露顶部稍隆起或平坦，中央略下陷，被微柔毛；果壳木质，厚 4～8mm，愈合面极粗糙。花期 6 月或冬、春两季；果期 10～12 月。果当年成熟。

野外鉴别关键特征： 叶薄革质，长椭圆形、卵状长椭圆形或倒卵形至倒卵状披针形，有时更大，顶端渐尖或骤狭尖，基部渐狭或阔楔尖，一侧常歪斜，边缘具疏锯齿或少数钝齿，有时波状或全缘，果截平陀螺形或半球形，无柄，坚果顶部露出；壳斗半球形，完全与坚果愈合。

分布与生境： 海南各地常见；福建、广东、广西、贵州、湖南、台湾、云南；越南。生于溪边、山坡或旷野疏林中。

利用： 树皮灰色或褐灰色，通常厚 5mm 以内，外皮甚浅裂，内皮淡棕黄色，槽棱较浅，脊棱面较钝，有少量聚合射线，木质部的管孔在放大镜下甚明显，宽木射线窄而密接，年轮不明显，木材淡黄白色，质稍坚实，不耐腐，多作为农具材，属白稠类。

注： 手绘图引自福建植物志。

中文名称： 海南烟斗柯

学名： **Lithocarpus corneus** var. **hainanensis**(Merrill)C. C. Huang & Y. T. Chang, Guihaia. 8: 14. 1988, Flora of China 4: 349(1999), 广东植物志 9: 21(2009)

科名： 壳斗科 Fagaceae　**属名：** 柯属 Lithocarpus Bl.

形态特征： 叶纸质，干后略脆，倒卵形至倒卵状长椭圆形，很少椭圆形，顶端短突尖或短尾状，叶缘在近顶部有少数钝裂齿或波浪状或兼有全缘，中脉及侧脉均稍凹陷，侧脉每边很少超过 16 条，在叶缘附近急弯向上，有时与相邻侧脉连接，叶背被稀疏的短星状毛或分枝的毛，有时星状毛早脱落但中脉及侧脉仍有稀疏的短毛，壳斗顶部平坦或略隆起，密被毛，果壁远比壳壁厚。

野外鉴别关键特征： 本变种与原种的区别在于叶纸质，倒卵形至倒卵长圆形，稀椭圆形，顶端短突尖或短尾状，叶背疏被早落的星状毛，但中脉及侧脉仍有短毛残留。

分布与生境： 乐东；广东。生于海边。

利用： 该种为烟斗柯的变种，木材淡黄白色，质稍坚实，不耐腐，多作为农具材，属白稠类。

烟斗柯 (Lithocarpus corneus)

海南烟斗柯 (Lithocarpus corneus var. hainanensis)

中文名称：胡颓子叶柯

学名：**Lithocarpus elaeagnifolius**(Seem.)Chun in Journ. Arn. Arb. 9: 151. 1923, 海南植物志 2: 352(1965), 中国植物志 22: 170(1998), Flora of China 4: 360(1999), 广东植物志 9: 22(2009)

科名：壳斗科 Fagaceae　属名：柯属 Lithocarpus Bl.

形态特征：乔木，高 5 ～ 12m，树皮灰褐色，小枝干后灰黑色，散生皮孔，幼时被早落黄灰色短绒毛。叶常聚生于枝的上部，狭长披针形，极少长椭圆状披针形，长 8 ～ 13cm，宽 1.2 ～ 2.5cm，顶端渐狭长尖，基部狭楔尖，两面几同色，偶有干后背面微带着灰色，无毛，但嫩叶在背面中脉基部被长柔毛，全缘，近顶部通常微波状，中脉在腹面明显凸起，侧脉每边 12 ～ 14 条，近叶缘处上弯，互不联结，小脉纤细，网状；叶柄长约 1cm，基部增粗。雌花序顶部常着生雄花，花序轴被黄灰色短绒毛；雌花 3 朵（稀 2 朵）一簇，仅 1 花结实；壳斗包住坚果的大部分，仅基部贴生，近圆形，宽 1.2 ～ 1.5cm，壁厚约 0.5mm（基部厚约 1mm）；鳞片螺旋排列，伏贴，阔三角形；坚果半球形，无毛，基部平坦，果脐稍微下凹，深约 0.5mm，直径 8 ～ 10mm。花期 5 ～ 9 月；果期可能为冬季。

野外鉴别关键特征：叶常聚生于枝的上部，狭长披针形，壳斗包住坚果的大部分，仅基部贴生，近圆形，鳞片螺旋排列，伏贴，阔三角形；坚果半球形，无毛。

分布与生境：东方、乐东、保亭、琼海；越南。生于山坡或山谷疏或密林中。

利用：小乔木，坡地绿化树种。

中文名称：▲ 万宁柯

学名：**Lithocarpus elmerrillii** Chun in Journ. Arn. Arb. 28: 232. 1947, 海南植物志 2: 350(1965), 中国植物志 22: 146(1998), Flora of China 4: 353(1999), 广东植物志 9: 2(2009)

科名：壳斗科 Fagaceae　属名：柯属 Lithocarpus Bl.

形态特征：乔木，高达 25m，树皮淡褐色；枝暗灰色，有散生凸起皮孔；小枝、芽鳞及叶片均无毛。叶薄革质，长椭圆形，长 10 ～ 17cm，宽 3 ～ 6cm，顶端渐狭短尖，基部楔尖，全缘，干后背面带灰白色，侧脉每边 9 ～ 11 条，近叶缘处上弯，互不联结，小脉在叶背稍明显，叶柄长 1 ～ 2cm。雌花和果单个散生。果序长 2 ～ 7cm，轴粗，直径 7 ～ 8mm；壳斗半球形，木质，实心，顶部具浅碟状凹陷，包围坚果的基部，苞片鳞片状，阔三角形，伏贴，上部的螺旋排列，中部以下的多少呈轮状排列；坚果近球形，长 1.8 ～ 2.4cm，直径 2.2 ～ 2.6cm，常具纵裂纹，顶端急尖，基部平坦，果壳角质，厚 2.5 ～ 2.5mm，果脐凹陷，果期 9 月。

野外鉴别关键特征：叶薄革质，长椭圆形。

分布与生境：特有种，霸王岭、吊罗山、尖峰岭。生于杂木林中。

利用：高大乔木，木材应用。

胡颓子叶柯 (*Lithocarpus elaeagnifolius*)

万宁柯 (*Lithocarpus elmerrillii*)

中文名称：泥椎柯

学名：**Lithocarpus fenestratus**(Roxburgh)Rehder, Journ. Arn. Arbor. 1: 126. 1919, 中国植物志 22: 170 (1998), Flora of China 4: 360(2003), 广东植物志 9: 22(2009)

科名：壳斗科 Fagaceae　**属名**：柯属 Lithocarpus Bl.

形态特征：乔木，高达 25m，胸径 50cm，芽鳞无毛，当年生枝被甚短的柔毛。叶纸质，长披针形或卵状长椭圆形，长 15～22cm，宽 3～5cm，顶部渐狭长尖，基部狭楔尖，沿叶柄下延，全缘，中脉在叶面凸起，侧脉每边 12～17 条，在叶缘附近急弯向上，上部的常与相邻的侧脉连接，支脉稍纤细且多，彼此近平行，叶背有紧实的蜡鳞层，干后微带灰色，新叶的叶柄长约 5mm，成长叶的叶柄长约 10mm，粗壮，沿叶柄及叶背中脉两侧被棕色长直柔毛。雄穗状花序通常多穗排成圆锥花序；雌花序长达 20cm，基部一段无花。果序轴粗达 6mm，无毛，果 3 个一簇，1 或 2 个发育结实；壳斗扁圆形，包着坚果绝大部分，壳壁顶部薄而质脆，下部厚约 1mm，径 10～25mm，小苞片三角形，紧贴壳壁，覆瓦状排列，被稀少微柔毛及棕色蜡鳞；坚果扁圆形或宽圆锥状，果脐凹陷，口径 12～15mm，深约 1mm。花期 8～10 月；果翌年同期成熟。

野外鉴别关键特征：叶纸质，长披针形或卵状长椭圆形，长 15～22cm，宽 3～5cm，顶部渐狭长尖，基部狭楔尖，沿叶柄下延，全缘。

分布与生境：海南有分布；广东、广西、西藏、云南；不丹、印度、老挝、缅甸、斯里兰卡、泰国、越南。生于山地常绿阔叶林中。

利用：高大乔木，木材树种。

注：手绘图引自福建植物志。

中文名称：▲ 琼崖柯

学名：**Lithocarpus fenzelianus** A. Camus in Bull. Mus. hist. Paris, ser. 2, 4(7): 912. 1932, 海南植物志 2: 349(1965), 中国植物志 22: 102(1998), Flora of China 4: 341(1999), 广东植物志 9: 23(2009)

科名：壳斗科 Fagaceae　**属名**：柯属 Lithocarpus Bl.

形态特征：乔木，高达 30m，胸径 80cm。一年生枝有明显槽棱，枝、叶无毛。叶硬革质，卵形、卵状披针形或倒卵状椭圆形，长 10～18cm，宽 3～6cm，顶部尾状长尖或短渐尖，基部楔形，下延，全缘或上部叶缘明显波浪状，中脉在叶面微凸起，侧脉每边 7～10 条，在叶面常裂槽状凹陷，支脉密，有时隐约可见，二年生叶的叶背干后棕灰色或灰白色，有紧实的蜡鳞层；叶柄长 2～3cm。雄穗状花序，单穗腋生或多穗排成圆锥花序，花序轴被短柔毛。雌花序长达 15cm；雌花单朵散生于花序轴上。幼嫩壳斗的小鳞片细小三角形，基部连生，成熟壳斗圆球形或扁圆形，全包坚果，壳壁厚 1～2mm，小苞片与壳壁愈合，形成 6～8 个肋状环圈，有时为宽三角形或不规则的宽四边形，位于壳斗上部的常较明显；坚果近圆球形，顶部被细伏毛。果脐占坚果面积的 2/3 或更多。花期 2～4 月；果翌年 8～9 月成熟。

野外鉴别关键特征：叶硬革质，卵形、卵状披针形或倒卵状椭圆形，顶部尾状长尖或短渐尖，基部楔形，下延，全缘或上部叶缘明显波浪状。

分布与生境：特有种，霸王岭、吊罗山、尖峰岭、鹦哥岭。生于山坡密林。

利用：耐水湿，耐腐，为水工、梁柱、车船、建筑、器械的优良材。

1. 果枝；2. 壳斗及坚果；3-4. 坚果。

泥椎柯 (Lithocarpus fenestratus)

琼崖柯 (Lithocarpus fenzelianus)

中文名称：★柯

学名：Lithocarpus glaber(Thunberg)Nakai, Cat. Hort. Bot. Univ. Tokyo. 8. 1916, 中国植物志 22: 230(1998), Flora of China 4: 363(1999), 广东植物志 9: 23(2009)

科名：壳斗科 Fagaceae　**属名：**柯属 Lithocarpus Bl.

形态特征：乔木，高 15m，胸径 40cm，一年生枝、嫩叶叶柄、叶背及花序轴均密被灰黄色短绒毛，二年生枝的毛较疏且短，常变为污黑色。叶革质或厚纸质，倒卵形、倒卵状椭圆形或长椭圆形，长 6 ～ 14cm，宽 2.5 ～ 5.5cm，顶部突急尖，短尾状，或长渐尖，基部楔形，上部叶缘有 2 ～ 4 个浅裂齿或全缘，中脉在叶面微凸起，侧脉每边很少多于 10 条，支脉通常不明显，成长叶背面无毛或几无毛，有较厚的蜡鳞层；叶柄长 1 ～ 2cm，雄穗状花序多排成圆锥花序或单穗腋生，长达 15cm；雌花序常着生少数雄花，雌花每 3 朵、很少 5 朵一簇，花柱 1 ～ 1.5mm。果序轴通常被短柔毛；壳斗碟状或浅碗状，通常上宽下窄的倒三角形，高 5 ～ 10mm，宽 10 ～ 15mm，顶端边缘甚薄，向下甚增厚，硬木质，小苞片三角形，甚细小，紧贴，覆瓦状排列或连生成圆环，密被灰色微柔毛；坚果椭圆形，高 12 ～ 25mm，宽 8 ～ 15mm，顶端尖，或长卵形，有淡薄的白色粉霜，暗栗褐色，果脐深达 2mm，口径 3 ～ 5mm，很少达 8mm。花期 7 ～ 11 月，果翌年同期成熟。

分布与生境：海南有栽培，产秦岭南坡以南各地，但北回归线以南极少见。生于海拔约 1500m 以下坡地杂木林中，阳坡较常见，常因被砍伐，故生成灌木状。日本南部也有。

利用：树皮褐黑色，不开裂，内皮红棕色，木材的心边材近同色，干后淡茶褐色，材质颇坚重，结构略粗，纹理直行，不甚耐腐，适作为家具、农具等材。

注：手绘图引自福建植物志；彩图由 PPBC/ 苏享修拍摄。

中文名称：硬斗柯

学名：Lithocarpus hancei(Benth.)Chun in Journ. Arn. Arb. 1: 127. 1919, 海南植物志 2: 355(1965), 中国植物志 22: 176(1998), Flora of China 4: 362(1999), 广东植物志 9: 25(2009). ——Lithocarpus ternaticupulus Hayata Gen. Ind. 72. 1916, 海南植物志 2: 355(1965)

科名：壳斗科 Fagaceae　**属名：**柯属 Lithocarpus Bl.

形态特征：乔木，高很少超过 15m，除花序轴及壳斗被灰色短柔毛外各部均无毛。小枝淡黄灰色或灰色，常有很薄的透明蜡层。叶薄纸质至硬革质，长与宽的变异很大，基部通常沿叶柄下延，全缘，或叶缘略背卷，中脉在叶面至少下半段明显凸起，侧脉纤细而密，两面同色。叶柄长 0.5 ～ 4cm。雄穗状花序通常多穗排成圆锥花序，长很少超过 10cm（则为单穗腋生）；有时下段着生雌花，上段雄花，花序轴有时扭旋，雌花序 2 至多穗聚生于枝顶部，花柱 3 或 2 或 4 枚，长不到 1mm，壳斗浅碗状至近平展的浅碟状，高 3 ～ 7mm，宽 10 ～ 20mm，包着坚果不到 1/3，小苞片鳞片状三角形，紧贴，常稍微增厚，覆瓦状排列或连生成数个圆环，壳斗通常 3 ～ 5 个一簇，也有单个散生于花序轴上，或同一果序上有单个也有 3 个一簇的；坚果扁圆形、近圆球形或高过于宽的圆锥形，高 8 ～ 20mm，宽 6 ～ 25mm。顶端圆至尖，很少平坦，无毛，淡棕色或淡灰黄色，果脐深 1 ～ 2.5mm。花期 4 ～ 6 月；果翌年 9 ～ 12 月成熟。

野外鉴别关键特征：壳斗浅碗状至近平展的浅碟状，包着坚果不到 1/3。

分布与生境：东方、乐东、保亭、琼中、白沙；我国长江以南各省。生于山坡密林中。

利用：材质颇坚实，密致，用作农具柄，在湖南用以制扁担等材。

注：手绘图引自福建植物志；三果柯（Lithocarpus ternaticupulus）被 Flora of China 归并为硬斗柯（Lithocarpus hancei）。

柯 (**Lithocarpus glaber**)

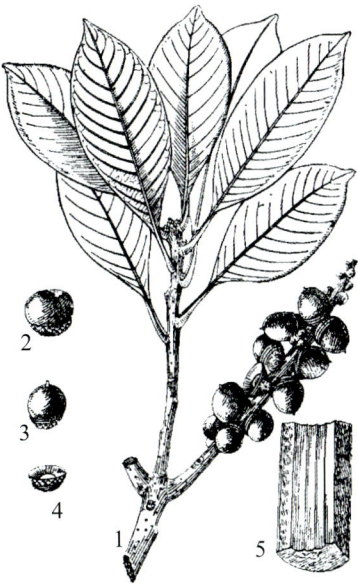

1. 果枝；2-3. 壳斗及坚果；4. 壳斗；5. 树皮
　　内侧面。

硬斗柯 (**Lithocarpus hancei**)

中文名称：▲ 瘤果柯（脚板椆）

学名：**Lithocarpus handelianus** A. Camus in Bull. Mus. Hist. Nat. Parisser. 2, 6: 93. 1934, 海南植物志 2: 352(1965), 中国植物志 22: 103(1998), Flora of China 4: 342(1999), 广东植物志 9: 25(2009)

科名：壳斗科 Fagaceae　属名：柯属 Lithocarpus Bl.

形态特征： 乔木，高达 25m，胸径 40～80cm；小枝幼时具棱，被黄锈色绒毛，老时被灰黄色粉状鳞秕。叶厚革质，长椭圆形或阔椭圆形，长 15～20cm，宽 6～9cm，顶端长渐尖，基部渐狭尖或楔尖，嫩叶两面有稀疏短柔毛、成长叶仅腹面中脉被毛，背面灰黄色或苍灰色，全缘，侧脉每边 13～16 条，近叶缘处倾斜上弯，互不联结，在腹面微下凹，小脉极密集，平行；叶柄长 2～4cm。雄花序穗状，多花，总轴被灰黄色短柔毛，雌花 3 朵一簇，常 1 朵结实，少有 2～8 朵结实。果序长 8～14cm，果密集于上部；壳斗完全包住坚果，仅基部与坚果贴生，近球形，宽 2～2.5cm 或更大，壁厚 1～1.5mm，易破碎，有时顶部破裂，被黄灰色毡状毛；鳞片三角形，锐尖。直立，坚硬，分离，背部中央脊棱状突起，顶端反曲，下部的长约 2mm；坚果圆锥形或扁球形，长 1.5～2.2cm。基部平坦，果壳厚 1～1.5mm，被灰色微柔毛，果脐凹陷，花期 8～10 月；果期 10～12 月。

野外鉴别关键特征： 叶厚革质，长椭圆形或阔椭圆形，长 15～20cm，宽 6～9cm，顶端长渐尖，基部渐狭尖或楔尖。

分布与生境： 特有种，霸王岭、吊罗山、尖峰岭。生于中海拔至高海拔的山谷或山顶密林中或溪边丛林中。

利用： 散孔材，木质部的宽木射线甚窄，心边材略明显。心材大，深红褐色，边材暗红棕色，木材纹理交错，结构致密，材质坚重，加工困难，干后稍爆裂，变形，很耐腐，属工业强材，适作为水工、车船、梁柱、器械等用材，当地多用作船板、舵骨、桥板、梁柱，亦用于建筑上的楼板、桁、柱等材。

注： 手绘图引自中国植物志。

中文名称：港柯（棉椆）

学名：**Lithocarpus harlandii**(Hance ex Walpers)Rehder, Journ. Arn. Arb. 1: 127. 1919. 中国植物志 22: 193(1998), Flora of China 4: 365(1999), 广东植物志 9: 25(2009)

科名：壳斗科 Fagaceae　属名：柯属 Lithocarpus Bl.

形态特征： 乔木，高约 18m，胸径 50cm，新生枝紫褐色，干后暗褐黑色，有纵沟棱，枝、叶及芽鳞均无毛。叶硬革质，披针形、椭圆形或倒披针形，长 7～18cm，宽 3～6cm，稀较小或更大，顶部常弯向一侧的短或长尾状尖，基部狭或渐狭楔尖，常两侧稍不对称且沿叶柄下延，稀急尖或近圆形，叶边缘在上段有波浪状钝裂齿，稀全缘，中脉在叶面近平坦或微凸起，侧脉每边 8～13 条，支脉隐约可见，叶背有细圆片状薄的蜡鳞层；叶柄长 2～3cm。花序着生于当年生枝的顶部，花序轴被微柔毛；雄圆锥花序由多个穗状花序组成；雌花每 3 朵一簇或全为单花散生于花序轴上，花柱 3 或 2 枚，长约 0.5mm。壳斗浅碗状，宽 14～20mm，高 6～10mm，基部常稍伸长呈极短的柄状，小苞片鳞片状，三角形或四边菱形，中央及边缘稍呈肋状隆起，覆瓦状排列，被微柔毛；坚果长圆锥形或宽椭圆形，高 22～28mm，宽 16～22mm，顶部圆或钝，稀为宽圆锥形，果壁厚 1.5～2mm，底部果脐深达 4mm，口径 9～12mm。花期 5～6 月；果翌年 9～10 月成熟。

分布与生境： 海南有分布；安徽、贵州、湖北、湖南、江苏、江西、陕西、四川。

注： 手绘图引自浙江植物志。

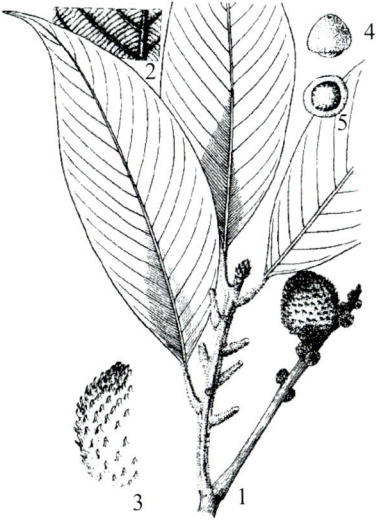

1. 果枝；2. 叶背面部分；3. 壳斗；4. 坚果；
　　5. 坚果，示果脐。

瘤果柯 (脚板椆)(*Lithocarpus handelianus*)

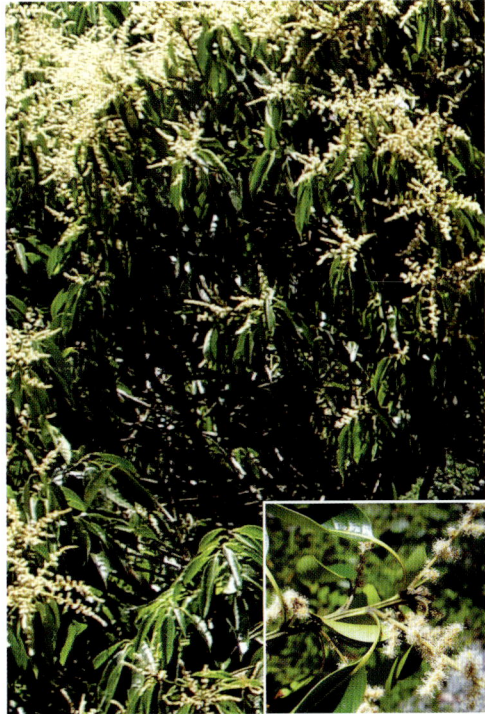

港柯 (棉椆)(*Lithocarpus harlandii*)

中文名称：梨果柯

学名：**Lithocarpus howii** Chun in Journ. Arn. Arb. 28: 235. 1947, 海南植物志 2: 348(1965), 中国植物志 22: 94(1998), Flora of China 4: 340(1999), 广东植物志 9: 6(2009)

科名：壳斗科 Fagaceae　属名：柯属 Lithocarpus Bl.

形态特征：乔木，高达 12m，树皮灰褐色；芽鳞、小枝、叶柄被丝质绒毛；芽鳞半圆形；小枝粗壮，二年生的近无毛，有明显的叶痕。叶聚生于枝上部，坚韧，革质，倒卵状长椭圆形，长 10～20cm，宽 4～8cm，顶端急尖或圆，基部渐狭。一侧歪斜，干后两面几同色，沿中脉被微柔毛，背面脉上被疏柔毛，边缘除基部外有钝齿，稀为波状，侧脉粗壮，每边 16～22 条，直达齿端，在叶腹面与中脉均凹陷，小脉密，近平行；叶柄长 3～4cm，基部膨大。雄花序穗状；雌花 3 朵一簇，仅 1 花结实。坚果大部分与壳斗侧壁愈合；果大，倒梨形或倒卵形，基部收狭，极少近球形，全长 5～6cm，直径 4.5～5cm；壳斗完全包住坚果，壁厚 1～2.5mm；苞片异形，顶端的细小，内弯，覆盖着坚果的下陷顶端，其余的散疏、长形、厚、多少紧贴壳斗的表面，具钩状的尖头，下部的长 1.5～2cm，上部的较短小，尖头常斜展；果壳木质，表面全部极粗糙；种子几填充整个坚果内壁。花期 5 月；果期 8～10 月。

野外鉴别关键特征：叶聚生于枝上部，坚韧，革质，倒卵状长椭圆形，顶端急尖或圆，基部渐狭。边缘除基部外有钝齿，稀为波状，侧脉粗壮，每边 16～22 条，直达齿端。

分布与生境：乐东、东方、保亭、定安、万宁等地；广东。生于高海拔的湿润密林中。

利用：小乔木，坡地绿化。

注：手绘图引自中国植物志。

中文名称：油叶柯

学名：**Lithocarpus konishii**(Hayata)Hayata, Gen. Ind. Fl. Form. 72. 1917, 中国植物志 22: 145(1998), Flora of China 4: 353(1999), 广东植物志 9: 27(2009)

科名：壳斗科 Fagaceae　属名：柯属 Lithocarpus Bl.

形态特征：乔木，高通常 5m 以内，芽鳞密被白灰色丝光质伏毛，春季抽出的新枝无毛，秋季抽出的被灰黄色短柔毛，二年生枝有略凸起、近圆形、与枝同色的皮孔。叶纸质，稍硬，卵形、倒卵形、椭圆形或倒卵状椭圆形，长 4～9cm，宽 1～4cm，顶部短尾状急尖或渐尖，基部楔形，叶缘有 3～6 锯齿状钝裂齿。中脉在叶面平坦或微凸起，有时微凹陷，被粉末状细毛，侧脉每边 7～10 条，在叶面微凹陷，支脉纤细，尚可见，两面同色，嫩叶背面脉腋上有小丛毛；叶柄长 0.5～1.5cm，雌花常着生于雄花序轴的下部，或由少数组成花序，单朵或很少兼有 2 朵一簇散生于被灰黄色短绵毛的花序轴上，花柱 3 枚，长达 3mm，斜展。果序轴粗 2～3mm，有皮孔；壳斗浅碟状，高 15～25mm，包着坚果基部，壳壁上薄下略厚，厚 1.5～2mm，小苞片阔三角形，中央肋状突起，紧贴，覆瓦状排列，被灰棕色甚短的毡状毛；坚果扁圆形，顶端圆或稍平坦，硬角质，无毛，透熟时纵向裂缝，果脐的四周边缘凹陷，渐向中央部分稍隆起，花期 4～8 月；果翌年 7～10 月成熟。

野外鉴别关键特征：叶纸质，稍硬，卵形、倒卵形、椭圆形或倒卵状椭圆形，顶部短尾状急尖或渐尖，基部楔形，叶缘有 3～6 锯齿状钝裂齿。

分布与生境：海南有分布；中国台湾。在海南生于离海岸不远的缓坡灌木丛中。

利用：小乔木，沿海坡地绿化树种。

梨果柯 (Lithocarpus howii)

油叶柯 (Lithocarpus konishii)

中文名称：木姜叶柯

学名：**Lithocarpus litseifolius**(Hance)Chun, Journ. Arn. Arb. 9: 152. 1928, 中国植物志 22: 201(1998), Flora of China4: 367(1999), 广东植物志 9: 27(2009)

科名：壳斗科 Fagaceae　**属名**：柯属 Lithocarpus Bl.

形态特征：乔木，高达20m，胸径60cm，枝、叶无毛，有时小枝、叶柄及叶面干后有淡薄的白色粉霜。叶纸质至近革质，椭圆形、倒卵状椭圆形或卵形，很少狭长椭圆形，长 8～18cm，宽 3～8cm，顶部渐尖或短突尖，基部楔形至宽楔形，全缘，中脉在叶面凸起，侧脉每边8～11 条，至叶缘附近隐没，支脉纤细，疏离，两面同色或叶背带苍灰色，有紧实鳞秕层，中脉及侧脉干后红褐色或棕黄色；叶柄长 1.5～2.5cm。雄穗状花序多穗排成圆锥花序，少有单穗腋生，花序长达 25cm；雌花序长达35cm，有时雌雄同序，通常 2～6 穗聚生于枝顶部，花序轴常被稀疏短毛；雌花每 3～5 朵一簇，花柱比花被裂片稍长，干后常油润有光泽。果序长达 30cm，果序轴纤细，粗很少超过 5mm；壳斗浅碟状或上宽下窄的短漏斗状，宽 8～14mm，顶部边缘通常平展，甚薄，无毛，向下明显增厚呈硬木质，小苞片三角形，紧贴，覆瓦状排列，或基部的连生成圆环，坚果为顶端锥尖的宽圆锥形或近圆球形，很少为顶部平缓的扁圆形，高 8～15mm，宽 12～20mm，栗褐色或红褐色，无毛，常有淡薄的白粉，果脐深达 4mm，口径宽达 11mm。花期 5～9 月；果翌年 6～10 月成熟。

分布与生境：三亚、琼中、陵水、定安、白沙；福建、广东、广西、贵州、湖北、湖南、江西、四川、云南、浙江；老挝、缅甸、越南。生于中海拔山地密林中。

利用：嫩叶有甜味，嚼烂时为黏胶质，长江以南多数山区居民用其叶作为茶叶代品，通称甜茶。

中文名称：柄果柯（罗汉柯）

学名：**Lithocarpus longipedicellatus**(Hick. et A. Camus)A. Camus in Riv. Sci. 18: 41. 1932, 中国植物志 22: 140(1998), Flora of China 4: 352(1999), 广东植物志 9: 28(2009). ——Lithocarpus podocarpus Chun in Journ. Arn. Arb. 28: 237, 海南植物志 2: 351(1965)

科名：壳斗科 Fagaceae　**属名**：柯属 Lithocarpus Bl.

形态特征：乔木，高达20m，胸径达50cm，芽鳞、枝、叶均无毛，芽鳞及嫩叶压干后常油润有光泽。叶近革质，椭圆形、卵形或卵状椭圆形，长 8～15cm，宽 3～6cm，顶部渐尖或短突尖，端钝或圆，基部宽楔形，全缘，有时呈波浪状起伏，侧脉每边9～14 条，在叶缘处急弯向上，通常彼此不连接，支脉纤细或不明显，叶背在干后带苍灰色，有紧实的蜡鳞层；叶柄长 1～1.5cm。雄穗状花序多穗排成圆锥花序或单穗腋生；花序轴被灰白色或淡黄灰色粉末状鳞秕，雌花单朵散生于花序轴上，花后不久基部有长 3～5mm 的柄，果序轴较着生的枝粗壮，基部粗 8～10mm，包着坚果下部或少至中部，小苞片三角形，甚细小，在放大镜下隐约可见，有时全部或部分连生成圆环，被灰黄至淡棕色糠秕状鳞秕，坚果扁圆形或近球形，高 10～14mm，宽 12～22mm，无毛，暗栗褐色，常有淡薄的白色粉霜。柱座短突出。基部平坦，果脐深约 1.5mm。花期 10 月至翌年 1 月；果翌年同期成熟。

野外鉴别关键特征：叶近革质，椭圆形、卵形或卵状椭圆形，果序轴较着生的枝粗壮，基部粗 8～10mm，包着坚果下部或少至中部。

分布与生境：吊罗山、尖峰岭；广西、云南；越南。散生于海拔约 1200m 以下常绿阔叶林中。

利用：散孔材，心边材界限分明，心材褐棕色，边材色较淡，木材纹理交错，结构致密，质硬重，加工困难，干燥过程中有时爆裂，但不变形，耐水湿，适作为车船、水工、梁柱、建筑等用材。

注：手绘图引自中国高等植物图鉴。

木姜叶柯 (*Lithocarpus litseifolius*)

1. 果枝；2. 坚果。

柄果柯 (罗汉柯)(*Lithocarpus longipedicellatus*)

中文名称：大叶柯（大叶石栎）

学名：**Lithocarpus megalophyllus** Rehd. et Wils. in Sarg. Pl. Wils. 3: 208. 1916, 中国植物志 22: 196(1998), Flora of China 4: 366(1999)

科名：壳斗科 Fagaceae　属名：柯属 Lithocarpus Bl.

形态特征：乔木，高 15 ～ 25m，胸径 30 ～ 60cm，小枝淡黄灰色或灰色，枝、叶无毛。叶硬革质，倒卵形、倒卵状椭圆形或椭圆形，长 14 ～ 30cm，宽 6 ～ 13cm，顶部突急尖，基部楔尖或近圆形，全缘，侧脉每边 14 ～ 18 条，在叶面凹陷，支脉彼此近平行，中、侧脉在叶背十分隆起，两面同色，叶背被在高倍放大镜下可见的粉末状灰白色鳞腺；叶柄长 2.5 ～ 6cm，粗 3 ～ 6mm。雄穗状圆锥花序长达 30cm，花序轴被早落的稀疏短毛；雌花序常成对生于枝顶部；雌花常 3 朵很少 5 朵一簇，有时有单花散生，果序轴粗达 15mm；壳斗浅碟状或浅碗状，高 4 ～ 10mm，宽 20 ～ 30mm，顶部圆而端急尖，或为长圆锥形，高 24 ～ 28mm，宽 20 ～ 25mm，顶部狭尖，或为甚扁的扁圆形，高 16 ～ 18mm，宽 28 ～ 32mm，顶部平坦或中央略凹陷，无毛，深栗褐色，常略有光泽，有时有淡薄的白色粉霜，果脐深达 4mm，口径 12 ～ 18mm。花期 5 ～ 6 月；果翌年同期或稍后成熟。

野外鉴别关键特征：叶硬革质，倒卵形、倒卵状椭圆形或椭圆形，长 14 ～ 30cm，宽 6 ～ 13cm。

分布与生境：霸王岭；湖北、广西、云南、四川、贵州；越南。生于山地杂木林中。

利用：木材。

注：手绘图引自中国高等植物图鉴。

中文名称：水仙柯

学名：**Lithocarpus naiadarum**(Hance)Chun in Journ. Arn. Arb. 9: 152. 1928, 海南植物志 2: 355(1965), 中国植物志 22: 175(1998), Flora of China 4: 361(1999), 广东植物志 9: 29(2009)

科名：壳斗科 Fagaceae　属名：柯属 Lithocarpus Bl.

形态特征：乔木，高达 12m，胸径 50cm；枝散生皮孔，干后暗褐色；枝、叶均无毛。叶具短柄，有时几无柄，薄革质，线状披针形，长通常为其宽度的 5 ～ 10 倍，宽 1 ～ 3cm，顶端渐狭而钝头，基部渐狭尖，下延至增粗的叶柄基部，全缘，干后两面浅褐色至暗褐色，侧脉纤细，不明显，每边 15 ～ 24 条，小脉密、网状，在叶背较明显；叶柄长 4 ～ 10mm，基部明显增粗。花序有时圆锥状，雌雄同序。花序轴被灰色短绒毛；雌花 3 朵一簇，仅 1 朵结实。果序长 8 ～ 13cm，轴纤细；壳斗围绕坚果基部，碟状或浅杯状，有时几平坦，灰白色，鳞片状苞片轮状排列，紧贴，有时环纹不甚明显；坚果近球形至扁球形。基部平坦，干后有时有纵裂缝，果脐凹陷，深 1 ～ 2mm，直径 10 ～ 12mm。花期 7 ～ 8 月；果翌年 8 ～ 9 月成熟。

野外鉴别关键特征：枝、叶均无毛。叶具短柄，有时几无柄，薄革质，线状披针形。

分布与生境：霸王岭、尖峰岭；广东。生于河边沙质土壤的疏或密林中，山坡上少见。

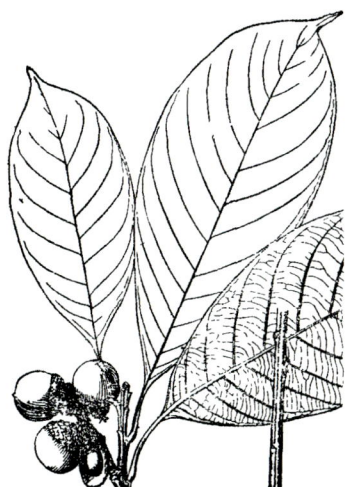

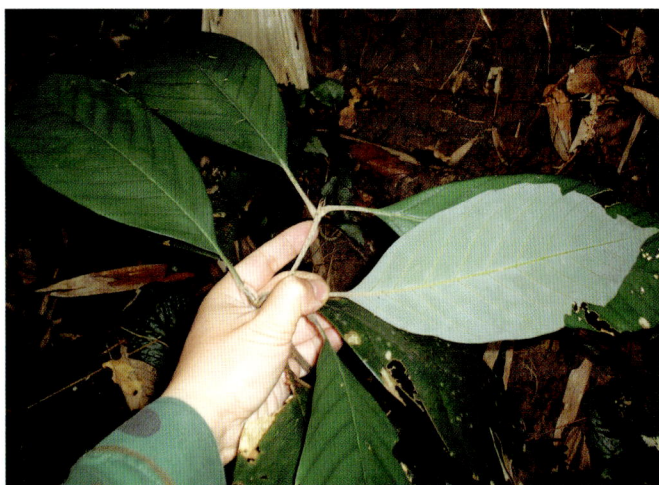

大叶柯 (大叶石栎)(Lithocarpus megalophyllus)

水仙柯 (Lithocarpus naiadarum)

中文名称：卵叶柯

学名：**Lithocarpus obovatilimbus** Chun in Journ. Arn. Arb. 28: 236. 1947, 海南植物志 2: 353(1965), 中国植物志 22: 186(1998), Flora of China 4: 363(1999)

科名：壳斗科 Fagaceae　属名：柯属 Lithocarpus Bl.

形态特征：乔木，高达15m，胸径35cm，当年生枝及花序轴被短柔毛，二年生枝干后灰黑色。叶近革质，倒卵形、倒披针形或椭圆形，长 4 ～ 8cm，宽 1.5 ～ 2.5cm，萌生枝的叶长达 13cm，宽 3.5cm，顶端钝、急尖或短尾状，少有长尖，基部宽楔形或楔尖，中脉在叶面凸起，侧脉每边 7 ～ 9 条，很少达 13 条，支脉纤细或不明显，嫩叶背面中脉的下段被柔毛，成长叶有较厚的带灰色紧实蜡鳞层；叶柄长 3 ～ 10mm。雄穗状花序多穗排成圆锥花序；雌花每 3 朵一簇，花柱长约 1mm；果序成对或 3 个聚生于枝顶部，果序轴被短柔毛；壳斗浅碗状，底部平展，高 4 ～ 7mm，宽 8 ～ 14mm，顶部边缘甚薄，向下增厚，呈木质，小苞片甚小的三角形，紧贴，覆瓦状排列，被微柔毛；坚果椭圆形至宽圆锥形，高 10 ～ 15mm，宽 8 ～ 14mm。无毛，暗栗褐色，常有淡薄的白色粉霜，果脐深约 1mm。果期 10 ～ 12 月。

分布与生境：陵水；广西。生于海拔 800 ～ 1700m 山地常绿林中，生于山顶较干燥地方。

注：手绘图引自中国植物志；标本引自华南植物园。

中文名称：毛果柯

学名：**Lithocarpus pseudovestitus** A. Camus in Bull. Soc. Bot. France. 86: 155. 1939, 海南植物志 2: 351(1965), 中国植物志 22: 152(1998), Flora of China 4: 355(1999), 广东植物志 9: 31(2009)

科名：壳斗科 Fagaceae　属名：柯属 Lithocarpus Bl.

形态特征：乔木，高达25m，胸径30 ～ 60cm，树皮褐色或灰黑色，小枝无毛，密生皮孔，幼时具细棱。叶倒披针形或倒卵状长椭圆形，长 8 ～ 13cm，宽 3 ～ 4cm，有时更大，顶急尖或骤狭急尖或圆，基部长，渐尖，沿叶柄下延，全缘，干后腹面灰褐色至黑褐色，背面着灰色或粉白色，侧脉每边 8 ～ 11 条，小脉在叶背不明显；叶柄长 5 ～ 8mm，有时长达 1.2cm。雄花序为穗状花序，有时雌、雄同序；雌花 3 朵一簇，很少兼有单朵散生的，初时无梗，花后梗逐渐伸长，每簇仅 1 花结实。果疏散（少数花结实）或密集（多数花结实）；果序轴粗壮，直径 5 ～ 10mm，下部无果，散生皮孔；壳斗围绕坚果不及 1/3，浅杯状。口径 10 ～ 15mm，基部收狭成 2 ～ 4mm 长的梗，连梗高 8 ～ 12mm，干后灰黄色；鳞片甚小，不甚明显地连成 7 ～ 9 环；坚果基部与壳斗贴生，近球形或宽圆锥形，上部急尖，长 13 ～ 15mm，直径 12 ～ 15mm，被黄灰色丝质微柔毛，果脐明显凹陷，深 2 ～ 3mm，直径 8 ～ 10mm。花期 8 ～ 12 月；果期 6 ～ 10 月。

分布与生境：东方、乐东、保亭、昌江、陵水等地；广东、广西、云南；越南。生于低海拔至中海拔的密林中。

注：手绘图引自中国植物志；标本引自中国科学院植物研究所。

1. 花枝；2. 果枝；3. 壳斗及坚果；
4. 壳斗；5. 坚果，示果脐。

卵叶柯 (Lithocarpus obovatilimbus)

1-3. 叶；4. 果序；5-6. 坚果；7. 坚果，示果脐。

毛果柯 (Lithocarpus pseudovestitus)

中文名称：钦州柯

学名：**Lithocarpus qinzhouicus** Huang et Y. T. Chang, Guihaia. 8(1): 17. 1988, 中国植物志 22: 209(1998), Flora of China 4: 369(1999)

科名：壳斗科 Fagaceae　属名：柯属 Lithocarpus Bl.

形态特征：乔木，嫩枝、嫩叶叶背、叶柄及花序轴均密被甚短的毡状柔毛，二年生枝的毛较稀疏且变污黑色。叶硬革质，披针形，长 8～12cm，宽 2～3cm，两端狭尖，基部沿叶柄下延，全缘或中部以上叶缘波浪状起伏，中脉在叶面平坦或上半段微凸起，侧脉每边 9～14 条，在叶面微凹陷，支脉不显或甚纤细，叶背的毛早脱落，有紧实的蜡鳞层，干后灰白或黄灰色；叶柄长 1～1.5cm。花雌雄同序，近顶部为雄花，或雌花常成对生于枝顶部，长 10～15cm；雌花每 3 或 5 朵一簇，花后不久壳壁上的小苞片呈短而直的针尖状体，壳斗成熟时长 3～5mm，呈粗线状向下弯垂，顶部又稍弯钩，被灰白色短细毛；成熟壳斗近平展的浅碟状，口径 15～22mm，包着坚果底部；坚果扁球形，高不过 10mm，宽 15～20mm，栗褐色，有灰白色粉霜，无毛，果脐凹陷，口径 10～12mm。果当年成熟，果期 9～10 月。

分布与生境：白沙；广西、贵州。生于海拔约 200m 山谷常绿阔叶林或与马尾松和锥属植物混生。

注：手绘图引自中国植物志。

中文名称：犁耙柯

学名：**Lithocarpus silvicolarum**(Hance)Chun in Journ. Arn. Arb. 9: 152. 1928, 海南植物志 2: 354(1965), 中国植物志 22: 200(1998), Flora of China 4: 366(1999), 广东植物志 9: 31(2009)

科名：壳斗科 Fagaceae　属名：柯属 Lithocarpus Bl.

形态特征：乔木，高达 20m，胸径 40cm。新生枝及嫩叶背面沿中脉两侧被灰棕色长柔毛，小枝褐黑色散生细小的皮孔。叶纸质，椭圆形或倒卵状椭圆形，长 10～20cm、宽 3.5～6cm，少有更大，顶部短至长渐尖，基部楔形，沿叶柄下延，全缘或上部叶缘波浪状，中脉在叶面微凸起，侧脉每边 9～14 条，支脉甚纤细，隐约可见或明显，叶背有紧实的蜡鳞层，二年生叶干后背面常带苍灰色；叶柄长 1～1.5cm，雄穗状花序多穗排成圆锥花序式，少有单穗腋生，花序轴被稀疏短毛；雌花序长 8～20cm，很少较短；雌花每 3 或 5 朵一簇，花柱长不过 1mm，果序轴通常较其着生的小枝粗壮；壳斗浅碗状，大小差异很大，高 8～15mm，宽 20～35mm，上部边缘薄壳质，向下渐增厚，基部近木质，包着坚果通常不到一半，小苞片宽三角形或菱形，全与壳壁融合而有略明显的界限，有时顶端钻尖部分稍与壳壁离生，干后与叶片同色，暗红褐色，有时有油泽的光泽；坚果扁圆形，高 12～16mm，宽 20～25mm，稀达 30mm，顶部圆或平缓，底部平坦，无毛，暗栗褐色，果脐深 1～3mm，直径 14～18mm，稀达 25mm。花期 3～5 月；果翌年 7～9 月成熟。

分布与生境：海南各地；广东、广西、云南；越南。生于海拔 1200m 以下林中。

利用：木材淡紫褐色，纵切面灰棕带红色，年轮不明显，木材纹理通直，结构致密，材质稍软，纵切面平滑而有光泽，材色一致，加工较易，但干燥时易爆裂并稍变形，适作为家具材。

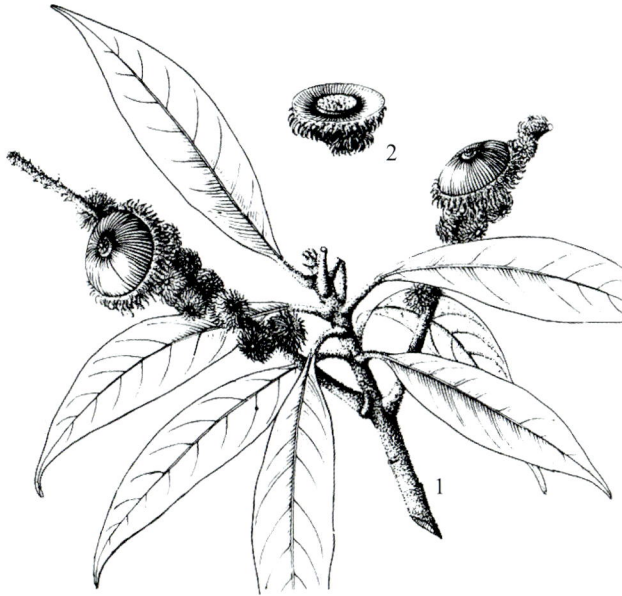

1. 果枝；2. 壳斗。

钦州柯 (Lithocarpus qinzhouicus)

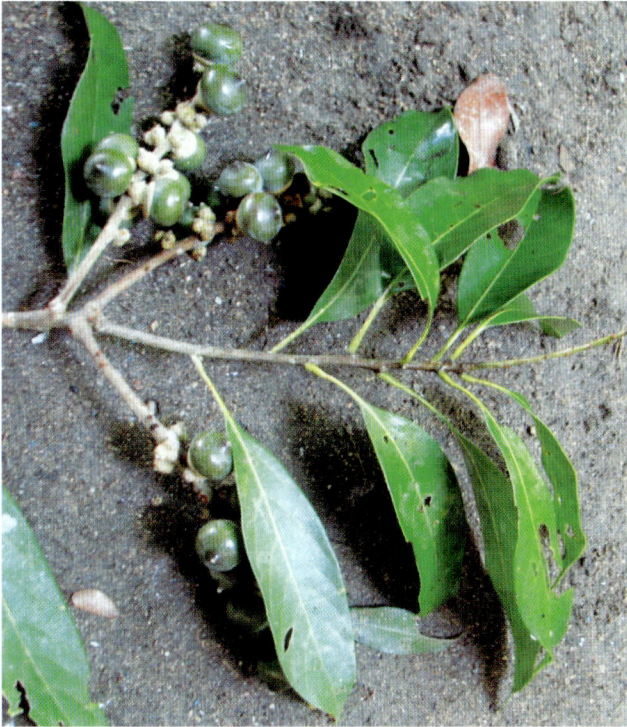

犁耙柯 (Lithocarpus silvicolarum)

中文名称：滑皮柯

学名：**Lithocarpus skanianus**(Dunn)Rehd. in Journ. Arn. Arb. 1: 131. 1919, 海南植物志 2: 352(1965), 中国植物志 22: 160(1998), Flora of China 4: 358(1999), 广东植物志 9: 32(2009)

科名：壳斗科 Fagaceae　**属名**：柯属 Lithocarpus Bl.

形态特征：乔木，高 10～16m，树皮近平滑，暗褐色，小枝、叶柄及花序轴被暗黄色或淡褐色绒毛。叶革质，长椭圆形、椭圆形或倒披针状长椭圆形，长 18～28cm，宽 8～13cm，稀较小，顶端骤狭长尖或短尖，甚少长渐尖，基部狭楔尖，全缘，叶背被灰黄色短柔毛，毛在脉上极密，幼时两面被毛。侧脉每边 13～16 条，近叶缘倾斜上弯，支脉疏离以网脉联结，在背面明显凸起；叶柄长 1～1.5cm。雄花序穗状，雌、雄同序时雄花在上部；雌花 3 朵，有时 2 朵一簇，仅 1 花或偶有 2 花结实；壳斗包住坚果的大部分，基部贴生，近圆形或扁圆形，宽 1.6～2.2cm，壁薄，质脆，顶端常破裂；鳞片螺旋状排列，狭长三角形，长 1～2mm，彼此分离，伏贴或稍展开，顶端钩状内弯；坚果扁球形，基部平坦，无毛，果脐凹陷，深 1～1.5mm，直径约 1cm。花期 16～12 月；果期 10～12 月。

分布与生境：三亚、保亭；福建、广东、广西、湖南、江西、云南。生于山坡或山谷疏林中。

注：手绘图引自福建植物志。

中文名称：麻栎

学名：**Quercus acutissima** Carruth. in J. Linn. Soc., Bot. 6: 33. 1862, 海南植物志 2: 364(1965), 中国植物志 22: 219(1998), Flora of China 4: 372(1999), 广东植物志 9: 35(2009)

科名：壳斗科 Fagaceae　**属名**：栎属 Quercus Linn.

形态特征：落叶乔木，高达 25m；树皮暗灰色，浅纵裂；幼枝密生绒毛，后脱落。叶椭圆状披针形，长 8～18cm，宽 3～4.5cm，顶端渐尖或急尖，基部圆或阔楔形，边缘有锯齿，齿端呈刺芒状，背面幼时有短绒毛，后脱落，仅在脉腋有毛；叶柄长 2～3cm。壳斗杯形；苞片锥形，粗长刺状，有灰白色绒毛，反曲，包围坚果 1/2；坚果卵球形或长卵形，直径 1.5～2cm；果脐隆起。花期 4 月；果翌年 10 月成熟。

分布与生境：乐东、三亚、保亭、儋州；辽宁以南各省；日本、朝鲜。生于海拔 60～2200m 的山地阳坡。

利用：木材为环孔材，边材淡红褐色，心材红褐色，气干密度 0.8g/cm³，材质坚硬，纹理直或斜、耐腐朽，气干易翘裂；供枕木、坑木、桥梁、地板等用材；叶含蛋白质 13.58%，可饲柞蚕；种子含淀粉 56.4%，可作饲料和工业用淀粉；壳斗、树皮可提取栲胶。

注：手绘图引自海南植物志。

1. 果枝；2. 壳斗及坚果。

滑皮柯 (Lithocarpus skanianus)

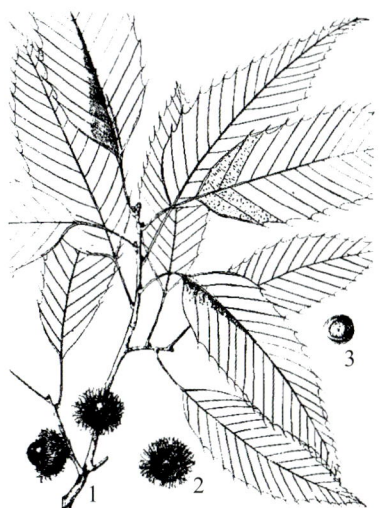

1. 果枝；2. 壳斗；3. 坚果。

麻栎 (Quercus acutissima)

中文名称： ▲ 坝王栎

学名： **Quercus bawanglingensis** Huang, Li et Xing in Guihaia. 10(1): 9-10. 1990, 中国植物志 22: 257(1998), Flora of China 4: 372(1999), 广东植物志 9: 35(2009)

科名： 壳斗科 Fagaceae　　**属名：** 栎属 Quercus Linn.

形态特征： 常绿乔木，高 6 ～ 8m，胸径约 20cm。叶略硬纸质，卵形或椭圆形，长 4 ～ 6cm，宽 1.5 ～ 2.5cm，顶端短尖至渐尖，基部宽楔形至圆形，两侧略不对称，中脉在叶面平坦或微凸起，叶缘有小锯齿，侧脉每边 6 ～ 9 条，叶柄长 5 ～ 8mm。雄花序下垂或半下垂。果序长 3 ～ 6mm，通常有成熟壳斗 1 个。壳斗浅碗形，包着坚果 1/3 ～ 1/4，小苞片紧贴，被灰白色微柔毛及蜡鳞。坚果宽椭圆形，高 10 ～ 12mm，无毛；果脐径 5 ～ 6mm。

分布与生境： 特有种，霸王岭。生于海拔 900m 石灰岩山地。

中文名称： ▲ 乐东椆

学名： **Quercus lotungensis** Chun & Ko in Act. Phytotax. Sin. 7: 38. 1958, 海南植物志 2: 360(1965)

科名： 壳斗科 Fagaceae　　**属名：** 栎属 Quercus Linn.

形态特征： 小乔木，高 3 ～ 4m；幼枝被淡灰黄色早落的短柔毛，有棱；一、二年生枝圆柱状，淡褐色至暗褐色，无毛，有稀疏皮孔，芽卵形至近球形，无毛。叶近革质，大小不一，大的长椭圆形，长 10 ～ 14cm，宽 4 ～ 5cm，小的长 6 ～ 8cm，宽 1.5 ～ 2.5cm，顶端渐尖，基部阔楔形至近圆形，边缘具浅锯齿，嫩时背面被短伏毛，干后带苍灰色，中脉在叶面凹陷，侧脉每边 10 ～ 12 条，直达齿端，支脉纤细，不甚明显；叶柄长 1 ～ 2.5cm，干后暗黄色至暗褐色，腹面具槽。果序近顶生，长约 3cm，有果少数；果小，2 年成熟；壳斗阔杯状，包住坚果基部，宽约 1.1mm，高 6 ～ 7mm，外面被灰白色微柔毛，内面被暗黄色短伏毛，环带 6 ～ 7，薄，疏离，近等宽，最下 1 ～ 2 环具齿状缺刻，坚果近半球形，直径 12mm，长 10mm，顶部被黄灰色微柔毛，果脐微凸起，直径约 5mm。果期 7 月。

分布与生境： 特有种，乐东。生于密林中。

注： 标本引自华南植物园。

坝王栎 (Quercus bawanglingensis)

乐东锥 (Quercus lotungensis)

中文名称：★栓皮栎

学名：**Quercus variabilis** Bl. in Mus. Bot. Lugd. -Bat. 1: 297. 1850, 中国植物志 22: 222(1998), Flora of China 4: 372(1999)

科名：壳斗科 Fagaceae　属名：栎属 Quercus Linn.

形态特征：落叶乔木，高达 30m，胸径达 1m 以上，树皮黑褐色，深纵裂，木栓层发达。小枝灰棕色，无毛；芽圆锥形，芽鳞褐色，具缘毛。叶片卵状披针形或长椭圆形，长 8～15(～20)cm，宽 2～6(～8)cm，顶端渐尖，或短尖，基部圆形或宽楔形，叶缘具刺芒状锯齿，叶背密被灰白色星状绒毛，侧脉每边 13～18 条，直达齿端；叶柄长 1～3(～5)cm，无毛。雄花序长达 14cm，花序轴密被褐色绒毛，花被 4～6 裂，雄蕊 10 枚或较多；雌花序生于新枝上端叶腋。壳斗杯形，包着坚果 2/3，连小苞片直径 2.5～4cm，高约 1.5cm；小苞片钻形，反曲，被短毛。坚果近球形或宽卵形，高、径约 1.5cm，顶端圆，果脐突起。花期 3～4 月；果期翌年 9～10 月。

分布与生境：海南有栽培；辽宁、河北、山西、陕西、甘肃、山东、江苏、安徽、浙江、江西、福建、台湾、河南、湖北、湖南、广东、广西、四川、贵州、云南等省区；日本、朝鲜。

利用：木材为环孔材，边材淡黄色，心材淡红色，气干密度 0.87g/cm³；树皮木栓层发达，是我国生产软木的主要原料；树皮含蛋白质 10.56%；栎实含淀粉 59.3，含单宁 5.1%；壳斗、树皮富含单宁，可提取栲胶。

注：手绘图引自山东植物志。

中文名称：轮叶三棱栎

学名：**Trigonobalanus verticillata** Forman, Catalogue of Life China: 2011 Annual Checklist China

科名：壳斗科 Fagaceae　属名：三棱栎属 Trigonobalanus Forman

形态特征：树高达 10～20m，胸径 30～70cm；树皮浅棕灰色，平滑。小枝三棱，被稀疏的星状毛。3 叶轮生，革质，长 5～9.2cm，宽 1.8～4.2cm，边缘具不明显的钝齿或近全缘，先端渐尖到钝或微缺；托叶卵状披针形，长 3.8～5.1mm，宽 1.2～2.8mm，早落。花序和果序生于上部叶的叶腋或顶端，直立，疏生星状毛。雌雄异序；雄花序长 2.5～5cm，不分枝或 3～5 分枝，花被 6 裂。果序长 5～6.5cm，不分枝；坚果明显具三棱，长 5.8～6.4mm，宽 3.4～4.9mm，疏生星状毛；基部截形，先端锐尖。

野外鉴别关键特征：3 叶轮生。

分布与生境：白沙（鹦哥岭）；亚洲东南部。生于海拔 1100～1400m 的林中。

1. 果枝；2. 花枝；3. 叶部分背面示毛。

栓皮栎 (Quercus variabilis)

轮叶三棱栎 (Trigonobalanus verticillata)

中文名称：★细枝木麻黄

学名： **Casuarina cunninghamiana** Miq, Rev. 56, t. 6, fig. A. 1860, 海南植物志 2: 366(1965), 中国植物志 20(1): 3(1982), Flora of China 4: 107(1999), 广东植物志 5: 380(2003)

科名： 木麻黄科 Casuarinaceae　　**属名：** 木麻黄属 Casuarina Adans.

形态特征： 乔木，枝密，细而长，深褐色，小枝纤细，有密节和条纹，下垂，干时灰绿色或近苍白绿色，节间短。鳞片状叶每节 8 片，狭披针形，压扁，嫩时基部被柔毛，成长时无毛。雄花序着生于小枝顶端，球果小，椭圆形，具短柄，两端钝，外面无毛；小苞片广卵形，急尖，木质。花期 4 月；果期 8 月。

野外鉴别关键特征： 小枝纤细节间短，鳞片状叶每节 8 片。

分布与生境： 海口有栽培；福建、广东、广西、台湾、浙江有栽培。原产澳大利亚。

利用： 造林树种，木材。

注： 手绘图引自中国植物志。

中文名称：★木麻黄

学名： **Casuarina equisetifolia** Linn. Amoen. Acad. 4: 143. 1759, 海南植物志 2: 366(1965), 中国植物志 20(1): 2(1982), Flora of China 4: 106(1999), 广东植物志 5: 379(2003)

科名： 木麻黄科 Casuarinaceae　　**属名：** 木麻黄属 Casuarina Adans.

形态特征： 乔木，树冠狭三角形；树皮坚韧，粗糙，深褐色，不规则条裂；枝红褐色，有密节，最末次分出的小枝纤细（常被误认为是叶），常下垂，灰绿色，初时被短柔毛，不久除沟槽外无毛或全部无毛，节间短，每节上有鳞片状叶 7 片，呈小短齿状，压扁。雄花序生于灰绿色小枝顶端，有时侧生，与雄花序并立，棍棒状圆柱形，基部有覆瓦状排列的苞片。球果侧生，有短柄，椭圆形，两端钝或近截平，外被短柔毛；小苞片木质，广卵圆形，顶端略钝。花果期几乎全年。

野外鉴别关键特征： 小枝纤细，常下垂，灰绿色，节间短，每节上有鳞片状叶 7 片。

分布与生境： 海南各地栽培；福建、广东、广西、台湾、云南、浙江有栽培；原产澳大利亚和太平洋岛屿。

利用： 造林树种，庭院绿化树种，行道树、防护林或绿篱，木材。树皮可提制栲胶，也可制备染料；枝叶是家畜饲料，种子可饲养家禽。

注： 手绘图引自广东植物志。

1. 雌花枝；2. 雄花序；3-4. 果序；5. 果；6. 雄花枝；7. 雄花序；8. 雄花序一段；9. 小枝一段；10. 小枝一节。

细枝木麻黄 (Casuarina cunninghamiana)

1. 雄花枝；2. 雄花；3. 雌花序；4. 果束；5. 开裂的果束；6. 果；7. 枝和鳞片叶。

木麻黄 (Casuarina equisetifolia)

中文名称：★粗枝木麻黄

学名：**Casuarina glauca** Sieb. in Spreng. Syst. 3: 803. 1826, 海南植物志 2: 366(1965), 中国植物志 20 (10): 3(1982), Flora of China 4: 107(1999), 广东植物志 5: 380(2003)

科名：木麻黄科 Casuarinaceae　属名：木麻黄属 Casuarina Adans.

形态特征：乔木，树皮呈小片状剥落，枝伸延，近直立而疏散，近节处带绿色，有条纹，小枝颇长，上举，末端多少下垂，有细条纹，蓝绿色或被白粉，无毛，但嫩枝的沟槽被短柔毛；鳞片状叶每节通常 10～12 片 (有时至 15～16 片)，狭披针形，顶端外弯后渐成截平。雄花序密集。球果广椭圆形，两端截平，似细枝木麻黄，但稍大，苞片披针形，外被长柔毛，小苞片伸出，椭圆形，稍尖，向基部增厚。花期 8 月；果期 10 月。

野外鉴别关键特征：鳞片状叶每节通常 10～12 片 (有时至 15～16 片)。

分布与生境：海南有栽培；福建、广东、台湾、浙江有栽培。原产澳大利亚。

利用：木材，行道树和庭院观赏树，沿海防护林树种。

注：手绘图引自福建植物志。

中文名称：★山地木麻黄

学名：**Casuarina junghuhniana** Miq, Pl. Jungh. 7. 1851. Wilmot-Dear, l. c.

科名：木麻黄科 Casuarinaceae　属名：木麻黄属 Casuarina Adans.

形态特征：乔木，树高 15～25m(最大 35m)；茎干直径 30～50cm(最大 65cm)；冠有点开放。叶退化至鳞片，在枝节处轮生的 9～11 片 (最大 13 片)。单性花。雄花序圆柱形或略呈棒状穗，长 3～8cm，生于小枝顶端；外苞片保护。雌花序，锥形、椭圆形、截形，长 1～2cm，带红色；苞片 18～20，宽倒三角形；小苞片长圆状倒卵形，圆形或钝，厚，长 5～6mm，宽 2.5～3mm。球果木质。果小，宽 2～3mm，长 4～5mm 翅。种子单生。

野外鉴别关键特征：鳞片状叶每节通常 9～11 片。

分布与生境：海南有引种；福建等地有栽培；印度尼西亚、印度、肯尼亚、坦桑尼亚等。原产马来西亚。

利用：木材应用，沿海防护林树种。

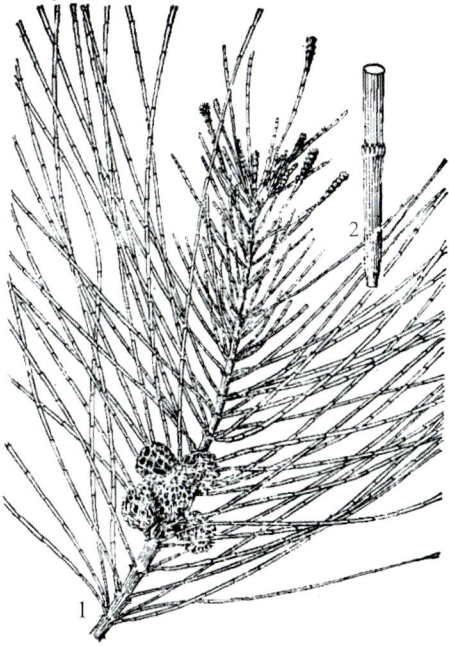

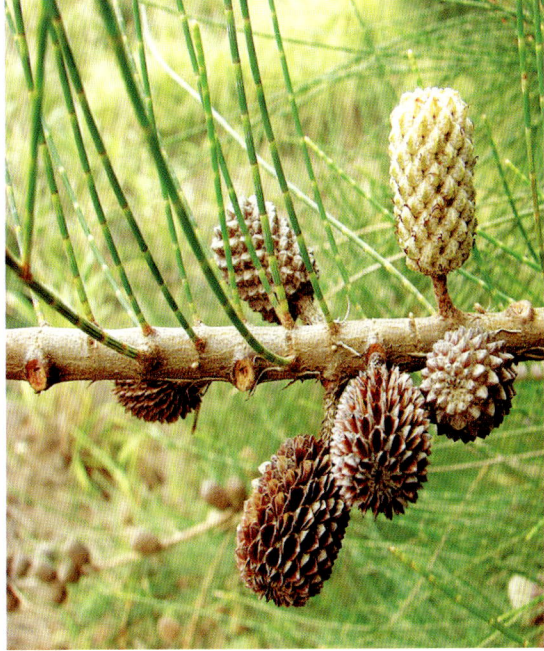

1. 果枝；2. 小枝一段，示鳞片叶。

粗枝木麻黄(Casuarina glauca)

山地木麻黄(Casuarina junghuhniana)

中文名称：●大麻

学名：**Cannabis sativa** Linnaeus, Sp. Pl. 2: 1027. 1753, 中国植物志 23(1): 223(1998), Flora of China 5: 75(2003)

科名：大麻科 Cannabaceae　　属名：大麻属 Cannabis Adans.

形态特征：一年生直立草本，高 1 ～ 3m，枝具纵沟槽，密生灰白色贴伏毛。叶掌状全裂，裂片披针形或线状披针形，长 7 ～ 15cm，中裂片最长，宽 0.5 ～ 2cm，先端渐尖，基部狭楔形，表面深绿，微被糙毛，背面幼时密被灰白色贴伏毛后变无毛，边缘具向内弯的粗锯齿，中脉及侧脉在表面微下陷，背面隆起；叶柄长 3 ～ 15cm，密被灰白色贴伏毛；托叶线形。雄花序长达 25cm；花黄绿色，花被 5，膜质，外面被细伏贴毛，雄蕊 5，花丝极短，花药长圆形；小花柄长 2 ～ 4mm；雌花绿色；花被 1，紧包子房，略被小毛；子房近球形，外面包被苞片。瘦果为宿存黄褐色苞片所包，果皮坚脆，表面具细网纹。花期 5 ～ 6 月；果期为 7 月。

分布与生境：海南有引种，我国广泛栽培。原产亚洲中部。

利用：茎皮纤维长而坚韧，可用以织麻布或纺线、制绳索、编织渔网和造纸；种子榨油，含油量 30%，可用于生产油漆、涂料等，油渣可作为饲料。果实中医称"火麻仁"或"大麻仁" 入药，性平，味甘，功能：润肠，主治大便燥结。花称"麻勃"，主治恶风、经闭、健忘。果壳和苞片称"麻蕡"，有毒，治劳伤、破积、散脓，多服令人发狂；叶含麻醉性树脂，可以配制麻醉剂。

注：手绘图引自广东植物志；彩图由 PPBC/ 郭智军拍摄。

1. 花枝；2. 雄花；3. 雌花；4. 种子。

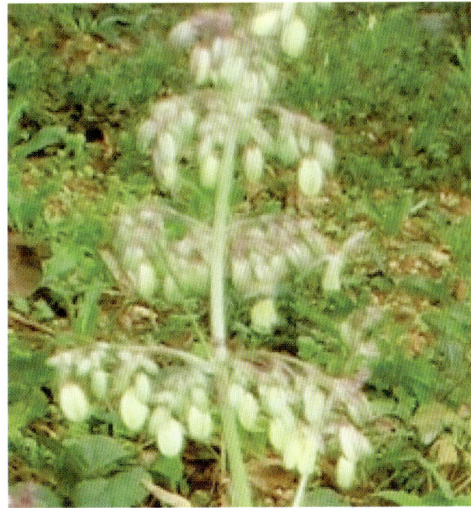

大麻(Cannabis sativa)

中文名称：糙叶树

学名：**Aphananthe aspera**(Thunb.)Planch. in DC. Prodr. 17: 208. 1873, 中国植物志 22: 390(1998), 广东植物志 2: 224(1991), Flora of China 5: 12(2003)

科名：榆科 Ulmaceae　属名：糙叶树属 Aphananthe Planch.

形态特征：落叶乔木，高达 25m，胸径达 50cm，稀灌木状；树皮带褐色或灰褐色，有灰色斑纹，纵裂，粗糙，当年生枝黄绿色，疏生细伏毛，一年生枝红褐色，毛脱落，老枝灰褐色，皮孔明显，圆形。叶纸质，卵形或卵状椭圆形，长 5～10cm，宽 3～5cm，先端渐尖或长渐尖，基部宽楔形或浅心形，有的稍偏斜，边缘锯齿有尾状尖头，基部三出脉，其侧生的一对直伸达叶的中部边缘，侧脉 6～10 对，近平行地斜直伸达齿尖，叶背疏生细伏毛，叶面被刚伏毛，粗糙；叶柄长 5～15mm，被细伏毛；托叶膜质，条形，长 5～8mm。雄聚伞花序生于新枝的下部叶腋，雄花被裂片倒卵状圆形，内凹陷呈盔状，长约 1.5mm，中央有一簇毛；雌花单生于新枝的上部叶腋，花被裂片条状披针形，长约 2mm，子房被毛。核果近球形、椭圆形或卵状球形，长 8～13mm，直径 6～9mm，由绿变黑，被细伏毛，具宿存的花被和柱头，果梗长 5～10mm，疏被细伏毛。花期 3～5 月；果期 8～10 月。

野外鉴别关键特征：叶纸质，卵形或卵状椭圆形，先端渐尖或长渐尖，基部宽楔形或浅心形，有的稍偏斜，基部三出脉，其侧生的一对直伸达叶的中部边缘，侧脉 6～10 对。

分布与生境：尖峰岭；我国广泛分布；日本、朝鲜、越南。生于山谷、溪边林中。

利用：枝皮纤维供制人造棉、绳索用；木材坚硬细密，不易拆裂，可供制家具、农具和建筑用；叶可作马饲料，干叶面粗糙，供铜、锡和牙角器等摩擦用。

注：手绘图引自山东植物志。

中文名称：滇糙叶树（光叶白颜树）

学名：**Aphananthe cuspidata**(Blume)Planchon in Candolle, Prodr. 17: 209. 1873, 中国植物志 22: 389 (1998), Flora of China 5: 12(2003); Gironniera cuspidata(Bl.)Kurz For. Fl. Brit. Burma 2: 470. 1877, 海南植物志 2: 370(1965), 广东植物志 2: 226(1991)

科名：榆科 Ulmaceae　属名：糙叶树属 Aphananthe Planch.

形态特征：乔木，高 10～18m，小枝纤细，无毛。叶革质，有光泽，长椭圆形至卵状披针形，长 6～13cm，宽 2～5cm，顶端长渐尖，基部钝，全缘，两面均无毛；侧脉每边 6～10 条，纤细，网脉密，两面均明显；叶柄长 7～10mm；托叶早落。花单性，雌雄异株；雄花序短，多花，具短总花梗；萼片倒披针形，长约 2mm；退化雄蕊变为 1 束黄色短毛；雌花序长约 1c，有分枝，有时仅有 1～2 朵雌花腋生；萼片长圆形，长约 12mm，紧贴子房；核果卵形，直径 8～10mm，无毛，顶端延伸成 3～4 mm 长的喙，果柄长达 1cm。花期 3～4 月。

野外鉴别关键特征：叶革质，有光泽，长椭圆形至卵状披针形，顶端长渐尖，基部钝，全缘，两面均无毛；侧脉每边 6～10 条。

分布与生境：三亚；广东、云南；南亚至东南亚。生于疏林或密林中。

利用：荒坡绿化。

糙叶树(Aphananthe aspera)

滇糙叶树(光叶白颜树)(Aphananthe cuspidata)

中文名称：紫弹树（黑弹朴）

学名：**Celtis biondii** Pampanini, Nuovo Giorn. Bot. Ital. , n. s. 17: 252. 1910, 广东植物志 2: 220(1991), Flora of China 5: 17(2003)

科名：榆科 Ulmaceae　属名：朴属 Celtis Linn.

形态特征：落叶乔木，高 4 ～ 18m，幼枝密被红褐色或锈色柔毛，老枝脱落变无毛。叶革质，干时腹面常变黑色，卵形至卵状椭圆形，长 4 ～ 9cm，宽 2.5 ～ 4.5cm，顶端渐尖，基部阔楔形或钝，通常偏斜，边缘仅在叶片中部以上有单锯齿，腹面被散生的糙伏毛，背面被毛较长而密，尤以脉上和脉腋的毛更多；基部具三出脉，外面的 1 对斜升至叶片中上部弯拱网结，外向有 2 ～ 4 条较粗的分枝，内向则无，叶片上部还从中脉发出 1 ～ 2 对侧脉，网状脉明显，网眼小；叶柄长 4 ～ 7mm，被粗伏毛；托叶狭长圆形，长 6 ～ 7mm，顶端芒尖，被粗伏毛。核果通常 2 个腋生，近球形，直径约 6mm，幼时被疏毛；果柄纤细，长 12 ～ 15mm，幼时密被柔毛，后渐脱落，果期 4 ～ 8 月。

野外鉴别关键特征：叶革质，卵形至卵状椭圆形，顶端渐尖，基部阔楔形或钝，通常偏斜，边缘仅在叶片中部以上有单锯齿，基部具三出脉，外向有 2 ～ 4 条较粗的分枝。

分布与生境：昌江；我国长江以南各省；日本、朝鲜。生于山坡、山谷疏林或密林中。

利用：清热解毒，祛痰，利小便。治小儿解颅。

注：手绘图引自广东植物志；彩图由 PPBC/ 周辉拍摄。

中文名称：铁灵花

学名：**Celtis philippensis** var. **wightii**(Planchon)Soepadmo, Fl. Malesiana, Ser. 1, Spermatoph. 8(2): 62. 1977, Flora of China 5: 16(2003). ——Celtis philippensis var. consimilis(Bl.)Lerory in Bull. Inst. Franc. Afrique Noire 10: 212. 1948, 中国植物志 22: 402(1998). —— Celtis wightii Planch. var. consimilis(Bl.)Gagnep. in Lecomte, Fl. Gén. Indo-Chine 5: 684. 1928, 海南植物志 2: 368(1965). ——Celtis collinsae Craib, 广东植物志 2: 221(1991)

科名：榆科 Ulmaceae　属名：朴属 Celtis Linn.

形态特征：小乔木，幼枝被微柔毛，后变无毛。叶革质，椭圆形至长椭圆形，长 5 ～ 15cm，宽 2.5 ～ 6cm，顶端短渐尖，基部圆，干时淡黄色，两面无毛，但密生乳头状突点，全缘，基出脉 3 条，侧面 2 条不达叶片顶端，侧脉横生，多数，不明显；叶柄基部于着生处下延成一短而钝的尾状，早落。聚伞花序腋生，少分枝，被微柔毛；花近无柄；萼片卵状长椭圆形，被缘毛；子房着生于被毛的花托上，长椭圆形，初时被小柔毛，花柱 2，顶端 2 裂。核果椭圆形。花期 6 ～ 7 月。

野外鉴别关键特征：叶革质，椭圆形至长椭圆形，顶端短渐尖，基部圆，两面无毛，全缘，基出脉 3 条，侧脉横生，多数，不明显。

分布与生境：儋州、三亚；广东；印度、印度尼西亚、马来西亚、泰国、越南、澳大利亚和非洲。生长于低海拔与沿海地区。

利用：木材。可作为支柱。

1. 果枝；2. 雄花；3. 两性花。

紫弹树(黑弹朴)(Celtis biondii)

铁灵花(Celtis philippensis var. wightii)

中文名称：朴树

学名：**Celtis sinensis** Pers. Syn. 1: 292. 1805, 海南植物志 2: 368(1965), 广东植物志 2: 220(1991), 中国植物志 22: 410(1998), Flora of China 5: 18(2003)

科名：榆科 Ulmaceae　属名：朴属 Celtis Linn.

形态特征：乔木。树皮灰色，平滑；幼枝被微柔毛。叶卵形至长椭圆状卵形，长 5 ～ 10cm，宽 2.5 ～ 5cm，顶端渐尖，基部圆而偏斜，上部边缘有粗锯齿，幼时两面均被柔毛，成长时毛渐脱落，背面网脉明显，薄被极微小的柔毛；叶柄长 5 ～ 8mm，被柔毛；花生于当年的新生枝上，雄花排成无总花梗的聚伞花序，生于枝的基部，雌花则腋生于新枝的上部。核果近球形，成熟时红褐色，直径 4 ～ 6mm；核多少有窝点和棱脊；果柄与叶柄等长或稍过之，被疏柔毛。花期 8 月。

野外鉴别关键特征：叶卵形至长椭圆状卵形，顶端渐尖，基部圆而偏斜，上部边缘有粗锯齿。

分布与生境：儋州、东方、陵水；安徽、福建、甘肃、广东、贵州、河南、江苏、江西、山东、四川、台湾、浙江；日本。生长于山坡、平地或林边。

利用：家具及薪炭用材，根、皮、嫩叶入药有消肿止痛、解毒治热的功效，外敷治水火烫伤；叶制土农药，可杀红蜘蛛。

注：手绘图引自海南植物志。

中文名称：四蕊朴

学名：**Celtis tetrandra** Roxburgh, Fl. Ind. , ed. 2: 63. 1832, 中国植物志 22: 409(1998), Flora of China 5: 18(2003)

科名：榆科 Ulmaceae　属名：朴属 Celtis Linn.

形态特征：乔木，高达 30m，树皮灰白色；当年生小枝幼时密被黄褐色短柔毛，老后毛常脱落，去年生小枝褐色至深褐色，有时还可残留柔毛；冬芽棕色，鳞片无毛。叶厚纸质至近革质，通常卵状椭圆形或带菱形，长 5 ～ 13cm，宽 3 ～ 5.5cm，基部多偏斜，一侧近圆形，一侧楔形，先端渐尖至短尾状渐尖，边缘变异较大，近全缘至具钝齿，幼时叶背常和幼枝、叶柄一样，密生黄褐色短柔毛，老时或脱净或残存，变异也较大。果梗常 2 ～ 3 枚 (少有单生) 生于叶腋，其中一枚果梗 (实为总梗) 常有 2 果 (少有多至具 4 果)，其他的具 1 果，无毛或被短柔毛，长 7 ～ 17mm；果成熟时黄色至橙黄色，近球形，直径约 8mm；核近球形，直径约 5mm，具 4 条肋，表面有网孔状凹陷。花期 3 ～ 4 月；果期 9 ～ 10 月。

分布与生境：海南有分布记录；广东、广西、西藏、云南、四川；印度、尼泊尔、不丹至缅甸、越南。多生于海拔 700 ～ 1500m 沟谷、河谷的林中或林缘，山坡灌丛中。

注：彩图由 PPBC/ 于胜祥拍摄。

1. 果枝；2. 花枝；3-4. 雄花；5. 雄蕊。

朴树(Celtis sinensis)

四蕊朴(Celtis tetrandra)

中文名称：假玉桂

学名：**Celtis timorensis** Span. in Linneae 15: 343. 1841, 中国植物志 22: 404(1998), Flora of China 5: 10(2003); Celtis philippensis Blanco, Fl. Filip. 197. 1837, 海南植物志 2: 368(1965). ——Celtis cinnamomea Linndl. ex Planch, 广东植物志 2: 221(2003)

科名：榆科 Ulmaceae　属名：朴属 Celtis Linn.

形态特征：常绿乔木，高达 20m，树皮灰白、灰色或灰褐色，木材有恶臭；当年生小枝幼时有金褐色短毛，老时近脱净，褐色，有散生短条形皮孔；冬芽外部鳞片近无毛，内部鳞片被毛。叶幼时被散生、金褐色短毛，毛在三条主脉上较多，老时脱净，革质，卵状椭圆形或卵状长圆形，长 5～13cm，宽 2.5～6.5cm，先端渐尖至尾尖，基部宽楔形至近圆开，稍不对称，基部一对侧脉延伸达 3/4 以上，但不达先端，其他对侧脉不显，因而似具三条主脉，由中脉伸出的第一级侧脉多平行状，近全缘至中部以上具浅钝齿；叶柄长 3～12mm。小聚伞圆锥花序具 10 朵花左右，幼时被金褐色毛，在小枝下部的花序全生雄花，在小枝上部的花序为杂性（两性花多生于花序分枝先端，雄花多生于下部），结果时通常有 3～6 个果在一果序上，果容易脱落。果宽卵状，先端残留花柱基部而成一短喙状，长 8～9mm，成熟时黄色、橙红色至红色；核椭圆状球形，长约 6mm，乳白色，四条肋较明显，表面有网孔状凹陷。

野外鉴别关键特征：叶近革质，卵形至卵状披针形，顶端渐尖，常有尾状尖头，基部三出脉，叶片中上部常从中脉发出 1～2 对明显的侧脉。边全缘或顶部常有不明显的细齿。

分布与生境：澄迈、定安、白沙、东方；广东、台湾、云南；印度、印度尼西亚、马来西亚、缅甸、菲律宾、斯里兰卡、泰国、越南、澳大利亚和非洲、太平洋岛。生于疏林或密林中。

利用：心材用于干咳无痰、气喘。

注：手绘图引自广东植物志。

中文名称：西川朴

学名：**Celtis vandervoetiana** C. K. Schneider in Sargent, Pl. Wilson. 3: 267. 1916, 中国植物志 22: 407 (1998), Flora of China 5: 17(2003)

科名：榆科 Ulmaceae　属名：朴属 Celtis Linn.

形态特征：落叶乔木，高 5～20m，当年生的枝无毛。叶革质，椭圆形或狭卵形至阔卵形，长 8～14cm，宽 4～7cm，顶端渐尖，有尖头，基部钝，两侧稍不等，边缘近基部或中部以上有单锯齿，背面仅在脉腋内有疏毛，腹面无毛；叶脉在下面凸起，网脉明显；叶柄长 1～2cm，无毛。核果单生于叶腋，椭圆形或卵形，长 1～1.5cm，直径 1～1.2cm，橙黄色，无毛；果柄长 2～3cm；果核卵状球形，直径约 8mm，略有窝孔和突肋，脐部深凹并具齿。果期 5～7 月。

野外鉴别关键特征：叶革质，椭圆形或狭卵形至阔卵形，顶端渐尖，有尖头，基部钝，边缘近基部或中部以上有单锯齿。

分布与生境：保亭；广东、广西、湖南、江西、福建、浙江、湖北、贵州、云南、四川。生于海拔 600～1400m 的山谷阴处及林中。

利用：茎皮纤维可作为绳索和造纸原料；种子油可作为润滑油。

注：手绘图引自安徽植物志。

1. 果枝；2. 花蕾；3. 果。

假玉桂(Celtis timorensis)

1. 果枝；2. 果核(放大)；3. 叶下面部分，示被柔状毛。

西川朴(Celtis vandervoetiana)

中文名称：白颜树

学名： **Gironniera subaequalis** Planch. in Ann. Sci. Nat. sér. 3, 10: 339. 1848, 海南植物志 2: 371(1965), 中国植物志 22: 386(1998), Flora of China 5: 11(2003)

科名：榆科 Ulmaceae　　**属名：**白颜树属 Gironniera Gaudich

形态特征：乔木，高 10～20m，稀达 30m，胸径 25～50cm，稀达 100cm；树皮灰或深灰色，较平滑；小枝黄绿色，疏生黄褐色长粗毛。叶革质，椭圆形或椭圆状矩圆形，长 10～25cm，宽 5～10cm，先端短尾状渐尖，基部近对称，圆形至宽楔形，边缘近全缘，仅在顶部疏生浅钝锯齿，叶面亮绿色，平滑无毛，叶背浅绿，稍粗糙，在中脉和侧脉上疏生长糙伏毛，在细脉上疏生细糙毛，侧脉 8～12 对；叶柄长 6～12mm，疏生长糙伏毛；托叶对成，鞘包着芽，披针形，长 1～2.5cm，外面被长糙伏毛，脱落后在枝上留有一环托叶痕。雌雄异株，聚伞花序成对腋生，序梗上疏生长糙伏毛，雄的多分枝，雌的分枝较少，成总状；雄花直径约 2mm，花被片 5，宽椭圆形，中央部分增厚，边缘膜质，外面被糙毛，花药外面被细糙毛。核果具短梗，阔卵状或阔椭圆状，直径 4～5mm，侧向压扁，被贴生的细糙毛，内果皮骨质，两侧具 2 钝棱，熟时橘红色，具宿存的花柱及花被。花期 2～4 月，果期 7～11 月。

野外鉴别关键特征：树干有枝痕（疤），小枝被粗疏毛，在叶柄着生稍上处有 1 个明显的托叶痕迹。

分布与生境：儋州、琼海、白沙、东方、保亭；广东、广西、云南；柬埔寨、老挝、马来西亚、缅甸、泰国、越南。低海拔森林中极常见。

利用：树皮纤维可制人造棉。

中文名称：★青檀

学名： **Pteroceltis tatarinowii** Maxim. in Bull, Acad. Sci. St. Petersb. 18: 293. cum fig. 1873, 广东植物志 2: 219(2003), 中国植物志 22: 380(1998), Flora of China 5: 10(2003)

科名：榆科 Ulmaceae　　**属名：**青檀属 Pteroceltis Maxim

形态特征：乔木，高达 20m 或 20m 以上，胸径达 70cm 或 1m 以上；树皮灰色或深灰色，不规则的长片状剥落；小枝黄绿色，干时变栗褐色，疏被短柔毛，后渐脱落，皮孔明显，椭圆形或近圆形；冬芽卵形。叶纸质，宽卵形至长卵形，长 3～10cm，宽 2～5cm，先端渐尖至尾状渐尖，基部不对称，楔形、圆形或截形，边缘有不整齐的锯齿，基部 3 出脉，侧出的一对近直伸达叶的上部，侧脉 4～6 对，叶面绿，幼时被短硬毛，后脱落常残留有圆点，光滑或稍粗糙，叶背淡绿，在脉上有稀疏的或较密的短柔毛，脉腋有簇毛，其余近光滑无毛；叶柄长 5～15mm，被短柔毛。翅果状坚果近圆形或近四方形，直径 10～17mm，黄绿色或黄褐色，翅宽，稍带木质，有放射线条纹，下端截形或浅心形，顶端有凹缺，果实外面无毛或多少被曲柔毛，常有不规则的皱纹，有时具耳状附属物，具宿存的花柱和花被，果梗纤细，长 1～2cm，被短柔毛。花期 3～5 月，果期 8～10 月。

野外鉴别关键特征：叶纸质，卵形，顶端渐尖至尾尖，基部钝圆或阔楔形，常不对称，边缘有规则的尖锯齿，坚果具圆而阔的翅，翅顶端凹缺。

分布与生境：海南有栽培；我国广泛分布。

利用：木材，造纸。

注：手绘图引自广东植物志。

白颜树(**Gironniera subaequalis**)

1. 果枝；2. 叶背面，示毛；3. 果。

青檀(**Pteroceltis tatarinowii**)

中文名称：狭叶山黄麻

学名：**Trema angustifolia** Bl. Mus. Bot. Lugd. -Bat. 2: 58. 1852, 海南植物志 2: 370(1965), 广东植物志 2: 223(1991), 中国植物志 22: 397(1998), Flora of China 5: 14(2003)

科名：榆科 Ulmaceae　属名：山黄麻属 Trema Lour.

形态特征：灌木或小乔木；小枝纤细，紫红色，干后变灰褐色或深灰色，密被细粗毛。叶卵状披针形，长 3 ～ 5（～ 7）cm，宽 0.8 ～ 1.4（～ 2）cm，先端渐尖或尾状渐尖，基部圆，稀浅心形，边缘有细锯齿，叶面深绿，干后变深灰绿色，极粗糙（因硬毛脱落后，残留的基部膨大且砂质化，而形成硬的乳凸状凸起所致），叶背浅绿色，干后变灰白色，密被灰短毡毛，在脉上有细粗毛和锈色腺毛，基出脉三条，侧生的二条长达叶片中部，侧脉 2 ～ 4 对；叶柄长 2 ～ 5mm，密被细粗毛，花单性，雌雄异株或同株，由数朵花组成小聚伞花序；雄花小，直径约 1mm，几乎无梗，花被片 5，狭椭圆形，内弯，在开放前其边缘凹陷包裹着雄蕊成瓣状，外面密被细粗毛。核果宽卵状或近圆球形，微压扁，直径 2 ～ 2.5mm，熟时橘红色，有宿存的花被。花期 4 ～ 6 月，果期 8 ～ 11 月。

野外鉴别关键特征：叶纸质，卵状披针形，顶端近尾状渐尖，基部圆，边缘有细锯齿。

分布与生境：白沙、乐东；广东、广西、云南；印度、印度尼西亚、马来西亚、泰国、越南。生于低海拔灌木丛中。

利用：韧皮纤维可造纸和供纺织用；叶片粗糙，可作为砂纸用。

注：手绘图引自中国高等植物图鉴。

中文名称：光叶山黄麻

学名：**Trema cannabina** Lour. Fl. Cochinch. 562. 1790, 广东植物志 2: 224(1991), 中国植物志 22: 398 (1998), Flora of China 5: 14(2003)

科名：榆科 Ulmaceae　属名：山黄麻属 Trema Lour.

形态特征：灌木至小乔木，高 1 ～ 4m。小枝纤弱，幼时被贴生的短粗毛，后变无毛。叶近膜质，干时变淡黄色，卵形、长卵形或卵状披针形，长 4 ～ 10cm，宽 1.8 ～ 4cm，顶端尾状渐尖。基部圆形、截平或浅心形，边缘有锯齿，腹面平滑或稀有细的乳头状突起而略粗糙，背面近无毛或沿脉上散生向上倒伏的疏毛；基部明显三出脉，侧脉通常 3 对；叶柄长 6 ～ 10mm，被贴生的短粗毛。聚伞花序与叶柄等长或略长。近无毛；花萼无毛；雄花长约 1mm，雌花长约 2mm。核果卵状球形，具短柄，直径近 3mm，干时有皱纹。花期 5 ～ 7 月。

野外鉴别关键特征：叶近膜质，卵形、长卵形或卵状披针形，顶端尾状渐尖。基部圆形、截平或浅心形，边缘有锯齿。

分布与生境：海南有分布；我国南部广泛分布；越南、泰国、马来西亚至大洋洲。生于路旁、疏林或灌丛中。

利用：韧皮纤维供制麻绳、纺织和造纸用，种子油供制皂和作为润滑油使用。

狭叶山黄麻(Trema angustifolia)

光叶山黄麻(Trema cannabina)

中文名称：异色山黄麻

学名：**Trema orientalis**(Linnaeus)Blume, Mus. Bot. 2: 62. 1856, 海南植物志 2: 369(1965), 广东植物志 2: 223(1991), 中国植物志 22: 396(1998), Flora of China 5: 17(2003)

科名：榆科 Ulmaceae **属名**：山黄麻属 Trema Lour.

形态特征：乔木，高达 20m，胸径达 80cm，或灌木；树皮浅灰至深灰色，平滑或老干上有不规则浅裂缝，小枝灰褐色，混生有较长的近直立的单细胞毛与较短的但交织的常为多细胞的毛，嫩梢上的较密。叶革质，坚硬但易脆，卵状矩圆形或卵形，长 10 ～ 18(～ 22)cm，宽 5 ～ 9(～ 11)cm，先端常渐尖或锐尖，基部心形，多少偏斜，边缘有细锯齿，两面异色，干时叶面淡绿色或灰绿色，稍粗糙，常有皱纹，叶背灰白色或淡绿灰色，密被绒毛 (毡毛)，混生有较稀疏、直立、较长的单细胞毛与紧密交织的较短的常为多细胞的毛 (干时有的变红色)，基出脉 3 条，其侧生的一对达叶片的中上部，侧脉 4 ～ 6 对，在近边缘不明显网结；叶柄长 8 ～ 20mm，毛被同嫩枝；托叶条状披针形，长 5 ～ 9mm。雄花序长 1.8 ～ 2.5(3.5)cm，毛被同嫩枝；雄花直径 1.5 ～ 2mm，几乎无梗，花被片 5，卵状矩圆形，外面被微毛，边缘有缘毛，雄蕊 5，退化雌蕊倒卵状圆锥形，稍压扁，在基部有一圈曲柔毛。雌花序长 1 ～ 2.5cm；雌花具梗，花被片 4 ～ 5，三角状卵形，长 1 ～ 1.5mm，外面疏生细毛，以后脱落，具缘毛。核果卵状球形或近球形，稍压扁，直径 2.5 ～ 3.5mm，长 3 ～ 5mm，成熟时稍皱，黑色，具宿存的花被。种子阔卵珠状，稍压扁，直径 2 ～ 3mm。花期 3 ～ 5(～ 6) 月；果期 6 ～ 11 月。

野外鉴别关键特征：叶革质，坚硬但易脆，卵状矩圆形或卵形，两面异色。

分布与生境：西沙群岛、儋州、琼中、陵水、万宁、保亭、五指山、昌江、白沙、东方、乐东、三亚；我国华南、西南部至东南部；南亚至东南亚及大洋洲。

利用：韧皮纤维供制麻绳、纺织和造纸用，也可作为绿化先锋植物。

注：手绘图引自中国植物志。

中文名称：山黄麻

学名：**Trema tomentosa**(Roxb.)Hara,Fl. East. Himal. 2nd. rep. 19. 1971, 中国植物志 22： 393(1998), Flora of China 5: 13(2003)

科名：榆科 Ulmaceae **属名**：山黄麻属 Trema Lour.

形态特征：小乔木，高 5 ～ 8m，幼枝密被柔毛。叶二列，长椭圆状卵形至披针形，长 6 ～ 18cm，宽 3 ～ 8cm，顶端长渐尖，基部阔，截平或浅心形，通常稍偏斜，有明显的 3 出脉，侧生的一对脉常达叶中部以上，侧脉每边 5 ～ 6 条，边缘有小锯齿，腹面极粗糙而有短毛，背面密被银灰色丝质柔毛；叶柄长 4 ～ 12mm。聚伞花序稠密，被柔毛，通常稍长于叶柄，多花，雄花长约 1mm，雌花长 2mm。核果直径约 3 ～ 4mm。花期 7 月。

野外鉴别关键特征：叶 2 列，长椭圆状卵形至披针形。

分布与生境：万宁、保亭、陵水、三亚。山谷、路旁普遍生长。

利用：树皮纤维可编绳索或造纸，也可作为绿化先锋植物。

注：手绘图引自广东植物志。

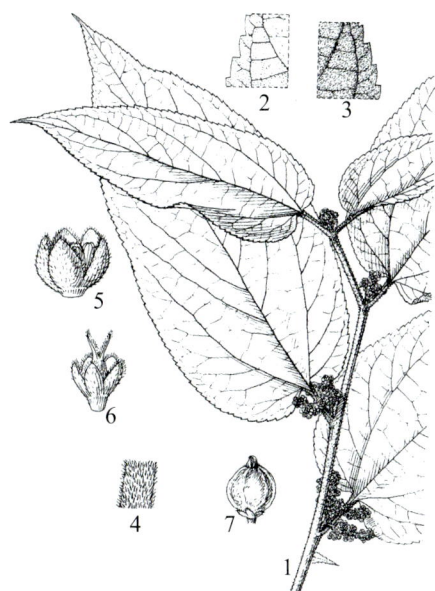

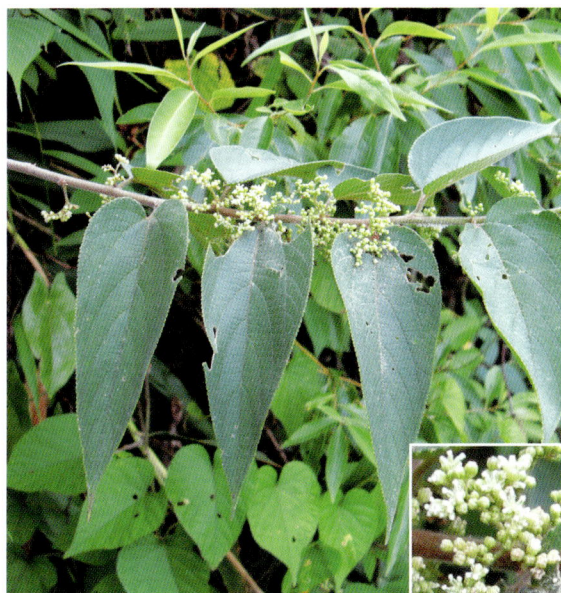

1. 花枝；2. 叶片上面一部分；3. 叶片下面一部分；
4. 小枝一段；5. 雄花；6. 雌花；7. 果实。

异色山黄麻(Trema orientalis)

1. 果枝；2. 花蕾；3. 果。

山黄麻(Trema tomentosa)

中文名称：昆明榆

学名：**Ulmus changii** var. **kunmingensis**(Cheng)Cheng et L. K. Fu, in Act. Phytotax. Sin. 17: 49. 1979, 中国植物志 22: 352(1998), Flora of China 5: 5(2003)

科名：榆科 Ulmaceae　属名：榆属 Ulmus Linn.

形态特征：花常自混合芽抽出，散生于新枝基部或近基部的苞片（稀叶）的腋部，叶下面脉腋处有簇生毛；有时萌发枝上有周围膨大而不规则纵裂的木栓层。

分布与生境：霸王岭；广西、贵州、四川、云南。生于海拔 1000m 林中岩石上。

利用：木材坚实耐用，不挠裂，易加工，可制作家具、器具、地板、车辆及建筑等用。

注：手绘图引自中国植物志。

中文名称：常绿榆（越南榆）

学名：**Ulmus lanceifolia** Roxburgh ex Wall., Pl. As. Rar. 2: 86. 1831, 广东植物志 2: 218(1991), Flora of China 5: 8(2003). ——Ulmus tonkinensis Gagnep. in Lecomte, Fl. Gén. Indo-Chine 5: 674. 1927, 海南植物志 2: 367(1965), 中国植物志 22: 376(1998)

科名：榆科 Ulmaceae　属名：榆属 Ulmus Linn.

形态特征：常绿乔木，高达 30m，胸径 40 ～ 80cm；树皮淡黄灰色或栗褐色；当年生枝密被短柔毛，去年生枝多少被毛，有散生皮孔，小枝无木栓翅及膨大的木栓层；冬芽卵圆形，芽鳞背面多少被毛，先端有长毛。叶宿存或第二年春季脱落，披针形、卵状披针形或长圆状披针形，稀长椭圆形、长圆形或卵形，质地厚，长 3 ～ 12（常 5 ～ 10)cm，宽 1 ～ 4（常 2 ～ 3.5)cm，中脉两侧不对称，先端长渐尖，基部偏斜，一边楔形或微圆，一边圆楔形至半心脏形，叶面除中脉凹陷处有毛外，余处无毛，亮绿色，叶背色较浅，仅基部近叶柄处有毛，边缘具钝而整齐的单锯齿；叶柄长 2 ～ 7mm，密被短柔毛，或下面毛较少或几无毛。花出自花芽，常 3 ～ 11 排成簇状聚伞花序，生于当年生枝或去年生枝的叶腋。翅果常明显偏斜，倒卵形或长圆状倒卵形，稀长圆形或近圆形，基部有明显的子房柄，长 1.7 ～ 3.7cm，宽 1.3 ～ 2.4cm，除顶端缺口柱头面具毛外，余处无毛，果核部分位于翅果中上部，上端接近缺口，宿存花被上部杯状。下部管状，无毛，花被片裂至杯状花被的近中部，果梗细长，密生短毛，长及花被的 2 ～ 3 倍。花果期 2 月下旬至 4 月初，成熟后不立即脱落，可在树上宿存数月之久。

分布与生境：白沙、三亚；广西、云南；印度、中南半岛、马来西亚。生于低海拔至高海拔的密林中，少见。

利用：木材，造林树种，树皮纤维可作为蜡纸及人造棉原料。

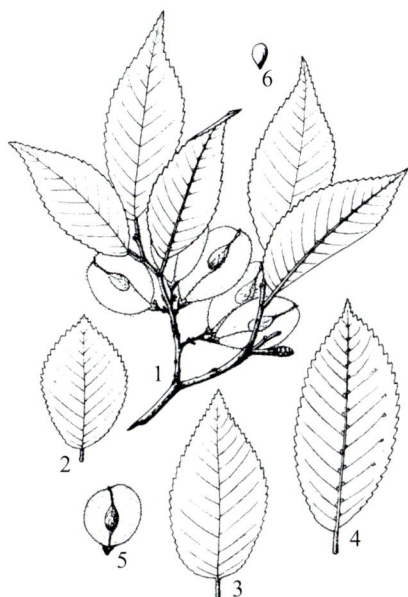

1. 果枝；2-3. 叶面；4. 叶背；5. 果实；6. 种子。

昆明榆(Ulmus changii var. **kunmingensis)**

常绿榆(越南榆)(Ulmus lanceifolia)

中文名称： ★榔榆

学名： **Ulmus parvifolia** Jacquin, Pl. Hort. Schoenbr. 3: 262. 1798. 广东植物志 2: 218(1991), 中国植物志 22: 376(1998), Flora of China 5: 9(2003)

科名： 榆科 Ulmaceae　　**属名：** 榆属 Ulmus Linn.

形态特征： 落叶乔木，或冬季叶变为黄色或红色宿存至第二年新叶开放后脱落，高达 25m，胸径可达 1m；树冠广圆形，树干基部有时呈板状根，树皮灰色或灰褐色，裂成不规则鳞状薄片剥落，露出红褐色内皮，近平滑，微凹凸不平；当年生枝密被短柔毛，深褐色；冬芽卵圆形，红褐色，无毛。叶质地厚，披针状卵形或窄椭圆形，稀卵形或倒卵形，中脉两侧长宽不等，长 1.7 ～ 8(常 2.5 ～ 5)cm，宽 0.8 ～ 3(常 1 ～ 2)cm，先端尖或钝，基部偏斜，楔形或一边圆，叶面深绿色，有光泽，除中脉凹陷处有疏柔毛外，余处无毛，侧脉不凹陷，叶背色较浅，幼时被短柔毛，后变无毛或沿脉有疏毛，或脉腋有簇生毛，边缘从基部至先端有钝而整齐的单锯齿，稀重锯齿 (如萌发枝的叶)，侧脉每边 10 ～ 15 条，细脉在两面均明显，叶柄长 2 ～ 6mm，仅上面有毛。花秋季开放，3 ～ 6 簇在叶腋簇生或排成簇状聚伞花序，花被上部杯状，下部管状，花被片 4，深裂至杯状花被的基部或近基部，花梗极短，被疏毛。翅果椭圆形或卵状椭圆形，长 10 ～ 13mm，宽 6 ～ 8mm，除顶端缺口柱头面被毛外，余处无毛，果翅稍厚，基部的柄长约 2mm，两侧的翅较果核部分为窄，果核部分位于翅果的中上部，上端接近缺口，花被片脱落或残存，果梗较管状花被为短，长 1 ～ 3mm，有疏生短毛。花果期 8 ～ 10 月。

分布与生境： 海南有栽培；河北、山东、江苏、安徽、浙江、福建、台湾、江西、广东、广西、湖南、湖北、贵州、四川、陕西、河南等；日本、朝鲜。生于平原、丘陵、山坡及谷地。喜光，耐干旱，在酸性、中性及碱性土上均能生长，但以气候温暖、土壤肥沃、排水良好的中性土壤为最适宜的生境。

利用： 边材淡褐色或黄色，心材灰褐色或黄褐色，材质坚韧，纹理直，耐水湿，可作为家具、车辆、造船、器具、农具、油榨、船橹等用材。树皮纤维纯细，杂质少，可作为蜡纸及人造棉原料，或织麻袋、编绳索，亦供药用。可选作造林树种。

注： 手绘图引自秦岭植物志。

1.果枝；2.花枝；3.花序；4.花；5.雌蕊；6.雄蕊；7.果实。

榔榆(Ulmus parvifolia)

中文名称：见血封喉

学名：**Antiaris toxicaria** Lesch. in Ann. Mus. Paris. 16: 478. t. 22. 1810, 海南植物志 2: 384(1965), 广东植物志 2: 185(1991), 中国植物志 23(1): 64(1998), Flora of China 5: 37(2003)

科名：桑科 Moraceae　　**属名**：见血封喉属 Antiaris Lesch.

形态特征：乔木，高 25 ～ 40m，胸径 30 ～ 40cm，大树偶见有板根；树皮灰色，略粗糙；小枝幼时被棕色柔毛，干后有皱纹。叶椭圆形至倒卵形，幼时被浓密的长粗毛，达缘具锯齿，成长之叶长椭圆形，长 7 ～ 19cm，宽 3 ～ 6cm，先端渐尖，基部圆形至浅心形，两侧不对称，表面深绿色，疏生长粗毛，背面浅绿色，密被长粗毛，沿中脉更密，干后变为茶褐色，侧脉 10 ～ 13 对；叶柄短，长约 5 ～ 8mm，被长粗毛；托叶披针形，早落。雄花序托盘状，宽约 1.5cm，围以舟状三角形的苞片，苞片顶部内卷，外面被毛；雄花花被裂片 4，稀为 3，雄蕊与裂片同数而对生，花药椭圆形，散生紫色斑点，花丝极短；雌花单生，藏于梨形花托内，为多数苞片包围，无花被，子房 1 室，胚珠自室顶悬垂，花柱 2 裂，柱头钻形，被毛。核果梨形，具宿存苞片，成熟的核果，直径 2cm，鲜红至紫红色；种子无胚乳，外种皮坚硬，子叶肉质，胚根小。花期 3 ～ 4 月，果期 5 ～ 6 月。

野外鉴别关键特征：内皮白色，小枝幼时被长粗毛，具纵皱纹，干后茶褐色。叶幼时披针形，密被粗长毛，边缘有锯齿，长成叶长椭圆形。

分布与生境：澄迈、文昌、万宁、保亭、陵水；广东、广西、云南；印度、印度尼西亚、马来西亚、缅甸、斯里兰卡、泰国、越南。多生于海拔 1500m 以下的雨林中。

利用：树液有剧毒，可用来狩猎；茎皮纤维可制绳索和纺织麻袋。

中文名称：★尖蜜拉

学名：**Artocarpus champeden**(Lour.)Spreng

科名：桑科 Moraceae　　**属名**：桂木属 Artocarpus Forst.

形态特征：常绿乔木，高可达 20m，有乳白色汁液。叶厚革质，互生，倒卵形，长 12 ～ 27cm，宽 6 ～ 10cm，全缘，绿色，有光泽；叶柄长 1 ～ 2.5cm。花极多数，单性，雌雄异株，分别生在不同的花序上；雄花序顶生或腋生，生在小枝的末端，棒状，长 5 ～ 8cm，直径 2.5cm，花被片 2，雄蕊 1；雌花序生在树干上或粗枝上，椭圆形，花被管状。果实长椭圆形，表面有六角形瘤状突起。2 ～ 3 月开花；9 ～ 10 月成熟。

野外鉴别关键特征：树形、果形均似波罗蜜，但叶色淡绿，新梢、叶和花梗被长 4mm 左右的褐色硬毛。

分布与生境：海南有栽培；福建、广西、云南有栽培。原产马来西亚。

利用：绿色未成熟的果实可作为蔬菜食用。材坚硬，制家具，也可作黄色染料；树液和叶药用，消肿解毒。

见血封喉(**Antiaris toxicaria**)

尖蜜拉(**Artocarpus champeden**)

中文名称：★面包树

学名：**Artocarpus communis** J. R. Forster & G. Forster, Char. Gen. Pl. 51. 1775, Flora of China 5: 31(2003).

—— Artocarpus altilis(Park.)Fosberg, 广东植物志 2: 83(1991)

科名：桑科 Moraceae　　**属名**：桂木属 Artocarpus Forst.

形态特征：常绿乔木，高 10～15m；树皮灰褐色，粗厚。叶大，互生，厚革质，卵形至卵状椭圆形，长 10～50cm，成熟之叶羽状分裂，两侧多为 3～8 羽状深裂，裂片披针形，先端渐尖，两面无毛，表面深绿色，有光泽，背面浅绿色，全缘，侧脉约 10 对；叶柄长 8～12cm；托叶大，披针形或宽披针形，长 10～25cm，黄绿色，被灰色或褐色平贴柔毛。花序单生叶腋，雄花序长圆筒形至长椭圆形或棒状，长 7～30（～40)cm，黄色；雄花花被管状，被毛，上部 2 裂，裂片披针形，雄蕊 1 枚，花药椭圆形，雌花花被管状，子房卵圆形，花柱长，柱头 2 裂，聚花果倒卵圆形或近球形，长宽比值为 1～4，长 15～30cm，直径 8～15cm，绿色至黄色，表面具圆形瘤状凸起，成熟褐色至黑色，柔软，内面为乳白色肉质花被组成；核果椭圆形至圆锥形，直径约 25mm。栽培的很少核果或无核果。

分布与生境：海南有栽培；台湾有栽培；广泛栽培于热带亚洲。原产波利尼西亚。

利用：建筑用材；果实为热带主食之一。

注：手绘图引自广东植物志。

中文名称：★波罗蜜

学名：**Artocarpus heterophyllus** Lam. Encycl. Meth. 3: 210. 1789, 海南植物志 2: 381(1965), 广东植物志 2: 182(1991), 中国植物志 23(1): 44(1998), Flora of China 5: 31(2003)

科名：桑科 Moraceae　　**属名**：桂木属 Artocarpus Forst.

形态特征：常绿乔木，高 10～20m，胸径达 30～50cm；老树常有板状根；树皮厚，黑褐色；小枝粗 2～6mm，具纵皱纹至平滑，无毛；托叶抱茎环状，遗痕明显。叶革质，螺旋状排列，椭圆形或倒卵形，长 7～15cm 或更长，宽 3～7cm，先端钝或渐尖，基部楔形，成熟之叶全缘，或在幼树和萌发枝上的叶常分裂，表面墨绿色，干后浅绿或淡褐色，无毛，有光泽，背面浅绿色，略粗糙，侧脉羽状，每边 6～8 条，中脉在背面显著凸起；叶柄长 1～3cm；托叶抱茎，卵形，长 1.5～8cm，外面被贴伏柔毛或无毛，脱落。花雌雄同株，花序生老茎或短枝上，雄花序有时着生于枝端叶腋或短枝叶腋，圆柱形或棒状椭圆形，长 2～7cm，花多数，其中有些花不发育，总花梗长 10～50mm；雄花花被管状，长 1～1.5mm，上部 2 裂，被微柔毛，雄蕊 1 枚，花丝在蕾中直立，花药椭圆形，无退化雌蕊；雌花花被管状，顶部齿裂，基部陷于肉质球形花序轴内，子房 1 室。聚花果椭圆形至球形，或不规则形状，长 30～100cm，直径 25～50cm，幼时浅黄色，成熟时黄褐色，表面有坚硬六角形瘤状凸体和粗毛；核果长椭圆形，长约 3cm，直径 1.5～2cm。花期 2～3 月。

利用：本种果形大，味甜，芳香；核果可煮食，富含淀粉；木材黄，可提取桑色素。

面包树(**Artocarpus communis**)

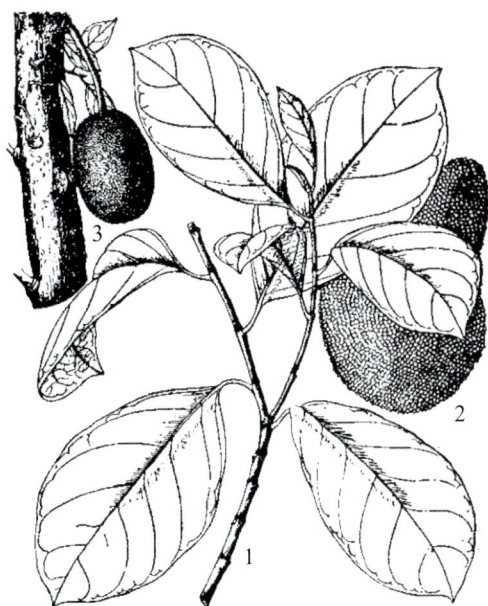

1.叶枝；2.果；3.果枝。

波罗蜜(**Artocarpus heterophyllus**)

中文名称：白桂木

学名：**Artocarpus hypargyreus** Hance in Benth. Fl. Hongk. 325. 1861, 海南植物志 2: 383(1965), 广东植物志 1: 185(1987), 中国植物志 23(1): 49(1998), Flora of China 5: 33(2003)

科名：桑科 Moraceae　属名：桂木属 Artocarpus Forst.

形态特征：大乔木，高 10～25m，胸径 40cm；树皮深紫色，片状剥落；幼枝被白色紧贴柔毛。叶互生，革质，椭圆形至倒卵形，长 8～15cm，宽 4～7cm，先端渐尖至短渐尖，基部楔形，全缘，幼树之叶常为羽状浅裂，表面深绿色，仅中脉被微柔毛，背面绿色或绿白色，被粉末状柔毛，侧脉每边 6～7 条，弯拱向上，在表面平，在背面明显突起，网脉很明显，干时背面灰白色；叶柄长 1.5～2cm，被毛；托叶线形，早落。花序单生叶腋。雄花序椭圆形至倒卵圆形，长 1.5～2cm，直径 1～1.5cm；总柄长 2～4.5cm，被短柔毛；雄花花被 4 裂，裂片匙形，与盾形苞片紧贴，密被微柔毛，雄蕊 1 枚，花药椭圆形。聚花果近球形，直径 3～4cm，浅黄色至橙黄色，表面被褐色柔毛，微具乳头状凸起；果柄长 3～5cm，被短柔毛。花期春夏。

野外鉴别关键特征：叶互生，椭圆形至倒卵状或椭圆状长椭圆形，顶端渐尖或短渐尖，基部楔形，全缘，但幼叶常为羽状浅裂，背面灰绿色或带白色。

分布与生境：澄迈、儋州、琼海等地；福建、广东、广西、湖南、江西、云南。生于低海拔疏林中。

利用：乳汁可提取硬性胶，木材。

注：手绘图引自广东植物志。

中文名称：光叶桂木

学名：**Artocarpus nitidus** Trec. in Ann. Sci. Nat., Bot., sér. 3, 8: 119. 1847, 海南植物志 2: 380(1965), 中国植物志 23(1): 53(1998), Flora of China 5: 33(2003)

科名：桑科 Moraceae　属名：桂木属 Artocarpus Forst.

形态特征：乔木，高可达 17m，主干通直；树皮黑褐色，纵裂，叶互生，革质，长圆状椭圆形至倒卵椭圆形，长 7～15cm，宽 3～7cm，先端短尖或具短尾，基部楔形或近圆形，全缘或具不规则浅疏锯齿，表面深绿色，背面淡绿色，两面均无毛，侧脉 6～10 对，在表面微隆起，背面明显隆起，嫩叶干时黑色；叶柄长 5～15mm；托叶披针形，早落。雄花序头状，倒卵圆形至长圆形，长 2.5～12mm，直径 2.7～7mm，雄花花被片 2～4 裂，基部联合，长 0.5～0.7mm，雄蕊 1 枚；雌花序近头状，雌花花被管状，花柱伸出苞片外。聚花果近球形，表面粗糙被毛，直径约 5cm，成熟红色，肉质，干时褐色，苞片宿存；小核果 10～15 颗。总花梗长 1.5～5mm。花期 4～5 月。

野外鉴别关键特征：树皮纵裂，叶互生，革质，长圆状椭圆形至倒卵椭圆形，先端短尖或具短尾。

分布与生境：海南岛；广东、广西、湖南、云南；柬埔寨、马来西亚、老挝、菲律宾、泰国、越南。

利用：成熟聚合果可食。木材坚硬，纹理细微，可供建筑用材或家具等原料用材。药用活血通络、清热开胃、收敛止血。

1. 果枝；2. 叶的一部分。

白桂木(Artocarpus hypargyreus)

光叶桂木(Artocarpus nitidus)

中文名称：桂木

学名： **Artocarpus nitidus** subsp. **lingnanensis**(Merrill)F. M. Jarrett, Journ. Arn. Arb. 41: 124. 1960, 海南植物志 2: 382(1965), 广东植物志 1: 182(1987), 中国植物志 23(1): 53(1998), Flora of China 5: 33(2003)

科名：桑科 Moraceae　**属名：**桂木属 Artocarpus Forst.

形态特征：乔木，高 8～15m。叶互生，革质，椭圆形、卵状长圆形或倒卵状椭圆形，长 4.5～15cm，宽 2.4～7cm，顶端钝短尖，基部楔形或圆形，全缘或具浅而不规则的钝齿，两面无毛，腹面有光泽，侧脉 5～8 对，在背面明显，叶柄长 0.8～1.5cm。雄花序单生于叶腋内，倒卵形或椭圆形，有小柔毛。聚花果单生于叶腋内，近球形，嫩时有锈色小柔毛，成熟时近无毛，黄色或红色。花期 3～5 月；果期 5～9 月。

野外鉴别关键特征：叶互生，革质，椭圆形、卵状长圆形或倒卵状椭圆形，顶端钝短尖，基部楔形或圆形。

分布与生境：三亚、陵水、东方、昌江、乐东等地；广东、广西、湖南、云南；柬埔寨、泰国、越南。生于中海拔湿润的杂木林中。

利用：果成熟时味酸甜，可生食或糖渍，亦用作调味的配料；木材可作为家具、建筑、板料等用材。

注：手绘图引自广东植物志。

中文名称：二色波罗蜜

学名： **Artocarpus styracifolius** Pierre in Bull. Soc. Fr. 52: 492. 1905, 海南植物志 2: 382(1965), 广东植物志 1: 183(1987), 中国植物志 23(1): 45(1998), Flora of China 5: 32(2003)

科名：桑科 Moraceae　**属名：**桂木属 Artocarpus Forst.

形态特征：乔木，高达 20m；树皮暗灰色，粗糙；小枝幼时密被白色短柔毛。叶互生排为 2 列，皮纸质，长圆形或倒卵状披针形，有时椭圆形，长 4～8cm，宽 2.5～3cm，先端渐尖为尾状，基部楔形，略下延至叶柄，全缘，（幼枝的叶常分裂或在上部有浅锯齿），表面深绿色，疏生短毛，背面被苍白色粉末状毛，脉上更密，侧脉 4～7 对，表面平，背面不突起，网脉明显；叶柄长 8～14mm，被毛；托叶钻形，脱落。花雌雄同株，花序单生叶腋，雄花序椭圆形，长 6～12mm，直径 4～7mm，密被灰白色短柔毛，花序轴长约 1.5cm，被毛，头状腺毛细胞 1～(1～6)，苞片盾形或圆形；总花梗长 6～12mm，雌花花被片外面被柔毛，先端 2～3 裂，长圆形，雄蕊 1，花丝纤细，花药球形。聚花果球形，直径约 4cm，黄色，干时红褐色，被毛，表面着生很多弯曲、圆柱形长达 5mm 的圆形突起；总梗长 18～25mm，被柔毛；核果球形。花期秋初，果期秋末冬初。

野外鉴别关键特征：内皮红色。

分布与生境：东方、乐东、保亭、陵水、三亚等地；广东、广西、湖南、云南；老挝、越南。生于中海拔山地林中，偏阳性，在缓坡上，酸性、湿润的沃土疏林中生长健壮。

利用：木材，果实可食。

注：手绘图引自广东植物志。

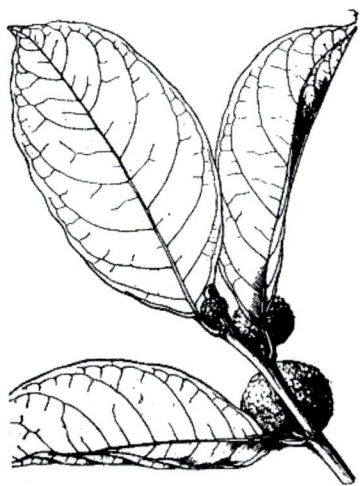

桂木(**Artocarpus nitidus** subsp. **lingnanensis**)

1. 花枝；2. 果；3. 雄花；4. 苞片。

二色波罗蜜(**Artocarpus styracifolius**)

中文名称：胭脂

学名：**Artocarpus tonkinensis** A. Chevalier ex Gagnepain, Bull. Soc. Bot. France. 73: 90. 1926, 海南植物志 2: 383(1965), 广东植物志 1: 184(1987), 中国植物志 23(1): 55(1998), Flora of China 5: 33(2003)

科名：桑科 Moraceae   属名：桂木属 Artocarpus Forst.

形态特征：乔木，高达 14～16m；树皮褐色，粗糙；小枝淡红褐色，常被平伏短柔毛，毛通常平贴或卷曲。叶革质，椭圆形、倒卵形或长圆形，长 8～20cm，或更长，宽 4～10cm，先端具短尖，基部楔形至圆形，全缘，有时先端有浅锯齿，表面无毛，背面密被微柔毛，沿叶脉被微曲的短柔毛，侧脉 6～9 对，背面主脉及侧脉明显，干后紫红色，网脉浅褐色；叶柄长 4～10mm，微被柔毛；托叶锥形，脱落后有疤痕。花序单生叶腋，雄花序倒卵圆形或椭圆形，长 1～1.5cm，直径 0.8～1.5cm，总花梗短于花序；雄花花被 2～3 裂，边缘具纤毛，雄蕊 1 枚，花药椭圆形，苞片有柄，顶部盾状；雌花序球形，花柱伸出于盾形苞片外，花被片完全融合。聚花果近球形，直径达 6.5cm，成熟时黄色，干后红褐色，果柄长 3～4cm；核果椭圆形，长 12～15mm，直径 9～12mm。花期夏秋，果期秋冬季。

野外鉴别关键特征：内皮红色，叶革质，椭圆形、倒卵形或长圆形，先端具短尖，基部楔形至圆形，全缘，有时先端有浅锯齿。

分布与生境：琼中、陵水、保亭、三亚、儋州、临高、澄迈等；我国南部各省；中印半岛。生于低海拔至中海拔的丘陵或山谷疏林中。

利用：木材坚硬，为良好硬木；果实味甜可食。

注：手绘图引自广东植物志。

中文名称：藤构（葡蟠）

学名：**Broussonetia kaempferi** Siebold var. **australis** Suzuki, Trans. Nat. Hist. Soc. Taiwan. 24: 433. 1934, 中国植物志 23(1): 27(1998), Flora of China 5: 27(2003)

科名：桑科 Moraceae   属名：构属 Broussonetia L 'Herit. ex Vent

形态特征：蔓生藤状灌木；树皮黑褐色；小枝显著伸长，幼时被浅褐色柔毛，成长脱落。叶互生，螺旋状排列，近对称的卵状椭圆形，长 3.5～8cm，宽 2～3cm，先端渐尖至尾尖，基部心形或截形，边缘锯齿细，齿尖具腺体，不裂，稀为 2～3 裂，表面无毛，稍粗糙；叶柄长 8～10mm，被毛。侧脉 7～9 条；花雌雄异株，雄花序短穗状，长 1.5～2.5cm，花序轴约 1cm；雄花花被片 3～4，裂片外面被毛，雄蕊 3～4，花药黄色，椭圆球形，退化雌蕊小；雌花集生为球形头状花序。聚花果直径 1cm，花柱线形，延长。花期 4～6 月；果期 5～7 月。

野外鉴别关键特征：叶互生，螺旋状排列，近对称的卵状椭圆形，先端渐尖至尾尖，基部心形或截形，边缘锯齿细，齿尖具腺体。

分布与生境：澄迈、定安、白沙、陵水等地；安徽、重庆、福建、广东、广西、贵州、湖北、湖南、台湾、云南、浙江。生于灌木林中。

利用：全株可清热、止咳、利尿。用于砂淋、石淋、肺热咳嗽。

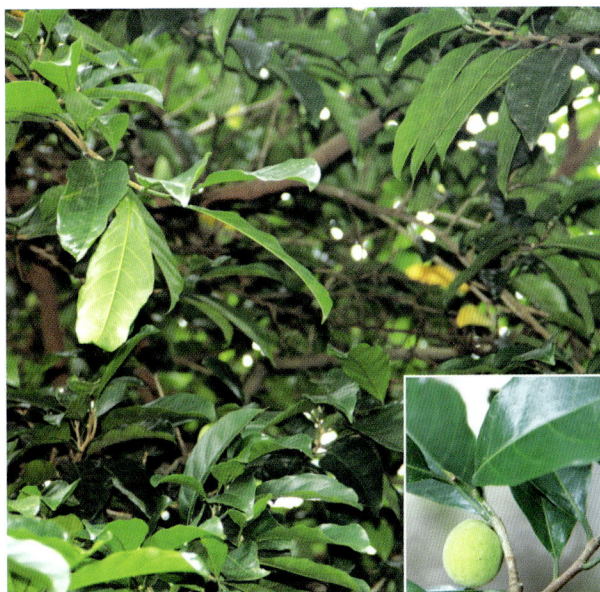

1. 果枝；2. 叶的一部分，示背面的毛被。

胭脂(Artocarpus tonkinensis)

藤构(葡蟠)(Broussonetia kaempferi var. australis)

中文名称： 楮

学名： **Broussonetia kazinoki** Sieb. & Zucc. in Abh. Bayer. Akad. Wiss. Math. -Phys. Cl. 4(3): 221. 1846, 海南植物志 2: 378(1965), 广东植物志 1: 179(1987), Flora of China 5: 27(2003)

科名： 桑科 Moraceae　　**属名：** 构属 Broussonetia L 'Herit. ex Vent

形态特征： 灌木，枝蔓生，弯曲，干后褐紫色，具微细的条纹。叶纸质，长卵形，长 3 ～ 14cm，宽 1.5 ～ 6cm，顶端长渐尖，基部浅心形，边缘有小锯齿，腹面有稀疏粗毛，背面较密；叶柄长 4 ～ 18mm，被粗毛；侧脉 4 ～ 5 条。雄花序被毛，花稀疏；苞片锥形，小，被毛；雄花花萼 4 深裂，外被疏散粗毛；花药近扁球形；雌花序球形，腋生，被毛，有很多苞片；苞片上部膨大；雌花近无梗或具短梗；花萼管长椭圆形或近椭圆形，上部收狭呈管状，与花柱紧贴；子房倒卵形，花柱近侧生，聚花果，小核果近椭圆形，一侧具硬喙，表面有小瘤状凸起。花期春季。

野外鉴别关键特征： 叶纸质，长卵形，顶端长渐尖，基部浅心形，边缘有小锯齿。

分布与生境： 万宁；广东、广西、湖南、江西、福建、台湾、浙江、江苏、安徽、湖北、贵州、云南、四川、河南；日本、韩国。生于灌木林中。

利用： 韧皮纤维可制绳索和纺织粗布，又为制纸原料。

注： 手绘图引自秦岭植物志；彩图由 PPBC/ 孙观灵拍摄。

中文名称： 构树

学名： **Broussonetia papyrifera**(Linn.)L'Hér. ex Vent. Tabl. Regne Vég. 3: 547. 1799, 海南植物志 2: 378(1965), 广东植物志 1: 178(1987), 中国植物志 23(1): 24(1998), Flora of China 5: 26(2003)

科名： 桑科 Moraceae　　**属名：** 构属 Broussonetia L 'Herit. ex Vent

形态特征： 乔木，高 10 ～ 20m；树皮暗灰色；小枝密生柔毛。叶螺旋状排列，广卵形至长椭圆状卵形，长 6 ～ 18cm，宽 5 ～ 9cm，先端渐尖，基部心形，两侧常不相等，边缘具粗锯齿，不分裂或 3 ～ 5 裂，小树之叶常有明显分裂，表面粗糙，疏生糙毛，背面密被绒毛，基生叶脉三出，侧脉 6 ～ 7 对；叶柄长 2.5 ～ 8cm，密被糙毛；托叶大，卵形，狭渐尖，长 1.5 ～ 2cm，宽 0.8 ～ 1cm。花雌雄异株；雄花序为柔荑花序，粗壮，长 3 ～ 8cm，苞片披针形，被毛，花被 4 裂，裂片三角状卵形，被毛，雄蕊 4，花药近球形，退化雌蕊小；雌花序球形头状，苞片棍棒状，顶端被毛，花被管状，顶端与花柱紧贴，子房卵圆形，柱头线形，被毛。聚花果直径 1.5 ～ 3cm，成熟时橙红色，肉质；瘦果具与等长的柄，表面有小瘤，龙骨双层，外果皮壳质。花期 4 ～ 5 月，果期 6 ～ 7 月。

野外鉴别关键特征： 叶膜质或纸质，广卵形至长椭圆状卵形，顶端渐尖，基部略偏斜，心形或圆形，边缘有粗齿，或深裂。

分布与生境： 儋州、昌江、白沙、东方、陵水、三亚等地；我国南北各地；印度、缅甸、泰国、越南、马来西亚、日本、朝鲜也有，野生或栽培。常生于低海拔的山谷、丘陵或旷野。

利用： 树皮为制纸原料；木材；叶、果实、树皮及树皮中的乳状液作药用。

1. 果枝；2. 已发育的雌花；3. 雌花的苞片。

楮(Broussonetia kazinoki)

构树(Broussonetia papyrifera)

中文名称：★大绿柄桑

学名：**Chlorophora excelsa**(Welw.)Benth, 海南岛尖峰岭地区生物物种名录

科名：桑科 Moraceae　　属名：绿柄桑属 Chlorophora

形态特征：乔木，树高达 50m；树干直，圆柱形，直径达 3m，具皮孔；树皮灰色到深褐色或黑色，易块状剥离，厚 2～3cm，具奶油色或橙褐色斑点，具乳白色树液；枝斜升。单叶互生，托叶鞘抱茎，长 2～5cm，早落，托叶环明显；叶柄长 1～6cm；叶片长圆形到椭圆形，长 6～33cm，宽 3.5～15cm，基部心形到钝，通常不对称，先端渐尖，边缘具波纹，嫩时有齿，纸质到革质，上面无毛或在主脉稍有毛，下面密被短毛，羽状脉，侧脉 10～22 对。柔荑花序，通常单生于叶腋或在无叶枝的节，基部白色，有毛，花具苞片；花序长 20～32cm，宽 0.5～1cm，花序梗长 2.5cm；雌花序长 2～4cm，宽 0.5～2cm；花单性，无柄；雄花长约 1.5mm，白色，花被片 4，基部合生，雄蕊 4，有退化雌蕊；雌花长 2～3mm，花被片 4，绿色，子房上位，1 室，长约 1mm，柱头 2，长 3～7mm。果实椭圆形，瘦果长 2.5～5mm。种子长约 2mm。

分布与生境：海南有栽培，尖峰岭。原产热带非洲、中美洲。

利用：适用于刨切装饰单板、室内装修、高级家具、地板、细木工、鞣皮革木桶、船舶、车辆、桥梁、海上用材等。

注：手绘图引自：http://www. plantsystematics. org/imgs/ws1/r/Moraceae_Chlorophora_excelsa_17918. html.

中文名称：▲海南葨芝

学名：**Cudrania crenata** Wright in J. Linn. Soc., Bot. 26: 469. 1894, 海南植物志 2: 380(1965)

科名：桑科 Moraceae　　属名：葨芝属 Cudrania Trec.

形态特征：木质藤本，初时被毛。叶倒卵形，长达 10cm，宽 3.8～6cm，顶端钝或渐尖，基部窄而钝或楔形，边缘圆锯齿，腹面被少许柔毛，背面无毛，具极短的柄。雄花序头状，腋生，有较短的总花梗；花萼裂片卵形，凹陷，花药直；退化雌蕊圆锥形；雌花未见。花期不详。

分布与生境：特有种，海南岛。

利用：果泡制药酒和酿酒等，对调节人体代谢功能、提高人体免疫能力等均有一定功效。

注：该种没有被 Flora of China 收录，Flora of China 把葨芝属 Cudrania 归并入柘属 Maclura，收录了葨芝 (Cudrania cochinchinensis) 改名为 Maclura cochinchinensis(Loureiro)Corner, Gard. Bull. Singapore. 本图志暂把海南葨芝 (Cudrania crenata) 保留，以便后人考证 (没有采到标本和相关的图件)。

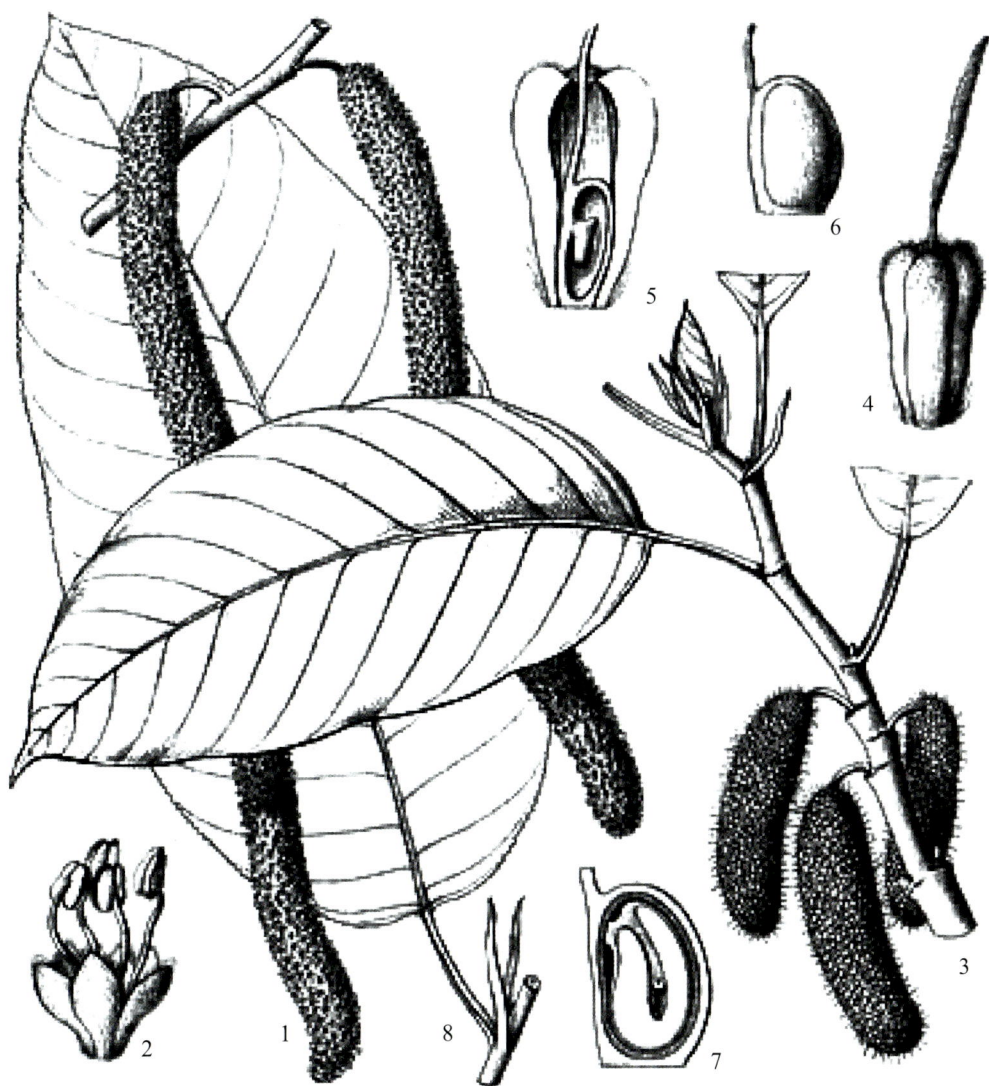

1. 雄花枝；2. 雄花；3. 雌花枝；4. 雌花；5. 子房纵切面；6. 果；7. 种子纵切面；8. 叶和托叶。

大绿柄桑(Chlorophora excelsa)

中文名称：细齿水蛇麻（桑草）

学名：Fatoua pilosa Gaud. in Freyc. Voy. Bot. 509. 1826, 海南植物志 2: 373(1965), 广东植物志 1: 169(1987), 中国植物志 23(1): 5(1998), Flora of China 5: 22(2003)

科名：桑科 Moraceae　　**属名：**桑草属 Fatoua Gaudich.

形态特征：草本；枝稍被毛。叶膜质，卵形至卵状披针形，长 2～7cm，宽 1～4cm，顶端急尖或渐尖，基部阔，近截平，边缘有钝锯齿，三出脉，中脉每边有侧脉 3～5 条，两面均被疏毛；叶柄长 2～4cm。花序单生或成对，直径约 6mm；雄花花梗短，被毛；花萼裂片舟状三角形；雄蕊与花萼裂片对生，花药近球形，花丝纤细；退化雄蕊极小或无；雌花近无梗；花萼裂片长椭圆形，外被长粗毛；子房顶部有时具膜质、薄片状附属物，花柱向上延伸成一长而纤细、被毛的柱头，基部有一短分枝。瘦果有棱，红褐色，外面有瘤状凸体和侧生、宿存的花柱；苞片长椭圆状披针形，被长粗毛和缘毛。花期春末秋初。

野外鉴别关键特征：三出脉，中脉每边有侧脉 3～5 条。

分布与生境：海南各地均有。生于山谷林下、水边。

注：手绘图引自广东植物志。

中文名称：水蛇麻

学名：Fatoua villosa(Thunberg)Nakai, Bot. Mag.(Tokyo). 41: 516. 1927, 中国植物志 23(1): 3(1998), Flora of China 5: 22(2003)

科名：桑科 Moraceae　　**属名：**桑草属 Fatoua Gaudich.

形态特征：一年生草本，高 30～80cm，枝直立，纤细，少分枝或不分枝，幼时绿色后变黑色，微被长柔毛。叶膜质，卵圆形至宽卵圆形，长 5～10cm，宽 3～5cm，先端急尖，基部心形至楔形，边缘锯齿三角形，微钝，两面被粗糙贴伏柔毛，侧脉每边 3～4 条；叶片在基部稍下延成叶柄；叶柄被柔毛。花单性，聚伞花序腋生，直径约 5mm；雄花钟形；花被裂片长约 1mm，雄蕊伸出花被片外，与花被片对生；雌花，花被片宽舟状，稍长于雄花被片，子房近扁球形，花柱侧生，丝状，长 1～1.5mm，约长于子房的 2 倍。瘦果略扁，具三棱，表面散生细小瘤体；种子 1 颗。花期 5～8 月。

野外鉴别关键特征：侧脉每边 3～4 条。

分布与生境：琼海；我国南部地区，河南、河北；马来西亚、印度尼西亚、菲律宾、日本、韩国、新几内亚、澳大利亚。生于灌丛、草地、路旁。

利用：用于喉炎、流行性腮腺炎、无名肿毒、刀伤出血。根皮可清热解毒、凉血止血；叶用于风热感冒、头痛、咳嗽；叶汁用于腹痛。

注：手绘图引自河北植物志。

1. 植株；2. 雄花；3. 雌花；4. 瘦果。

细齿水蛇麻(桑草)(Fatoua pilosa)

1. 植株；2. 雄花；3. 雌花；4. 雌蕊。

水蛇麻(Fatoua villosa)

中文名称：石榕树

学名：**Ficus abelii** Miq. in Ann. Mus. Bot. Lugd. -Bot. 3: 281. 1867, 海南植物志 2: 396(1965), 广东植物志 1: 203(1987), 中国植物志 23(1): 157(1998), Flora of China 5: 60(2003)

科名：桑科 Moraceae   **属名**：榕属 Ficus Linn.

形态特征：灌木，高 1～2m，小枝多少有灰白色柔毛，幼嫩部分较多。叶互生，纸质，狭长圆形或狭倒披针形，长 2.5～12cm，宽 1～4cm，顶端短尖或短渐尖，基部渐狭，全缘，背面散生短毛，基出脉 3 条，侧脉 7～10 条和网脉均在背面明显，叶柄长 4～15mm，有柔毛，托叶锥形，长约 4mm，外面有灰白色柔毛。花序单生于叶腋或已落叶的叶腋，近梨形，长 0.8～2.3cm，直径 0.5～1.7cm，成熟时紫红色或褐红色，有稀疏的短毛，顶端脐状凸起，基部渐狭成一短柄；苞片近椭圆形，基部合生，有微柔毛；总花梗长 4～8mm，有毛。花果期全年。

野外鉴别关键特征：基出脉 3 条，侧脉 7～10 条和网脉均在背面明显，叶柄长 4～15mm，有柔毛，红褐色。

分布与生境：三亚、陵水、白沙、澄迈；福建、广东、广西、贵州、湖南、江西、四川、云南；孟加拉国、印度、缅甸、尼泊尔、泰国、越南。生于低海拔至中海拔的山谷或溪边潮湿地上。

利用：用于盆景；易生根，抗性强，易造型，块根丰满，感观好。可用于居室内外摆设装饰。

注：手绘图引自广东植物志。

中文名称：高山榕

学名：**Ficus altissima** Bl. Bijdr. 444. 1825, 海南植物志 2: 391(1965), 广东植物志 1: 196(1987), Flora of China 5: 43(2003)

科名：桑科 Moraceae   **属名**：榕属 Ficus Linn.

形态特征：大乔木，高 25～30m，胸径 40～90cm；树皮灰色，平滑；幼枝绿色，粗约 10mm，被微柔毛。叶厚革质，广卵形至广卵状椭圆形，长 10～19cm，宽 8～11cm，先端钝，急尖，基部宽楔形，全缘，两面光滑，无毛，基生侧脉延长，侧脉 5～7 对；叶柄长 2～5cm，粗壮；托叶厚革质，长 2～3cm，外面被灰色绢丝状毛。榕果成对腋生，椭圆状卵圆形，直径 17～28mm，幼时包藏于早落风帽状苞片内，成熟时红色或带黄色，顶部脐状凸起，基生苞片短宽而钝，脱落后环状；雄花散生榕果内壁，花被片 4，膜质，透明，雄蕊 1 枚，花被片 4，花柱近顶生，较长；雌花无柄，花被片与瘿花同数。瘦果表面有瘤状凸体，花柱延长。花期 3～4 月；果期 5～7 月。

野外鉴别关键特征：叶厚革质，广卵形至广卵状椭圆形，先端钝，急尖，基部宽楔形，全缘，两面光滑，无毛。中脉明显，黄色。侧脉 5～7 对。

分布与生境：定安、儋州、昌江、东方、乐东、保亭、三亚；广东、广西、云南；不丹、印度、印度尼西亚、马来西亚、缅甸、尼泊尔、菲律宾、斯里兰卡、泰国、越南。散生于中海拔至高海拔的山区疏林中或森林边缘，极常见。

利用：行道树，海南常用。

石榕树(Ficus abelii)

高山榕(Ficus altissima)

中文名称：大果榕

学名：**Ficus auriculata** Lour. Fl. Cochinch. 666. 1790, 海南植物志 2: 397(1965), 中国植物志 23(1): 170 (1998), Flora of China 5: 48(2003)

科名：桑科 Moraceae　　属名：榕属 Ficus Linn.

形态特征：乔木，树冠广展、宽大；树皮褐色、粗糙；幼枝被毛。叶互生，薄革质，广卵形至卵圆形，长 10～39cm，宽 8～32cm，顶端钝，具短三角形的尖头，基部心形，罕有圆形，全缘或有锯齿，腹面仅中脉和侧脉有时被脱落的微柔毛，其余无毛，背面被略为广展的短柔毛，基出脉 5～7 条，侧脉每边 3～4 条，上面微凹或平坦；托叶狭三角形，紫红色，外面密被短柔毛，里面近无毛。花序着生于无叶的短枝上或树干上，陀螺形、梨形或扁球形，幼时被毛，成熟时毛脱落，红褐色；总花梗被柔毛；雄花无梗，萼片 3，阔而透明；雄蕊 2～3 枚，很少 1 枚，花药卵形；花丝长而厚；瘿花具梗；萼片下部合生，上部 2 裂或 3 裂，部分覆盖着卵形的子房；花柱近顶生，柱头膨大；雌花生于另一花序内，无梗或具梗。瘦果近管状，有黏膜，花柱侧生，长而反曲，被毛，柱头圆柱状。花期秋、冬季。

野外鉴别关键特征：叶互生，薄革质，广卵形至卵圆形，顶端钝，具短三角形的尖头，基部心形，罕有圆形，基出脉 5～7 条，侧脉每边 3～4 条。

分布与生境：临高、儋州、东方、乐东、保亭、陵水等地；广东、广西、贵州、四川、云南；不丹、印度、缅甸、尼泊尔、巴基斯坦、斯里兰卡、泰国、越南。生于中海拔林谷、溪旁湿润的土壤上，颇常见。

利用：榕果成熟味甜可食。

中文名称：垂叶榕

学名：**Ficus benjamina** Linn. Mant. P1. 129. 1767, 海南植物志 2: 392(1965), 广东植物志 1: 196(1987), 中国植物志 23(1): 116(1998), Flora of China 5: 45(2003)

科名：桑科 Moraceae　　属名：榕属 Ficus Linn.

形态特征：乔木，树冠广阔；树皮灰色、平滑，小枝下垂。叶薄革质，卵形至卵状椭圆形，长 3.5～10cm，宽 2～5.8cm，先端短渐尖，基部圆形或楔形，全缘，一级侧脉与二级侧脉难于区分，平行展出，直达近叶边缘，网结成边脉，两面光滑无毛；叶柄长 0.7～2cm，上面有沟槽；托叶披针形。榕果成对或单生于叶腋，基部狭缩成柄，球形或扁球形，光滑，成熟时红色至黄色，基生苞片不明显；雄花、瘿花、雌花同生于一榕果内；雄花极少数，具柄，花被片 4，宽卵形，雄蕊 1 枚，花丝短；瘿花具柄，多数，花被片 4～5，狭匙形，子房卵圆形，光滑，花柱侧生；雌花无柄，花被片短匙形。瘦果卵状肾形，短于花柱，花柱近侧生，柱头膨大。花期 8～11 月。

野外鉴别关键特征：相对小叶榕，小枝下垂。

分布与生境：临高、澄迈、儋州、昌江、白沙、东方、万宁、乐东、陵水、三亚；广东、广西、贵州、台湾、云南；亚洲南部至大洋洲。生于海拔 500～800m 湿润的杂木林中。

利用：十分有效的空气净化器。

注：手绘图引自广东植物志。

大果榕(Ficus auriculata)

1. 果枝；2. 果实纵切面。

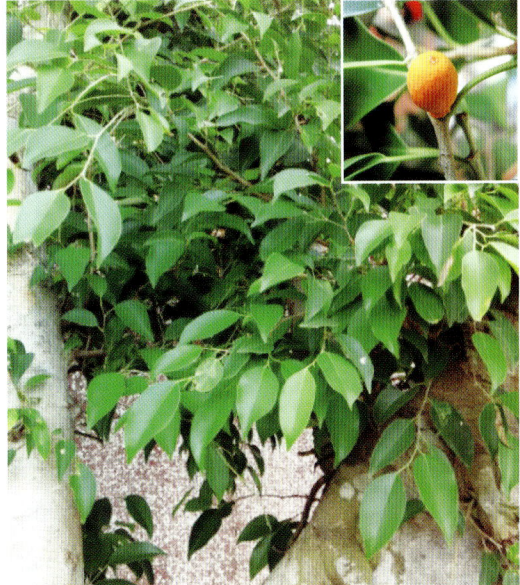

垂叶榕(Ficus benjamina)

中文名称：★无花果

学名：**Ficus carica** Linnaeus, Sp. Pl. 2: 1059. 1753, 中国植物志 23(1): 124(1998), 广东植物志 1: 202(1987), Flora of China 5: 52(2003)

科名：桑科 Moraceae　　**属名**：榕属 Ficus Linn.

形态特征：落叶灌木，高 3～10m，多分枝；树皮灰褐色，皮孔明显；小枝直立，粗壮。叶互生，厚纸质，广卵圆形，长宽近相等，10～20cm，通常 3～5 裂，小裂片卵形，边缘具不规则钝齿，表面粗糙，背面密生细小钟乳体及灰色短柔毛，基部浅心形，基生侧脉 3～5 条，侧脉 5～7 对；叶柄长 2～5cm，粗壮；托叶卵状披针形，长约 1cm，红色。雌雄异株，雄花和瘿花同生于一榕果内壁，雄花生于内壁口部，花被片 4～5，雄蕊 3，有时 1 或 5，瘿花花柱侧生，短；雌花花被与雄花同，子房卵圆形，光滑，花柱侧生，柱头 2 裂，线形。榕果单生叶腋，大而梨形，直径 3～5cm，顶部下陷，成熟时紫红色或黄色，基生苞片 3，卵形；瘦果透镜状。花果期 5～7 月。

分布与生境：海南有栽培；我国广泛分布。原产亚洲西部至地中海。

利用：新鲜幼果及鲜叶治痔疗效良好。榕果味甜可食或制作蜜饯，又可药用；也供庭园观赏。

注：手绘图引自山东植物志。

中文名称：▲定安榕

学名：**Ficus dinganensis** S. Chang, Guihaia. 3: 300, 1983, 中国植物志 23(1): 205(1998), Flora of China 5: 69(2003)

科名：桑科 Moraceae　　**属名**：榕属 Ficus Linn.

形态特征：藤状灌木，小枝幼时密被褐色短柔毛。叶 2 列，薄革质，卵形或卵状椭圆形，长 3～7.5cm，宽 1.8～4cm，先端渐尖或钝，基部楔形，全缘，表面无毛，中脉和侧脉下陷，背面幼时密被褐色短绵毛，中脉和侧脉隆起，侧脉 3～4 对，离基三出叶脉；叶柄长 1～1.2cm，幼时密被褐色柔毛；托叶披针形，长约 5mm，密被贴伏毛。榕果成对或单生叶腋，球形，直径 8～9mm，幼时密被褐色短柔毛，口部苞片脐状，基生苞片 3，卵状三角形，宽约 1.5mm；总梗长 1cm，幼时密被褐色短柔毛，后渐无毛；花间有丰富的刚毛，雌花长 2.5mm，花被片 4 条状，长约 1.5mm，红色，子房球状椭圆形，长约 1.5mm，花柱近顶生，柱头 2 裂。花果期 4～8 月。

分布与生境：特有种，定安。生于石灰岩地区。

利用：园林应用，可造景。

注：手绘图引自中国植物志。

1. 果枝；2. 雄花；3. 雌花。

无花果(Ficus carica)

1. 果枝；2. 雌花。

定安榕(Ficus dinganensis)

中文名称：枕果榕

学名：**Ficus drupacea** Thunb. Diss. Ficus 6, 11. 1786, 海南植物志 2: 391(1965), 广东植物志 1: 195(1987), Flora of China5: 42(2003)

科名：桑科 Moraceae　　属名：榕属 Ficus Linn.

形态特征：乔木，树皮灰白色，有少数气根；幼嫩部分被短的丛卷毛。叶互生，革质，长椭圆形至倒卵状椭圆形，长 12.5 ~ 17cm，宽 5 ~ 8cm，顶端骤狭成一短而钝的尖头，全缘或稍为浅波状，干后腹面榄绿色，背面污黄色，中脉在叶两面凸起，侧脉每边 8 ~ 11 条；托叶膜质，黄褐色，幼时被金黄色长柔毛。花序成对腋生，卵状长椭圆形，幼时绿色而有白斑点，成熟时无毛，浅红色，顶端具脐状凸起，基部苞片小，圆形，具缘毛，无总花梗；雄花、瘿花和雌花生于同一花序内；雄花萼片 4，质薄，透明；雄蕊 1 枚，花药近长椭圆形，花丝粗短；瘿花具梗；萼片合生，萼顶部 3 ~ 4 裂，斜形，紧密地围着子房，花柱延长，柱头扁；雌花与瘿花极相似，萼片略不明显。瘦果较宽，有小瘤状凸体。花期春季。

野外鉴别关键特征：与高山榕较相似，但侧脉每边 8 ~ 11 条。

分布与生境：乐东；广东、云南；孟加拉国、不丹、印度、印度尼西亚、老挝、马来西亚、缅甸、尼泊尔、新几内亚、菲律宾、斯里兰卡、泰国、越南、澳大利亚。生于平地水旁。

利用：园林应用，景区造景。

注：手绘图引自广东植物志。

中文名称：★印度榕

学名：**Ficus elastica** Roxb. Hort. Beng. 65. 1814, 海南植物志 2: 391(1965), 广东植物志 1: 196(1987), 中国植物志 23(1): 103(1998), Flora of China 5: 46(2003)

科名：桑科 Moraceae　　属名：榕属 Ficus Linn.

形态特征：乔木，高达 20 ~ 30m，胸径 25 ~ 40cm；树皮灰白色，平滑；幼小时附生，小枝粗壮。叶厚革质，长圆形至椭圆形，长 8 ~ 30cm，宽 7 ~ 10cm，先端急尖，基部宽楔形，全缘，表面深绿色，光亮，背面浅绿色，侧脉多，不明显，平行展出；叶柄粗壮，长 2 ~ 5cm；托叶膜质，深红色，长达10cm，脱落后有明显环状疤痕。榕果成对生于已落叶枝的叶腋，卵状长椭圆形，长 10mm，直径 5 ~ 8mm，黄绿色，基生苞片风帽状，脱落后基部有一环状痕迹；雄花、瘿花、雌花同生于榕果内壁；雄花具柄，散生于内壁，花被片 4，卵形，雄蕊 1 枚，花药卵圆形，不具花丝；瘿花花被片 4，子房光滑，卵圆形，花柱近顶生，弯曲；雌花无柄。瘦果卵圆形，表面有小瘤体，花柱长，宿存，柱头膨大，近头状。花期冬季。

分布与生境：海南有栽培；我国南部有栽培。原产印度、马来西亚。

利用：多用于园林造景、庭荫树。各地均有栽培，是庭园常见的观赏树及行道树。

1. 果枝；2. 叶的一部分，示背面毛被。

枕果榕(Ficus drupacea)

印度榕(Ficus elastica)

中文名称：矮小天仙果

学名：**Ficus erecta** Thunberg, Ficus. 5. 1786, 中国植物志 23(1): 134(1998), Flora of China 5: 54(2003). ——Ficus erecta var. beecheyana(Hook. et Ann.)King, 广东植物志 1: 208(1987), 中国植物志 23(1): 134(1998)

科名：桑科 Moraceae 属名：榕属 Ficus Linn.

形态特征：大型落叶灌木，高 3 ～ 4m；枝粗壮，近无毛，疏分枝。叶倒卵形至狭倒卵形，先端急尖，具短尖头，基部圆形或浅心形，表面无毛，微粗糙，背面近光滑；叶柄长 1.5 ～ 4cm。榕果单生叶腋，球形，无毛，直径 1 ～ 1.5cm，成熟时红色，总梗细，长 1 ～ 2cm。

分布与生境：海口，我国长江以南各地；越南、日本、朝鲜。生于低海拔山地沟谷疏林中。

利用：茎皮纤维可供造纸。

注：手绘图引自广东植物志。天仙果 (Ficus erecta var. beecheyana) 被 Flora of China 归并为矮小天仙果 (Ficus erecta)。

中文名称：水同木（哈氏榕）

学名：**Ficus fistulosa** Reinw. ex Bl. Bijdr. 442. 1825, 广东植物志 1: 192(1987), 中国植物志 23(1): 195 (1998), Flora of China 5: 50(2003). ——Ficus harlandii Benth. Fl. Hongk. 330. 1861, 海南植物志 2: 388 (1965)

科名：桑科 Moraceae 属名：榕属 Ficus Linn.

形态特征：乔木，嫩枝被少许硬毛。叶纸质，互生，很少对生，椭圆状长椭圆形或倒卵状长椭圆形，长 7 ～ 32.5cm，宽 3 ～ 19cm，顶端急尖，基部圆形或阔楔形，全缘或稍呈浅波形，腹面无毛，背面有小凸点，基出脉 5 条，其中 2 条极纤细，侧脉每边 6 ～ 8 条；叶柄初时略被毛，长 1.5 ～ 4cm；托叶卵状披针形。花序簇生于由老干发出的瘤状短枝上，近球形，基部收窄成一短柄，基生苞片 3 枚，细小；雄花无梗，位于花序内壁的近口处；萼片 3，阔而稍膨大；雄蕊 1 枚，花药卵形，急尖，花丝短而粗厚；瘿花具梗，无萼片；子房斜倒卵形，花柱侧生，柱头管状；雌花另生于一花序内；花萼狭管状。瘦果近斜方形，有微小的瘤状体，花柱延长，柱头棒状或柱状。花期 6 ～ 7 月。

野外鉴别关键特征：基出脉 5 条，其中 2 条极纤细，侧脉每边 6 ～ 8 条。

分布与生境：临高、东方、乐东、保亭、陵水、三亚；福建、广东、广西、台湾、云南；孟加拉国、印度、印度尼西亚、马来西亚、缅甸、菲律宾、泰国、越南。生于低海拔阔叶林及潮湿的溪谷。

利用：树皮含丰富乳汁，可以制胶。庭园绿化观景用。果、根药用。

注：手绘图引自广东植物志。

矮小天仙果(Ficus erecta)

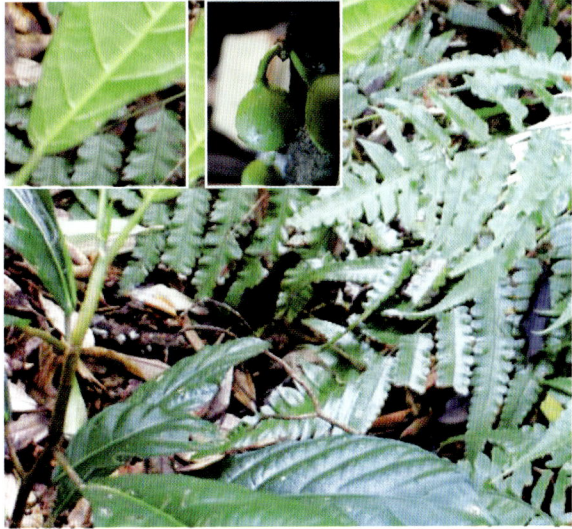

1. 叶枝；2. 树干的一段，示花序着生。

水同木(哈氏榕)(Ficus fistulosa)

中文名称： 台湾榕

学名： **Ficus formosana** Maxim in Mel. Biol. 11: 331. 1881, 海南植物志 2: 397(1965), 广东植物志 1: 206 (1987), 中国植物志 23(1): 149(1998), Flora of China 5: 58(2003). ——Ficus formosana f. shimadai Hayata Icon. Pl. Form. 8: 116, f. 41. 1919, 中国植物志 23(1): 149(1998). ——Ficus formosana Maxim var. angustifolia(Vheng)Migo in Bull. Shanghai Sci. Inst. 14: 329. 1944, 海南植物志 2: 397(1965). ——Ficus formosana Maxim var. shimadai(Hayata)W. C. Chen, comb. nov, 广东植物志 1: 207(1987)

科名： 桑科 Moraceae   **属名：** 榕属 Ficus Linn.

形态特征： 灌木，高 1.5～3m；小枝、叶柄、叶脉幼时疏被短柔毛；枝纤细，节短。叶膜质，倒披针形，长 4～11cm，宽 1.5～3.5cm，全缘或在中部以上有疏钝齿裂，顶部渐尖，中部以下渐窄，至基部呈狭楔形，干后表面墨绿色，背面淡绿色，中脉不明显。榕果单生叶腋，卵状球形，直径 6～9mm，成熟时略带红色，顶部脐状突起，基部收缩为纤细短柄，基生苞片 3，边缘齿状，总梗长 2～3mm，纤细；雄花散生榕果内壁，有或无柄，花被片 3～4，卵形，雄蕊 2，稀为 3，花药长过花丝；瘿花，花被片 4～5，舟状，子房球形，有柄，花柱短，侧生；雌花，有柄或无柄，花被片 4，花柱长，柱头漏斗形。瘦果球形，光滑。花期 4～7月。

野外鉴别关键特征： 叶膜质，倒披针形，全缘或在中部以上有疏钝齿裂，顶部渐尖，中部以下渐窄，至基部呈狭楔形，中脉不明显，叶柄红色。

分布与生境： 定安、白沙、琼中等地；福建、广东、广西、贵州、湖南、江西、台湾、云南、浙江；越南。旷野、疏林中常见。

利用： 全株入药；观叶植物。

注： 手绘图引自广东植物志；细叶台湾榕 (Ficus formosana f. shimadai)、窄叶台湾榕 (Ficus formosana var. angustifolia，Ficus formosana var. shimadai) 被 Flora of China 归并为台湾榕 (Ficus formosana)。

中文名称： 金毛榕（黄毛榕）

学名： **Ficus fulva** Reinw. in Bl. Bijdr. 478. 1825, 海南植物志 2: 390(1965), 广东植物志 1: 193(1987), 中国植物志 23(1): 159(1998), Flora of China 5: 60(2003)

科名： 桑科 Moraceae   **属名：** 榕属 Ficus Linn.

形态特征： 小乔木；嫩枝有黄褐色粗毛。叶互生，纸质或膜质，广卵形或近圆形，长 10～27cm，宽 8～25cm，顶端急尖或具短尖头，基部圆形或心形，边缘具小锯齿，常 3～5浅裂，腹面无毛或被疏毛，略粗糙，背面密被黄褐色短绒毛，脉上的毛较长，主脉 5～7条，侧脉 3～5对；叶柄长 3～13cm，有黄褐色粗毛。花序单生或数个簇生于叶腋或已落叶的叶腋，卵形或近球形，直径 2～2.5cm，有黄褐色长柔毛，顶端具脐状凸起，基部的苞片有长柔毛；无总花梗。花果期全年。

野外鉴别关键特征： 嫩枝、叶柄有黄褐色粗毛。

分布与生境： 海南各地常见；云南；印度、印度尼西亚、马来西亚、缅甸、泰国、越南。生于山谷或溪边林中。

利用： 根、皮治风湿、气血虚弱、子宫下垂、感冒等。

注： 手绘图引自广东植物志。

台湾榕(Ficus formosana)

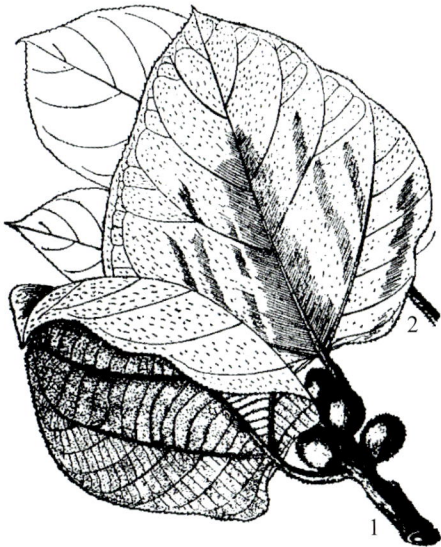

1. 花枝；2. 叶。

金毛榕(黄毛榕)(Ficus fulva)

中文名称：冠毛榕

学名：**Ficus gasparriniana** Miq. in Hook. Lond. J. Bot. 7: 436. 1848, 中国植物志 23(1): 142(1998), Flora of China 5: 60(2003)

科名：桑科 Moraceae   属名：榕属 Ficus Linn.

形态特征：灌木，小枝纤细，节短，幼嫩部分被糙毛，后近无毛。叶纸质，倒卵状椭圆形至倒披针形，长 6～10cm，宽 2～3cm，先端急尖至渐尖，基部楔形，微钝，全缘，表面粗糙，具瘤体，背面近无毛，基脉短，侧脉 3～5 对；叶柄长约 1cm，被柔毛；托叶披针形，长约 10mm。榕果成对腋生或单生于叶腋，具柄，柄长不超过 10mm，幼时卵状椭圆形，被柔毛，后呈椭圆状球形，有白斑，成熟时紫红色，顶生苞片脐状凸起，红色，基生苞片 3，宽卵形；雄花具柄，花被片 3，被毛，雄蕊 2～3；瘿花花被片 3～4，被毛，倒披针形，子房斜卵圆形，花柱侧生，浅 2 裂；雌花花被片 4，先端被毛。瘦果卵球形，光滑，长，弯曲。花期 5～7 月。

分布与生境：保亭、五指山有分布；福建、广东、广西、贵州、湖北、湖南、江西、四川、云南；不丹、印度、老挝、缅甸、泰国、越南。

注：标本引自中国科学院广西植物研究所。标本学名：F. gasparriniana var. viridescens，该变种被 Flora of China 归并入 F. gasparriniana。

中文名称：长叶冠毛榕

学名：**Ficus gasparriniana** var. **esquirolii**(H. Léveillé & Vaniot)Corner, Gard. Bull. Singapore. 17: 428. 1960, 中国植物志 23(1): 145(1998), Flora of China 5: 57(2003)

科名：桑科 Moraceae   属名：榕属 Ficus Linn.

形态特征：叶披针形，背面微被柔毛，侧脉 8～18 对；榕果球形至椭圆状球形，直径 10mm 或更大。

分布与生境：海口；广东、广西、湖南、江西、贵州、云南、四川。生于沟边或山坡灌丛中。

注：手绘图引自中国植物志；标本引自中国科学院广西植物研究所。

冠毛榕(Ficus gasparriniana)

长叶冠毛榕(Ficus gasparriniana var. esquirolii)

中文名称：大叶水榕

学名：**Ficus glaberrima** Bl. Bijdr. 451. 1825, 海南植物志 2: 399(1965), 广东植物志 1: 209(1987), 中国植物志 23(1): 108(1998), Flora of China 5: 43(2003)

科名：桑科 Moraceae　属名：榕属 Ficus Linn.

形态特征：大乔木，小枝幼时有疏柔毛。叶互生，纸质或膜质，椭圆形、长圆形或卵状披针形，长 7 ～ 20cm，宽 2 ～ 6.5cm，顶端渐尖，基部楔形，很少圆形，干后常褐色，两面无毛，全缘，基出脉 3 条，侧脉 6 ～ 10 对，纤细，网脉在背面稍凸起；叶柄长 1.5 ～ 4.5cm；托叶早落，线状披针形。花序单个或成对腋生，球形，直径 0.5 ～ 1cm，嫩时略具小瘤体，成熟时平滑，橙黄色，顶端无脐状凸起，基部的苞片有柔毛，早落；总花梗略粗，长 0.5 ～ 1cm。花果期几乎全年。

野外鉴别关键特征：叶纸质或膜质，椭圆形、长圆形或卵状披针形，顶端渐尖，基部楔形，很少圆形，全缘，基出脉 3 条，侧脉 6 ～ 10 对，纤细。

分布与生境：东方、昌江、白沙、琼中、保亭、三亚、定安、临高；广东、广西、贵州、西藏、云南；不丹、印度、印度尼西亚、缅甸、尼泊尔、泰国、越南。生于中海拔的山谷沟边林中。

利用：本种为紫胶虫良好寄主树。

注：手绘图引自西藏植物志。

中文名称：藤榕

学名：**Ficus hederacea** Roxb. Fl. Ind. Carey ed 3: 538. 1832, 海南植物志 2: 398(1965), 广东植物志 1: 211(1987), 中国植物志 23(1): 199(1998), Flora of China 5: 68(2003)

科名：桑科 Moraceae　属名：榕属 Ficus Linn.

形态特征：藤状灌木，通常在茎和枝上生根；小枝幼时被柔毛或无毛。叶互生，革质，广椭圆形或卵状椭圆形，长 4.5 ～ 11cm，宽 2 ～ 6cm，顶端圆形或钝，很少急尖，干后腹面暗黄褐色，背面有乳头状凸起。花序成对或单个腋生或生于已落叶的叶腋，球形，直径 8 ～ 14mm，顶端微凸起，幼时被短粗毛，成熟时略粗糙，黄绿色至红色，基部苞片合生；总花梗长 6 ～ 15mm；雄花少数，近无梗，散生于花序内壁；萼片 3 ～ 4；雄蕊 2 枚，花药广卵形，花丝极短；瘿花具柄；萼片 4，披针形；子房倒卵形，花柱短，近顶生，柱头弯曲；雌花生于另一花序内，具梗或无梗；萼片 4，线形。瘦果长椭圆形，有一苍白色的阔边；花柱延长，顶端下弯，柱头近头状。花期春夏间。

野外鉴别关键特征：叶互生，革质，广椭圆形或卵状椭圆形，顶端圆形或钝，很少急尖。

分布与生境：定安、儋州、白沙、陵水、三亚等地；广东、广西、贵州、云南；不丹、印度、老挝、缅甸、尼泊尔、泰国。生于疏林中。

注：手绘图引自广东植物志。

1. 果枝；2. 榕果放大；3. 雌花放大。

大叶水榕(Ficus glaberrima)

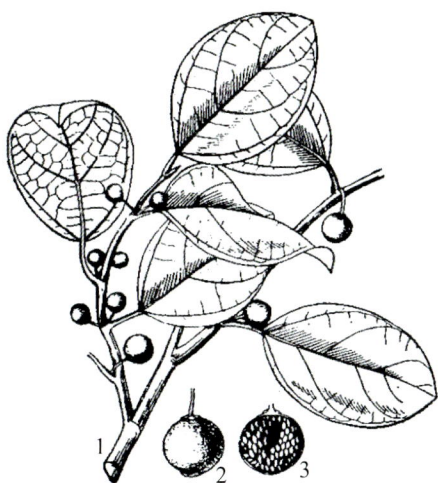

1. 花枝；2. 果；3. 果纵切面。

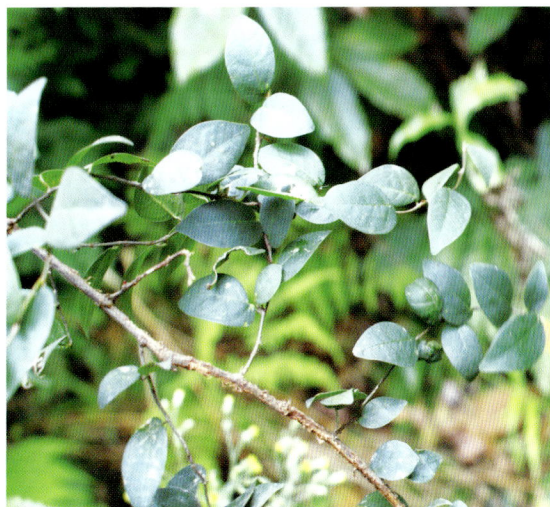

藤榕(Ficus hederacea)

中文名称：尖叶榕

学名：**Ficus henryi** Warburg ex Diels, Bot. Jahrb. Syst. 29: 299. 1900, 中国植物志 23(1): 125(1998), Flora of China 5: 52(2003)

科名：桑科 Moraceae　**属名**：榕属 Ficus Linn.

形态特征：小乔木，高 3～10m；幼枝黄褐色，无毛，具薄翅。叶倒卵状长圆形至长圆状披针形，长 7～16cm，宽 2.5～5cm，先端渐尖或尾尖，基部楔形，表面深绿色，背面色稍淡，两面均被点状钟乳体，侧脉 5～7 对，网脉在背面明显，全缘或从中部以上有疏锯齿；叶柄长 1～1.5cm。榕果单生叶腋，球形至椭圆形，直径 1～2cm，总梗长 5～6mm，顶生苞片脐状突起，基生苞片 3 枚；雄花生于榕果内壁的口部或散生，具长梗，花被片 4～5，白色，倒披针形，被微毛，雄蕊 3～4，花药椭圆形；瘿花生于雌花下部，具柄，花被片 5，卵状披针形；雌花生于另一株榕果内壁，子房卵圆形，花柱侧生，柱头 2 裂。榕果成熟橙红色；瘦果卵圆形，光滑，背面龙骨状。花期 5～6 月；果期 7～9 月。

野外鉴别关键特征：叶倒卵状长圆形至长圆状披针形，先端渐尖或尾尖。

分布与生境：琼海；广西、湖南、湖北、贵州、云南、四川、西藏、甘肃；越南。生于山地疏林中或溪边潮湿地。

利用：榕果成熟可食。

中文名称：山榕

学名：**Ficus heterophylla** Linn. f. Suppl. 442. 1781, 海南植物志 2: 396(1965), 广东植物志 1: 202(1987), 中国植物志 23(1): 182(1998), Flora of China 5: 64(2003)

科名：桑科 Moraceae　**属名**：榕属 Ficus Linn.

形态特征：灌木，常攀缘状或有时匍匐于地上或岩石上；枝有短柔毛。叶互生，纸质，叶形变化较大，披针形或卵形，通常卵状椭圆形，有时稍不等侧，长 3.5～10cm，宽 1～5cm，顶端短尖或渐尖，基部钝、圆形或心形，边缘具粗齿，不分裂或不规则 3 至多裂，两面粗糙，无毛或有极短的硬毛，基出脉 3～5 条，侧脉 4～8 对，在背面凸起，网脉在背面稍明显。叶柄长 7～15mm，无毛或有短毛；托叶成对，无毛或近无毛。花序单生于叶腋或已落叶的叶腋，球形或长梨形，长 1～2cm，宽 0.8～1.9cm，幼时多少有毛和有小瘤状体，成熟时近平滑，暗橙黄色，顶端具脐状凸起，基部骤狭成一短柄，基部的苞片细小总花梗长 4～10mm，有毛。花果期夏至冬季。

野外鉴别关键特征：灌木，常攀缘状或有时匍匐于地上或岩石上；枝有短柔毛。叶形变化大，边缘具粗齿，不分裂或不规则 3 至多裂。

分布与生境：海南岛；广东、云南；柬埔寨、印度、印度尼西亚、老挝、马来西亚、缅甸、斯里兰卡、泰国、越南。生于阳光较充足的溪旁、岩石上或疏林中，丘陵地区常见。

注：手绘图引自广东植物志。

尖叶榕(Ficus henryi)

山榕(Ficus heterophylla)

中文名称： 尾叶榕

学名： **Ficus heteropleura** Bl. Bijdr. 466. 1825, 海南植物志 2: 394(1965), 广东植物志 1: 200(1987), 中国植物志 23(1): 190(1998), Flora of China 5: 66(2003)

科名： 桑科 Moraceae　　**属名：** 榕属 Ficus Linn.

形态特征： 直立灌木或小乔木；嫩枝或和叶柄具鳞片或干后结成小痂。叶互生，薄革质，长椭圆形、椭圆形或倒卵形，长 8～15cm，宽 3～6cm，顶端骤尖，尖头尾状，基部稍不对称，渐狭，下延至叶柄，全缘，有时中部以上浅波状，干后腹面灰绿色（有时变深茶褐色），有光泽，背面颜色较淡，基出脉 3 条，侧脉每边 3～4 条；托叶小，披针形。花序腋生，近球形，具脐状凸起，被短粗毛，成熟时浅红黄色，无总花梗；雄花具退化雄蕊，近无梗，生于花序内壁口部，萼片 4，线形；雄蕊 1，花药比花丝长；瘿花具短梗，萼片 3；子房近球形，花柱侧生，略呈钩状；雌花生于另一花序内，花萼 3 深裂。瘦果斜卵形，粗糙；花柱广展。花期 1～8 月。

野外鉴别关键特征： 叶互生，薄革质，长椭圆形、椭圆形或倒卵形，顶端骤尖，尖头尾状。

分布与生境： 昌江、东方、乐东、三亚等地；台湾；亚洲南部及东南部。生于高海拔森林中，少见。

注： 手绘图引自广东植物志。

中文名称： 粗叶榕

学名： **Ficus hirta** Vahl, Enum. 2: 201. 1805, 广东植物志 1: 194(1987), 中国植物志 23(1): 160(1998), Flora of China 5: 60(2003). —— Ficus simplicissima var. hirta Migo in Bull. Shanghai Sci. Inst. 14: 331. 1944, 海南植物志 2: 390(1965). —— Ficus simplicissima Lour. Fl. Cochinch. 667. 1790, 海南植物志 2: 390(1965). —— Ficus katsumadai Hayata, Icon. Pl. Formos. 8: 127, t. 56. 1916, 海南植物志 2: 399(1965)

科名： 桑科 Moraceae　　**属名：** 榕属 Ficus Linn.

形态特征： 灌木或小乔木，嫩枝中空，小枝、叶和榕果均被金黄色开展的长硬毛。叶互生，纸质，多型，长椭圆状披针形或广卵形，长 10～25cm，边缘具细锯齿，有时全缘或 3～5 深裂，先端急尖或渐尖，基部圆形，浅心形或宽楔形，表面疏生贴伏粗硬毛，背面密或疏生开展的白色或黄褐色绵毛和糙毛，基生脉 3～5 条，侧脉每边 4～7 条；叶柄长 2～8cm；托叶卵状披针形，长 10～30mm，膜质，红色，被柔毛。榕果成对腋生或生于已落叶枝上，球形或椭圆球形，无梗或近无梗，直径 10～15mm，幼时顶部苞片形成脐状凸起，基生苞片卵状披针形，长 10～30mm，膜质，红色，被柔毛；雌花果球形，雄花及瘿花果卵球形，无柄或近无柄，直径 10～15mm，幼嫩时顶部苞片形成脐状凸起，基生苞片早落，卵状披针形，先端急尖，外面被贴伏柔毛；雄花生于榕果内壁近口部，有柄，花被片 4，披针形，红色，雄蕊 2～3 枚，花药椭圆形，长于花丝；瘿花花被片与雌花同数，子房球形，光滑，花柱侧生，短，柱头漏斗形；雌花生于雌株榕果内，有梗或无梗，花被片 4。瘦果椭圆球形，表面光滑，花柱贴生于一侧微凹处，细长，柱头棒状。

野外鉴别关键特征： 嫩枝中空，小枝、叶和榕果均被金黄色开展的长硬毛。榕果成对腋生或生于已落叶枝上，球形或椭圆球形，无梗或近无梗。

分布与生境： 琼中、乐东、陵水、三亚等地；福建、广东、广西、贵州、湖南、江西、云南、浙江、不丹、印度、印度尼西亚、缅甸、尼泊尔、泰国、越南。生于村落的旷地上，较常见。

利用： 根或根皮主治风湿痿痹、跌打损伤、经闭白带，治胃痛、脱肛、胸痛、肺结核。

注： 手绘图引自广东植物志；佛掌榕 (Ficus simplicissima var. hirta)、线萼榕 (Ficus katsumadai) 被 Flora of China 归并为粗叶榕 (Ficus hirta)。

尾叶榕(Ficus heteropleura)

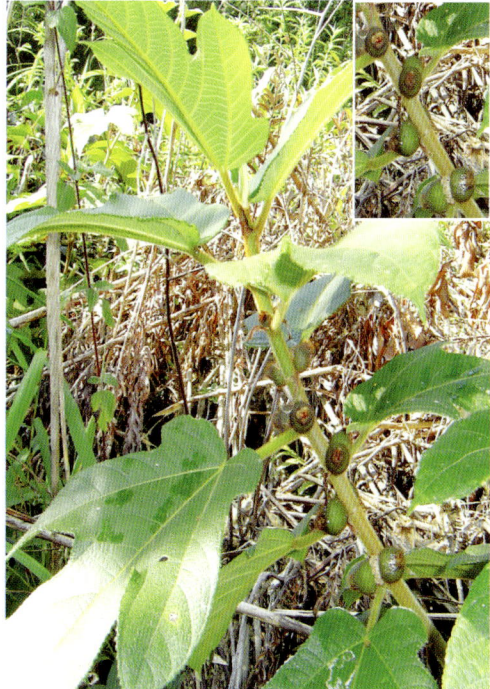

粗叶榕(Ficus hirta)

中文名称：对叶榕

学名：**Ficus hispida** Linn. f. Suppl. 442. 1781, 海南植物志 2: 387(1965), 广东植物志 1: 190(1987), 中国植物志 23(1): 191(1998), Flora of China 5: 49(2003)

科名：桑科 Moraceae **属名**：榕属 Ficus Linn.

形态特征：灌木或小乔木，各部略被粗毛。叶通常对生，革质，卵状、卵状长椭圆形或椭圆形，顶端急尖或短渐尖，基部圆形或近心形，长 10～30cm，宽 5～8cm，全缘或有钝齿，腹面被短粗毛，背面被硬粗毛，侧脉每边 6～8 条；叶柄被短粗毛；托叶 2 枚，卵状披针形，外面被毛，在无叶和生花序的枝上，常 4 枚合生呈环形。花序陀螺形、倒卵形或近梨形，顶部略有脐状凸起，基部有时收狭成极短的柄，成熟时带黄色，被硬粗毛或具苞片，成对生于叶腋或簇生于由老茎发出、具瘤状凸起的短枝上，这些枝常达地面或部分穿入泥土内。雄花和瘿花多数，着生在花序内壁的顶部。雄花，萼片 3；雄蕊 1 枚。瘿花具梗，无明显的萼片。花柱近顶生，柱头扩大。瘦果卵形。花期 6～7 月。

野外鉴别关键特征：叶通常对生。

分布与生境：海南各地；广东、广西、贵州、云南；亚洲南部、东南部至澳大利亚。生于山谷中或近水旁，亦见于旷地和低海拔疏林中。

利用：疏风解热、消积化痰、行气散瘀。治感冒发热、支气管炎、消化不良、痢疾、跌打肿痛。

中文名称：青藤公

学名：**Ficus langkokensis** Drake in Morot Journ. de Bot. 10. 211. 1896, 中国植物志 23(1): 128(1998), 广东植物志 1: 208(1987), Flora of China 5: 53(2003). ——Ficus harmandii Gagnep. in Lecomte, Not. Syst. 4: 90. 1927, 海南植物志 2: 398(1965)

科名：桑科 Moraceae **属名**：榕属 Ficus Linn.

形态特征：乔木，树皮红褐色至灰黄色；小枝纤细，褐色，被极短的疏毛。叶互生，纸质，椭圆状披针形或狭椭圆形，长 7～16cm，宽 3～4cm，顶端渐尖部分长 2～2.5cm(尾状渐尖)，基部楔形或阔楔形，全缘，两面无毛，干后褐色或暗褐色，基出脉 3 条，侧脉每边 2～3 条；叶柄被短疏柔毛，成熟时平滑，干后有褐色小鳞片，顶部多少具脐状凸起；总花梗被褐色疏毛。雄花具梗，多数生于花序内壁的上部；萼片 3～4，近匙形，顶端急尖；雄蕊 2 枚，罕有 1 枚，花药两边凹入，花丝极短。瘿花具梗；萼片 4，倒披针形；子房卵圆形，有小瘤状凸体，花柱极短，侧生，柱头略膨大而分裂。雌花生于另一花序内，具梗，多数；萼片 4，与雄花的相似。瘦果卵形，花柱侧生。花期全年。

野外鉴别关键特征：叶互生，纸质，椭圆状披针形或狭椭圆形，顶端渐尖部分长 2～2.5cm(尾状渐尖)。

分布与生境：临高、澄迈、定安、儋州、东方、琼中、乐东、保亭、陵水；福建、广东、广西、湖南、四川、云南；印度、老挝、越南。生于季雨林中。

利用：树形优美，可观赏。

注：手绘图引自福建植物志。

对叶榕(Ficus hispida)

青藤公(Ficus langkokensis)

中文名称：大琴叶榕

学名：Ficus lyrata Warb.

科名：桑科 Moraceae　　**属名：**榕属 Ficus Linn.

形态特征：常绿乔木，茎干直立，树皮树糙，叶大密集，叶柄 3 ～ 4cm，基部平，或心形或耳状，先端常膨大呈提琴状，顶端平或下凹，厚革质，边缘波状，叶脉凹陷，侧脉 5 ～ 6 对。

分布与生境：海南有栽培；原产非洲热带地区。

利用：大琴叶榕具较高的观赏价值。在我国华南可用作园林观赏，在长江流域或更北地区，可进行大型盆栽，花木市场上所见之所谓琴叶榕，基本上都是本种。

中文名称：榕树

学名：Ficus microcarpa Linn. f. Suppl. 442. 1781, 海南植物志 2: 393(1965), 广东植物志 1: 198(1987), 中国植物志 23(1): 112(1998), Flora of China 5: 44(2003)

科名：桑科 Moraceae　　**属名：**榕属 Ficus Linn.

形态特征：大乔木，有少数气根。叶互生，革质，光亮，椭圆形、卵状椭圆形或倒卵形，长 4 ～ 8cm，宽 2 ～ 4cm，顶端微急尖，全缘或浅波形，基出脉 3 条，每边有侧脉 5 ～ 6 条；托叶披针形。花序成对腋生或生于已落叶的叶腋，扁球形，成熟时带黄色或带红色，基部苞片广卵形，宿存，无总花梗；雄花、瘿花和雌花生于同一花序内；雄花无梗或具短梗，萼片 3，广匙形，花柱侧生，短；雌花无梗或具短梗。瘦果卵形；花柱侧生，短于子房，柱头柱形或棒形。花期 5 月。

野外鉴别关键特征：与垂叶榕相似，但小枝较硬，不下垂。

分布与生境：乐东、三亚、陵水、白沙、儋州、定安等地；福建、广东、广西、贵州、台湾、云南；不丹、印度、马来西亚、缅甸、尼泊尔、新几内亚、斯里兰卡、泰国、越南、澳大利亚北部。生长于村边或山林中。

利用：可作为行道树。树皮纤维可制渔网和人造棉。气根、树皮和叶芽可用作清热解表药。

中文名称：九丁榕 (凸脉榕)

学名：Ficus nervosa Heyne in Roth Nov. Pl. Sp. 388. 1821, 海南植物志 2: 393(1965), 广东植物志 1: 200(1987), 中国植物志 23(1): 120(1998), Flora of China 5: 46(2003)

科名：桑科 Moraceae　　**属名：**榕属 Ficus Linn.

形态特征：乔木，幼时被微柔毛，成长脱落，小枝干后具槽纹。叶薄革质，椭圆形至长椭圆状披针形或倒卵状披针形，长 6 ～ 15cm 或更长，宽 2.5 ～ 5cm，先端短渐尖，有钝头，基部圆形至楔形，全缘，微反卷，表面深绿色，干后茶褐色，有光泽，背面颜色深，散生细小乳突状瘤点，基生侧脉短，脉腋有腺体，侧脉 7 ～ 11 对，在背面突起；叶柄长 1 ～ 2cm。榕果单生或成对腋生，球形或近球形，幼时表面有瘤体，直径 1 ～ 1.2cm，基部缢缩成柄，无总梗，基生苞片 3，卵圆形，被柔毛；雄花、瘿花和雌花同生于一榕果内；雄花具梗，生于内壁近口部，花被片 2，匙形，长短不一，雄蕊 1 枚；瘿花有梗或无梗，花被片 3，延长，顶部渐尖，花柱侧生，较瘦果长 2 倍，柱头棒状。花期 1 ～ 8 月。

野外鉴别关键特征：侧脉 7 ～ 11 对，在背面突起；榕果基部缢缩成柄。

分布与生境：乐东、保亭、陵水、三亚；福建、广东、广西、贵州、四川、台湾、云南；不丹、印度、马来西亚、尼泊尔、斯里兰卡、泰国、越南。中海拔至高海拔森林中较常见。

利用：可作为木材。

注：手绘图引自广东植物志。

大琴叶榕(Ficus lyrata)

榕树(Ficus microcarpa)

九丁榕(凸脉榕)(Ficus nervosa)

中文名称：苹果榕（海南榕）

学名：**Ficus oligodon** Miq, in Ann. Mus. Bot. Lugd. -Bat. 3: 234. 297. 1867, 广东植物志 1: 192(1987), 中国植物志 23(1): 170(1998), Flora of China 5: 48(2003). ——Ficus hainanensis Merr. & Chun in Sunyatsenia. 2: 215. 1935, 海南植物志 2: 388(1965)

科名：桑科 Moraceae   属名：榕属 Ficus Linn.

形态特征：小乔木，高 5～10m，胸径 10～15cm，树皮灰色，平滑；树冠宽阔；幼枝略被柔毛。叶互生，纸质，倒卵椭圆形或椭圆形，长 10～25cm，宽 6～23cm，顶端渐尖至急尖，基部浅心形至宽楔形；边缘在叶片 1/3 以上具不规则粗锯齿数对，表面无毛，背面密生小瘤体，幼叶中脉和侧脉疏生白色细毛，基生侧脉延伸至叶片中部以上，侧脉 4～5 对在背面隆起，近基部的一对与其他侧脉相距较远；叶柄长 4～6cm；托叶卵状披针形，无毛或被微柔毛，长约 1～1.5cm，早落。榕果簇生于老茎发出的短枝上，梨形或近球形，直径 2～3.5cm，表面有 4～6 条纵棱和小瘤体，被微柔毛，成熟深红色，顶部压扁，基部缢缩为短柄，顶生苞片卵圆形，排列为莲座状，基生苞片 3，三角状卵形；总梗长 2.5～3.5cm；雄花具短柄，生榕果内壁口部，花被薄膜质，顶端 2 裂，雄蕊 2 枚；瘿花有柄，生内壁中下部，多数，花被合生，薄膜质，子房倒卵形，花柱短，侧生；雌花生于另一植株榕果内壁，有短柄，花被 3 裂，花柱侧生，较瘿花花柱长，柱头有毛。瘦果倒卵圆形，光滑。花期 9 月至翌年 4 月，果期 5～6 月。

野外鉴别关键特征：叶倒卵椭圆形或椭圆形，边缘在叶片 1/3 以上具不规则粗锯齿数对，侧脉 4～5 对在背面隆起。

分布与生境：东方、乐东、三亚、保亭、陵水等地；广西、贵州、西藏、云南；印度、马来西亚、缅甸、尼泊尔、泰国、越南。喜生于低海拔山谷、沟边湿润土壤地区。

利用：成熟时果实深红色，味甜可食，且为紫胶虫寄主树。

注：手绘图引自广东植物志。

中文名称：琴叶榕

学名：**Ficus pandurata** Hance in Ann. Sci. Nat., Bot., sér. 4, 18: 229. 1862, 海南植物志 2: 400(1965), 广东植物志 1: 205(1987), 中国植物志 23(1): 154(1998), Flora of China 5: 59(2003). ——Ficus pandurata var. holophylla Migo in Bull. Shanghai Sci. Inst. 14: 329. 1944, 海南植物志 2: 400(1965), 广东植物志 1: 205(1987), 中国植物志 23(1): 154(1998). ——Ficus formosana var. angustissima Maxim, 海南植物志 2: 397(1965), 广东植物志 1: 207(1987)

科名：桑科 Moraceae   属名：榕属 Ficus Linn.

形态特征：小灌木，高 1～2m；小枝、嫩叶幼时被白色柔毛。叶纸质，提琴形或倒卵形，长 4～8cm，先端急尖有短尖，基部圆形至宽楔形，中部缢缩，表面无毛，背面叶脉有疏毛和小瘤点，基生侧脉 2，侧脉 3～5 对；叶柄疏被糙毛，长 3～5mm；托叶披针形，迟落。榕果单生叶腋，鲜红色，椭圆形或球形，直径 6～10mm，顶部脐状突起，基生苞片 3，卵形，总梗长 4～5mm，纤细，雄花有柄，生于榕果内壁口部，花被片 4，线形，雄蕊 3，稀为 2，长短不一；瘿花有柄或无柄，花被片 3～4，倒披针形至线形，子房近球形，花柱侧生，很短；雌花花被片 3～4，椭圆形，花柱侧生，细长，柱头漏斗形。花期 6～8 月。

分布与生境：海南各地；我国东南部至南部；泰国、越南。山野间或村庄附近旷地上极为常见。

利用：庭园树、行道树、盆栽树。

注：手绘图引自福建植物志；全缘榕（Ficus pandurata var. holophylla）、线叶台湾榕（Ficus formosana var. angustissima）被 Flora of China 归并为琴叶榕（Ficus pandurata）。

1. 叶枝；2. 花序枝；3. 雄花序纵切面；
4. 雄花；5. 瘿花的雌蕊；6. 雌花序纵切面；
7. 雌花；8. 瘦果。

苹果榕(海南榕)(Ficus oligodon)

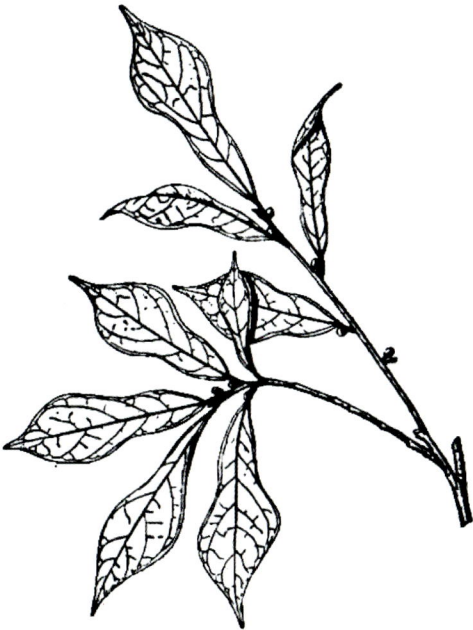

琴叶榕(Ficus pandurata)

中文名称：褐叶榕

学名：**Ficus pubigera**(Wall. ex Miq.)Miq. in Ann. Mus. Bot. Lugd. -Bat. 3: 294. 1867, 广东植物志 1: 211 (1987), 中国植物志 23(1): 202(1998), Flora of China 5: 68(2003). ——Ficus howii Merr. & Chun in Sunyat-senia. 5: 43. 1940, 海南植物志 2: 389(1965)

科名：桑科 Moraceae　　**属名**：榕属 Ficus Linn.

形态特征：藤状灌木；枝和小枝无毛；芽密被锈色小粗毛。叶互生，薄革质，通常长椭圆形，长 5 ～ 13cm，宽 2 ～ 4cm，顶端渐尖或短渐尖，基部急尖，干后变黄褐色，两面近无毛或腹面沿中脉和小脉上有不明显小柔毛，基出脉 3 条，其上侧脉每边 5 ～ 7 条；叶柄长 0.5 ～ 1cm，无毛或被稀疏柔毛；托叶披针形，早落。花序球形，外面有微小的皮孔，略被毛，里面散生很多针形苞片；无总花梗。雄花具梗生于花序内壁的顶部，萼片 4，褐色，极不相等，倒披针形，顶端急尖，雄蕊 2 枚，花药长椭圆形，花丝极短；瘿花具梗，萼片 4，褐色，不相等，近匙形，花柱近顶生；雌花另生于一花序内，近无梗。瘦果狭长椭圆形或近圆柱形或稍压扁；花柱近顶生，柱头微小。花期 10 ～ 12 月。

分布与生境：白沙、东方、乐东、保亭等地；广东、广西、贵州、西藏、云南；不丹、印度、老挝、马来西亚、尼泊尔、斯里兰卡、泰国、越南。生于海拔 400 ～ 880m 的石灰岩山地。

注：手绘图引自贵州植物志；标本引自中山大学。

中文名称：球果山榕

学名：**Ficus pubilimba** Merrill, Journ. Arn. Arb. 23: 159. 1942, 中国植物志 23(1): 108(1998), Flora of China 5: 43(2003)

科名：桑科 Moraceae　　**属名**：榕属 Ficus Linn.

形态特征：乔木，高 10 ～ 15m，胸径 15 ～ 25cm；小枝直径 2 ～ 5mm，鲜时绿色，干后淡褐色，无毛，托叶脱落后不为环状痕。叶厚纸质，短椭圆形至卵状椭圆形，长 6 ～ 10cm，宽 4 ～ 7cm，表面深绿色，背面灰绿色，干后表面灰褐色，背面红褐色，先端钝尖，基部近圆形，全缘，离基三出脉，侧脉 5 ～ 6 对，斜上至边缘网结向上，在表面平，背面明显；叶柄长 2 ～ 3cm，上面具沟槽，无毛；托叶卵状三角形，外面无绢丝状毛。榕果球形，直径 10 ～ 13mm，表面平滑无毛，顶部唇形，微凸起，基生苞片脱落后无环状疤痕；雄花、雌花、瘿花同生于一榕果中；雄花极少数，花被片 4，雄蕊 1 枚；瘿花和雌花，花被片 4，披针形，雌花无柄，瘿花具梗，花柱近顶生。花期初夏。

分布与生境：海南有分布记录；广东、福建；越南、泰国、缅甸、马来西亚、斯里兰卡。

本种与高山榕的区别：本种榕果小，球形，径 10 ～ 13mm；小枝径 2 ～ 5mm；叶长 5 ～ 8cm。后者榕果大，长圆形，径 1 ～ 2cm；小枝粗，径 5 ～ 9mm；叶长 15 ～ 20cm。

褐叶榕(**Ficus pubigera**)

中文名称：薜荔

学名：**Ficus pumila** Linn. Suppl. 1060. 1753, 海南植物志 2: 395(1965), 广东植物志 1: 212(1987), 中国植物志 23(1): 205(1998), Flora of China 5: 69(2003)

科名：桑科 Moraceae　属名：榕属 Ficus Linn.

形态特征：攀缘或匍匐灌木，具二型叶；茎部或具小叶，不结果的枝上可生根，被黄色柔毛。叶互生，厚膜质，卵状或卵状椭圆形，长 1～2.5cm，宽 0.5～1.5cm，顶端近急尖，略钝，基部微心形，全缘，基出脉 3 条，侧脉每边 4～5 条，在叶片腹面下凹，网脉明显；托叶线状披针形，被黄色丝状毛；着生在茎上和不结果实枝上的叶卵状心形，基部稍不对称，具极短的柄。花序单个腋生于广展、生大叶的枝上，梨形或近球形，顶部截平，成熟时略带淡黄色，幼时被黄色柔毛，基部苞片宿存，近三角形，密被长柔毛；总花梗被毛；雄花生于花序内壁近口部，多数，具梗；萼片 2 或 3，线形；雄蕊 2，对生，花丝近无；瘿花具梗；萼片通常 3，线形；子房卵圆形，花柱侧生，极短；雌花生于另一花序内；萼片 3，线形，白色。瘦果长椭圆形，一边微凹，具黏膜；花柱侧生，柱头纤细。花期 5～6 月。

野外鉴别关键特征：攀缘或匍匐灌木，具二型叶；茎部或具小叶，不结果的枝上可生根，被黄色柔毛。叶互生，厚膜质，卵状或卵状椭圆形。花序单个腋生于广展、生大叶的枝上，梨形或近球形，顶部截平，成熟时略带淡黄色，幼时被黄色柔毛。

分布与生境：海南各地；我国广泛分布；日本、越南。常攀于残墙破壁或树上。

利用：瘦果水洗可作凉粉，藤叶药用。

注：手绘图引自贵州植物志。

中文名称：舶梨榕

学名：**Ficus pyriformis** Hook. & Arn. Bot. Beech. Voy. 216. 1836, 海南植物志 2: 396(1965), 广东植物志 1: 203(1987), 中国植物志 23(1): 136(1998), Flora of China 5: 54(2003)

科名：桑科 Moraceae　属名：榕属 Ficus Linn.

形态特征：灌木，高 1～2m；小枝被糙毛。叶纸质，倒披针形至倒卵状披针形，长 4～11(～14) cm，宽 2～4cm，先端渐尖或锐尖而为尾状，基部楔形至近圆形，全缘稍背卷，表面绿色，有光泽，背面微被柔毛和细小疣点，侧脉 5～9 对，很不明显，基生侧脉短；叶柄被毛，长 1～1.5cm；托叶披针形，红色，无毛，长约 1cm。榕果单生叶腋，梨形，直径 2～3cm，无毛，有白斑；雄花生于内壁口部，花被片 3～4，披针形，雄蕊 2，花药卵圆形；雌花生于另一植株榕果内壁，花被片 3～4，子房肾形，花柱侧生，细长。瘦果表面有瘤体。花期 12 月至翌年 6 月。

野外鉴别关键特征：枝被糙毛，叶纸质，倒披针形至倒卵状披针形，先端渐尖或锐尖而为尾状，基部楔形至近圆形。

分布与生境：海口；广东、广西、湖南、江西、贵州、云南、四川。生于沟边或山坡灌丛中。

利用：用于治疗发热、水肿、胃痛。

1. 结果枝；2. 不结果枝；3. 雄花；4. 雌花。

薜荔(Ficus pumila)

舶梨榕(Ficus pyriformis)

中文名称：★菩提树

学名：**Ficus religiosa** Linn. Sp. Pl. 1059. 1753, 广东植物志 1: 197(1987), 中国植物志 23(1): 97(1998), Flora of China 5: 41(2003)

科名：桑科 Moraceae　属名：榕属 Ficus Linn.

形态特征：大乔木，幼时附生于其他树上；树皮灰色，平滑或微具纵纹，冠幅广展；小枝灰褐色，幼时被微柔毛。叶革质，三角状卵形，长 7～17cm，宽 6～12.5cm，表面深绿色，光亮，背面绿色，先端骤尖，顶端延伸为尾状，全缘或为波状，基生叶脉三出，侧脉 5～7 对；叶柄纤细，有关节，与叶片等长或长于叶片；托叶小，卵形，先端急尖。榕果球形至扁球形，成熟时红色，光滑；基生苞片 3，卵圆形；雄花、瘿花和雌花生于同一榕果内壁；雄花少，生于近口部，无柄，柱头膨大，2 裂；雌花无柄，花被片 4，宽披针形，子房光滑，球形。花柱纤细，柱头狭窄。花期 3～4 月；果期 5～6 月。

野外鉴别关键特征：叶先端骤尖，顶端延伸为尾状。

分布与生境：海南有栽培；广东、广西、云南有栽培。世界热带地区栽培。原产印度。

利用：树干乳浆，可提取硬性橡胶；花可入药。行道树。

中文名称：羊乳榕

学名：**Ficus sagittata** Vahl, Enum. Pl. 2: 185. 1806, 海南植物志 2: 395(1965), 广东植物志 1: 204(1987), 中国植物志 23(1): 201(1998), Flora of China 5: 68(2003)

科名：桑科 Moraceae　属名：榕属 Ficus Linn.

形态特征：幼时为粗大附生藤本，成长后为独立的乔木；幼枝被柔毛，毛早落，通常有附生的短根。叶互生，革质，卵状至卵状椭圆形，长 6～24cm，宽 3～12.5cm，顶端急尖或短渐尖，基部心形或圆形，全缘或浅波状，幼时中脉和小脉被毛，基出脉 3～5 条，罕有 7 条，侧脉每边 5～6 条，网脉微小；叶柄幼时被疏微毛；托叶卵状披针形，被茸毛，早落。花序腋生、成对或单生，扁球形，幼嫩时被毛，橙红色，顶端具脐状凸起，基部收狭成柄，基部苞片 3 枚；总花梗极短；雄花散生于花序内壁的上部；萼片 3，狭窄，雄蕊 2，花丝短；子房倒卵形，花柱侧生；雌花生于另一花序内；萼片 3，基部合生。瘦果椭圆形；花柱延长，侧生，柱头圆柱状。花期 12 月至翌年 3 月。

野外鉴别关键特征：幼时为粗大附生藤本，成长后为独立的乔木。叶革质，卵状至卵状椭圆形，顶端急尖或短渐尖，基部心形或圆形。

分布与生境：海南各地常见；广东、广西、云南；不丹、印度、印度尼西亚、缅甸、菲律宾、斯里兰卡、泰国、越南。生于密林中。

注：手绘图引自广东植物志。

菩提树(Ficus religiosa)

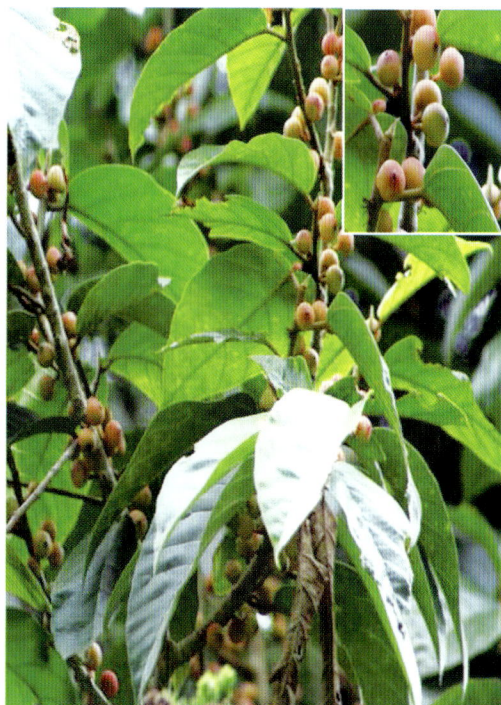

羊乳榕(Ficus sagittata)

中文名称：爬藤榕（纽榕，匍茎榕）

学名：**Ficus sarmentosa** var. **impressa**(Champ.)Corner in Gard. Bull. Singapore 18: 6. 1960, 海南植物志 2: 398(1965), 广东植物志 1: 212(1987), 中国植物志 23(1): 214(1998), Flora of China 5: 71(2003)

科名：桑科 Moraceae　**属名**：榕属 Ficus Linn.

形态特征：攀缘灌木；小枝纤细，幼时被微毛，弯曲。叶互生，薄革质，椭圆形或长椭圆形，长 2.5～6.5cm，宽 1.2～3cm，顶端钝急尖，基部急尖，全缘，两面无毛，干后茶褐色，基出脉 3 条，侧脉每边 2～4 条；托叶披针形，被长柔毛。花序单生于叶腋或已落叶的叶腋，球形，幼时被毛，成熟时近无毛，两端略具脐状凸起，里面有散生的针状苞片，基部苞片卵圆形，褐色；总花梗纤细。雄花生于花序内壁近口部具梗或近无梗，萼片 3～4，披针形，雄蕊 2，花丝极短；瘿花具梗，萼片 4，近匙形，厚，子房卵圆形，花柱极短，近顶生或顶生；雌花生于另一花序内，具梗。瘦果椭圆形，外被一层透明的黏质；花柱侧生，柱头微小，一侧略膨大。花期 5～10 月。

分布与生境：东方、保亭、澄迈、定安等地；安徽、福建、甘肃、广东、贵州、河南、湖北、湖南、江苏、江西、陕西、四川、云南、浙江。生于湿润、荫蔽的灌丛中。

利用：祛风除湿、行气活血、消肿止痛。主治神经性头痛、小儿惊风、胃痛、跌打损伤。

注：手绘图引自广东植物志；彩图由 PPBC/ 施忠辉拍摄。

中文名称：极简榕（裂掌榕）

学名：**Ficus simplicissima** Lour. Fl. Cochinch. 667. 1790, 海南植物志 2: 390(1965), 广东植物志 1: 210 (1987), 中国植物志 23(1): 165(1998), Flora of China 5: 61(2003)

科名：桑科 Moraceae　**属名**：榕属 Ficus Linn.

形态特征：灌木，高 1～2m；小枝圆柱形，无毛或有很微小的毛。叶互生，纸质，狭长圆形、披针形或掌状 3～5 深裂；叶长 5.5～22cm，顶端渐尖，基部圆形或微心形，全缘，两面略粗糙，有很微小的糙伏毛，基出脉 3～5 条；叶柄有微小的毛。花序无毛或有微小的毛，单生，腋生，球形，直径约 8mm，基部的苞片 3 片，阔三角状卵形；总花梗短。花果期 4～12 月。

野外鉴别关键特征：叶狭长圆形、披针形或掌状 3～5 深裂；总花梗短。

分布与生境：陵水、三亚、乐东、琼中等地；柬埔寨、越南。生于旷地疏林。

注：《海南植物志》把 Ficus simplicissima 称为粗叶榕。

1.果枝；2.果；3.果纵切面；4.瘦果。

爬藤榕(纽榕，匍茎榕)(Ficus sarmentosa var. *impressa)*

极简榕(裂掌榕)(Ficus simplicissima)

中文名称：竹叶榕

学名：**Ficus stenophylla** Hemsl. in Hook. Ic. Pl. 17: t. 2536. 1897, 海南植物志 2: 397(1965), 广东植物志 1: 207(1987), 中国植物志 23(1): 151(1998), Flora of China 5: 58(2003)

科名：桑科 Moraceae　　**属名**：榕属 Ficus Linn.

形态特征：灌木，高 1～2m；小枝常有短柔毛，节间短。叶互生，纸质，线状披针形，似竹叶，长 4～15cm，宽 0.5～1.8cm，顶端渐狭，基部渐狭或圆形，全缘，干后常红褐色，中脉在背面稍有疏毛，侧脉 10～15 对，纤细，在背面略明显；叶柄长 0.2～1cm，有或无毛，托叶披针形，长约 7mm。花序腋生，圆锥形或球形，有或无疏毛，直径 5～10mm，成熟时鲜红色，顶端具脐状凸起，基部不收狭或有时略收狭成一极短的柄，基部的苞片圆形或三角形，宿存总花梗长 2～9mm。花果期 5 月至翌年 1 月。

野外鉴别关键特征：叶互生，纸质，线状披针形，似竹叶，干后常红褐色，侧脉 10～15 对，纤细，在背面略明显；叶柄长 0.2～1cm。

分布与生境：三亚、定安、临高；福建、广东、广西、贵州、湖北、湖南、江西、云南、浙江；老挝、泰国、越南。生于旷野、丘陵或山谷沟边。

利用：茎清热利尿、止痛。

注：手绘图引自广东植物志。

中文名称：笔管榕

学名：**Ficus subpisocarpa** Gagnepain, Notul. Syst.(Paris). 4: 95. 1927, Flora of China 5: 40(2003). ——Ficus superba var. japonica Mig. in Ann. Mus. Lugd. -Bat. 2: 200.(Prodr. Fl. Japon 132)1866-7, 中国植物志 23(1): 96(1998); Ficus wightiana Wall. ex Benth. Fl. Hongk. 327. 1861, 海南植物志 2: 392(1965)

科名：桑科 Moraceae　　**属名**：榕属 Ficus Linn.

形态特征：落叶大乔木。叶互生，纸质，长椭圆形，顶端短渐尖，基部钝或圆形，长 10～15cm，宽 4～7cm，全缘，两面均无毛，基出脉 3 条，侧脉每边 7～10 条，在背面不明显；托叶广卵形，急尖。花序单生或成对腋生，或簇生于已落叶的小枝上，近球形，成熟时黄色或红色，干后表面有皱纹；基部苞片卵圆形，极小；总花梗纤细；雄花、瘿花、雌花生于同一花序内。雄花无梗，少数，萼片 4～5，线形；雄蕊 1 枚，花药广卵形，花丝短。瘿花具梗，萼片 3 或 4；花柱侧生，比子房短。雌花无梗。瘦果稍有皱纹；花柱比子房短，柱头延长。花期 5～7 月。

野外鉴别关键特征：叶纸质，长椭圆形，顶端短渐尖，基部钝或圆形，基出脉 3 条，侧脉每边 7～10 条。

分布与生境：临高、琼海、昌江、东方、琼中、陵水、三亚等地；福建、广东、广西、台湾、云南、浙江；日本、老挝、马来西亚、缅甸、泰国、越南。低海拔地区常见。

利用：清热解毒。主治漆疮、鹅儿疮、乳腺炎。常见的园林绿化植物。

竹叶榕(Ficus stenophylla)

笔管榕(Ficus subpisocarpa)

中文名称：假斜叶榕

学名：**Ficus subulata** Bl. Bijdr. 461. 1825, 海南植物志 2: 393(1965), 广东植物志 1: 201(1987), 中国植物志 23(1): 189(1998), Flora of China 5: 66(2003)

科名：桑科 Moraceae   **属名**：榕属 Ficus Linn.

形态特征：灌木，幼嫩部分被柔毛。叶互生，膜质，椭圆形、椭圆状披针形或近倒卵状椭圆形，有时两边略不相等，长 7 ~ 21cm，宽 2.5 ~ 9cm，顶端骤尖，具钝头，全缘或微波状，具三出脉，侧脉 7 ~ 10 对，网脉不明显，老叶两面无毛，干时榄绿色或黄绿色，背面有微小的乳头状凸体；叶柄长 0.6 ~ 1.6cm；托叶钻形，迟落。花序成对或成束腋生或生于已落叶的枝上，雌雄异株，雄花序卵形，苞片多，雌花序成熟时球形，两种花序的外面均有瘤状体，橙红色。雄花生于近口部的鳞片中；萼管管状，厚肉质，顶端具 4 短齿裂；雄蕊 1 枚，退化子房球形。瘿花具梗和不育雌花散生于花序内壁；子房近球形，柱头头状。雌花生于另一花序内；萼片合生，顶端长齿裂，被毛。瘦果长椭圆形；花柱侧生，柱头延长。花期全年。

野外鉴别关键特征：具三出脉，侧脉 7 ~ 10 对，网脉不明显。

分布与生境：临高、澄迈、东方、琼中、陵水、三亚；广东、广西、贵州、西藏、云南；不丹、印度尼西亚、马来西亚、缅甸、尼泊尔、新几内亚、斯里兰卡、泰国。低海拔疏林中较常见。

注：手绘图引自广东植物志。

中文名称：斜叶榕

学名：**Ficus tinctoria** subsp. **gibbosa**(Blume)Corner, Gard. Bull. Singapore. 17: 476. 1960, Flora of China 5: 65(2003); Ficus tinctoria Forst. F. Prodr. Fl. Ins. Austral. Prodr. 76. 1786, 中国植物志 23(1): 186(1998). —— Ficus gibbosa Bl. Bijdr. 446. 1825, 海南植物志 2: 394(1965), 广东植物志 1: 201(1987)

科名：桑科 Moraceae   **属名**：榕属 Ficus Linn.

形态特征：乔木，小枝无毛。叶互生，革质，两侧通常不相等，卵状椭圆形、长椭圆形、倒卵状披针形或近棱形，长 5 ~ 15cm，宽 3 ~ 6cm，顶端钝、圆形、急尖或短渐尖，基部楔形或钝，一边稍阔，全缘，两面无毛，背面略粗糙，有微小的瘤状凸体，干后榄绿色或黄绿色，基出脉 3 条，侧脉每边 5 ~ 7 条，两面均凸起；叶柄粗壮；托叶卵状披针形，略弯曲。花序单个或成对腋生，扁球形或球状梨形，近粗糙或粗糙，成熟时黄色，通常顶部具脐状凸体，基部骤狭成柄；柄被微柔毛，基部有少数苞片。雄花生于花序内壁近口部；萼片 4 ~ 6 片，线形，肉质，被微毛；雄蕊 1 枚，具短花丝，基部有不发育的子房；子房近球形，花柱侧生。雌花生于另一花序内；萼片 4，薄而透明，线形，略被毛；子房斜卵形，略具乳头状凸体，花柱侧生而延长。花期冬季。

野外鉴别关键特征：基出脉 3 条，侧脉每边 5 ~ 7 条，两面均凸起。

分布与生境：海南各地；福建、广东、广西、台湾、西藏、云南；不丹、印度、印度尼西亚、马来西亚、缅甸、尼泊尔、斯里兰卡、泰国、越南。生于山谷湿润的森林中。

利用：祛痰止咳、活血通络。主治咳嗽、风湿痹痛、跌打损伤。

注：手绘图引自广东植物志。

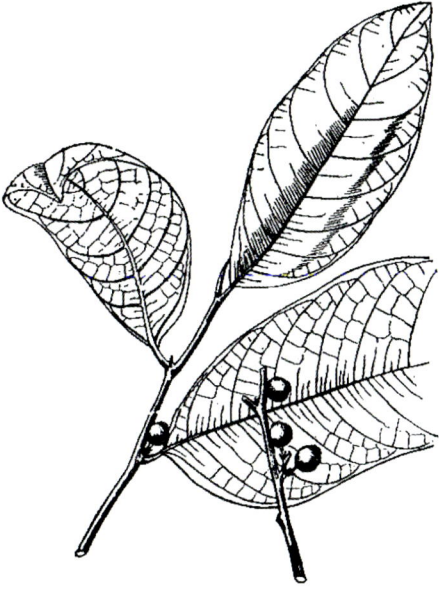

假斜叶榕(Ficus subulata)

1. 花枝；2. 雌花。

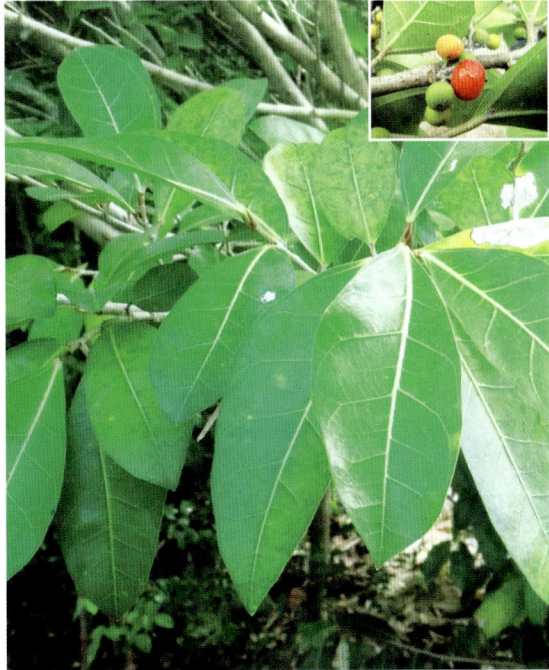

斜叶榕(Ficus tinctoria subsp. gibbosa)

中文名称：平塘榕（保亭榕）

学名：**Ficus tuphapensis** Drake in Morot. J. Bot. 10: 211. f. 94. 1896, 广东植物志 1: 193(1987), 中国植物志 23(1): 168(1998), Flora of China 5: 61(2003). ——Ficus potingensis Merr. & Chun in Sunyatsenia. 5: 42. 1940, 海南植物志 2: 389(1965)

科名：桑科 Moraceae　　属名：榕属 Ficus Linn.

形态特征：灌木或乔木，枝有紧贴的短粗毛或绒毛。叶互生，纸质，长椭圆形或椭圆形，长 4～14cm，宽 1.5～6.5cm，顶端渐尖，基部楔形、钝或微心形，全缘或有的为不规则分裂，腹面有疏散粗毛，背面常有较密的毛，常粗糙，三出脉，侧脉 3～4 对，疏，在背面明显；叶柄长 1～6cm，有毛。花序多数，常生于最末小枝的已落叶的叶腋，球形，直径 6～8mm 有丝状短毛，成熟时黄色；总花梗短或无。花果期全年。

野外鉴别关键特征：叶三出脉，侧脉 3～4 对，疏，在背面明显；叶柄有橙褐色毛。

分布与生境：东方、白沙、保亭等地；广西、贵州、云南；越南。生于低海拔至高海拔的旷野或山谷林中。

注：手绘图引自广东植物志。

中文名称：杂色榕

学名：**Ficus variegata** Bl. Bijdr. 459. 1825, 海南植物志 2: 388(1965), 广东植物志 1: 191(1987), 中国植物志 23(1): 174(1998), Flora of China 5: 49(2003). ——Ficus variegata var. chlorocarpa(Bench.)King in Ann. Bot. Gard. Calcutta 1: 170. 1888, 海南植物志 2: 388(1965), 广东植物志 1: 191(1987), 中国植物志 23(1): 174(1998)

科名：桑科 Moraceae　　属名：榕属 Ficus Linn.

形态特征：乔木，高 7～10m，树皮灰褐色，平滑，胸径 10～15(～17)cm，幼枝绿色，微被柔毛。叶互生，厚纸质，广卵形至卵状椭圆形，长 10～17cm，顶端渐尖或钝，基部圆形至浅心形，边缘波状或具浅疏锯齿；幼叶背面被柔毛，基生叶脉 5 条，近基部的 2 条细小，侧脉 4～6 对；叶柄长 2.5～6cm，托叶卵状披针形，无毛，长 1～1.5cm。榕果簇生于老茎发出的瘤状短枝上，球形，直径 2.5～3cm，顶部微压扁，顶生苞片卵圆形，脐状微凸起，基生苞片 3，早落，残存环状疤痕，成熟榕果红色，有绿色条纹和斑点；总梗长 2～4cm；雄花生于榕果内壁口部，花被片 3～4，宽卵形，雄蕊 2，花丝基部合生成 1 柄；瘿花生于内壁近口部，花被合生，管状，顶端 4～5 齿裂，包围子房，花柱侧生，短，柱头漏斗形；雌花生于雌植株榕果内壁，花被片 3～4，条状披针形，薄膜质，基部合生。瘦果倒卵形，薄被瘤体，花柱与瘦果等长，柱头棒状，无毛。花期冬季。

野外鉴别关键特征：基生叶脉 5 条，近基部的 2 条细小，侧脉 4～6 对。

分布与生境：东方、乐东、三亚；福建、广东、广西、台湾、云南；印度、印度尼西亚、日本、马来西亚、缅甸、菲律宾、泰国、越南、澳大利亚、太平洋群岛。生于山谷林中。

利用：果可食，也可作为行道树或庭园观赏树。

注：手绘图引自福建植物志；青果榕 (Ficus variegata var. chlorocarpa) 被 Flora of China 归并为杂色榕 (Ficus variegata)。

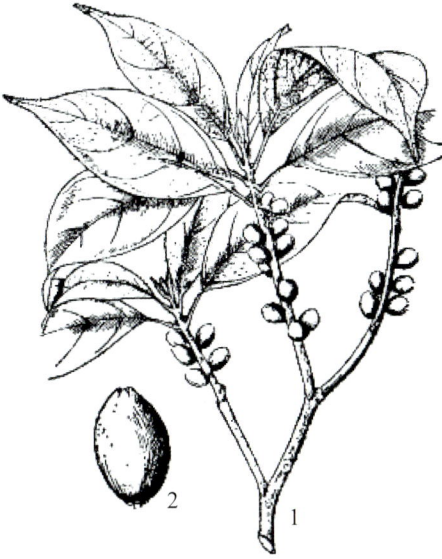

1. 花枝；2. 果。

平塘榕(保亭榕)(Ficus tuphapensis)

1. 枝叶；2. 花序托。

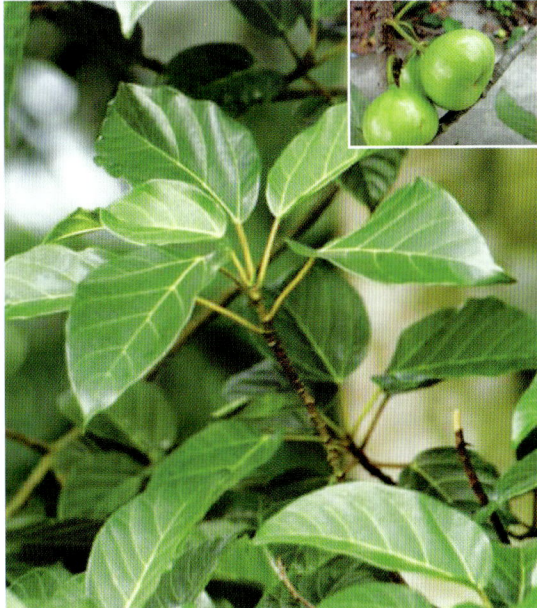

杂色榕(Ficus variegata)

中文名称：变叶榕

学名：**Ficus variolosa** Lindl. ex Benth. in Lond. J. Bot. 1: 492. 1842, 海南植物志 2: 399(1965), 广东植物志 1: 209(1987), 中国植物志 23(1): 137(1998), Flora of China 5: 55(2003)

科名：桑科 Moraceae　　属名：榕属 Ficus Linn.

形态特征：乔木，有时灌木状，小枝干后灰白色或灰褐色，节间极短，节上有环状凸起的托叶遗痕。叶互生，薄革质，长椭圆形，长 4～15cm，宽 1.2～5.7cm，顶端钝或钝短渐尖，基部楔形，全缘而背卷，侧脉每边 8～10 条，与中脉几呈直角展出；托叶长三角形。花序成对或单个腋生，球形，红色，有小瘤状凸体，很少平滑，顶部具脐状凸起，幼嫩时特别明显，基部苞片卵状三角形，广展，基部合生。雄花具梗，散生于花序内壁，萼片线形，长短不一；雄蕊 3 或 2，花药长椭圆形，顶端略尖，花丝短于花药。瘿花近无梗或具短梗；萼片 4～5 片，披针形，舟状，包围着子房；子房近卵圆形，花柱侧生，极短，柱头略膨大。雌花生于另一花序内，具梗或近无梗；萼片 3 或 4。瘦果三角形。花期 6～7 月。

野外鉴别关键特征：叶薄革质，长椭圆形，顶端钝或钝短渐尖，基部楔形，全缘而背卷，侧脉每边 8～10 条。

分布与生境：定安、白沙、东方、乐东、保亭、陵水等地；福建、广东、广西、贵州、湖南、江西、云南、浙江；老挝、越南。山野间常见。

利用：祛风除湿、活血止痛、催乳。主治风湿痹痛、胃痛、疖肿、跌打损伤。

注：手绘图引自广东植物志。

中文名称：白肉榕

学名：**Ficus vasculosa** Wall. ex Miq. in Lond. J. Bot. 454. 1848, 中国植物志 23(1): 117(1998), Flora of China 5: 46(2003). ——Ficus championii Benth. in Journ. Bot. Kew Misc. 6: 76. 1854, 海南植物志 2: 395(1965), 广东植物志 1: 204(1987)

科名：桑科 Moraceae　　属名：榕属 Ficus Linn.

形态特征：乔木，小枝干后灰白色或灰褐色。叶互生，革质，椭圆形或倒卵状长椭圆形，长 3.5～13cm，宽 1.5～5cm，顶端钝或钝渐尖，基部阔尖或钝，全缘或不规则分裂，有光泽，干后榄绿色或黄褐色，侧脉在叶片两面凸起，网脉极清楚；叶柄长 0.8～2.5cm；托叶锥形，早落。花序腋生，单生或成对，球形，成熟时黄色或黄带红色，中央凹陷，基部通常骤狭成一短柄，基部苞片小，脱落；雄花、瘿花和雌花生于同一花序内；雄花少数，生于花序内壁近口部，具短梗，花萼 3 深裂，雄蕊通常 2 枚，罕有 3 或 1 枚；瘿花和雌花多数，具梗或无梗，花萼 3～4 深裂，子房卵圆形，花柱侧生，延长，柱头 2 歧裂。瘦果近球形。花期夏季。

野外鉴别关键特征：叶互生，革质，椭圆形或倒卵状长椭圆形。

分布与生境：海南各地；广东、广西、贵州、云南；马来西亚、缅甸、泰国、越南。生于常绿季雨林中。

利用：木材纹理通直，加工容易，适作文具、箱板等用材。

1. 花枝；2. 花序纵切面；3. 雄花；4. 雄蕊；5. 瘿花；
　　6. 瘿花(除去花萼)。

变叶榕(Ficus variolosa)

白肉榕(Ficus vasculosa)

中文名称： 黄葛树

学名： **Ficus virens** Ait. Hort. Kew. 3: 451. 1789, Flora of China 5: 40(2003); Ficus virens var. sublanceolata (Mig.)Corner in Gard. Bull. Sing. 17: 377. 1959, 广东植物志 1: 199(1987), 中国植物志 23(1): 95(1998). ——Ficus lacor Buch-Ham. in Trans. Linn. Soc. Lond. 15: 150. 1827, 海南植物志 2: 392(1965)

科名： 桑科 Moraceae　　**属名：** 榕属 Ficus Linn.

形态特征： 落叶大乔木。叶互生，纸质，长椭圆形至长椭圆状卵形，长 10～15cm，宽 4～7cm，顶端短渐尖，基部钝或圆形，基出 3 脉，全缘，侧脉每边 7～10 条，下面凸起而明显，网脉较明显；托叶广卵形。花序单生或成对腋生或生于已落叶的枝上，成熟时黄色或红色，基部苞片卵圆形，细小，无总花梗；雄花、瘿花、雌花生于同一花序内。雄花具梗，少数，萼片 4 或 5 片，线形，雄蕊 1 枚，花丝短；瘿花具梗，萼片 3 或 4 片，与雄花的相似；雌花无梗，萼片与瘿花的相似。瘦果，花期 5～7 月。

野外鉴别关键特征： 叶纸质，长椭圆形至长椭圆状卵形，顶端短渐尖，基部钝或圆形，基出 3 脉，全缘，侧脉每边 7～10 条。

分布与生境： 澄迈、昌江、东方、乐东、保亭、三亚等地；我国东南部至西南部；亚洲南部及大洋洲。生于旷野或者山谷林中。

利用： 木材暗灰色，质轻软，纹理美而粗，可作为器具、农具等用材；茎皮纤维可代替黄麻，编绳。常用的园林绿化植物。

注： 手绘图引自贵州植物志。

中文名称： 构棘（葨芝）

学名： **Maclura cochinchinensis**(Loureiro)Corner, Gard. Bull. Singapore. 19: 239. 1962, Flora of China 5: 35(2003). ——Cudrania cochinchinensis(Lour.)Kudo & Masamune in Ann. Rep. Taihoku Bot. Gard. 2: 27. 1932, 海南植物志 2: 379(1965), 中国植物志 23(1): 58(1998), 广东植物志 2: 180(1991)

科名： 桑科 Moraceae　　**属名：** 柘属 Maclura Nutt.

形态特征： 直立或攀缘状灌木；枝无毛，具粗壮弯曲无叶的腋生刺，刺长约 1cm。叶革质，椭圆状披针形或长圆形，长 3～8cm，宽 2～2.5cm，全缘，先端钝或短渐尖，基部楔形，两面无毛，侧脉 7～10 对；叶柄长约 1cm。花雌雄异株，雌雄花序均为具苞片的球形头状花序，每花具 2～4 个苞片，苞片锥形，内面具 2 个黄色腺体，苞片常附着于花被片上；雄花序直径约 6～10mm，花被片 4，不相等，雄蕊 4，花药短，在芽时直立，退化雌蕊锥形或盾形；雌花序微被毛，花被片顶部厚，分离或万部合生，基有 2 黄色腺体。聚合果肉质，直径 2～5cm，表面微被毛，成熟时橙红色，核果卵圆形，成熟时褐色，光滑。花期 4～5 月，果期 6～7 月。

野外鉴别关键特征： 叶革质，椭圆状卵形至长椭圆状卵形或倒卵形，顶端钝，具尖头或短渐尖。

分布与生境： 临高、澄迈、昌江、琼中、保亭、三亚；我国东南部至西南部；非洲东部、亚洲南部及东南部至澳大利亚。生于低海拔至中海拔山谷、旷野中。

利用： 木材煎汁为黄色染料；果熟时可生食或糖渍。

注： 手绘图引自西藏植物志。

1. 果枝；2. 成长叶；3. 花托纵切面；4. 雌花；
   5. 雄花。

黄葛树(Ficus virens)

1. 花枝；2. 雌花放大；3. 柱头子房放大。

构棘(葨芝)(Maclura cochinchinensis)

中文名称： ●桑

学名： **Morus alba** Linn. Sp. Pl. 886. 1753, 海南植物志 2: 374(1965), 广东植物志 1: 172(1987), 中国植物志 23(1): 7(1998), Flora of China 5: 23(2003)

科名： 桑科 Moraceae　　**属名：** 桑属 Morus Linn.

形态特征： 乔木或为灌木，高 3 ～ 10m 或更高，胸径可达 50cm，树皮厚，灰色，具不规则浅纵裂；冬芽红褐色，卵形，芽鳞覆瓦状排列，灰褐色，有细毛；小枝有细毛。叶卵形或广卵形，长 5 ～ 15cm，宽 5 ～ 12cm，先端急尖、渐尖或圆钝，基部圆形至浅心形，边缘锯齿粗钝，有时叶为各种分裂，表面鲜绿色，无毛，背面沿脉有疏毛，脉腋有簇毛；叶柄长 1.5 ～ 5.5cm，具柔毛；托叶披针形，早落，外面密被细硬毛。花单性，腋生或生于芽鳞腋内，与叶同时生出；雄花序下垂，长 2 ～ 3.5cm，密被白色柔毛，雄花。花被片宽椭圆形，淡绿色。花丝在芽时内折，花药 2 室，球形至肾形，纵裂；雌花序长 1 ～ 2cm，被毛，总花梗长 5 ～ 10mm 被柔毛，雌花无梗，花被片倒卵形，顶端圆钝，外面和边缘被毛，两侧紧抱子房，无花柱，柱头 2 裂，内面有乳头状突起。聚花果卵状椭圆形，长 1 ～ 2.5cm，成熟时红色或暗紫色。花期 4 ～ 5 月，果期 5 ～ 8 月。

分布与生境： 琼中、三亚有栽培或逸生；我国广泛栽培；世界广泛栽培。原产中国。

利用： 叶饲蚕；木材可为器具或乐器用；茎皮纤维可制纸；果实可食；根、皮、叶和桑葚作中药用。

注： 手绘图引自海南植物志。

中文名称： 鸡桑

学名： **Morus australis** Poir. Encycl. Meth. 4: 380. 1796, 广东植物志 1: 172(1987), 中国植物志 23(1): 20(1998), Flora of China 5: 25(2003)

科名： 桑科 Moraceae　　**属名：** 桑属 Morus Linn.

形态特征： 灌木或小乔木，树皮灰褐色，冬芽大，圆锥状卵圆形。叶卵形，长 5 ～ 14cm，宽 3.5 ～ 12cm，先端急尖或尾状，基部楔形或心形，边缘具粗锯齿，不分裂或 3 ～ 5 裂，表面粗糙，密生短刺毛，背面疏被粗毛；叶柄长 1 ～ 1.5cm，被毛；托叶线状披针形，早落。雄花序长 1 ～ 1.5cm，被柔毛，雄花绿色，具短梗，花被片卵形，花药黄色；雌花序球形，长约 1cm，密被白色柔毛，雌花花被片长圆形，暗绿色，花柱很长，柱头 2 裂，内面被柔毛。聚花果短椭圆形，直径约 1cm，成熟时红色或暗紫色。花期 3 ～ 4 月，果期 4 ～ 5 月。

分布与生境： 海南有分布；我国广泛分布；不丹、印度、日本、朝鲜、缅甸、尼泊尔、斯里兰卡。生于山地林中。

利用： 茎皮纤维可造纸或制人造棉；果实可食；种子油可制肥皂和润滑油。

注： 手绘图引自山东植物志。

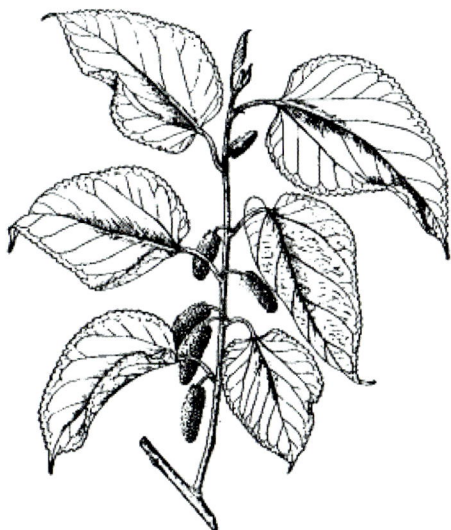

桑(*Morus alba*)

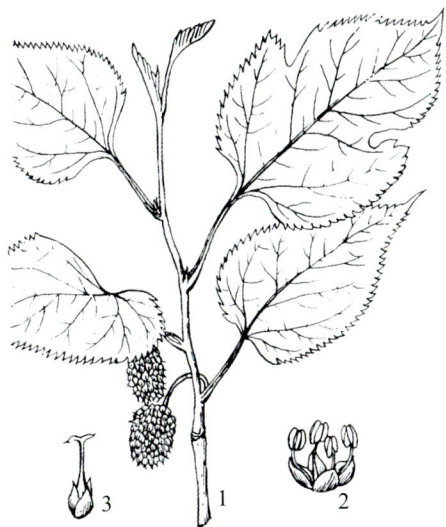

1. 果枝；2. 雄花；3. 雌花。

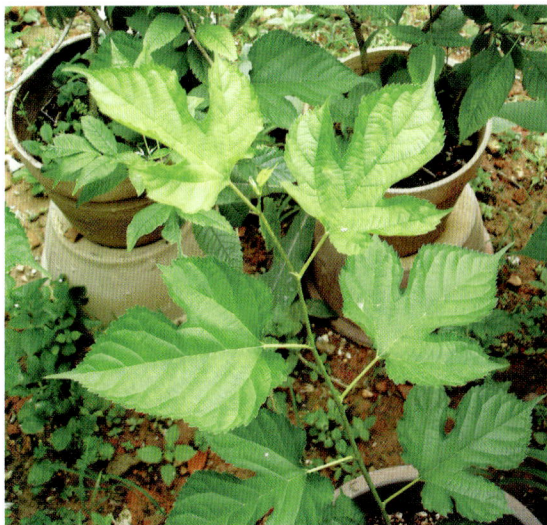

鸡桑(*Morus australis*)

中文名称：华桑

学名：**Morus cathayana** Hemsl. in J. Linn. Soc., Bot. 26: 456. 1899, 广东植物志 1: 173(1987), 中国植物志 23(1): 11(1998), Flora of China 5: 24(2003)

科名：桑科 Moraceae　属名：桑属 Morus Linn.

形态特征：小乔木或为灌木状；树皮灰白色，平滑；小枝幼时被细毛，成长后脱落，皮孔明显。叶厚纸质，广卵形或近圆形，长 8～20cm，宽 6～13cm，先端渐尖或短尖，基部心形或截形，略偏斜，边缘具疏浅锯齿或钝锯齿，有时分裂，表面粗糙，疏生短伏毛，基部沿叶脉被柔毛，背面密被白色柔毛；叶柄长 2～5cm，粗壮，被柔毛；托叶披针形。花雌雄同株异序，雄花序长 3～5cm，雄花被片 4，黄绿色，长卵形，外面被毛，雄蕊 4，退化雌蕊小；雌花序长 1～3cm，雌花花被片倒卵形，先端被毛，花柱短，柱头 2 裂，内面被毛。聚花果圆筒形，长 2～3cm，成熟时白色、红色或紫黑色。花期 4～5 月，果期 5～6 月。

分布与生境：霸王岭；河北以南各省；日本、朝鲜。生于山地林中。

利用：茎皮纤维可造纸或制人造棉。

注：手绘图引自山东植物志。

中文名称：牛筋藤

学名：**Malaisia scandens**(Lour.)Planch. in Ann. Sci. Nat. Bot. 3: 293. 1855, 海南植物志 2: 377(1965), 广东植物志 1: 177(1987), 中国植物志 23(1): 28(1998), Flora of China 5: 27(2003)

科名：桑科 Moraceae　属名：牛筋藤属 Malaisia Blanco.

形态特征：攀缘灌木；幼枝被灰色短毛，小枝圆柱形，褐色，皮孔圆形，白色。叶互生，纸质，长椭圆形或椭圆状倒卵形，长 5～12cm，宽 2～4.5cm，先端急尖，具短尖，基部圆形至浅心形，两侧不对称，表面光滑，背面微粗糙，全缘或疏生浅锯齿，侧脉 7～12 对；叶柄极短，长约 3mm；托叶早落。雄花序长 3～6cm，总花梗长 2～4cm，苞片短，被毛，基部连合，上部分离；雄花无梗；花被 3～4 裂，裂片三角形，被柔毛，雄蕊与裂片同数而对生，花药近球形，花丝长为裂片 2 倍，退化雌蕊小；雌花序近球形，密被柔毛，直径约 6mm，总花梗长约 10mm，被毛；雌花花被壶形，子房内藏，花柱分枝为 2，丝状，长 10～13mm，浅红至深红色。核果卵圆形，长 6～8mm，红色，无柄。花期春夏季。

野外鉴别关键特征：攀缘灌木，茎皮纤维发达。

分布与生境：临高、澄迈、琼海、白沙、万宁、乐东、陵水、三亚；台湾、广东、广西、云南；越南、马来西亚、菲律宾、澳大利亚。常生于丘陵地区灌木丛中。

利用：茎皮可作绳索。

注：手绘图引自海南植物志。

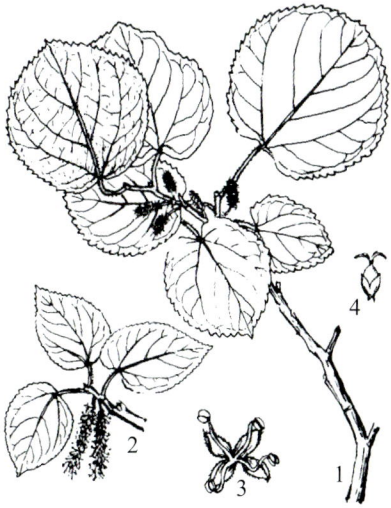

1. 雌花枝；2. 雄花枝；3. 雄花；4. 雌花。

华桑(Morus cathayana)

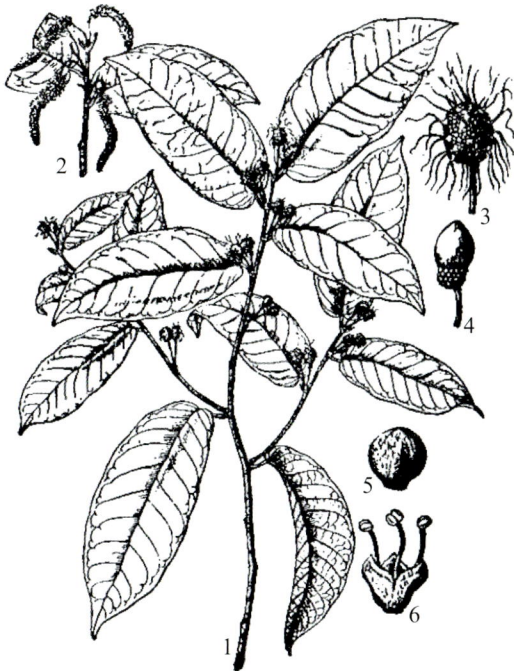

1. 雌花枝；2. 雄花；3. 雌花序；4. 果；5. 花蕾(雄花)；
6. 雄花。

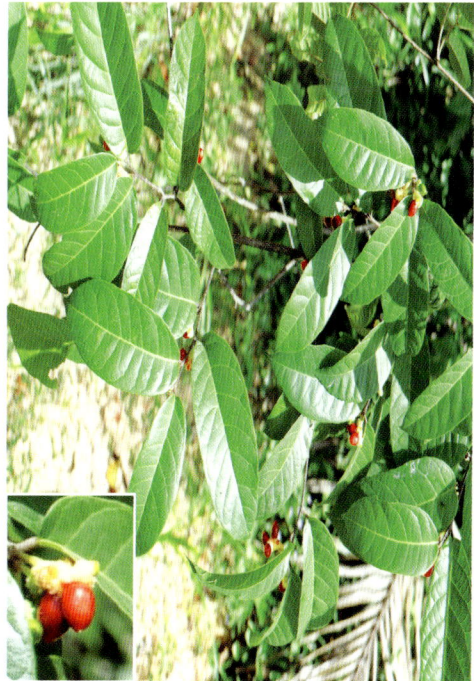

牛筋藤(Malaisia scandens)

中文名称：鹊肾树

学名：**Streblus asper** Lour. Fl. Cochinch. 615. 1790, 海南植物志 2: 375(1965), 广东植物志 1: 175(1987), 中国植物志 23(1): 32(1998), Flora of China 5: 28(2003)

科名：桑科 Moraceae　　属名：鹊肾树属 Streblus Lour.

形态特征：乔木或灌木；树皮深灰色，粗糙；小枝被短硬毛，幼时皮孔明显。叶革质，椭圆状倒卵形或椭圆形，长 2.5 ～ 6cm，宽 2 ～ 3.5cm，先端钝或短渐尖，全缘或具不规钝锯齿，基部钝或近耳状，两面粗糙，侧脉 4 ～ 7 对；叶柄短或近无柄；托叶小，早落。花雌雄异株或同株；雄花序头状，单生或成对腋生，有时在雄花序上生有雌花 1 朵，总花梗长 8 ～ 10mm，表面被细柔毛；苞片长椭圆形；雄花近无梗，花丝在花芽时内折，退化雌蕊圆锥状至柱形，顶部有瘤状凸体；雌花具梗，下部有小苞片，顶部有 2 ～ 3 个苞片，花被片 4，交互对生，被微柔毛；子房球形，花柱在中部以上分枝，果时增长 6 ～ 12mm。核果近球形，直径约 6mm，成熟时黄色，不开裂，基部一侧不为肉质，宿存花被片包围核果。花期 2 ～ 4 月，果期 5 ～ 6 月。

野外鉴别关键特征：核果近球形 (玉米粒状)，成熟时黄色。

分布与生境：海口、澄迈、儋州、白沙、东方、万宁、乐东、陵水、三亚；广东、广西、云南；印度、泰国。常生于海拔 200 ～ 950m 林内或村寨附近。

利用：树皮、根药用。茎皮纤维可以织麻袋，并可作为人造棉和造纸原料。海南的农村周边常分布，果黄色可食用。

注：手绘图引自海南植物志。

中文名称：刺桑

学名：**Streblus ilicifolius**(S. Vidal)Corner, Gard. Bull. Singapore. 19: 227. 1962 , Flora of China 5: 30 (2003). ——Taxotrophis ilicifolius Vidal, Rev. Pl. Vasc. Filip. 249. 1886, 海南植物志 2: 376(1965), 广东植物志 1: 176(1987), 中国植物志 23(1): 38(1998). ——Taxotrophis aquifolioides Ko in Act. Phytotax. Sin. 8: 353. 1963, 海南植物志 2: 376(1965), 广东植物志 1: 177(1987)

科名：桑科 Moraceae　　属名：鹊肾树属 Streblus Lour.

形态特征：有刺乔木或灌木，树皮灰白色，平滑；小枝具棱，刺长 1 ～ 1.5cm，或更长达 4.5cm，直。叶厚革质，菱状至圆状倒卵形，长 1 ～ 4.5(～ 9)cm，宽 0.6 ～ 2.5(～ 5)cm，先端急尖至圆钝或内凹，尖端常具 2 小刺齿，基部楔形下延，边缘微反卷，疏生 5 枚以下刺状锯齿，中脉两面明显，背面突起，侧脉羽状，在表面微凹下，不明显，表面有光泽，背面有细小点状钟乳体；叶柄短，长约 0.4cm；托叶锥形，长约 0.5cm。雄花序腋生，穗状，长 0.5 ～ 1.2(～ 3)cm，覆瓦状苞片明显，具深色边缘，未开花前可看出两排间有一不育的沟，总花梗短；雄花花被片 4，近圆形，边缘内曲，有缘毛，雄蕊 4 枚，花丝在芽时内折，退化雌蕊 3 ～ 5 裂；雌花序短穗状，有花 2 ～ 6 朵，花被片 4，覆瓦状排列，外面 2 片小于内面 2 片，子房偏斜；小核果生于具有宿存苞片的短枝上，扁球形，直径约 1cm，为宿存花被片半包围，子叶极不相等，肉质，内褶，胚根弯曲。花期 4 月；果期 5 ～ 6 月。

野外鉴别关键特征：叶厚革质，菱状至圆状倒卵形。

分布与生境：琼海、白沙、乐东、保亭、陵水、三亚等地；广西、云南；孟加拉国、印度、印度尼西亚、马来西亚、缅甸、菲律宾、泰国、越南。生于山谷林地。

注：圆叶刺桑 (Taxotrophis aquifolioides) 被 Flora of China 归并为刺桑 (Streblus ilicifolius)。

1. 果枝；2. 雄花。

鹊肾树(Streblus asper)

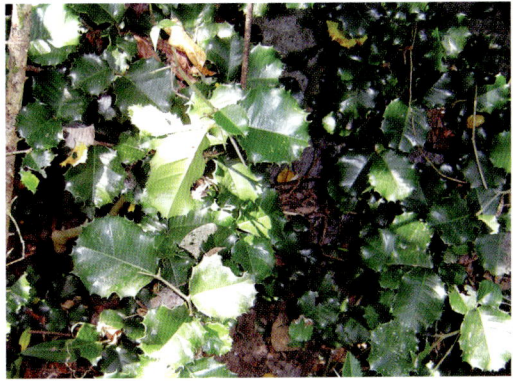

刺桑(Streblus ilicifolius)

中文名称：假鹊肾树

学名：**Streblus indicus**(Bureau)Corner, Gard. Bull. Singapore. 19: 226. 1962, Flora of China 5: 29(2003).——Pseudostreblus indica Bur. in DC. Prodr. 17: 220. 1873, 海南植物志 2: 373(1965), 广东植物志 1: 170(1987), 中国植物志 23(1): 35(1998)

科名：桑科 Moraceae　属名：鹊肾树属 Streblus Lour.

形态特征：无刺乔木，高可达 15m，胸径 15 ～ 20cm，有乳状树液；树皮褐色，平滑；幼枝微被柔毛。叶革质，排为两列，椭圆状披针形，幼树枝之叶狭椭圆状披针形，长 7 ～ 15cm，宽 2.5 ～ 4cm，全缘；表面绿色，背面浅绿色，两面光亮，无毛，尖端钝尖或为尾状，基部楔形，侧脉羽状，多数；叶柄长 1 ～ 1.5cm；托叶线形，细小，早落。花雌雄同株或同序；雄花为腋生蝎尾形聚伞花序，单生或成对，总花梗长约 6mm，被微柔毛；花白色微红，苞片 3，三角形，基部合生，花被片 5，覆瓦状排列，长椭圆形，长约 4mm，边缘有缘毛，雄蕊 5 枚，与花被片对生，花丝扁平，退化雌蕊小，圆锥柱形；雌花单生叶腋或生于雄花序上，花梗长 10 ～ 15mm，近圆形，边缘有缘毛，长约为 10mm，花柱深 2 裂，密被深褐色短柔毛，子房球形，为花被片紧密包围。核果球形，直径约 10mm，中部以下渐狭，基部一边肉质，包围在增大的花被内。花期 10 ～ 11 月。

野外鉴别关键特征：叶椭圆状披针形或倒披针形。

分布与生境：定安、白沙、东方、乐东、保亭、陵水。生于水旁、岩石上、山谷阴处，中海拔山地较常见。

利用：消炎止血、镇痛祛瘀。治消化道出血、胃痛、外伤出血、跌打、风湿痛。

注：手绘图引自海南植物志。

中文名称：叶被木

学名：**Streblus taxoides**(Roth)Kurz, For. Fl. Burma. 2: 465. 1877, Flora of China 5: 29(2003). ——Phyllochlamys taxoides(Heyne)Koord. Exkursionsfl. Java 2: 89. 1912, 海南植物志 2: 374(1965), 广东植物志 1: 174(1987), 中国植物志 23(1): 35(1998)

科名：桑科 Moraceae　属名：鹊肾树属 Streblus Lour.

形态特征：有刺灌木，高 2 ～ 3m，刺粗壮，刺长 1 ～ 1.5cm；小枝常弯曲，一边被锈色短毛。叶互生，排为两列，近革质，椭圆形或长圆状披针形，长 2 ～ 8cm，宽 1 ～ 3.5cm，先端渐尖至钝尖，基部渐狭成钝形，全缘或中部以上有浅疏钝齿或近先端有 3 小齿，侧脉 7 ～ 11 对；叶柄短，2 ～ 3mm 长；托叶披针形，背面有 1 纵肋。花雌雄异株；雄花序腋生；被毛，无总花梗，花序头状或短总状，具总苞，苞片数轮，干膜质，长 2.5 ～ 3.5mm，雄花具短梗，花被片 4，卵形至披针形，先端有缘毛，雄蕊与花被片同数对生，花丝在芽时内折。开花时伸出花被片外，花药球形，退化雌蕊四方柱形；雌花单生，具梗，有鳞片状苞片 2 枚，花被片 4，披针形，具明显的脉纹，结果时增大成叶状，子房初时直，后扁斜，花柱分枝，胚珠悬垂。核果球形，直径 4 ～ 5mm，基部一边肉质，顶部有小瘤体，藏于增大宿存的叶状花被内。花期 4 ～ 5 月。

野外鉴别关键特征：刺粗壮，小枝弯曲（似刺上长叶）。

分布与生境：东方、万宁、乐东、三亚等地；我国南部至西南部。生于干旱、阳光充足的山坡灌丛中。

注：手绘图引自海南植物志。

1. 雄花枝；2. 雄花；3. 雄花背面；4. 雄蕊；
5. 雌花；6. 具宿萼的果；7. 叶。

假鹊肾树(Streblus indicus)

1. 花枝；2. 花；3. 雌蕊。

叶被木(Streblus taxoides)

中文名称：★米扬

学名：**Streblus tonkinensis**(Dub. &Eberh.)Stapf, 广东植物志 1: 175(1987), Flora of China 5: 28(2003).

科名：桑科 Moraceae　属名：鹊肾树属 Streblus Lour.

形态特征：乔木，高达 20m，树皮灰白色，多分枝。叶纸质或薄革质，倒卵状长圆形、长圆状披针形或倒披针形，长 4～15cm，宽 1.2～6.5cm，顶端尾状渐尖，渐尖部分长达 2.5cm，基部楔形，近顶部有疏的粗锯齿，少近全缘，两面稍粗糙；叶柄长 1.5～7mm。雄花序有花 6～9 朵；总花梗长 4mm 或近无；萼片长 2.5～3mm，雄蕊与萼片对生；雌花萼片长 3～4mm，子房长圆形，无毛，花柱和柱头长 3～3.5mm，果时长达 1cm。果大小如豌豆。

分布与生境：儋州有栽培；广西、云南；越南。

利用：树干流出的乳状汁液制成的橡胶耐酸碱性及耐水性能都很强，能在较低的温度下塑炼、混炼，可用以制造胶管、胶板、垫圈、人力车轮胎及胶鞋等。

注：手绘图引自广东植物志；彩图由 PPBC/孔令锋拍摄。

中文名称：尾叶刺桑

学名：**Streblus zeylanicus**(Thwaites)Kurz, For. Fl. Burma. 2: 464. 1877, 中国植物志 23(1): 36(1998), Flora of China 5: 29(2003)

科名：桑科 Moraceae　属名：鹊肾树属 Streblus Lour.

形态特征：灌木，多分枝，刺稀疏，枝被微柔毛。叶薄革质，无毛，卵状矩圆形、长圆状椭圆形至披针形，长 4.5～10(～20)cm，宽 1.2～4.5(～5.5)cm，先端尾状渐尖，顶部常呈长，二短的三尖齿，基部钝楔形，侧脉 6～9 对以上，边缘具 5 枚以上尖刺齿，有时不显，表面有小腺点。花序总状；雄花序长椭圆形，长 1.5～2cm，多花密集；雌花序短总状，有花 2～6 朵，具梗；雌花柱头分枝，长 2mm，花被片卵形，果时增宽，包围核果。核果基部一侧不为肉质，子叶近相等，褶叠，胚根长或短。花期 4 月；果期 5 月。

野外鉴别关键特征：叶卵状矩圆形、长圆状椭圆形至披针形，先端尾状渐尖，顶部常呈长，二短的三尖齿。

分布与生境：海南有分布记录；云南；越南、缅甸、印度、斯里兰卡。生于海拔 200～500m 的地区。

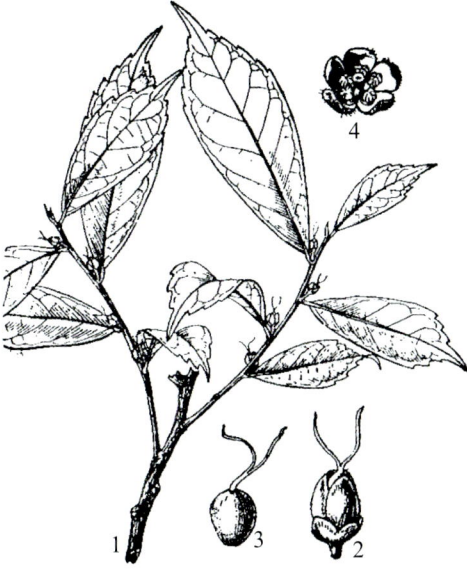

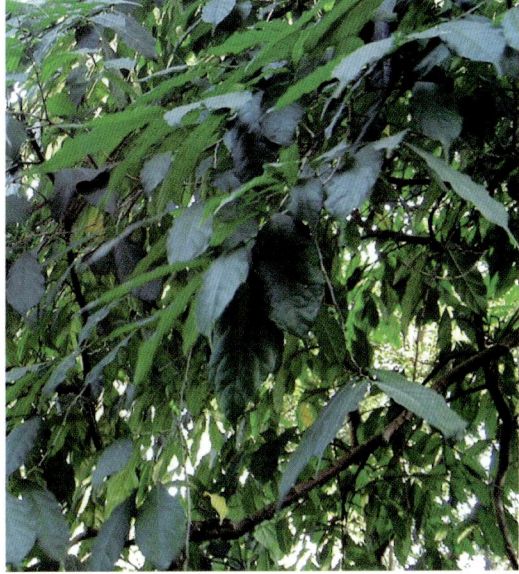

1. 雌花序；2. 雌花；3. 雌蕊；4. 雄花。

米扬(Streblus tonkinensis)

尾叶刺桑(Streblus zeylanicus)

中文名称：舌柱麻（两广紫麻）

学名：**Archiboehmeria atrata**(Gagnep.)C. J. Chen in Act. Phytotax. Sin. 18(4): 479, t. 1, fig. 1-8. 1980, 中国植物志 23(2): 380(1995), Flora of China 5: 163(2003), 广东植物志 6: 86(2005). ——Oreocnide tremulaand. -Mazz. In Beih. Bot. Centralbl. 48(2): 297. 1931, 海南植物志 2: 420(1965)

科名：荨麻科 Urticaceae　属名：舌柱麻属 Archiboehmeria C. J. Chen

形态特征：灌木或半灌木，高 0.6 ～ 4m；小枝上部被近贴生的短柔毛，以后渐脱落。叶膜质，卵形至披针形，长 (4 ～)7 ～ 18cm，宽 (2 ～)3 ～ 8cm，先端尾状渐尖，基部圆形或突然收缩呈宽楔形，稀近截形或浅心形，边缘除基部全缘外有粗牙齿或钝牙齿，叶上面疏生短伏毛，下面有时脉和叶柄带红色，脉上疏生短毛，具基出 3 脉，其侧出的 1 对达中上部，侧脉 2 ～ 4 对；叶柄纤细，长 (1 ～)2 ～ 10(～ 14)cm，疏生短毛；托叶 2 裂至中部。雄花序生于下部叶腋，雌花序生于上部叶腋，4 ～ 6 回二歧聚伞状分枝，长 1 ～ 9cm，花序梗疏生短毛，苞片狭卵形，长约 0.4mm。花单性，稀杂性，两性花生于雌雄花混生的花序中；雄花具梗，在芽时扁圆球形，直径约 2mm；花被片 (4 ～)5，合生至中部，卵状椭圆形，内凹，外面疏生微柔毛；雄蕊 (4 ～)5；退化雌蕊半透明，宽倒卵形，长约 0.6mm。雌花无梗，长约 0.6mm；花被稍带绿色，近膜质，合生呈坛状，与子房离生，具4(～ 5) 齿，外面疏被短粗毛；子房无柄；柱头舌状，长 0.3 ～ 0.4mm，压扁，在其一侧稍凹陷，其内密生曲柔毛。瘦果卵形，长 0.8 ～ 1mm，外果皮壳质，淡绿色，有疣状突起。花期 (5 ～)6 ～ 8 月；果期 (8 ～)9 ～ 10 月。

野外鉴别关键特征：叶先端尾状渐尖，基部圆形、或突然收缩呈宽楔形，稀近截形或浅心形，边缘除基部全缘外有粗牙齿或钝牙齿。

分布与生境：陵水；广东、广西、湖南；越南北部。生于中海拔山谷阴处岩石上。

利用：茎皮纤维为代麻原料和制人造棉的原料。

注：手绘图引自广东植物志；彩图由 PPBC/ 刘冰拍摄。

中文名称：白面苎麻

学名：**Boehmeria clidemioides** Miquel Pl. Jungh. 1: 34. 1851, 中国植物志 23(2): 333(1995), Flora of China 5: 168(2003)

科名：荨麻科 Urticaceae　属名：苎麻属 Boehmeria Jacq.

形态特征：多年生草本或亚灌木，茎高 0.9 ～ 3m，不分枝或有少数分枝，上部多少密被短伏毛。叶对生，上部的叶有时近对生，同一对叶常不等大；叶片纸质或草质，卵形、狭卵形或长圆形，长 5 ～ 14cm，宽 2.5 ～ 7cm，顶端长渐尖或骤尖，基部圆形，稍偏斜，边缘自中部以上有小或粗牙齿，两面有短伏毛，上面常粗糙，基出脉 3 条，侧脉 2 ～ 3 对；叶柄长 0.7 ～ 6.8cm。穗状花序单生叶腋，通常雌雄异株，长 4 ～ 12.5cm，顶部有 2 ～ 4 叶；叶狭卵形，长 1.5 ～ 6cm；团伞花序直径 2 ～ 3mm，除在穗状花序上着生外，也常生于叶腋。雄花无梗，花被片 4，椭圆形，长约 1.2mm，下部合生，外面有疏毛；雄蕊 4，长约 2mm，花药长 0.6mm。退化雌蕊椭圆形，长约 0.5mm。雌花花被椭圆形或狭倒卵形，长 0.6 ～ 1mm，果期长约 1.5mm，顶端有 2 ～ 3 小齿，外面上部有短毛；柱头长 0.7 ～ 1.8mm。花期 6 ～ 8 月。

野外鉴别关键特征：叶对生，上部的叶有时近对生，同一对叶常不等大。

分布与生境：琼中；安徽、福建、广东、广西、贵州、湖南、江西、陕西、四川、西藏、云南、浙江；不丹、印度、印度尼西亚、老挝、马来西亚、缅甸、尼泊尔、越南。生于山谷溪边。

注：彩图由 PPBC/ 秦位强拍摄。

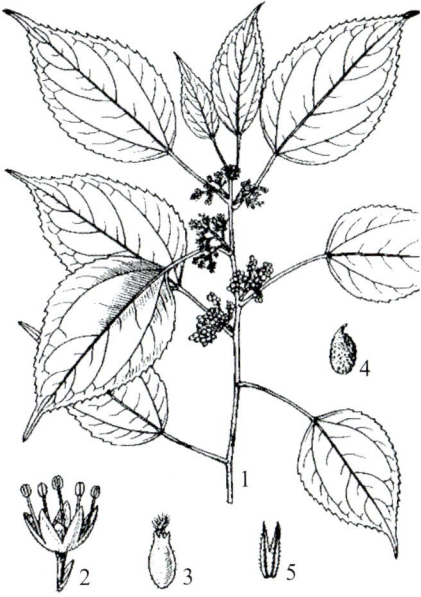

1.花枝；2.雄花；3.雌花；4.瘦果；5.托叶。

舌柱麻(两广紫麻)(Archiboehmeria atrata)

白面苎麻(Boehmeria clidemioides)

中文名称：海岛苎麻

学名：**Boehmeria formosana** Hayata, Mater. Fl. Formos. 281. 1911, 海南植物志 2: 41(1965), 中国植物志 23(2): 340(1995), Flora of China 5: 170(2003)

科名：荨麻科 Urticaceae   属名：苎麻属 Boehmeria Jacq.

形态特征：多年生草本或亚灌木；茎高 80～150cm，通常不分枝，上部疏或稍密被短伏毛或无毛。叶对生或近对生；叶片草质，长圆状卵形、长圆形或披针形，长 8～15(～21)cm，宽 2.5～6.5(～8)cm，顶端尾状或长渐尖，基部钝或圆形，边缘在基部之上有多数牙齿，两面疏被短伏毛或近无毛，侧脉 3～4 对；叶柄长 0.5～6cm。穗状花序通常单性，雌雄异株，不分枝，长 3.5～9cm，有时雌雄同株，分枝，长约达 16cm，生于茎上部的为雌性，其下的雄性或两性，后者下部的团伞花序为雄性，上部的团伞花序雌性或两性；团伞花序直径 1～2mm。雄花无梗；花被片 4，椭圆形，长约 1.2mm，下部合生，外面有短毛；雄蕊 4，花药长约 0.6mm；退化雌蕊倒卵形，长约 0.5mm。雌花花被椭圆形，长约 0.6mm，顶端有 2 小齿，外面有短毛，果期呈菱状倒卵形至宽菱形，长 1.2～2mm。瘦果近球形，直径约 1mm，光滑。花期 7～8 月。

野外鉴别关键特征：叶顶端尾状或长渐尖，基部钝或圆形，边缘在基部之上有多数牙齿。

分布与生境：保亭；安徽、福建、广东、广西、贵州、湖南、江西、台湾、浙江；日本。生于丘陵、低山或中山疏林下、灌丛中或沟边，海拔可达 1400m。

利用：本种茎皮具优质纤维，是我国重要纤维作物之一；根药用有清热利尿、凉血散瘀功效；嫩叶煮烂、去水并加米粉和糖，经反复舂打，蒸熟后便制成柔韧可口的青色糕点，客家地区称之为"苎板"。

注：手绘图引自安徽植物志。

中文名称：北越苎麻（越南苎麻）

学名：**Boehmeria lanceolata** Ridley, J. Straits Branch Roy. Asiat. Soc. 57: 94. 1910, Flora of China 5: 170(2003). ——Boehmeria tonkinensis Gagnep. in Lecomte, Not. Syst. 4: 127. 1928, 海南植物志 2: 415(1965), 中国植物志 23(2): 339(1995), 广东植物志 6: 103(2005)

科名：荨麻科 Urticaceae   属名：苎麻属 Boehmeria Jacq.

形态特征：小灌木，高 1～3m；枝条暗紫褐色，被短糙伏毛。叶对生，具柄；叶片长圆形或披针状长圆形，长 5～12cm，宽 2～3.2cm，顶端渐尖，基部钝或宽楔形，边缘有密集小牙齿，表面常粗糙呈泡状，散生短糙毛，背面沿脉被糙伏毛，基出脉 3 条，侧脉 2～3 对；叶柄长 0.3～2cm，被短糙伏毛；托叶钻状披针形，长 3～8mm。穗状花序腋生，长 4～6cm，在近基部处有少数分枝；雄团伞花序直径约 1.5mm，雌团伞花序直径 3～4mm；苞片三角形，长约 1.2mm。雄花花被片 4，椭圆形，长约 0.8mm，基部合生，外面被短毛；雄蕊 4；退化雌蕊倒卵球形，长约 0.3mm。雌花花被狭椭圆形，长约 0.8mm，上部被短柔毛，顶端具 2 小齿，在果期稍增大，椭圆形或宽倒卵形；柱头长约 1mm。瘦果椭圆球形或宽倒卵球形，长约 0.9mm。花期 3 月。

野外鉴别关键特征：叶顶端渐尖，基部钝或宽楔形，边缘有密集小牙齿，表面常粗糙呈泡状。

分布与生境：临高、儋州；越南、老挝。生于溪边。

海岛苎麻(Boehmeria formosana)

北越苎麻(越南苎麻)(Boehmeria lanceolata)

中文名称：▲琼海苎麻

学名：**Boehmeria lohuiensis** Chien in Act. Phytotax. Sin. 8: 355. 1963, 海南植物志 2: 415(1965), 中国植物志 23(2): 327(1995), Flora of China 5: 170(2003), 广东植物志 6: 104(2005)

科名：荨麻科 Urticaceae 属名：苎麻属 Boehmeria Jacq.

形态特征：亚灌木。小枝干时棕色，被短硬毛。叶对生，同对不等大，长椭圆形，长 6～11（～14）cm，宽 3～4（～5.5）cm，顶端渐尖或急尖，基部楔形，边缘密具小锯齿，上面无毛，下面脉上被短伏毛，钟乳体点状，上面明显；三基出脉；叶柄长 4～6 cm，同对不等长，被短硬毛；托叶长 8～10 mm，钻状披针形，早落。花单性异株，排成团伞花序，复疏散组成腋生、基部具数长分枝的穗状花序，长 8～10 cm，宽约 3 mm；雄花未见；雌花花被狭椭圆形，长约 0.8 mm，顶部 2 浅裂，花后宿存，增大，子房藏于花被内，花柱外伸。瘦果卵形，长约 1 mm。花期 8 月。

野外鉴别关键特征：顶端渐尖或急尖，基部楔形，边缘密具小锯齿，上面无毛。

分布与生境：特有种，鹦哥岭。

注：手绘图引自海南植物志。

中文名称：●苎麻

学名：**Boehmeria nivea**(Linn.)Gaud. in Freyc. Voy. Bot. 499. 1826, 海南植物志 2: 414(1965), 中国植物志 23(2): 327(1995), Flora of China 5: 166(2003), 广东植物志 6: 101(2005)

科名：荨麻科 Urticaceae 属名：苎麻属 Boehmeria Jacq.

形态特征：多年生亚灌木或灌木，高 0.5～1（～1.5）m。嫩茎密被长硬毛或短糙毛。叶互生，卵圆形或阔卵形，长 7～15 cm，宽 6～12 cm，顶端尾尖，基部截平或圆形，边缘有粗锯齿，干时上面棕绿色，粗糙，疏被短伏毛，下面通常白色，被白色绵毛，脉上被短粗毛；三基出脉；叶柄长 3～10 cm，被硬毛；托叶离生，钻状披针形，长 7～11 mm，早落。花单性同株，排成团伞花序，复组成腋生的圆锥花序，长 4～9 cm，下垂，通常雌花序位于上部叶腋，雄花序位于下部叶腋；雄花花被片 4，长 1～1.5 mm，下半部合生，雄蕊与花被片同数而对生，稍外伸，退化雌蕊小，倒卵形；雌花花被纺锤形，长约 1 mm，顶端 3～4 齿裂，花后宿存、增大。瘦果近球形，长约 0.6 mm，藏于宿存花被内，花柱宿存，外伸。花期 6～8 月；果期 9～11 月。

野外鉴别关键特征：叶互生，卵圆形或阔卵形，顶端尾尖，基部截平或圆形，边缘有粗锯齿，下面通常白色，被白色绵毛。

分布与生境：海南各地栽培或逸生；我国长江以南各省；不丹、柬埔寨、印度、印度尼西亚、日本、朝鲜、老挝、尼泊尔、斯里兰卡、泰国、越南。原产中国。

利用：苎麻的茎皮纤维细长，强韧，洁白，有光泽，拉力强，耐水湿，富弹力和绝缘性，可织成夏布（湖南浏阳及江西万载等地出产的夏布最为著名）、飞机的翼布，橡胶工业的衬布、电线包被、白热灯纱、渔网、制人造丝、人造棉等，与羊毛、棉花混纺可制高级衣料；短纤维可为高级纸张、火药、人造丝等的原料，又可织地毯、麻袋等。药用：根为利尿解热药，并有安胎作用；叶为止血剂，治创伤出血；根、叶并用治急性淋浊、尿道炎出血等症。嫩叶可养蚕，作饲料。种子可榨油，供制肥皂和食用。

注：手绘图引自安徽植物志。

1. 花枝；2. 茎；3. 花序一部分；4. 雌蕊；5. 叶背面；
6. 叶腹面。

琼海苎麻(Boehmeria lohuiensis)

1. 植株；2. 雌花；3. 雌花簇；4. 果实。

苎麻(Boehmeria nivea)

中文名称：青叶苎麻（贴毛苎麻）

学名：**Boehmeria nivea** var. **tenacissima**(Gaudich.)Miq. Bot. 1(2): 253. 1858, 海南植物志 2: 414(1965), 中国植物志 23(2): 330(1995), Flora of China 5: 167(2003), 广东植物志 6: 102(2005)

科名：荨麻科 Urticaceae　属名：苎麻属 Boehmeria Jacq.

形态特征：与苎麻的区别，茎和叶柄密或疏被短伏毛；叶片多为卵形或椭圆状卵形，顶端长渐尖，基部多为圆形（有时宽楔形），常较小，下面疏被短伏毛，绿色，或有薄层白色毡毛；托叶基部合生。

野外鉴别关键特征：茎和叶柄密或疏被短伏毛。

分布与生境：保亭、琼海、东方、儋州；福建、安徽、广东、广西、江西、台湾、浙江有栽培；印度尼西亚、日本、朝鲜、老挝、泰国、越南有栽培。

利用：用途与苎麻相同。

中文名称：疏毛水苎麻

学名：**Boehmeria pilosiuscula**(Bl.)Hassk. Cat. Hort. Bogor. 79. 1844, 中国植物志 23(2): 339(1995), Flora of China 5: 170(2003), 广东植物志 6: 102(2005)

科名：荨麻科 Urticaceae　属名：苎麻属 Boehmeria Jacq.

形态特征：亚灌木或多年生草本，高 45～60cm，下部近无毛，上部密被近贴伏或开展的短柔毛。叶对生，同一对叶不等大；叶片纸质，斜椭圆形或椭圆状卵形，长 3～9cm，宽 1.5～4.5cm，顶端渐尖或短渐尖，基部斜圆形，边缘有多数小牙齿，上面稍粗糙，疏被短伏毛，下面沿脉网有短柔毛，侧脉约 3 对；叶柄长 0.3～3.5cm。穗状花序单生叶腋，雌性或通常两性，上部生雄花，其下生雌花，由于团伞花序彼此密集，因此整个穗状花序呈圆柱形或棒形，长 0.8～2cm。雄花无梗或有短梗；花被片 4，椭圆形，长约 1mm，下部合生，外面有疏柔毛；雄蕊 4，长约 1.5mm，花药长约 0.5mm；退化雌蕊椭圆形，长约 0.6mm。雌花花被纺锤形或狭倒卵形，长 0.8～1.1mm，顶端有 2 小齿，外面上部有短毛，果呈倒三角形或倒卵形；柱头与花被近等长。瘦果倒卵球形，长约 0.8mm，光滑。花期 9～10 月。

野外鉴别关键特征：亚灌木或多年生草本，下部近无毛，上部密被近贴伏或开展的短柔毛。叶对生，同一对叶不等大。

分布与生境：陵水、保亭、定安、儋州；台湾、云南；印度尼西亚、泰国。

注：手绘图引自中国植物志。

青叶苎麻(贴毛苎麻)(Boehmeria nivea var. tenacissima)

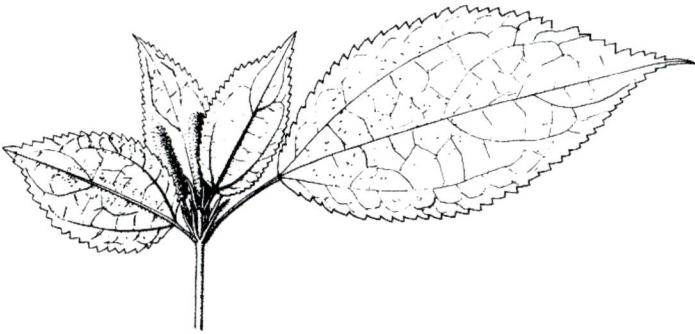

植株枝叶与花序

疏毛水苎麻(Boehmeria pilosiuscula)

中文名称：鳞片水麻
学名：**Debregeasia squamata** King ex Hook. f. Fl. Brit. Ind. 5: 591. 1888, 海南植物志 2: 420(1965), 中国植物志 23(2): 391(1995), Flora of China 5: 186(2003), 广东植物志 6: 82(2005)
科名：荨麻科 Urticaceae　**属名**：水麻属 Debregeasia Gaudich.
形态特征：灌木，分枝粗壮，幼时带绿色，有槽，以后变棕色，圆筒状，有伸展的皮刺和贴生短柔毛；皮刺肉质，弯生，红色，干时变棕红色，贴生稀疏的短柔毛。叶薄纸质，卵形或心形，先端短渐尖，基部圆形至心形，边缘具牙齿，上面暗绿色，疏生伏毛，有时老叶具细泡状隆起，下面灰绿色，在脉网内被一层薄的短毡毛，在脉上有短柔毛，钟乳体点状，在上面明显，基出脉 3 条，基侧出 2 脉弧曲，伸达上部，侧脉常 3 对；托叶宽披针形，在背面密被短柔毛，具缘毛。花序雌雄同株，生于当年生枝和老枝上，团伞花簇由多数雌花和少数雄花组成，背面密被短柔毛。雄花具短梗，在芽时球形，黄绿色，干时变棕褐色；子房倒卵形，具短柄；柱头短圆锥状，周围生帚刷状的长毛，宿存。瘦果浆果状，橙红色，干时变铁锈色，梨形，具短柄，外果皮肉质，宿存花被薄膜质壶形，包被着果实，但离生。花期 8～10 月；果期 10 月至翌年 1 月。
野外鉴别关键特征：叶薄纸质，卵形或心形，叶柄很长，红色。
分布与生境：东方、琼中、乐东、保亭、陵水；福建、广西、广东、贵州、云南；马来西亚、泰国、越南、婆罗洲。生于中海拔至高海拔的山谷中潮湿地方。
利用：主治外伤出血、跌打伤痛。
注：手绘图引自福建植物志。

中文名称：全缘火麻树（圆齿艾麻）
学名：**Dendrocnide sinuata**(Blume)Chew, Gard. Bull. Singapore. 21: 206. 1965, Flora of China 5: 90 (2003). ——Laportea crenulata(Roxb.)Gaud. in Freyc. Voy. Bot. 498. 1826, 海南植物志 2: 401(1965), 广东植物志 6: 69(2005)
科名：荨麻科 Urticaceae　**属名**：火麻树属 Dendrocnide Miq.
形态特征：常绿灌木或小乔木，高 3～6m；小枝开展，肥大，肉质，绿色，被稀疏刺毛。叶纸质，阔长圆形至椭圆形，长 10～20cm，宽 5～10cm，顶端骤狭渐尖或急尖，基部圆形或心形，全缘或中部以上有浅波状圆齿，两面均无毛或疏被细小的刺毛，钟乳体点状；羽状脉，侧脉每边 8～15 条，弧形，斜展，下面凸起，基部 1 对侧脉较直，伸达叶边，中部以上的侧脉常在边缘前弯拱联结，网脉下面明显；叶柄长 3～7cm，肉质，肥大，有刺毛；托叶卵状披针形，长 1～2cm，顶端渐尖。雌雄异株，二歧聚伞花序，略呈"之"字形曲折，近直立，长约 10cm，团伞花序疏离；花细小，近无梗；雄花绿色，花萼 4 深裂，裂片同大，卵状椭圆形，长约 1.5mm；雌花花萼近钟状，4 裂或 4 齿裂，裂片急尖，长约 0.5mm。瘦果阔卵形，直立，略偏斜，两侧压扁，果皮稍带肉质。花期春季。
野外鉴别关键特征：小枝开展，肥大，肉质，绿色，被稀疏刺毛。
分布与生境：儋州、琼海；中南半岛、印度尼西亚、菲律宾、新西兰。生于疏林中。
利用：其刺毛毒性很强，刺伤人体、牲畜后有难以忍受的痛痒感，皮肤出现斑状红肿，要数小时到数天才能消散，有的种类甚至还会引起儿童或幼畜死亡。
注：手绘图引自广东植物志。

中文名称：海南火麻树（海南艾麻）
学名：**Dendrocnide stimulans**(Linnaeus f.)Chew, Gard. Bull. Singapore. 21: 206. 1965, 中国植物志 23(2): 44(1995), Flora of China 5: 89(2003). ——Laportea hainanensis Merr. & Metc. in Lingnan Sci. J. 16: 189, fig. 4. 1937, 海南植物志 2: 402(1965), 广东植物志 6: 69(2005)
科名：荨麻科 Urticaceae　**属名**：火麻树属 Dendrocnide Miq.
形态特征：灌木，高约 3m；分枝细长，灰白色，上部干后表皮皱折。叶通常簇生于小枝的顶部，纸质，倒披针形至长椭圆形披针形，长 8～15cm，宽 2.5～5cm，顶端骤尖，基部楔形，全缘，腹面无毛，密生点状钟乳体，背面有疏散的短柔毛；羽状脉，侧脉每边 6～8 条，弧形，斜展，弯拱，网脉下面极明显；叶柄长 1.5～3.5cm，无毛或有少数刺毛；托叶早落。团伞花序作二歧聚伞花序式排列，有长的总花梗，分枝少，扩展，约与叶等长。瘦果阔卵形，长约 3mm，略偏斜，两侧压扁，无毛。果期 4 月。
分布与生境：澄迈；广东、台湾；印度尼西亚、马来西亚、老挝、菲律宾、泰国、越南、婆罗洲。生于林下。
注：标本引自中国科学院植物研究所。

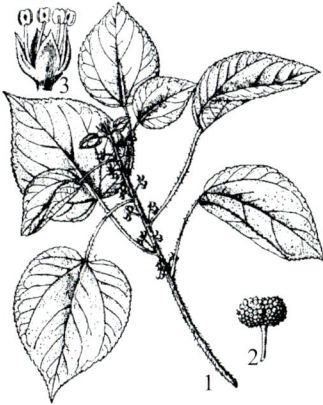

1. 花枝；2. 头状花序；3. 雄花。

鳞片水麻(Debregeasia squamata)

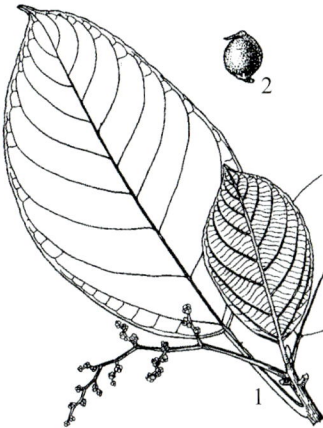

1. 花枝；2. 果。

全缘火麻树(圆齿艾麻)(Dendrocnide sinuata)

海南火麻树(海南艾麻)(Dendrocnide stimulans)

中文名称：渐尖楼梯草

学名： **Elatostema acuminatum**(Poiret)Brongniart in Duperrey, Voy. Monde. 211. 1834, 中国植物志 23(2): 219(1995), Flora of China 5: 135(2003), 广东植物志 6: 76(2005)

科名： 荨麻科 Urticaceae 　**属名：** 楼梯草属 Elatostema J. R. et G. Forst.

形态特征： 亚灌木。茎高约 40cm，多分枝，无毛。叶具短柄或无柄，无毛；叶片草质，干后不变黑，斜狭椭圆形或长圆形，长 2～10cm，宽 0.9～3.4cm，顶端骤尖或渐尖（骤尖头全缘），基部在狭侧楔形、在宽侧楔形或宽楔形，边缘在狭侧上部有 (0～)3～5 小齿、在宽侧中部以上有 3～7 钝齿，钟乳体不存在，或极小，长约 1mm，半离基三出脉或三出脉，侧脉在狭侧约 3 条，在宽侧 4～5 条；叶柄长达 2mm；托叶狭条形或钻形，长 1～2.2mm。花序雌雄异株或同株。雄花序近无梗，直径约 5mm；约 4 个簇生叶腋；花序托小；苞片狭卵形或宽条形，长 1～1.5mm。雄花花被片 5，椭圆形，长约 1mm，下部合生，无毛；雄蕊 5；退化雌蕊不存在。雌花序成对腋生，无梗，直径 3～5mm；花序托极小；苞片数个，正三角形或三角形，长约 0.8mm；小苞片狭条形，长 0.7～1.2mm，无毛。雌花具短梗花被片约 3，狭披针形，长约 0.4mm。瘦果椭圆球形，长 0.5～0.6mm，有 7～9 条纵肋。12 月至翌年 5 月开花。

野外鉴别关键特征： 半离基三出脉或三出脉，侧脉在狭侧约 3 条，在宽侧 4～5 条；叶柄长达 2mm。

分布与生境： 定安等地；广东、云南；不丹、印度尼西亚、马来西亚、缅甸、尼泊尔、泰国、越南。生于山地密林下或溪旁湿处。

中文名称：锐齿楼梯草

学名： **Elatostema cyrtandrifolium**(Zollinger & Moritzi)Miquel, Pl. Jungh. 1: 21. 1851, 中国植物志 23(2): 266(1995), Flora of China 5: 149(2003), 广东植物志 6: 75(2005)

科名： 荨麻科 Urticaceae 　**属名：** 楼梯草属 Elatostema J. R. et G. Forst.

形态特征： 多年生草本。茎高 14～40cm，分枝或不分枝，疏被短柔毛或无毛。叶具短柄或无柄；叶片草质或膜质，斜椭圆形或斜狭椭圆形，长 5～12cm，宽 2.2～4.7cm，顶端长渐尖或渐尖（渐尖头全缘），基部在狭侧楔形，在宽侧宽楔形或圆形，边缘在基部之上有牙齿，上面散生少数短硬毛，下面沿中脉及侧脉有少数短毛或变无毛，钟乳体稍明显、密，长 0.2～0.4mm，具半离基三出脉或三出脉，侧脉在每侧 3～4 条；叶柄长 0.5～2mm；托叶狭披针形或钻形，长约 4mm。花序雌雄异株。雄花序单生叶腋，有梗，直径约 9mm；花序梗长约 6mm，有短毛；花序托直径约 6mm，2 浅裂；苞片大，约 5 个，宽卵形，长约 2.5mm，疏被短柔毛；小苞片多数，密集，膜质，白色，船形，长约 2mm，无毛。雄花蕾直径约 1.2mm，四基数，无毛。雌花序近无梗或有短梗；花序梗长达 2mm；花序托宽椭圆形或椭圆形，长 5～9mm，不分裂或 2 浅裂；苞片三角状卵形或宽卵形，长约 1mm，多有角状突起；小苞片多数，密集，条状披针形或匙形，长约 0.8mm，顶部有白色短毛。瘦果褐色，卵球形，长约 0.8mm，有 6 条或更多的纵肋。花期 4～9 月。

野外鉴别关键特征： 叶片斜椭圆形或斜狭椭圆形，顶端长渐尖或渐尖（渐尖头全缘）。具半离基三出脉或三出脉，侧脉在每侧 3～4 条；叶柄长 0.5～2mm。

分布与生境： 琼中；我国东南部至西南部。印度北部至中南半岛和印度尼西亚。生于山地、沟边、石边和林下湿处。

利用： 在广西、湖南民间供药用。

渐尖楼梯草(*Elatostema acuminatum*)

锐齿楼梯草(*Elatostema cyrtandrifolium*)

中文名称：梨序楼梯草（红叶楼梯草）

学名：**Elatostema ficoides**(Wall.)Wedd. in Arch. Mus. Hist. Nat. Paris. 9: 306, t. 10. 1856, 海南植物志 2: 411(1965), 中国植物志 23(2): 315(1995), Flora of China 5: 166(2003)

科名：荨麻科 Urticaceae　属名：楼梯草属 Elatostema J. R. et G. Forst.

形态特征：直立草本，高约 1m；茎肉质，少分枝。叶互生，干后红褐色，长椭圆状披针形或倒卵状披针形，略呈镰刀形，长 8～12cm，宽 3～4.5cm，两侧不对称，顶端渐尖，尖头全缘，基部楔形，较宽一侧多少呈小耳形，两侧相距 3～4mm，边缘基部全缘，向上有疏锯齿，锯齿粗大，呈直角，在较宽一侧有 8～11 齿，较狭一侧有 6～8 齿，两面均无毛，腹面钟乳体明显，线状、纺锤状至近点状，在叶脉两侧较稠密，但在脉上无钟乳体；叶脉明显，为半羽状脉，较狭一侧的基出脉几达叶片顶端，较宽一侧的基出脉达叶片中部，伸达锯齿末端，中脉每边其侧脉 4～5 条，较狭一侧的侧脉短，与基出脉联结，较宽一侧的侧脉在中脉与边缘的中部彼此联结，网脉不明显；叶柄极短或近无柄；托叶腋生的较小，早落，与叶片对生的长 1.1～1.8cm，披针形，渐尖，宿存。雌雄异株；雄花序腋生，球形，直径 1～1.2cm；总花梗长 3.5～5cm，纤细，苞片扁圆形，有明显突出的尖头，小苞片披针形，多数；雌花序较小，无总花梗，有时成对；雄花花萼 4～5 裂，裂片近圆形，长 0.3mm，钝头，顶端有小尖头，雄蕊 4～5 枚；雌花花萼裂片长椭圆形，为子房长的 3～4 倍。瘦果椭圆形，有棱，顶端渐尖。花期春季。

野外鉴别关键特征：叶在较宽一侧有 8～11 齿，较狭一侧有 6～8 齿，叶脉明显，为半羽状脉，较狭一侧的基出脉几达叶片顶端，较宽一侧的基出脉达叶片中部，伸达锯齿末端，中脉每边其侧脉 4～5 条。

分布与生境：白沙；广西、贵州、湖南、四川、云南；印度、尼泊尔、斯里兰卡。生于密林中山溪石上。

注：标本引自华南植物园。

中文名称：全缘楼梯草

学名：**Elatostema integrifolium**(D. Don)Wedd. in DC. Prodr. 16(1), 19. 1869, 中国植物志 23(2): 226(1995), Flora of China 5: 138(2003)

科名：荨麻科 Urticaceae　属名：楼梯草属 Elatostema J. R. et G. Forst.

形态特征：多年生草本或亚灌木。茎高 60～200cm，常分枝，无毛。叶具短柄或无柄，无毛；叶片斜长椭圆形、斜倒披针形或斜椭圆形，长 5～19cm，宽 2～6cm，顶端长渐尖或尾状，基部斜楔形，边缘全缘或在顶部渐尖头之下有 1～2 个钝齿，钟乳体明显，密，长 0.2～0.4(～0.6)mm，半离基三出脉，侧脉在狭侧约 3 条，在宽侧约 4 条；叶柄长 1.5～6(～10)mm；托叶狭披针形或狭三角形，长约 10mm，花序雌雄同株或异株。雄花序无梗，直径约 6mm；花序托直径约 4mm；苞片宽三角形，长约 1mm，边缘有疏睫毛；小苞片多数，船形，长约 1.2mm，有疏睫毛，外面顶端之下常有短突起。雄花有梗；花被片 4，长约 1mm，外面顶端之下有或无短突起，有疏睫毛；雄蕊 4。雌花序具极短梗，直径 5～8mm；花序托小；苞片三角形，长约 0.8mm，边缘有睫毛；小苞片多数，密集，狭条形，长 0.8～1.2mm，上部边缘有睫毛。瘦果椭圆球形，长约 0.7mm，约有 8 条纵肋。花期 3～5 月。

野外鉴别关键特征：叶顶端长渐尖或尾状，基部斜楔形，边缘全缘或在顶部渐尖头之下有 1～2 个钝齿。

分布与生境：陵水；云南；不丹、印度、印度尼西亚、马来西亚、缅甸、尼泊尔、泰国。生于溪边。

注：手绘图引自：http://www.efloras.org/object_page.aspx?object_id=50435&flora_id=2；标本引自西双版纳植物园。

梨序楼梯草(红叶楼梯草)(Elatostema ficoides)

全缘楼梯草(Elatostema integrifolium)

中文名称：光叶楼梯草

学名：**Elatostema laevissimum** W. T. Wang, Bull. Bot. Lab. N. E. Forest. Inst. , Harbin. 7: 29. 1980, 中国植物志 23: 218(1995), Flora of China 5: 135(2003), 广东植物志 6: 74(2005)

科名：荨麻科 Urticaceae　　**属名**：楼梯草属 Elatostema J. R. et G. Forst.

形态特征：亚灌木，高 1～2m，多分枝；小枝长约 25cm，有时稍波状弯曲，无毛。叶无柄或具短柄；叶片草质，干后常变黑色，斜狭椭圆形，长 5.5～12cm，宽 3～5.5cm，顶端渐尖，基部在狭侧钝、在宽侧圆形，边缘下部全缘，其上有浅钝齿，上面散生少数短糙毛，下面无毛或沿脉被短毛，钟乳体不存在，偶尔少数，分布于中脉及侧脉上，长约 0.2mm，半离基三出脉或三出脉，侧脉在狭侧 2～3 条，在宽侧 3～4 条；叶柄长 2～4mm，无毛；托叶狭三角形，长约 2mm，早落。花序雌雄同株或异株。雄花序常簇生，具短梗，直径 3～4mm，有多数密集的花；花序托不存在或很小；花序梗长 1.5～2mm，无毛；苞片正三角形或卵形，长约 0.8mm，有极短的睫毛。雄花有短梗或近无梗，花被片 4，椭圆状狭倒卵形，长约 1mm，上部有短睫毛，在外面顶端之下有不明显短突起；雄蕊 4；退化雌蕊不存在。雌花序无梗或具短梗，直径 1.5～2.5mm；花序托极小；苞片扁圆或宽卵形，长约 0.5mm；小苞片多数，密集，长圆形或条形，长 0.4～0.6mm，顶部有短毛。瘦果卵球形，长约 0.5mm，约有 5 条纵肋。花期秋季至翌年春季。

野外鉴别关键特征：半离基三出脉或三出脉，侧脉在狭侧 2～3 条，在宽侧 3～4 条。

分布与生境：乐东、五指山、万宁、琼中；广西、云南、西藏。生于海拔 1000～1800m 的山谷阴湿处或林中。

注：手绘图引自中国植物志。

中文名称：狭叶楼梯草（多齿楼梯草）

学名：**Elatostema lineolatum** Wight, Icon. Pl. Ind. Orient. 6: 11, t. 1984. 1853, Flora of China 5: 137(2003). —— Elatostema lineolatum var. majus Thwait. Enum. Pl. Zeylan. 260. 1864, 海南植物志 2: 412(1965), 广东植物志 6: 73(2005)

科名：荨麻科 Urticaceae　　**属名**：楼梯草属 Elatostema J. R. et G. Forst.

形态特征：亚灌木。短柄；叶片草质或纸质，斜倒卵状长圆形或斜长圆形，长 3～8(～13)cm，宽 1.2～3(～3.8)cm，顶端骤尖（骤尖头全缘），基部斜楔形，边缘在狭侧上部有 2～3(～4) 小齿，在宽侧有 2～5 齿，两面沿中脉及侧脉有短伏毛，毛在下面较密，或上面只散生少数短硬毛，钟乳体稍明显或不明显，密，长 0.2～0.3mm，叶脉近羽状，侧脉每侧 4～8 条；叶柄长约 1mm；托叶小。花序雌雄同株，无梗。雄花序直径 5～10mm，有多数密集的花；花序托小，直径 1.5～3.5mm，周围有长 0.8～1.5mm 的正三角形、卵形或扁卵形苞片；小苞片狭长圆形或匙状条形，长约 1mm，上部有睫毛；雄花花梗长达 2mm；花被片 4，狭椭圆形，长 1～2mm，基部合生，在外面顶端之下有短突起，顶部有疏毛；雄蕊 4；退化雌蕊长约 0.2mm。雌花序较小，直径 2～4mm；花序托小，直径 1～2.5mm，周围有长 0.5～1mm 的正三角形苞片；小苞片多数，密集，狭倒披针形，长约 0.8mm，上部边缘有密睫毛。雌花花被不明显；子房狭椭圆形，长约 0.4mm。瘦果椭圆球形，长约 0.6mm，约有 7 条纵肋。花期 1～5 月。

野外鉴别关键特征：边缘在狭侧上部有 2～3(～4) 小齿，在宽侧有 2～5 齿。

分布与生境：乐东、琼中、保亭、陵水；福建、广东、广西、台湾、西藏、云南；不丹、印度、缅甸、尼泊尔、斯里兰卡、泰国。生于中海拔林中岩石上。

注：手绘图引自福建植物志；标本引自中国科学院广西植物研究所。

1. 叶；2. 雄花序。

光叶楼梯草(Elatostema laevissimum)

狭叶楼梯草(多齿楼梯草)(Elatostema lineolatum)

中文名称：龙州楼梯草

学名：**Elatostema lungzhouense** W. T. Wang in Bull. Bot. Lab. N. -E. For. Ins t. 7: 68. 1980, 中国植物志 23: 276(1995), Flora of China 5: 152(2003)

科名：荨麻科 Urticaceae　　属名：楼梯草属 Elatostema J. R. et G. Forst.

形态特征：多年生草本。茎高约 40cm，无毛，有长分枝。叶有短柄或近无柄，无毛；叶片草质，斜椭圆形，长 7.5 ～ 11cm，宽 3.2 ～ 4.8cm，顶端渐尖（渐尖头全缘），基部在狭侧楔形，在宽侧宽楔形，边缘下部全缘，其上有浅牙齿，钟乳体明显，密，长 0.1 ～ 0.5mm，半离基三出脉，侧脉在狭侧约 2 条，在宽侧约 3 条；叶柄长达 4mm；托叶钻形，长 2.5 ～ 3.2mm。雌花序单生于叶腋，有短梗；花序梗长 1 ～ 4mm，无毛；花序托近长方形，长 4 ～ 16mm，宽 3 ～ 10mm，无毛，边缘苞片不明显或宽三角形，长约 1mm；小苞片多数，密集，条形，长 1 ～ 1.2mm，上部有长柔毛。瘦果椭圆球形或椭圆状卵球形，长 0.5 ～ 0.7mm，约有 3 条纵肋，并有小瘤状突起。花期 7 月。

野外鉴别关键特征：半离基三出脉，侧脉在狭侧约 2 条，在宽侧约 3 条。

分布与生境：尖峰岭；广西。生于海拔约 400m 的山谷林中岩石上。

注：手绘图引自中国植物志。

中文名称：多序楼梯草

学名：**Elatostema macintyrei** Dunn in Kew Bull. 1920: 210. 1920, 中国植物志 23(2): 284(1995), 广东植物志 6: 73(2005), Flora of China 5: 154(2003)

科名：荨麻科 Urticaceae　　属名：楼梯草属 Elatostema J. R. et G. Forst.

形态特征：亚灌木。茎高 30 ～ 100cm，常分枝，无毛或上部疏被短柔毛，钟乳体极密。叶有短柄；叶片坚纸质，斜椭圆形或斜椭圆状倒卵形，长 (8 ～)10 ～ 18cm，宽 (3.4 ～)4.5 ～ 7.6cm，顶端骤尖或渐尖（尖头边缘有密齿），基部斜楔形，或在宽侧有时近耳形，边缘在基部之上一直到顶端有浅牙齿，两面无毛，或下面沿中脉及侧脉有伏毛，钟乳体极明显，极密（尤其沿脉），长 0.3 ～ 0.7mm，半基上三出脉，侧脉在狭侧 3 ～ 4 条，在宽侧 4 ～ 5 条；叶柄长 1 ～ 5mm，无毛；托叶披针形，长 9 ～ 14mm，无毛。花序雌雄异株。雄花序数个腋生，有梗，直径约 2mm；花序梗长约 2mm；花序托小，周围有宽卵形苞片。雄花有短梗，花被片 4，匙状长圆形，长约 1.2mm，基部合生，外面顶端之下有或无短突起，疏被短毛；雄蕊 4；退化雌蕊不存在。雌花序 5 ～ 9 个簇生，有梗；花序梗长 2 ～ 6mm；花序托近长方形或近圆形，长 2 ～ 5mm，常 2 裂；苞片多数，正三角形或卵形，长 0.5 ～ 0.8mm，外面顶端之下有不明显的小突起，边缘被睫毛；小苞片多数，密集，匙状条形，长 0.6 ～ 1mm，上部有毛。瘦果椭圆球形，长约 0.6mm，约有 10 条纵肋。花期春季。

野外鉴别关键特征：半基上三出脉，侧脉在狭侧 3 ～ 4 条，在宽侧 4 ～ 5 条。

分布与生境：白沙；广东、广西、贵州、四川、西藏、云南；不丹、印度、泰国、越南。生于山地林下、沟边等阴湿处。

注：手绘图引自西藏植物志；彩图由 PPBC/ 林向东拍摄。

茎上部叶及腋生雌花序

龙州楼梯草(Elatostema lungzhouense)

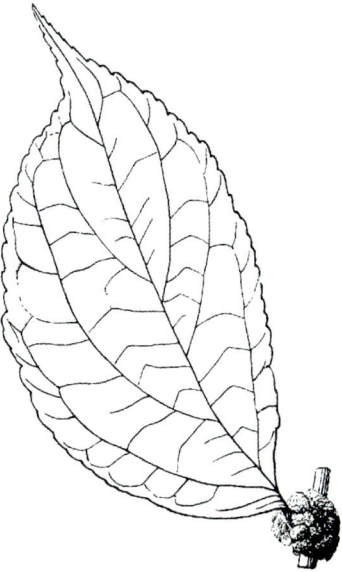

叶及雌花序

多序楼梯草(Elatostema macintyrei)

中文名称：托叶楼梯草（海南楼梯草）

学名：**Elatostema nasutum** J. D. Hooker, Fl. Brit. India. 5: 571. 1888, Flora of China 5: 143. ——Elatostema hainanense W. T. Wang in Bull. Bot. Lab. N. -E. For. Inst. 7: 48. 1980, 中国植物志 23(2): 246(1995), 广东植物志 6: 77(2005)

科名：荨麻科 Urticaceae　　**属名**：楼梯草属 Elatostema J. R. et G. Forst.

形态特征：多年生草本。茎高约 1m，下部粗约 6mm，有少数短分枝，无毛。叶无柄或有极短柄，无毛；叶片草质，干后棕褐色或变黑，斜椭圆形或斜狭倒卵形，长 8～12cm，宽 3～4.5cm，顶端渐尖，基部在狭侧楔形，在宽侧宽楔形、钝或近耳形，边缘下部全缘，其上有牙齿，钟乳体明显，密，长 0.2～0.3mm，基出脉 3 条，侧脉在狭侧约 2 条、在宽侧约 4 条；叶柄长达 2mm，托叶披针形，长 1～1.8cm，宽约 2mm。花序雌雄异株。雄花序单生于茎上部叶腋，具长梗，直径约 10mm；花序梗长 1～4.8cm，无毛；花序托小，直径约 5mm；外面 2 苞片较大，圆卵形，长约 4.5mm，基部合生，自背部中部之上伸出的角状突起长约 3mm，边缘有短睫毛，内面 4 苞片较小，卵形，长 3～5mm，角状尖头长约 1.6mm；小苞片多数，狭倒披针形或匙形，长约 3mm，上部边缘有疏睫毛。雄花蕾直径约 1mm，无毛，4 基数。花期 3～4 月。

野外鉴别关键特征：叶片草质，斜椭圆形或斜狭倒卵形，基出脉 3 条，侧脉在狭侧约 2 条、在宽侧约 4 条。托叶披针形。

分布与生境：白沙、琼中、陵水；广东、广西、贵州、湖北、湖南、江西、四川、西藏、云南；不丹、尼泊尔。生于溪边。

利用：叶可作为猪饲料。

注：手绘图引自中国植物志。

中文名称：小叶楼梯草

学名：**Elatostema parvum**(Bl.)Bl. ex H. Schroter in Fedde, Repert. Spec. Nov. Beih. 83(2): 156. 1936, 海南植物志 2: 409(1965), 中国植物志 23(2): 228(1995), Flora of China 5: 166(2003), 广东植物志 6: 72(2005)

科名：荨麻科 Urticaceae　　**属名**：楼梯草属 Elatostema J. R. et G. Forst.

形态特征：多年生草本。茎直立或渐升，高 8～30cm，下部常卧地生根，密被反曲的糙毛。叶无柄或具极短柄；叶片草质，斜倒卵形、斜倒披针形或斜长圆形，有时稍镰状弯曲，长 2.8～8cm，宽 1～2.8cm，顶端渐尖或急尖，基部斜楔形或在宽侧圆形或近耳形，边缘在基部之上有锯齿，上面有疏伏毛或近无毛，下面沿中脉及下部侧脉被短糙毛，钟乳体多少明显，密，长 0.2～0.6mm，三出脉或半离基三出脉，侧脉在每侧 3～5 条；退化叶存在，有时不存在，长圆形，长 3～9mm；托叶披针形或条形，长 4～7mm，宽达 1.2mm。花序雌雄同株或异株。雄花序无梗，近球形，直径 3～5mm，有 2～15 花；花序托不明显；苞片 2～4，卵形，长达 5mm，边缘膜质，外面有短糙毛；小苞片狭卵形、披针形或条形，长 2～4mm。雄花有细梗；花被片 5，椭圆形，长约 1.2mm，顶部疏被短毛，角状突起长约 5mm；雄蕊 5；退化雄蕊长 0～2mm。雌花序无梗，宽椭圆形，宽 4～6mm，有多数密集的花；花序托小，周围有多数长 1～1.5mm 狭披针形或钻形苞片。雌花花被片近条形，长约 0.7mm。瘦果狭卵球形，长约 0.6mm，有少数纵肋。花期 7～8 月。

野外鉴别关键特征：叶片斜倒卵形、斜倒披针形或斜长圆形，有时稍镰状弯曲，顶端渐尖或急尖，基部斜楔形或在宽侧圆形或近耳形，边缘在基部之上有锯齿，三出脉或半离基三出脉，侧脉在每侧 3～5 条。

分布与生境：保亭、昌江；广东、广西、贵州、四川、台湾、西藏、云南；不丹、印度、印度尼西亚、缅甸、尼泊尔、菲律宾、斯里兰卡。生于中海拔林谷中湿石上。

注：手绘图引自贵州植物志。

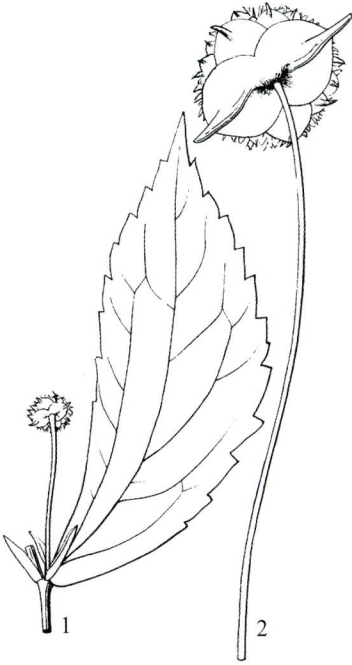

1. 茎上部叶及腋生雄花序；2. 雄花序，
放大。

托叶楼梯草(海南楼梯草)(**Elatostema nasutum**)

1. 叶枝；2. 花；3. 种子。

小叶楼梯草(**Elatostema parvum**)

中文名称：宽叶楼梯草

学名：**Elatostema platyphyllum** Weddell, Arch. Mus. Hist. Nat. 9: 301. 1856, Flora of China 5: 154(2003). ——Elatostema edule C. Robinson, 中国植物志 23(2): 219(1995)

科名：荨麻科 Urticaceae　属名：楼梯草属 Elatostema J. R. et G. Forst.

形态特征：小灌木。茎高达 1.5m，下部粗达 1.5cm，分枝，无毛，表皮有极密的小钟乳体。叶具短柄，无毛；叶片草质，斜椭圆形或斜狭椭圆形，长 14 ～ 21cm，宽 6 ～ 10cm，顶端渐尖或尾状渐尖，基部在狭侧钝或浅心形，在宽侧耳形 (耳垂部分稍镰状弯曲，长 1 ～ 1.4cm)，边缘在狭侧自中部或中部以上、在宽侧自下部起至顶端有小牙齿，钟乳体明显或不明显，密，长 0.2 ～ 0.4mm，三出脉、半离基或离基三出脉，侧脉每侧约 3 条；叶柄长 2 ～ 6mm；托叶大，披针形，长 2 ～ 4cm，顶端锐长渐尖。花序雌雄异株。雄花序具极短梗，有多数密集的花；花序托 2 裂，近蝴蝶形，宽约 2.5cm，边缘有少数不明显的扁卵形苞片，无毛；小苞片多数，匙状长圆形，长约 2mm，有疏睫毛。雄花有短梗，4 基数。雌花序具短梗，近长方形，长约 7mm，有极多密集的花；花序梗长约 5mm；花序托 2 浅裂，边缘有少数扁卵形苞片，无毛；小苞片多数，匙形，长约 0.7mm，上部有柔毛。雌花花被片极小，近条形，长约 0.5mm；子房椭圆形，与花被片近等长。花期 3 ～ 4 月。

野外鉴别关键特征：叶片斜椭圆形或斜狭椭圆形，顶端渐尖或尾状渐尖，基部在狭侧钝或浅心形，在宽侧耳形 (耳垂部分稍镰状弯曲，长 1 ～ 1.4cm)，边缘在狭侧自中部或中部以上、在宽侧自下部起至顶端有小牙齿，三出脉，侧脉每侧约 3 条；有叶柄，托叶大。

分布与生境：白沙、琼中、陵水；四川、台湾、西藏、云南；不丹、日本、印度、尼泊尔、菲律宾、斯里兰卡。生于溪边。

注：手绘图引自海南植物志；标本引自中国科学院植物研究所。

中文名称：糯米团

学名：**Gonostegia hirta**(Bl.)Miq. in Ann. Mus. Bot. Lugd. -Bat. 4: 303. 1868 ～ 1869, 中国植物志 23(2): 367(1995), Flora of China 5: 178(2003), 广东植物志 6: 99(2005). ——Memorialis hirta(Bl.)Wedd. in DC. Prodr. 16(1): 235. 1869, 海南植物志 2: 417(1965)

科名：荨麻科 Urticaceae　属名：糯米团属 Gonostegia Turcz.

形态特征：多年生草本，有时茎基部变木质；茎蔓生、铺地或渐升，长 50 ～ 100(～ 160)cm，基部粗 1 ～ 2.5mm，不分枝或分枝，上部四棱形，有短柔毛。叶对生；叶片草质或纸质，宽披针形至狭披针形、狭卵形、稀卵形或椭圆形，长 (1.2 ～)3 ～ 10cm，宽 (0.7 ～)1.2 ～ 2.8cm，顶端长渐尖至短渐尖，基部浅心形或圆形，边缘全缘，上面稍粗糙，有稀疏短伏毛或近无毛，下面沿脉有疏毛或近无毛，基出脉 3 ～ 5 条；叶柄长 1 ～ 4mm；托叶钻形，长约 2.5mm。团伞花序腋生，通常两性，有时单性，雌雄异株，直径 2 ～ 9mm；苞片三角形，长约 2mm。雄花花梗长 1 ～ 4mm；花蕾直径约 2mm，在内折线上有稀疏长柔毛；花被片 5，分生，倒披针形，长 2 ～ 2.5mm，顶端短骤尖；雄蕊 5，花丝条形，长 2 ～ 2.5mm，花药长约 1mm；退化雌蕊极小，圆锥状。雌花花被菱状狭卵形，长约 1mm，顶端有 2 小齿，有疏毛，果期呈卵形，长约 1.6mm，有 10 条纵肋；柱头长约 3mm，有密毛。瘦果卵球形，长约 1.5mm，白色或黑色，有光泽。花期 5 ～ 9 月。

野外鉴别关键特征：茎蔓生、铺地或渐升，绿色，不分枝或分枝，上部四棱形，有短柔毛，叶对生。

分布与生境：澄迈、儋州、白沙、琼中、保亭；我国长江以南各省；亚洲东南部至澳大利亚。生于低海拔至中海拔沟边、田边草丛中。

利用：茎皮纤维可制人造棉，供混纺或单纺。用于治血管神经性水肿、疔疮疖肿、乳腺炎。全草药用，治消化不良、食积胃痛、外伤出血等症。全草可饲猪。

注：手绘图引自海南植物志。

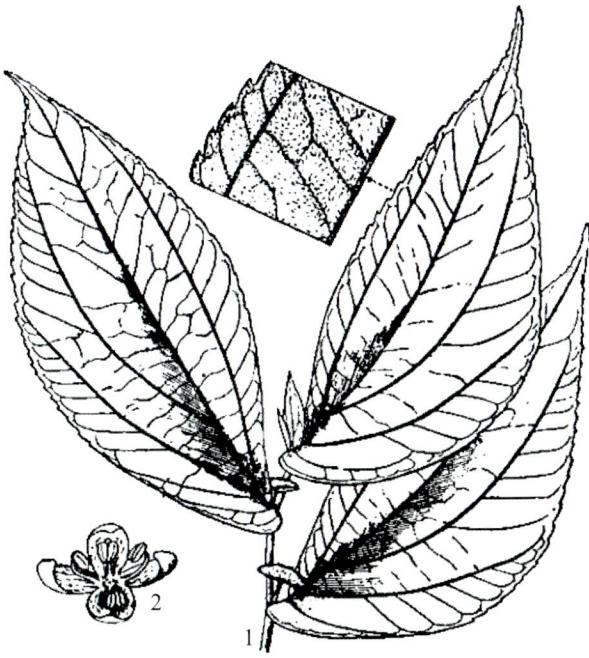

1. 雄花枝；2. 雄花。

宽叶楼梯草(Elatostema platyphyllum)

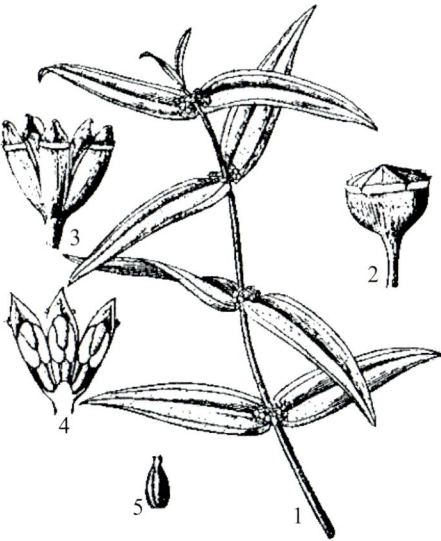

1. 花枝；2. 雄花蕾；3. 雄花；4. 雄花纵切面；
5. 瘦果。

糯米团(Gonostegia hirta)

中文名称：五蕊糯米团（狭叶糯米团）

学名：**Gonostegia pentandra**(Roxburgh)Miquel, Ann. Mus. Bot. Lugduno-Batavi. 4: 302. 1868, Flora of China 5: 178(2003). ——Gonostegia pentandra var. hypericifolia(Bl.)Masamune in Journ. Soc. Trop. Agr. 3: 114. 1941, 中国植物志 23(2): 366(1995)

科名：荨麻科 Urticaceae　　**属名**：糯米团属 Gonostegia Turcz.

形态特征：草本或亚灌木，茎直立或下部平卧，深紫红色，具纵棱，无毛或嫩处被短硬毛。下部叶对生，具短柄，线状披针形，顶端渐尖，基部圆形，上部叶互生，较小，无柄，三角状卵形，全缘，两面无毛或下面脉上被疏短毛，钟乳体上面点状，下面无；3 基出脉；托叶钻状披针形，早落。花两性或单性，排成腋生团伞花序，圆锥状；雌花花被合生，椭圆形，具纵狭翅 2 ～ 3；子房内藏于花被内，花柱外伸。瘦果黑色，卵形。花期夏季，果期秋季。

野外鉴别关键特征：下部叶对生，具短柄，线状披针形，顶端渐尖，基部圆形，上部叶互生，较小，无柄。

分布与生境：三亚；广东、广西、云南、台湾。生于田边。

注：标本引自中国科学院广西植物研究所。

中文名称：珠芽艾麻

学名：**Laportea bulbifera**(Sieb. et Zucc)Wedd. Monogr. Urtic. 139. 1856, 中国植物志 23(2): 32(1995), Flora of China 5: 86(2003), 广东植物志 6: 70(2005)

科名：荨麻科 Urticaceae　　**属名**：艾麻属 Laportea Gaudich.

形态特征：多年生草本。高 50 ～ 150cm，不分枝或少分枝，在上部常呈"之"字形弯曲，具 5 条纵棱，有短柔毛和稀疏的刺毛，以后渐脱落；珠芽 1 ～ 3 个，常生于不生长花序的叶腋，球形，直径 3 ～ 6mm，多数植株无珠芽。叶卵形至披针形，有时宽卵形，长 (6 ～)8 ～ 16cm，宽 (2.5 ～)3.5 ～ 8cm，先端渐尖，基部宽楔形或圆形，稀浅心形，边缘自基部以上有牙齿或锯齿，上面生糙伏毛和稀疏的刺毛，下面脉上生短柔毛和稀疏的刺毛，上面明显，基出脉 3，其侧出的 1 对稍弧曲，伸达中部边缘，侧脉 4 ～ 6 对，伸向齿尖；叶柄长 1.5 ～ 10cm，毛被同茎上部；托叶长圆状披针形，长 5 ～ 10mm。花序雌雄同株，稀异株，圆锥状，序轴上生短柔毛和稀疏的刺毛；雄花序生于茎顶部以下的叶腋，具短梗，长 3 ～ 10cm，分枝多，开展；雌花序生于茎顶部或近顶部叶腋，长 10 ～ 25cm，花序梗长 5 ～ 12cm，分枝较短，常着生于序轴的一侧。雄花具短梗或无梗，在芽时扁圆球形，径约 1mm；花被片 5，长圆状卵形，内凹；雄蕊 5；退化雌蕊倒梨形，长约 0.4mm，小苞片三角状卵形，长约 0.7mm。雌花具梗，花被片 4，不等大，分生，侧生的 2 枚较大。子房具雌蕊柄，直立，后弯曲；柱头丝形，长 2 ～ 4mm，周围密生短毛。瘦果圆状倒卵形或近半圆形，偏斜，扁平，长 2 ～ 3mm，光滑，有紫褐色细斑点；雌蕊柄增长到约 0.5mm，下弯；花梗长 2 ～ 4mm，在两侧面扁化成膜质翅，有时果序也扁化成翅，匙形，顶端有深的凹缺。花期 6 ～ 8 月；果期 8 ～ 12 月。

野外鉴别关键特征：枝具 5 条纵棱，叶卵形至披针形，有时宽卵形，先端渐尖，基部宽楔形或圆形，稀浅心形，边缘自基部以上有牙齿或锯齿，基出脉 3，其侧出的 1 对稍弧曲，伸达中部边缘，侧脉 4 ～ 6 对。

分布与生境：昌江；我国广泛分布；不丹、印度、印度尼西亚、日本、朝鲜、缅甸、俄罗斯、斯里兰卡、泰国、越南。生于海拔 800m 石灰岩山地。

利用：韧皮纤维坚韧可供纺织用，嫩叶可食。

注：手绘图引自秦岭植物志。

五蕊糯米团(狭叶糯米团)(**Gonostegia pentandra**)

1. 花枝；2. 雄花；3. 雌花；4. 果实。

珠芽艾麻(**Laportea bulbifera**)

中文名称：紫麻

学名：**Oreocnide frutescens**(Thunb.)Miq. in Ann. Mus. Bot. Lugd. -Bat. 3: 131. 1867, 海南植物志 2, 419 (1965), 中国植物志 23(2): 386(1995), Flora of China 5: 184(2003), 广东植物志 6: 85(2005)

科名：荨麻科 Urticaceae　属名：紫麻属 Oreocnide Gaudich.

形态特征：灌木，稀小乔木，高 1～3m；小枝褐紫色或淡褐色，上部常有粗毛或近贴生的柔毛，稀被灰白色毡毛，以后渐脱落。叶常生于枝的上部，草质，以后有时变纸质，卵形、狭卵形，稀倒卵形，长 3～15cm，宽 1.5～6cm，先端渐尖或尾状渐尖，基部圆形，稀宽楔形，边缘自基部以上有锯齿或粗牙齿，上面常疏生糙伏毛，有时近平滑，下面常被灰白色毡毛，以后渐脱落，或只生柔毛或多少短伏毛，基出脉 3，其侧出的 1 对稍弧曲，与最下 1 对侧脉环结。侧脉 2～3 对，在近边缘处彼此环结；叶柄长 1～7cm，被粗毛；托叶条状披针形，长约 10mm，先端尾状渐尖，背面中肋疏生粗毛。花序生于上年生枝和老枝上，几无梗，呈簇生状，团伞花簇径 3～5mm。雄花在芽时径约 1.5mm；花被片 3，在下部合生，长圆状卵形，内弯，外面上部有毛；雄蕊 3；退化雌蕊棒状，长约 0.6mm，被白色绵毛。雌花无梗，长 1mm。瘦果卵球状，两侧稍压扁，长约 1.2mm；宿存花被变深褐色，外面疏生微毛，内果皮稍骨质，表面有多数细洼点；肉质花托浅盘状，围以果的基部，熟时则常增大呈壳斗状，包围着果的大部分。花期 3～5 月；果期 6～10 月。

野外鉴别关键特征：叶卵形、狭卵形，先端渐尖或尾状渐尖，基部圆形，边缘自基部以上有锯齿或粗牙齿，基出脉 3，其侧出的 1 对稍弧曲，与最下 1 对侧脉环结。侧脉 2～3 对。

分布与生境：乐东、保亭、陵水；安徽、福建、甘肃、广西、湖北、湖南、江西、陕西、四川、西藏、云南、浙江；不丹、柬埔寨、印度、日本、老挝、马来西亚、缅甸、泰国、越南。生于中海拔至高海拔林下溪边。

利用：茎皮纤维细长坚韧，可供制绳索、麻袋和人造棉；茎皮经提取纤维后，还可提取单宁；根、茎、叶入药行气活血。

注：手绘图引自贵州植物志；标本引自中国科学院成都生物研究所。

中文名称：全缘叶紫麻（少毛紫麻）

学名：**Oreocnide integrifolia**(Gaudichaud-Beaupré)Miquel, Ann. Mus. Bot. Lugduno-Batavi. 4: 306. 1869, 中国植物志 23(2): 379(1995), Flora of China 5: 182(2003). ——Oreocnide integrifolia subsp. subglabra C. J. Chen, 广东植物志 6: 84(2005)

科名：荨麻科 Urticaceae　属名：紫麻属 Oreocnide Gaudich.

形态特征：常绿乔木，高 5～20m，树皮灰褐色；小枝红褐色，被灰褐色茸毛，以后渐脱落。叶稍开展，纸质，椭圆形、长圆形或长圆状披针形，长 8～33cm，宽 3.5～12cm，先端长尾状或尾状渐尖，基部圆形或钝形，边缘全缘，上面绿色，老时变淡绿色，干时变灰绿色，光滑，无毛，密被点状钟乳体，下面淡绿色，密生柔毛，在中脉和侧脉常有茸毛，具羽状脉，侧脉 8～12 对；叶柄粗，长 1～9cm，被茸毛；托叶条形，长 10～15mm，下面被茸毛。花序成对生于上年生枝和老枝上，长 1.5～2.5cm，2～3 回二歧状分枝，花序梗粗 1～1.5mm，被短柔毛，团伞花簇直径 4～5mm。雄花被片与雄蕊 4；雌花长约 1.2mm。果核状，熟时变黑色，圆锥状，长约 1.5mm，外面（尤近顶端）被细硬毛，基部着生肉质浅盘状的花托，内果皮硬骨质，多少有 3～4 棱，其中两侧的棱明显。花期 4～5 月；果期 7～9 月。

野外鉴别关键特征：叶先端长尾状或尾状渐尖，基部圆形或钝形，侧脉 8～12 对。

分布与生境：乐东、昌江、白沙、五指山、陵水、儋州、海口；广西、云南、西藏；越南、老挝、泰国、缅甸、印度、不丹、印度尼西亚。生于海拔 200～1400m 的次生杂木林中。

利用：韧皮纤维可作为代麻原料，叶可作为饲料。

1. 花枝；2. 雄花；3. 瘦果。

紫麻(Oreocnide frutescens)

全缘叶紫麻(少毛紫麻)(Oreocnide integrifolia)

中文名称：红紫麻

学名：**Oreocnide rubescens** Bl. ex Miq. in Zoll. Syst. Verz. Ind. Archip. 101. 1854, 海南植物志 2, 419 (1965), 中国植物志 23(2): 378(1995), Flora of China 5: 182(2003)

科名：荨麻科 Urticaceae 属名：紫麻属 Oreocnide Gaudich.

形态特征：常绿小乔木或灌木, 高 2 ～ 12m, 树皮灰褐色或灰色; 小枝褐色或紫红色, 上部疏生粗毛。叶坚纸质, 长圆形或倒卵状披针形, 长 7 ～ 22cm, 宽 3 ～ 8cm, 先端渐尖或短尾状渐尖, 基部圆形或宽楔形, 边缘在基部或下部之上生浅的细牙齿或稍呈波状, 上面光滑, 下面在脉上疏生粗毛, 其余无毛或疏生短柔毛, 具羽状脉, 侧脉 6 ～ 8 对; 叶柄长 1 ～ 5cm, 疏生粗毛; 托叶披针形, 长 6 ～ 10mm, 外面中肋有短毛。花序生上年生和老枝上的叶腋, 长 1 ～ 2cm, 2 ～ 3 回二歧分枝, 花序梗纤细, 粗不及 0.5mm, 疏生短柔毛; 团伞花簇径 3 ～ 4mm。雄花近无梗; 花被片 4, 合生至中部, 裂片长圆状卵形, 长约 1mm, 外面（尤近先端）生微硬毛; 雄蕊 4; 退化雌蕊近棒状, 长约 0.7mm, 密被雪白色绵毛。雌花长约 1mm。果核果状, 绿色, 干时变黑色, 圆锥状, 长约 1.2mm, 外面贴生微糙毛, 内果皮稍骨质, 肉质 " 花托 " 盘状, 生于果的基部。花期 4 ～ 5 月, 果期 7 ～ 12 月。

野外鉴别关键特征：小枝褐色或紫红色, 上部疏生粗毛。叶先端渐尖或短尾状渐尖, 基部圆形或宽楔形, 边缘在基部或下部之上生浅的细牙齿或稍呈波状, 侧脉 6 ～ 8 对。

分布与生境：定安、儋州、屯昌、白沙、东方、琼中、乐东; 广西、云南; 印度、印度尼西亚、马来西亚、缅甸、斯里兰卡、泰国、越南。生于中海拔林中溪边。

注：手绘图引自海南植物志。

中文名称：宽叶紫麻 (越南紫麻)

学名：**Oreocnide tonkinensis**(Gagnep.)Merr. & Chun in Sunyatsenia. 5: 44. 1940, 海南植物志 2, 419 (1965), 中国植物志 23(2): 380(1995), Flora of China 5: 182(2003)

科名：荨麻科 Urticaceae 属名：紫麻属 Oreocnide Gaudich.

形态特征：灌木, 高 1 ～ 4m; 老枝紫红色, 无毛, 小枝黄绿色, 被灰白色柔毛或短茸毛, 以后渐脱落。叶纸质, 狭卵形、狭椭圆状卵形或长圆状披针形, 长 6 ～ 20cm, 宽 2 ～ 6cm, 先端渐尖, 基部钝圆或微缺, 边缘除基部或下部全缘外, 在其上有细牙齿或牙齿状锯齿, 上面深绿色, 粗糙, 常泡状隆起, 下面淡绿色, 密被柔毛, 在叶脉上更密, 基出脉 3, 其侧生 1 对稍弧曲, 达上部近边缘处与最下 1 对侧脉环结, 侧脉 4 ～ 5 对, 在上部近边缘处彼此网结, 其最下 1 对常从中下部伸出; 叶柄长 0.5 ～ 7cm(在老枝上的较长), 密被柔毛; 托叶披针状条形, 长 5 ～ 8mm, 外面中肋上有短粗毛。花序生于当年生枝和老枝叶腋, 长 5 ～ 7mm, 2 回二歧分枝或二叉分枝, 花序梗纤细, 被短粗毛。雄花在芽时径约 1mm; 花被片 3, 宽卵形, 外面上部生微毛, 雄蕊 3; 雌花长近 1mm; 花被合生呈管状, 口部收缩有 3 齿, 外面疏生微毛。瘦果卵形, 稍压扁, 长约 1mm, 肉质花托盘状, 生于果的基部。花期 10 月至翌年 1 月; 果期 4 ～ 8 月。

野外鉴别关键特征：叶纸质, 狭卵形、狭椭圆状卵形或长圆状披针形, 先端渐尖, 基部钝圆或微缺, 边缘除基部或下部全缘外, 在其上有细牙齿或牙齿状锯齿, 基出脉 3, 其侧生 1 对稍弧曲, 达上部近边缘处与最下 1 对侧脉环结, 侧脉 4 ～ 5 对。

分布与生境：陵水、保亭、琼中、乐东、白沙; 广西、云南; 越南。生于中海拔密林。

注：标本引自广西大学。

1. 雄花枝；2. 雄花；3. 雄蕊；4. 雌花枝；5. 瘦果。

红紫麻(Oreocnide rubescens)

宽叶紫麻(越南紫麻)(Oreocnide tonkinensis)

中文名称：短叶赤车

学名：**Pellionia brevifolia** Benth. Fl. Hongk. 330. 1861, 海南植物志 2: 409(1965), 中国植物志 23(2): 174(1995), Flora of China 5: 125(2003), 广东植物志 6: 78(2005). ——Pellionia minima Makino, 广东植物志 6: 78(2005)

科名：荨麻科 Urticaceae　**属名**：赤车属 Pellionia Gaudich.

形态特征：小草本。茎平卧，长 12～30cm。叶具短柄；叶片草质，斜椭圆形或斜倒卵形，长 5～32mm，宽 4～20mm，顶端钝或圆形，基部在狭侧钝或楔形，在宽侧耳形，边缘在狭侧中部之上、在宽侧基部之上有稀疏浅钝齿，上面无毛或疏被短伏毛，下面沿脉有短毛，钟乳体不明显，稀疏，长约 0.2mm，半离基三出脉，侧脉在狭侧 1～2 条，在宽侧 2～3 条；叶柄长 1.52mm；托叶钻形，长 1.12～2mm。花序雌雄异株或同株。雄花序有长梗，直径 8～15mm；花序梗长 2.8～4cm，与花序分枝均有开展的短毛；苞片披针状条形，长约 3mm，有疏睫毛。雄花花被片 5，椭圆形，长约 2mm，稍不等大，在外面顶端之下有长约 0.2mm 的短角状突起，无毛；雄蕊 5。雌花序具短梗或无梗，直径 2.5～4mm，有多数密集的花；花序梗长 1～3(～10)mm；苞片狭条形，长 2.5～2.8mm，上部有疏睫毛。雌花花被片 5，不等大，2 个船状狭长圆形，长约 1mm，顶部有长约 2mm 的长角状突起，3 个狭披针形，长 1.2～1.8mm，无突起，边缘有稀疏短毛。瘦果狭卵球形，长约 1.2mm，有小瘤状突起。花期 5～7 月。

野外鉴别关键特征：叶片草质，斜椭圆形或斜倒卵形，顶端钝或圆形，基部在狭侧钝或楔形，在宽侧耳形。

分布与生境：白沙；安徽、福建、广东、广西、湖北、湖南、江西、浙江；日本。生于山地溪边、林下石旁。

利用：消肿止痛。用于跌打损伤、骨折。

注：小叶赤车 (Pellionia minima) 被 Flora of China 归并为短叶赤车 (Pellionia brevifolia)；手绘图引自贵州植物志；标本引自华南植物园。

中文名称：华南赤车

学名：**Pellionia grijsii** Hance in J. Bot. 6: 49. 1868 et 12: 262. 1874, 中国植物志 23(2): 178(1995), Flora of China 5: 126(2003), 广东植物志 6: 81(2005)

科名：荨麻科 Urticaceae　**属名**：赤车属 Pellionia Gaudich.

形态特征：多年生草本。茎高 40～70cm，不分枝，偶尔有少数分枝。叶具短柄或无柄；叶片草质，斜长椭圆形、斜长圆状倒披针形或斜椭圆形，长 6～14(～18)cm，宽 2.4～5(～6)cm，顶端长渐尖或渐尖，有时尾状，基部在狭侧楔形或钝，在宽侧耳形，边缘自基部之上至顶端有多数浅钝齿，上面无毛或散生少数短伏毛，稀密被短糙毛，下面沿脉网有短糙毛，钟乳体不存在，或存在，不明显，点状，长不到 0.1mm，叶脉近羽状，侧脉约 5 对；叶柄长 1～4mm，有糙毛；托叶钻形，长约 4mm，无毛。花序雌雄同株或异株。雄花序有长梗，直径 0.5～5.5cm，3～4 回分枝，被糙毛；花序梗长 0.9～8cm，有糙毛；苞片钻形或狭条形，长 2～4mm，背面疏被短毛。雄花有梗，花被片 5，椭圆形，长约 2mm，外面顶端之下有角状突起，疏被短毛；雄蕊 5；退化雌蕊长约 0.2mm。雌花序有梗或无梗，直径 3～10mm，有密集的花；花序梗长 1.5～7mm，偶尔长达 22mm，有糙毛；苞片狭条形，长 3～4mm，有疏睫毛；小苞片似苞片。雌花花被片 5，长约 0.6mm，在果期稍增大，不等大，3 个船状狭长圆形，顶端有长 0.2～1mm 的角状突起，有疏毛，2 个较小，狭披针形，无突起，子房比花被片稍短。瘦果椭圆球形，长约 0.8mm，有小瘤状突起。花期冬季至翌年春季。

野外鉴别关键特征：叶片草质，斜长椭圆形、斜长圆状倒披针形或斜椭圆形，顶端长渐尖或渐尖，有时尾状，基部在狭侧楔形或钝，在宽侧耳形，边缘自基部之上至顶端有多数浅钝齿，叶脉近羽状，侧脉约 5 对。

分布与生境：琼中、保亭；福建、广东、广西、湖南、江西、云南。生于中海拔至高海拔密林下。

注：手绘图引自广东植物志。

短叶赤车(**Pellionia brevifolia**)

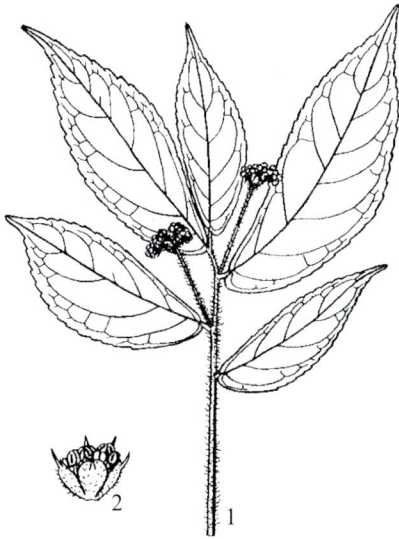

1.雄花枝；2.雄花。

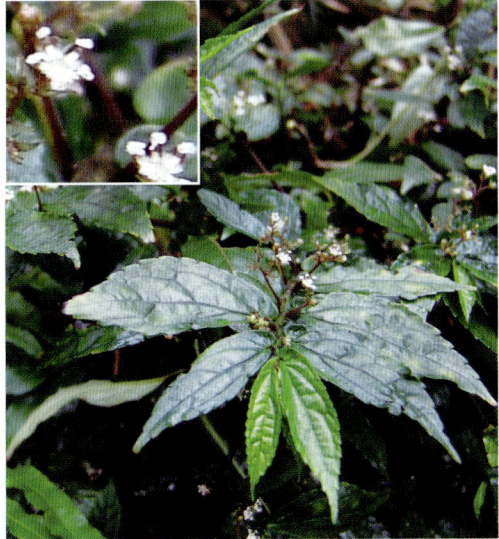

华南赤车(**Pellionia grijsii**)

中文名称：长柄赤车

学名：**Pellionia latifolia**(Blume)Boerlage, Handl. Fl. Ned. Ind. 3: 375. 1900, Flora of China 5: 123(2003). ——Pellionia tsoongii Merr. in Lingnan Sci. J. 6: 325. 1928, 海南植物志 2: 406(1965), 中国植物志 23(2): 164(1995) 广东植物志 6: 78(2005)

科名：荨麻科 Urticaceae　属名：赤车属 Pellionia Gaudich.

形态特征：多年生草本。茎长约 20cm，基部木质，下部在节处生根，无毛或上部有短柔毛或无毛。叶互生，有长柄；叶片纸质，斜椭圆形或斜长圆状倒卵形，长 12.5 ～ 20cm，宽 5.8 ～ 11cm，顶端渐尖，基部在狭侧耳形或浅心形，在宽侧耳形，边缘全缘，两面无毛或下面沿脉有短糙毛，钟乳体明显密，长 0.5 ～ 0.7mm，基出脉 3 条；叶柄长 4 ～ 19cm，粗壮，无毛或有毛；托叶三角形，长 12 ～ 18mm，宽 3 ～ 6mm，顶端尾状长骤尖；退化叶卵形或狭卵形，长 3 ～ 4mm。花序通常雌雄异株。雄聚伞花序宽 2 ～ 4cm，分枝密被短毛，有多数密集的花；花序梗长 3.2 ～ 10cm，无毛；苞片披针形，长约 2.5mm。雄花花被片 5，近椭圆形，长约 1.6mm，基部合生，无毛，雄蕊 5，花药卵形，长约 0.6mm；退化雌蕊圆锥形，长约 0.2mm。雌聚伞花序宽 2 ～ 3cm，有多数密集的花；花序梗长 2 ～ 10cm；苞片三角形或狭卵形，长约 0.8mm；雌花花被片 5，通常 3 个较大，船状狭长圆形，长约 0.8mm，顶部有不明显短角状突起和疏毛，果期增大，长达 1.5mm，2 个较小，狭披针形，长约 0.5mm；子房卵形。瘦果卵球形，长约 1mm，有小瘤状突起。花期冬季至夏季。

野外鉴别关键特征：叶有长柄；叶片纸质，斜椭圆形或斜长圆状倒卵形，顶端渐尖，基部在狭侧耳形或浅心形，在宽侧耳形，边缘全缘，基出脉 3 条。

分布与生境：澄迈；广西；越南。生于林下。

利用：清热解毒，主疗疮肿毒，全草药用，有解毒之效。

注：手绘图引自中国高等植物图鉴。

中文名称：滇南赤车（海南赤车）

学名：**Pellionia paucidentata**(H. Schroter)Chien in Act. Phytotax. Sin. 8: 354. 1963, 海南植物志 2: 407 (1965), 中国植物志 23(2): 175(1995), Flora of China 5: 125(2003). ——Pellionia paucidentata var. hainanica Chien & S. H. Wu, 广东植物志 6: 80(2005)

科名：荨麻科 Urticaceae　属名：赤车属 Pellionia Gaudich.

形态特征：多年生草本。茎直立，高 20 ～ 50cm，不分枝或有 1 条分枝，顶部有短毛或无毛。叶互生；叶片纸质，斜长椭圆形或斜倒披针形，长 5 ～ 15.5cm，宽 2 ～ 6.5cm，顶端骤尖或渐尖，基部斜楔形，边缘在狭侧自中部或中部之上，在宽侧自中部之下向上有波状浅钝齿，骤尖头全缘，上面无毛，下面疏被短毛，稀无毛，钟乳体明显，密，长 0.2 ～ 0.6mm，有半离基三出脉，侧脉在狭侧 2 ～ 3 条，在宽侧 4 ～ 6 条；叶柄长 1 ～ 6mm；托叶钻形，长 3.5 ～ 7mm，无毛或疏被短伏毛。花序雌雄同株或异株。雄花序有长梗，直径 0.9 ～ 4.5cm；花序梗长 1.9 ～ 7cm，花序分枝，无毛或被短柔毛；苞片条形或狭三角形，长 0.5 ～ 1mm；花梗长 0.5 ～ 2.5mm。雄花花被片 4 或 5，椭圆形，长约 2mm，基部合生，在外面顶端之下有长约 0.5mm 的角状突起，无毛，雄蕊 4 或 5。雌花序无梗或有梗，直径 0.4 ～ 2cm，有多数密集的花；花序梗长 0.2 ～ 5.5cm，无毛或被短柔毛；苞片三角形，长 0.6 ～ 0.8mm。雌花花被片 5，不等大，2 ～ 3 枚较大，船状长圆形，长 0.2 ～ 0.5mm，外面顶端之下有长 0.5 ～ 1.2mm 的角状突起，其他花被片较小，条状披针形，平，长 0.3 ～ 1mm，无突起，有少数毛；子房椭圆形，长 0.2 ～ 0.4mm，柱头比子房短或与子房等长。瘦果椭圆球形，长约 1mm，有小瘤状突起。花期 9 ～ 11 月。

野外鉴别关键特征：叶纸质，斜长椭圆形或斜倒披针形，顶端骤尖或渐尖，基部斜楔形，边缘在狭侧自中部或中部之上，在宽侧自中部之下向上有波状浅钝齿，半离基三出脉，侧脉在狭侧 2 ～ 3 条，在宽侧 4 ～ 6 条。

分布与生境：海南各地；广西、云南；越南。

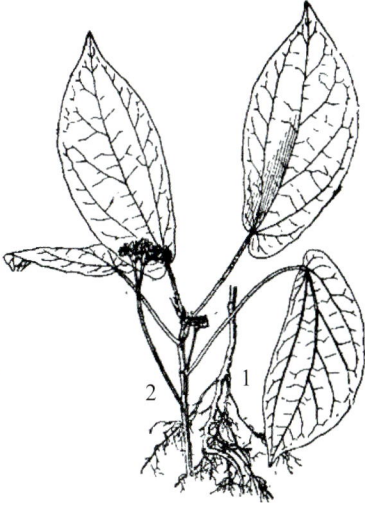

1. 植株下部; 2. 植株上部。

长柄赤车(Pellionia latifolia)

滇南赤车(海南赤车)(Pellionia paucidentata)

中文名称：赤车

学名：**Pellionia radicans** Wedd. in DC. Prodr. 16(1): 167. 1869, 海南植物志 2: 408(1965), 中国植物志 23(2): 171(1995), Flora of China 5: 125(2003), 广东植物志 6: 79(2005). ——Pellionia radicans f. grandis Gagnepain, 海南植物志 2: 408(1965), 广东植物志 6: 79(2005)

科名：荨麻科 Urticaceae　属名：赤车属 Pellionia Gaudich.

形态特征：多年生草本。茎下部卧地，偶尔木质，在节处生根，上部渐升，长 20 ～ 60cm，通常分枝，无毛或疏被长约 0.1mm 的小毛。叶具极短柄或无柄；叶片草质，斜狭菱状卵形或披针形，长 (1.2 ～) 2.4 ～ 5(～ 8)cm，宽 0.9 ～ 2(～ 2.7)cm，顶端短渐尖至长渐尖，基部在狭侧钝，在宽侧耳形，边缘自基部之上有小牙齿，两面无毛或近无毛，钟乳体稍明显或不明显，密或稀疏，长约 0.3mm，半离基三出脉，侧脉在狭侧 2 ～ 3 条，在宽侧 3 ～ 4 条；叶柄长 1 ～ 4mm；托叶钻形，长 1 ～ 4.2mm，宽约 0.2mm。花序通常雌雄异株。雄花序为稀疏的聚伞花序，长 1 ～ 5(～ 8)cm；花序梗长 4 ～ 35 (～ 70)mm，与分枝无毛或有乳头状小毛；苞片狭条形或钻形，长 1.5 ～ 2mm。雄花花被片 5，椭圆形，长约 1.5mm，外面无毛或有短毛，顶部的角状突起长 0.4 ～ 0.8mm；雄蕊 5；退化雌蕊狭圆锥形，长约 0.6mm。雌花序通常有短梗，直径 3 ～ 5mm，有多数密集的花；花序梗长 0.5 ～ 3(～ 18 ～ 25)mm，有少数极短的毛；苞片条状披针形，长约 1.6mm。雌花花被片 5，长约 0.4mm，果期长约 0.8mm，3 个较大，船状长圆形，外面顶部有长约 0.6mm 的角状突起，2 个较小，狭长圆形，平，无突起；子房与花被片近等长。瘦果近椭圆球形，长约 0.9mm，有小瘤状突起。5 ～ 10 月开花。

野外鉴别关键特征：茎下部卧地，在节处生根，上部渐升，叶片草质，斜狭菱状卵形或披针形，顶端短渐尖至长渐尖 (尾状)，基部在狭侧钝，在宽侧耳形半离基三出脉，侧脉在狭侧 2 ～ 3 条，在宽侧 3 ～ 4 条。

分布与生境：保亭；安徽、福建、广东、广西、贵州、湖北、湖南、江西、四川、台湾、云南、浙江；日本、朝鲜、越南。生于中海拔的林下石上。

利用：祛瘀、消肿、解毒、止痛。用于挫伤肿痛、牙痛、疖子、毒蛇咬伤。

注：手绘图引自中国高等植物图鉴；长茎赤车 (Pellionia radicans f. grandis) 被 Flora of China 归并为赤车 (Pellionia radicans)。

中文名称：吐烟花

学名：**Pellionia repens**(Lour.)Merr. in Lingnan Sci. J. 6: 326. 1928, 海南植物志 2: 406(1965), 中国植物志 23(2): 165(1995), Flora of China 5: 124(2003), 广东植物志 6: 78(2005)

科名：荨麻科 Urticaceae　属名：赤车属 Pellionia Gaudich.

形态特征：一年生草本，叶肉质，在同一节上有 2 种叶，退化叶极细小，几无柄，线状倒卵形；正常叶甚大，斜卵形，先端钝，有时急尖，基部心形，极不对称，边缘波状有圆齿，上面深绿色，下面淡绿色、红色或苍白色，在生活状态下两面均有无数白色小斑点，干时上面的线状钟乳体显著，尤以近边缘处更为密集，下面在叶脉上密被柔毛；托叶膜质，卵状披针形，2 枚合生，宿存。花序腋生，白色带红，雌雄异株；雄花序为疏散的聚伞花序，雌花序为密伞花序，总花梗近无；雄花萼片 5，等大，雄蕊 5；雌花萼片 5，长圆形，近相等，顶端有小尖头；子房小于花萼，有小瘤体。瘦果淡棕色，有明显的硬瘤体。花期 5 ～ 10 月。

野外鉴别关键特征：叶肉质，在同一节上有 2 种叶，退化叶极细小，几无柄，线状倒卵形；正常叶甚大，斜卵形，先端钝，有时急尖，基部心形，极不对称。

分布与生境：临高、儋州、昌江、乐东、保亭、陵水、三亚；云南；不丹、柬埔寨、印度、印度尼西亚、老挝、马来西亚、缅甸、菲律宾、泰国、越南。生于低海拔至高海拔的疏林下溪旁。

利用：盆栽作为观赏用。清热利湿、宁心安神。主湿热黄疸、肝腹水、失眠、健忘、过敏性皮炎、下肢溃疡、疮疖肿毒。

注：手绘图引自广东植物志。

1. 植株；2. 花枝。

赤车(Pellionia radicans)

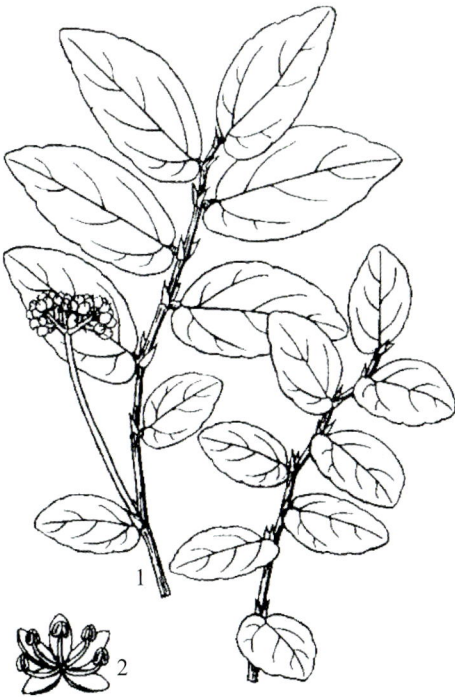

1. 植株；2. 雄花。

吐烟花(Pellionia repens)

中文名称：蔓赤车（粗糙楼梯草）

学名：**Pellionia scabra** Benth. Fl. Hongk. 330. 1861, 海南植物志 2: 407(1965), 中国植物志 23(2): 168 (1995), Flora of China 5: 124(2003), 广东植物志 6: 79(2005)

科名：荨麻科 Urticaceae　属名：赤车属 Pellionia Gaudich.

形态特征：亚灌木。茎直立或渐升，高（30～）50～100cm，基部木质，通常分枝，上部有开展的糙毛，毛长 0.3～1mm。叶具短柄或近无柄；叶片草质，斜狭菱状倒披针形或斜狭长圆形，长 3.2～8.5（～10)cm，宽（0.7～)1.3～3.2(～4)cm，顶端渐尖、长渐尖或尾状，基部在狭侧微钝，在宽侧宽楔形、圆形或耳形（耳垂部分长达 1.5mm)，边缘下部全缘，其上有少数小牙齿，上面有少数贴伏的短硬毛，沿中脉有短糙毛，下面有密或疏的短糙毛，钟乳体不明显或稍明显，密，长 0.2～0.4mm，半离基三出脉，侧脉在狭侧 2～3 条，在宽侧 3～5 条，或叶脉近羽状；叶柄长 0.5～2mm，托叶钻形，长 1.5～3mm；花序通常雌雄异株。雄花为稀疏的聚伞花序，长达 4.5cm；花序梗长 0.3～3.6cm，花序分枝，有密或疏的短毛；苞片条状披针形，长 2.5～4mm。雄花花被片 5，椭圆形，长约 1.5mm，基部合生，3 个较大，顶部有角状突起，2 个较小，无突起；雄蕊 5，退化雌蕊钻形，长约 0.3mm。雌花序近无梗或有梗，直径 2～8(14)mm，有多数密集的花；花序梗长 1～4mm，密被短毛；苞片条形，长约 1mm，有疏毛。雌花花被片 4～5，狭长圆形，长约 0.5mm，其中 2～3 个较大，船形，外面顶部有短或长的角状突起，其余的较小，平，无突起；退化雄蕊极小。瘦果近椭圆球形，长约 0.8mm，有小瘤状突起。花期春季至夏季。

野外鉴别关键特征：叶草质，斜狭菱状倒披针形或斜狭长圆形，顶端渐尖、长渐尖或尾状，基部在狭侧微钝，在宽侧宽楔形、圆形或耳形，边缘下部全缘，其上有少数小牙齿，半离基三出脉，侧脉在狭侧 2～3 条，在宽侧 3～5 条。

分布与生境：白沙、澄迈；福建、广东、广西、贵州、湖南、江西、四川、台湾、浙江；日本、越南。生于林下石上。

利用：清热解毒、散瘀消肿、凉血止血。

中文名称：湿生冷水花

学名：**Pilea aquarum** Dunn, J. Linn. Soc., Bot. 38: 366. 1908, 中国植物志 23(2): 88(1995), Flora of China 5: 102(2003), 广东植物志 6: 93(2005)

科名：荨麻科 Urticaceae　属名：冷水花属 Pilea Lindl.

形态特征：肉质草本，高达 30cm。匍匐茎根状，上升茎肉质，嫩枝被柔毛。叶对生，同对等大，膜质，椭圆形或卵状椭圆形，长 2～5cm，宽 1～4cm，顶端急尖或钝，基部钝或宽楔形，边缘有粗锯齿，干时上面棕色或淡墨绿色，下面棕黄色或淡绿色，两面被短柔毛或脱落变无毛，钟乳体线状，不明显；三基出脉；叶柄长 1～3cm，毛被与茎同；托叶腋生，心形或近半圆形，长 3～5mm。花单性异株；雄花序聚伞圆锥状，长 2～7cm，腋生兼顶生；总花梗长 1～3cm；雌聚伞花序很短，长不逾 1cm，近无总花梗，簇生于叶腋；雄花近无梗，花被片 4，等大，椭圆形，长约 2mm，雄蕊 4 枚，退化雌蕊存在；雌花无梗，花被片 3，极小，不等大，退化雄蕊 3 枚。瘦果近球形，长约 0.6mm，稍压扁，顶歪斜，下部具 3 不等大宿存花被片。花期 3～4 月；果期 5～6 月。

野外鉴别关键特征：肉质草本，匍匐茎根状，上升茎肉质，叶对生，同对等大，膜质，椭圆形或卵状椭圆形。

分布与生境：海南；广东、福建、江西、湖南、四川。生于山地疏林下阴湿处。

注：手绘图引自广东植物志。

蔓赤车(粗糙楼梯草)(Pellionia scabra)

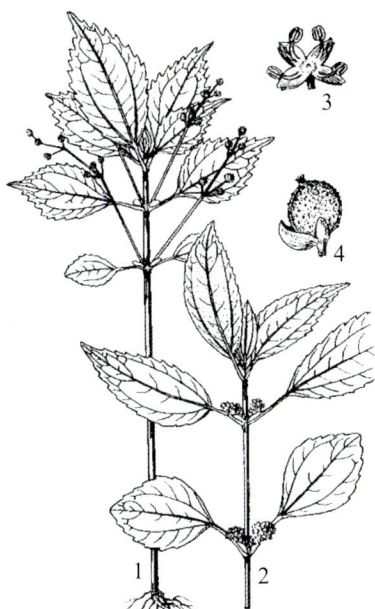

1. 雄植株；2. 雌植株上部；3. 雄花；4. 瘦果。

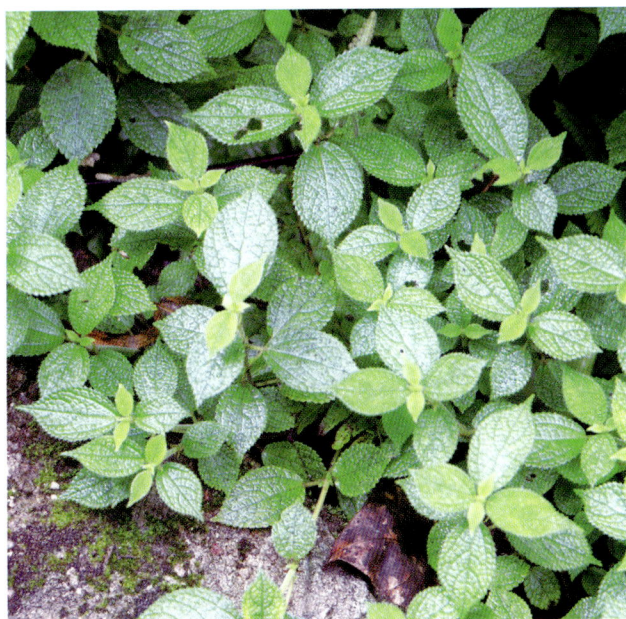

湿生冷水花(Pilea aquarum)

中文名称：短角湿生冷水花

学名：**Pilea aquarum** subsp. **brevicornuta**(Hayata)C. J. Chen, Bull. Bot. Res, Harbin. 2(3): 59. 1982, 中国植物志 23(2): 89(1995), Flora of China 5: 124(2003)

科名：荨麻科 Urticaceae　　**属名**：冷水花属 Pilea Lindl.

形态特征：多年生草本，茎地下部分匍匐，地上部分高 10～50cm；叶卵状披针形或椭圆状披针形，有时卵形，先端渐尖，边缘有圆齿状锯齿；花雌雄异株或同株，雌聚伞花序具梗，一般 5～15（～30)mm；瘦果熟时有短刺状突起。花期 (2～)3～5 月；果期 5～6 月。

野外鉴别关键特征：叶卵状披针形或椭圆状披针形。

分布与生境：海南有分布；福建、广东、广西、贵州、湖南、台湾、云南；日本、越南。

注：手绘图引自贵州植物志。

中文名称：★花叶冷水花

学名：**Pilea cadierei** Gagnepain & Guillemin, Bull. Mus. Natl. Hist. Nat. , sér. 2. 10: 629. 1939, 广东植物志 6: 95(2005), 中国植物志 23(2): 82(1995), Flora of China 5: 97(2003)

科名：荨麻科 Urticaceae　　**属名**：冷水花属 Pilea Lindl.

形态特征：多年生草本或半灌木，无毛，具匍匐根茎。茎肉质，下部多少木质化，高 15～40cm。叶多汁，干时变纸质，同对的近等大，倒卵形，长 2.5～6cm，宽 1.5～3cm，先端骤凸，基部楔形或钝圆，边缘自下部以上有数枚不整齐的浅牙齿或啮蚀状，上面深绿色，中央有 2 条 (有时在边缘也有 2 条) 间断的白斑，下面淡绿色，钟乳体梭形，长 0.3～0.5mm，两面明显，基出脉 3 条，其侧生 2 条稍弧曲，伸达上部与邻近的侧脉环结，二级脉在上部约 3 对，明显，下部的不明显，外向的二级脉数对，在近边缘处环结；叶柄长 0.7～1.5cm；托叶草质，淡绿色，干时变棕色，长圆形，长 1～1.3cm，早落。花雌雄异株；雄花序头状，常成对生于叶腋，花序梗长 1.5～4cm，团伞花簇径 6～10mm；苞片外层的扁圆形，长约 3mm，内层的圆卵形，稍小。雄花倒梨形，长约 2.5mm，梗长 2～3mm；花被片 4，合生至中部，近兜状，外面近先端处有长角状突起，外面密布钟乳体，内面下部疏生绵毛；雄蕊 4；退化雌蕊圆锥形，不明显。雌花长约 1mm；花被片 4，近等长，略短于子房。花期 9～11 月。

分布与生境：海南有栽培；贵州、云南；越南。原产越南。

利用：我国各地温室与中美洲常有栽培供观赏用。

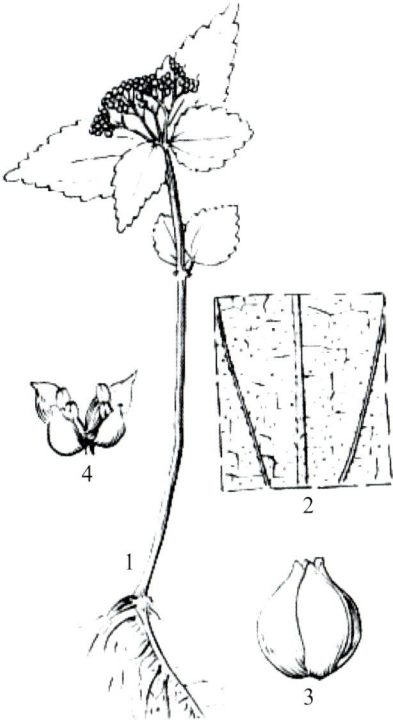

1. 植株；2. 叶背面放大示钟乳体及被毛；
3. 花蕾；4. 雄花。

短角湿生冷水花(Pilea aquarum subsp. brevicornuta)

花叶冷水花(Pilea cadierei)

中文名称：波缘冷水花

学名：**Pilea cavaleriei** Levi. in Repert. Spec. Nov. Regni Veg. 11: 65. 1912, 中国植物志 23(2): 129(1995), Flora of China 5: 113(2003), 广东植物志 6: 91(2005)

科名：荨麻科 Urticaceae　属名：冷水花属 Pilea Lindl.

形态特征：草本，无毛。根状茎匍匐，地上茎直立，多分枝，高 5～30cm，粗 1.5～2.5mm，下部裸露，节间较长，上部节间密集，干时变蓝绿色，密布杆状钟乳体。叶集生于枝顶部，同对的常不等大，多汁，宽卵形、菱状卵形或近圆形，长 8～20mm，宽 6～18mm，先端钝，近圆形或锐尖，基部宽楔形、近圆形或近截形，在近叶柄处常有不对称的小耳突，边缘全缘，稀波状，上面绿色，下面灰绿色，呈蜂巢状，钟乳体仅分布于叶上面，条形，纤细，长约 0.3mm，在边缘常整齐纵行排列一圈，基出脉 3 条，不明显，有时在下面稍隆起，其侧出的 1 对达中部边缘，侧脉 2～4 对，斜伸出，常不明显，细脉末端在下面常膨大呈腺点状；叶柄纤细，长 5～20mm；托叶小，三角形，长约 1mm，宿存。雌雄同株；聚伞花序常密集成近头状，有时具少数分枝，雄花序梗纤细，长 1～2cm，雌花序梗长 0.2～1cm，稀近无梗；苞片三角状卵形，常约 0.4mm。雄花具短梗或无梗，淡黄色，在芽时常约 1.8mm；花被片 4，倒卵状长圆形，内弯，外面近先端几乎无短角突起；雄蕊 4，花丝下部贴生于花被；退化雌蕊小，长圆锥形。雌花近无梗或具短梗，长约 0.5mm；花被片 3，不等大，果时中间 1 枚长圆状船形，边缘薄，干时带紫褐色，中央增厚，淡绿色，长及果的一半，侧生 2 枚较薄，卵形，比长的 1 枚短约 1 倍；退化雄蕊不明显。瘦果卵形，稍扁，顶端稍歪斜，边缘变薄，长约 0.7mm，光滑。花期 5～8 月；果期 8～10 月。

野外鉴别关键特征：叶集生于枝顶部，同对的常不等大，多汁，宽卵形、菱状卵形或近圆形。

分布与生境：霸王岭；福建、广东、广西、贵州、湖北、湖南、江西、四川、浙江；不丹。生于海拔 950m 石上。

利用：全草入药，有解毒消肿之效。

注：手绘图引自广东植物志。

中文名称：长序冷水花（三脉冷水花）

学名：**Pilea melastomoides**(Poiret)Weddell, Ann. Sci. Nat., Bot., sér. 4. 1: 186. 1854, Flora of China 5: 107 (2003). ——Pilea trinervia Wight Icon. Pl. Ind. t. 1973. 1853, 海南植物志 2: 404(1965)

科名：荨麻科 Urticaceae　属名：冷水花属 Pilea Lindl.

形态特征：直立草本或亚灌木，高 0.8～2m。茎无毛，基部多少木质化，少分枝，上部肉质，节密，具棱。叶对生，同对等大，椭圆形、卵状椭圆形或椭圆状披针形，长 9～20cm，宽 4～13cm，顶端渐尖，基部圆形或楔形，边缘有浅细锯齿，两面无毛，钟乳体短线状，上面疏，在下面较长或较密；三基出脉；叶柄长 2～9cm；托叶三角形，长约 2mm。花单性同株或异株；聚伞圆锥花序腋生；雄花序长 15～35cm，具长总花梗；雌花序长达 8cm，其中总花梗长约 3cm；雄花具短梗，花被长约 1mm，下部合生，上部 4 裂，裂片卵形，雄蕊 4 枚，退化雌蕊细小；雌花花被片 3，不等大，居中一片特大，侧边 2 片较小；退化雄蕊 3 枚，不明显。瘦果近球形，长约 1mm，稍压扁，下部具不等大宿存花被片 3。花期 8～9 月；果期 10～11 月。

野外鉴别关键特征：叶对生，同对等大，椭圆形、卵状椭圆形或椭圆状披针形。

分布与生境：琼中；广西、贵州、台湾、西藏、云南；印度、印度尼西亚、斯里兰卡、缅甸、越南。生于中海拔林中。

利用：用于痈疽疮疡、丹毒、无名肿毒、虫蛇咬伤、瘀血肿胀疼痛、跌打损伤、骨折。

注：手绘图引自海南植物志。

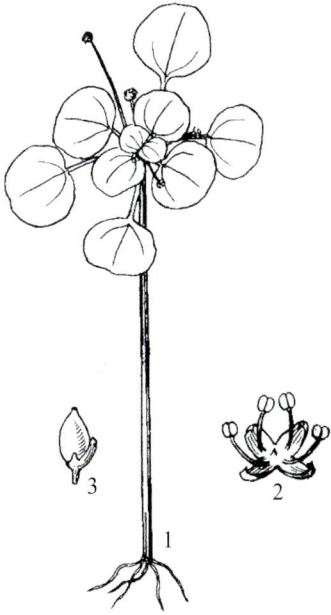

1. 植株；2. 雄花；3. 瘦果及宿存花被。

波缘冷水花(Pilea cavaleriei)

1. 雄花枝；2. 雄花序的一部分；3. 雄花纵切面；
　4. 雌花枝；5. 雌花序的一部分；6. 果。

长序冷水花(三脉冷水花)(Pilea melastomoides)

中文名称：◆小叶冷水花

学名： **Pilea microphylla**(Linn.)Liebm. in Vidensk. Selsk. Skr. 5(2): 302. 1851, 海南植物志 2: 403(1965), 中国植物志 23(2): 148(1995), Flora of China5: 119(2003), 广东植物志 6: 90(2005)

科名：荨麻科 Urticaceae　　**属名**：冷水花属 Pilea Lindl.

形态特征：纤细、肉质小草，高 5～20cm，茎披散，多分枝，密布线状钟乳体。叶极小，对生，同对不等大，倒卵形、椭圆形或匙形，长 4～10mm，宽 2～5mm，顶端钝，基部楔形或渐狭，两面无毛或下面中脉上被柔毛，全缘，钟乳体在上面密，线形，横向整齐排列，在下面不明显；叶脉羽状；叶柄纤细，长 1～3mm；托叶细小，三角形。花单性同株；聚伞圆锥花序单个或成对腋生，长 2～6mm，具短总花梗，分枝多，密集；雄花密集于花序下部分枝，具梗，花被片 4，卵形，长约 0.7mm，顶端具小突尖，雄蕊 4 枚；雌花密集于花序上部，花被片 3，不等大，花后宿存，增大。瘦果卵形，长约 0.5mm，光滑，宿存花被片与果近等长。花、果期几全年。

野外鉴别关键特征：叶极小，对生，同对不等大，倒卵形、椭圆形或匙形。

分布与生境：海南各地常见；我国东部和南部有栽培；原产南美洲热带。常生长于路边石缝和墙上阴湿处。

利用：全草入药，有消炎解毒功效。民间用于拔痈疔肿，治烧伤等。

注：手绘图引自浙江植物志。

中文名称：★冷水花

学名：**Pilea notata** C. H. Wright in J. Linn. Soc., Bot. 26: 470. 1899, 中国植物志 23(2): 114(1995), Flora of China 5: 110(2003), 广东植物志 6: 98(2005)

科名：荨麻科 Urticaceae　　**属名**：冷水花属 Pilea Lindl.

形态特征：多年生草本，具匍匐茎。茎肉质，纤细，中部稍膨大，高 25～70cm，粗 2～4mm，无毛，稀上部有短柔毛，密布条形钟乳体。叶纸质，同对的近等大，狭卵形、卵状披针形或卵形，长 4～11cm，宽 1.5～4.5cm，先端尾状渐尖或渐尖，基部圆形，稀宽楔形，边缘自下部至先端有浅锯齿，稀有重锯齿，上面深绿，有光泽，下面浅绿色，钟乳体条形，长 0.5～0.6mm，两面密布，明显，基出脉 3 条，其侧出的二条弧曲，伸达上部与侧脉环结，侧脉 8～13 对，稍斜展呈网脉；叶柄纤细，长 1 7cm，常无毛，稀有短柔毛；托叶大，带绿色，长圆形，长 8～12mm，脱落。花雌雄异株；雄花序聚伞总状，长 2～5cm，有少数分枝，团伞花簇疏生于花枝上；雌聚伞花序较短而密集。雄花具梗或近无梗，在芽时长约 1mm；花被片绿黄色，4 深裂，卵状长圆形，先端锐尖，外面近先端处有短角状突起；雄蕊 4，花药白色或带粉红色，花丝与药隔红色；退化雌蕊小，圆锥状。瘦果小，圆卵形，顶端歪斜，长近 0.8mm，熟时绿褐色，有明显刺状小疣点突起；宿存花被片 3 深裂，等大，卵状长圆形，先端钝，长及果的约 1/3。花期 6～9 月，果期 9～11 月。

野外鉴别关键特征：叶对生，纸质，同对近等大，卵状披针形、狭卵形或卵形，顶端尾状渐尖或渐尖。

分布与生境：海南有栽培；我国广泛分布；日本。

利用：清热利湿、退黄、消肿散结、健脾和胃。主治湿热黄疸、赤白带下、淋浊、尿血、小儿夏季热、消化不良、跌打损伤、外伤感染。园林观赏，营造小景好材料。

注：彩图由 PPBC/ 喻勋林拍摄。

1. 植株；2. 叶；3. 花。

小叶冷水花(Pilea microphylla)

冷水花(Pilea notata)

中文名称：盾叶冷水花

学名： **Pilea peltata** Hance, Ann. Sci. Nat. , Bot. , sér. 5. 242. 1866, 中国植物志 23(2): 125(1995), Flora of China 5: 112(2003)

科名：荨麻科 Urticaceae　　**属名**：冷水花属 Pilea Lindl.

形态特征：肉质草本，无毛。茎高 5 ～ 27cm，粗 1.5 ～ 4mm，叶常集生于茎顶端，下部裸露，节间长 1 ～ 4cm，不分枝。叶肉质，稍不等大，常盾状着生，近圆形，稀扁圆形，长 1 ～ 4.5(～ 7)cm，宽 1 ～ 3.5(～ 4)cm，先端锐尖或钝，基部心形、微缺或圆形，稀截形，边缘自下部有时自基部以上有数枚圆齿，基出脉 3 条，侧出的 1 对弧曲达中上部，外向的二级脉 5 ～ 7 对，其最下的 2 对较明显，侧脉数对，斜展，常不明显，细脉末端常有腺点；叶柄长 0.6 ～ 4.5cm；托叶三角形，长约 1mm，宿存。雌雄同株或异株；团伞花序由数朵花紧缩而成，数个稀疏着生于单一的序轴上，呈串珠状，雄花序长 3 ～ 4cm，其中花序梗长 1 ～ 1.7cm，雌花序长 1 ～ 2.5cm，其中花序梗 0.5 ～ 1cm；苞片披针形，长约 0.4mm。雄花具短梗或无梗，淡黄绿色，在芽时长约 1.5mm；花被片 4，幼时帽状，先端有一长而稍扁的角状突起，熟时变兜形，外面近先端有角状突起，外面上部有明显的钟乳体；雄蕊 4，花丝下部与花被片贴生；退化子房极小，长圆形。雌花近无梗；花被片 3，不等大，果时中间 1 枚船形，长及果的近 1/2，侧生的 2 枚卵形，比中间的 1 枚短 1 ～ 2 倍；退化雄蕊长圆形，与短的花被片近等长。瘦果卵形，果时扁，顶端歪斜，长约 0.6mm，棕褐色，光滑，边缘内有 1 圈不明显的条纹。花期 6 ～ 8 月；果期 8 ～ 9 月。

野外鉴别关键特征：叶肉质，稍不等大，常盾状着生，近圆形。

分布与生境：保亭、昌江；广东、广西、湖南。生于裸露石灰山山顶。

注：手绘图引自广东植物志。

中文名称：石筋草（全缘冷水花）

学名： **Pilea plataniflora** C. H. Wright in J. Linn. Soc., Bot. 26: 477. 1899, 海南植物志 2: 403(1965), 中国植物志 23(2): 110(1995), Flora of China 5: 108(2003), 广东植物志 6: 96(2005)

科名：荨麻科 Urticaceae　　**属名**：冷水花属 Pilea Lindl.

形态特征：多年生草本，无毛，根茎长，匍匐生。茎肉质，高 10 ～ 70cm，粗 1.5 ～ 5mm，常被灰白色蜡质。叶薄纸质或近膜质，同对的不等大或近等大，形状大小变异很大，卵形、卵状披针形、椭圆状披针形、卵状或倒卵状长圆形，长 1 ～ 15cm，宽 0.6 ～ 5cm，先端尾状渐尖或长尾状渐尖，基部常偏斜，圆形、浅心形或心形，有时变狭近楔形，边缘稍厚，全缘，有时波状，基出脉 3(～ 5) 条，其侧出的 1 对弧曲，伸达近先端网结或消失，侧脉多数；叶柄长 0.5 ～ 7cm；托叶很小，三角形，长 1 ～ 2mm，渐脱落。花雌雄同株或异株，有时雌雄同序；花序聚伞圆锥状，有时仅有少数分枝，呈总状，雄花序稍长过叶或近等长，花序梗长，纤细，团伞花序疏松着生于花枝上；雌花序在雌雄异株时常聚伞圆锥状，花序梗长，纤细，团伞花序较密地着生于花枝上，在雌雄同株时，常仅有少数分枝，呈总状，与叶柄近等长，花序梗较短。雄花带绿黄色或紫红色，近无梗，在芽时长约 1.5mm；花被片 4，合生至中部，倒卵形，内凹，外面近先端有短角突起；雄蕊 4；退化雌蕊极小，圆锥形。雌花带绿色，近无梗；花被片 3，不等大，果时中间 1 枚卵状长圆形，背面增厚略呈龙骨状，长及果的 1/2 或更长；侧生的 2 枚三角形，稍增厚，比长的 1 枚短 1/2 或更长，退化雄蕊椭圆状长圆形，略长过短的花被片。瘦果卵形，长 0.5 ～ 0.6mm，熟时深褐色，有细疣点。花期 (4 ～)6 ～ 9 月；果期 7 ～ 10 月。

野外鉴别关键特征：叶片先端尾状渐尖或长尾状渐尖，基出脉 3(～ 5) 条，其侧出的 1 对弧曲，伸达近先端网结或消失，侧脉多数。

分布与生境：白沙；甘肃、广西、湖北、陕西、台湾、越南；泰国、越南。生于密林中。

利用：全草入药，有舒筋活血、消肿和利尿之效。

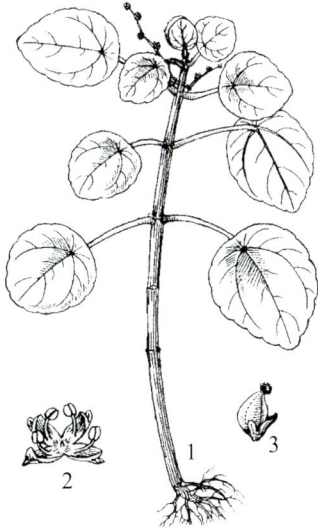

1. 植株；2. 雄花；3. 雌花。

盾叶冷水花(Pilea peltata)

石筋草(全缘冷水花)(Pilea plataniflora)

中文名称：粗齿冷水花

学名：Pilea sinofasciata C. J. Chen in Bull. Bot. Res., Harbin. 2(3): 85. 1982, 中国植物志 23(2): 114(1995), Flora of China 5: 110(2003), 广东植物志 6: 95(2005)

科名：荨麻科 Urticaceae　**属名：**冷水花属 Pilea Lindl.

形态特征：草本。茎肉质，高 25 ～ 100cm，有时上部有短柔毛，几乎不分枝。叶同对近等大，椭圆形、卵形、椭圆状或长圆状披针形、稀卵形，长 (2 ～)4 ～ 17cm，宽 2 ～ 7cm，先端常长尾状渐尖，稀锐尖或渐尖，基部楔形或钝圆形，边缘在基部以上有粗大的牙齿或牙齿状锯齿；下部的叶常渐变小，倒卵形或扇形，先端锐尖或近圆形，有数枚粗钝齿，上面沿着中脉常有 2 条白斑带，疏生透明短毛，后渐脱落，下面近无毛或有时在脉上有短柔毛，基出脉 3 条，其侧生的 2 条与中脉呈 20° ～ 30° 度的夹角并伸达上部与邻近侧脉环结，侧脉下部的数对不明显，上部的 3 ～ 4 对明显增粗结成网状；叶柄长 (0.5 ～)1 ～ 5cm，在其上部常有短毛，有时整个叶柄生短柔毛；托叶小，膜质，三角形，长约 2mm，宿存。花雌雄异株或同株；花序聚伞圆锥状，具短梗，长不过叶柄。雄花具短梗，在芽时长 1 ～ 1.5mm；花被片 4，合生至中下部，椭圆形，内凹，先端钝圆，其中 2 枚在外面近先端处有不明显的短角状突起，有时（尤其在花芽时）有较明显的短角；雄蕊 4；退化雌蕊小，圆锥状。雌花小，长约 0.5mm；花被片 3，近等大。瘦果圆卵形，顶端歪斜，长约 0.7mm，熟时外面常有细疣点，宿存花被片在下部合生，宽卵形，先端钝圆，边缘膜质，长及果的约一半；退化雄蕊长圆形，长约 0.4mm。花期 6 ～ 7 月；果期 8 ～ 10 月。

野外鉴别关键特征：叶先端常长尾状渐尖，稀锐尖或渐尖，基部楔形或钝圆形，边缘在基部以上有粗大的牙齿或牙齿状锯齿。

分布与生境：保亭；甘肃、安徽、广东、广西、贵州、湖北、江西、四川、浙江；印度、泰国。生于林下溪边。

利用：全草入药，有祛风、活血功效。

注：手绘图引自安徽植物志；彩图由 PPBC / 徐洲锋拍摄。

中文名称：刺果冷水花

学名：Pilea spinulosa C. J. Chen in Bull Bot. Res., Harbin. 2(3): 48. 1982, 中国植物志 23(2): 77(1995), Flora of China 5: 95(2003)

科名：荨麻科 Urticaceae　**属名：**冷水花属 Pilea Lindl.

形态特征：多年生草本或半灌木，无毛。茎高 30 ～ 100cm，干时淡绿色，密布钟乳体。叶薄纸质，狭披针形，长 7 ～ 15cm，宽 2 ～ 4.5cm，先端渐尖或长渐尖，基部圆形或微缺，边缘自下部以上有浅圆齿，干时上面淡绿色或淡褐色，下面较淡，叶脉在下面明显隆起，在上面微凹陷，基出脉 3 条，侧生 1 对达先端齿尖，侧脉约 10 对，近横展，外向的二级脉在下部近边缘处网结，上部的伸入齿尖；叶柄长 1 ～ 4cm；托叶草质，长圆形，长约 1cm，早落。雌雄异株，聚伞花序，成对生于叶腋，雄的 2 ～ 3 回二歧分枝，长 1 ～ 1.5cm，下部苞片较大，长圆形，长约 2mm，上部苞片较小，卵形，长约 1mm；雌的 3 ～ 4 回二歧分枝，长约 1.5cm。雄花近无梗，在芽时长约 1.2mm；花被片 4，卵状长圆形，在外面近先端处常有不明显的短角；雄蕊 4，花药肾形；退化雌蕊圆柱状，长约 0.3mm，被绵毛。雌花具短梗，花被片 4，近等大，三角状卵形，较子房稍短，退化雄蕊小；子房卵形。瘦果卵形，稍扁，微偏斜，长约 1mm，熟时外面疏生小的刺状突起，近边缘处有白色杆状钟乳体；宿存花被片长为果的 1/3，增厚，有钟乳体；退化雄蕊在果时长过花被片。花期 3 ～ 4 月；果期 5 ～ 6 月。

野外鉴别关键特征：叶薄纸质，基出脉 3 条，侧生 1 对达先端齿尖，侧脉约 10 对。

分布与生境：乐东；广东、广西；越南。

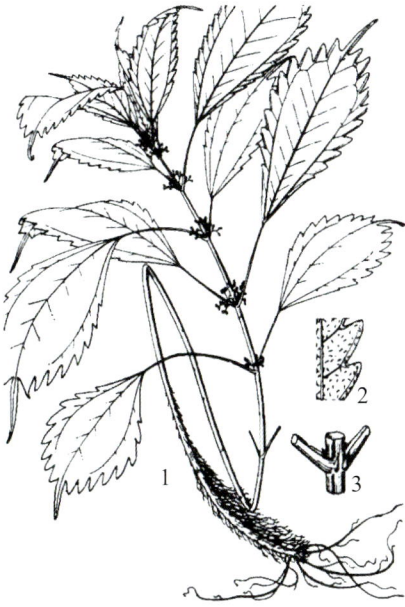

1. 植株；2. 叶片局部(示钟乳体)；
3. 茎节(示托叶)。

粗齿冷水花(Pilea sinofasciata)

刺果冷水花(Pilea spinulosa)

中文名称： ▲ 小齿冷水花

学名： **Pilea subedentata** C. J. Chen in Bull. Bot. Res., Harhin. 2(3): 79. 1982, 中国植物志 23(2): 10(1995), Flora of China 5: 108(2003), 广东植物志 6: 95(2005)

科名： 荨麻科 Urticaceae　**属名：** 冷水花属 Pilea Lindl.

形态特征： 草本，无毛。茎肉质，直立，高 30～40cm。叶膜质，在同对的不等大，狭卵形至卵状披针形，稍偏斜，长 5～13cm，宽 2～5cm，先端尾状渐尖，基部钝圆，常有小耳突，边缘全缘，仅在近先端处有 2 枚不明显的小齿，钟乳体纤细，杆状，长 0.1～0.2mm，两面明显，基出脉 3 条，其侧面 2 条弧曲，伸达先端齿尖，侧脉多数，细而不明显，横向结成网，向外伸出的二级脉在边缘彼此网结并稍加厚；叶柄长 1.5～6cm；托叶小，三角形，长 1～2mm，近宿存。花雌雄同株或异株；雄花序生于上部叶腋，聚伞圆锥状，长 9～13cm，具少数分枝，宽 3～4cm，花序梗纤细，长 6～8cm；雌花序聚伞圆锥状，长 3.5～8cm，具少数分枝，花序梗纤细，长 2.5～5cm。雄花近无梗，在芽时长 1mm；花被片与雄蕊 4；退化雌蕊小。雌花小，长约 0.7mm；花被片 3，不等大，在果时增大，中间的 1 枚最长，长圆形，长及果的 2/3，侧生 2 枚极小，三角形；退化雄蕊菱状长圆形，长 0.3～0.6mm。瘦果卵形，稍歪斜，略扁，长约 1mm，熟时有粗疣状突起。花期 10 月；果期 11～12 月。

野外鉴别关键特征： 叶膜质，在同对的不等大，狭卵形至卵状披针形，稍偏斜，先端尾状渐尖，基部钝圆，常有小耳突，边缘全缘。

分布与生境： 特有种，霸王岭、尖峰岭。生于海拔 450～560m 的山谷、水旁石上。

注： 标本引自华南植物园。

中文名称： 海南冷水花

学名： **Pilea tsiangiana** Metc. in Lingnan Sci. J. 15: 633, pl. 26. 1936, 海南植物志 2: 404(1965), 中国植物志 23(2): 78(1995), Flora of China 5: 96(2003), 广东植物志 6: 97(2005)

科名： 荨麻科 Urticaceae　**属名：** 冷水花属 Pilea Lindl.

形态特征： 半灌木，无毛。茎高 30～100cm，干时淡绿色，密布短杆状钟乳体。叶同对近等大，薄纸质，椭圆形或卵形，长 5～14cm，宽 3.5～7.5cm，基部宽楔形、圆形或微缺，先端急尖或渐尖，边缘自下部以上有浅锯齿，两面干后淡绿色，有时变绿褐色，钟乳体纺锤形，长 0.4～0.5mm，两面密布，基出脉 3 条，在下面显著隆起，在上面凹陷，其侧生的 1 对弧曲，达近先端齿尖，侧脉 8～10 对，横向开展，外向二级脉 10 余条，横出，在近边缘处彼此网结；叶柄在同对的近等长，长 1～3.5cm，密布钟乳体；托叶，草质，长圆形，长 6～8mm，早落。雌雄异株或同株，有时雌雄花混生，花序成对生于叶腋，雄的聚伞总状，长 2～4.5cm，团伞花簇稀疏排列于花枝上；雌的呈二歧聚伞状分枝，长约 1.5cm。雄花具梗，长约 1.5mm；花被片 4，卵形，外面近先端处有短角，红褐色，有时带绿色，密生钟乳体；雄蕊 4，花药肾形，有紫红色横向条纹，药隔深紫红色，基部围以稀疏绵毛；退化雌蕊近圆柱形，长约 0.3mm。雌花近无梗，长近 1mm。瘦果圆卵形，压扁，几不偏斜，长约 2mm，表面密生紫褐色斑点，宿存花被片 4，三角状卵形，长约及果的 1/4，外面被钟乳体。花期 8～10 月；果期 11 月至翌年 1 月。

野外鉴别关键特征： 叶基部宽楔形、圆形或微缺，先端急尖或渐尖。基出脉 3 条，在下面显著隆起，在上面凹陷，其侧生的一对弧曲，达近先端齿尖，侧脉 8～10 对，横向开展，外向二级脉 10 余条，横出。

分布与生境： 儋州、保亭、三亚；广西；越南。生于溪边。

利用： 治痈疽溃疡、疔疮痈肿。

小齿冷水花(**Pilea subedentata**)

海南冷水花(**Pilea tsiangiana**)

中文名称： ▲ 离基脉冷水花

学名：Pilea verrucosa var. **subtriplinervia** C. J. Chen, Bull. Bot. Res, Harbin. 2(3): 56. 1982. 中国植物志 23(2): 85(1995), Flora of China 5: 100(2003), 广东植物志 6: 94(2005)

科名： 荨麻科 Urticaceae **属名：** 冷水花属 Pilea Lindl.

形态特征： 叶近膜质，狭椭圆形至椭圆状披针形，长 7～8cm，宽 3～7cm，基部楔形，稀钝形，边缘常具锐锯齿，具离基三出脉，上面无毛或幼时疏生短毛，干时铜绿色或褐绿色，钟乳体纺锤形，长约 3mm，两面明显；叶柄长 1.5～7cm；雌雄同株或异株；瘦果长 0.8mm，有细疣点状突起。花期 9 月；果期 10 月至翌年 1 月。

分布与生境： 特有种，东方、乐东、保亭、万宁。生于海拔 400～600m 的山谷水旁石上。

利用： 盆栽观赏。

注： 彩图引自：http://a3.att.hudong.com/55/60/01300001169625130595603762310_s.jpg.

中文名称： 落尾木

学名：Pipturus arborescens(Link)C. B. Robinson, Philipp. J. Sci. , C. 6: 13. 1911, 中国植物志 23(2): 375 (1995), Flora of China 5: 181(2003)

科名： 荨麻科 Urticaceae **属名：** 落尾木属 Pipturus Wedd.

形态特征： 常绿灌木或小乔木。小枝、叶柄、叶片下面和花序轴均被银白色柔毛。叶卵形，长 6～13cm，宽 4～7cm，先端渐尖或短尾状渐尖，基部圆形或楔形，边缘有细锯齿，上面疏生糙伏毛，粗糙，基出 3 脉，侧脉 3～4 对，各级脉在下面显著隆起，在上面稍平坦，密布点状钟乳体；叶柄长 1.5～5cm；托叶卵形，先端急尖，外面密被白色柔毛。花序雌雄异株，团伞花序呈球状，生于叶腋。雄花被片 4～5，卵形，外面密被微毛，雄蕊 4～5；雌花被片合生呈管状，卵形，在基部的一侧稍膨大，顶端有 4～5 齿，外面密被细茸毛。瘦果卵形，由稍肉质花被包裹。花期 4～6 月。

野外鉴别关键特征： 小枝、叶柄（多为红色）、叶片下面和花序轴均被银白色柔毛。叶卵形，先端渐尖或短尾状渐尖，基部圆形或楔形，边缘有细锯齿，上面疏生糙伏毛，粗糙，基出 3 脉，侧脉 3～4 对。

分布与生境： 南沙群岛有分布记录；台湾；菲律宾、日本、热带亚洲、澳大利亚及太平洋岛屿。生于海边林中。

利用： 茎皮纤维可作为代麻原料。

离基脉冷水花(**Pilea verrucosa** var. **subtriplinervia**)

落尾木(**Pipturus arborescens**)

中文名称： 红雾水葛

学名： **Pouzolzia sanguinea**(Bl.)Merr. in Journ. As. Soc. Straits lxxxiv. spec. no: 233. 1921，中国植物志23(2): 358(1995)，Flora of China 5: 176(2003)，广东植物志6: 83(2005). ——Pouzolzia viminea(Wall.)Wedd. in DC. Prodr. 16(1): 228. 1869，海南植物志2: 416(1965)

科名： 荨麻科 Urticaceae　　**属名：** 雾水葛属 Pouzolzia Gaudich.

形态特征： 亚灌木或灌木，高0.5～1.5(～3)m。茎具棱，干时紫红色，密被短柔毛。叶互生，纸质，卵状披针形、椭圆状卵形、披针形或线状披针形，长6～13cm，宽2～4cm，顶端渐尖，基部圆形或宽楔形，边缘有多数锯齿，上面干时棕红色或灰绿色，密被短伏毛，背面棕灰色，脉上被短粗毛，钟乳体细，点状；三基出脉；叶柄长1～3cm。花单性同株，雌雄花混杂排成腋生的团伞花序，宽2～5mm；总苞片2，钻形，长达4mm；雄花近无梗，花被下部合生，长约1.5mm，上部4裂，外被短硬毛；雄蕊4枚，退化雌蕊小，被短柔毛；雌花花被管长1～1.2mm，2～4裂齿，外被短硬毛，花后宿存，增大，子房藏于花被管内，花柱外伸。瘦果藏于宿存花被管内，椭圆形，长约1.5mm。花、果期5～8月。

野外鉴别关键特征： 茎具棱，干时紫红色，密被短柔毛。

分布与生境： 海南有分布；广西、广东、四川、台湾、云南；不丹、印度、印度尼西亚、老挝、马来西亚、缅甸、尼泊尔、泰国、越南。

利用： 茎皮纤维可用于制绳、织麻袋等。

中文名称： 雾水葛

学名： **Pouzolzia zeylanica**(Linn.)Benu. Pl. Jav. Rar. 67. 1838，海南植物志2: 417(1965)，中国植物志23(2): 364(1995)，Flora of China 5: 177(2003)，广东植物志6: 83(2005).

科名： 荨麻科 Urticaceae　　**属名：** 雾水葛属 Pouzolzia Gaudich.

形态特征： 多年生草本；茎劲立或渐升，高12～40cm，不分枝，通常在基部或下部有1～3对对生的长分枝，枝条不分枝或有少数极短的分枝，有短伏毛，或混有开展的疏柔毛。叶全部对生，或茎顶部的对生；叶片草质，卵形或宽卵形，长1.2～3.8cm，宽0.8～2.6cm，短分枝的叶很小，长约6mm，顶端短渐尖或微钝，基部圆形，边缘全缘，两面有疏伏毛，或有时下面的毛较密，侧脉1对；叶柄长0.3～1.6cm。团伞花序通常两性，直径1～2.5mm；苞片三角形，长2～3mm，顶端骤尖，背面有毛。雄花有短梗：花被片4，狭长圆形或长圆状倒披针形，长约1.5mm，基部稍合生，外面有疏毛；雄蕊4，长约1.8mm，花药长约0.5mm；退化雌蕊狭倒卵形，长约0.4mm。雌花：花被椭圆形或近菱形，长约0.8mm，顶端有2小齿，外面密被柔毛，果期呈菱状卵形，长约1.5mm；柱头长1.2～2mm。瘦果卵球形，长约1.2mm，淡黄白色，上部褐色，或全部黑色，有光泽。花期秋季。

野外鉴别关键特征： 三出脉，两侧基出脉伸达叶片中部以上，中部为羽状脉，每边有侧脉1～2条，网脉不明显。

分布与生境： 澄迈、儋州、昌江、东方、万宁、乐东、保亭、三亚；安徽、福建、广东、广西、湖北、湖南、江西、四川、台湾、云南；亚洲东南部。生于低海拔至高海拔的旷野、林中或路旁。

利用： 清热解毒、健脾、止血。治疗疮、痈肿、瘰疬、痢疾、妇女白带、小儿疳积、吐血、外伤出血。

注： 手绘图引自广东植物志。《中国植物志》描写：叶全部对生，或茎顶部的对生，《广东植物志》描写为叶对生（如手绘图），《海南植物志》描写为叶互生，或下部有时对生。我们拍摄的图片如《广东植物志》上的描写。

红雾水葛(Pouzolzia sanguinea)

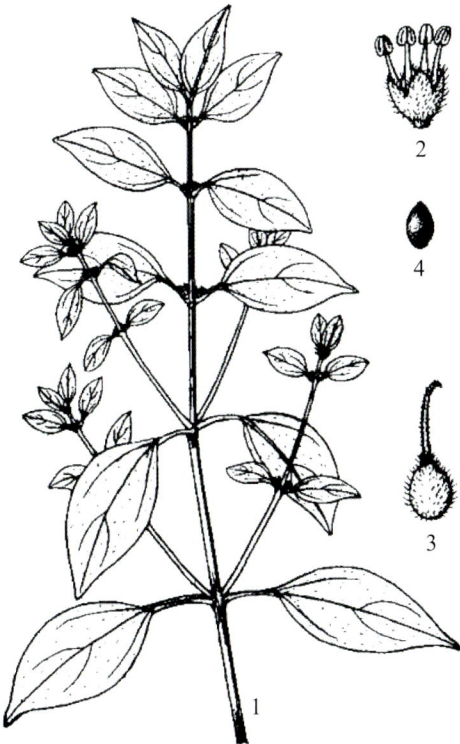

1.植株上部；2.雄花；3.雌花；4.瘦果。

雾水葛(Pouzolzia zeylanica)

中文名称：多枝雾水葛

学名：**Pouzolzia zeylanica** var. **microphylla**(Weddell)Masam. in Kudo & Masam. , Annual Rep. Taihoku Bot. Gard. 2: 37. 1932, 中国植物志 23(2): 365(1995), Flora of China 5: 177(2003)

科名：荨麻科 Urticaceae   **属名**：雾水葛属 Pouzolzia Gaudich.

形态特征：与雾水葛的区别，多年生草本或亚灌木，常铺地，长 40 ～ 100(～ 200)cm，多分枝，末回小枝常多数，互生，长 2 ～ 10cm，生有很小的叶片 (长约 5mm)；茎下部叶对生，上部叶互生，分枝的叶通常全部互生或下部的对生，叶形变化较大，卵形、狭卵形至披针形。

野外鉴别关键特征：多分枝，末回小枝常多数，互生，茎下部叶对生，上部叶互生。

分布与生境：海南各地分布；福建、广东、广西、江西、台湾、云南。生于田边、村边、沟边、疏林下或灌丛中。

利用：用于治疗疖疮炎肿。

中文名称：藤麻

学名：**Procris crenata** C. B. Robinson, Philipp. J. Sci. , C. 5: 507. 1911, Flora of China 5: 163(2003). ——Procris wightiana Wall. ex Wedd. in Arch. Mus. Hist. Nat. Paris. 9: 336. 856, 海南植物志 2: 419(1965), 中国植物志 23(2): 317(1995), 广东植物志 6: 87(2005)

科名：荨麻科 Urticaceae   **属名**：藤麻属 Procris Comm. ex Juss.

形态特征：多年生草本。茎肉质，高 30 ～ 80cm，不分枝或分枝，无毛。叶生茎或分枝上部，无毛；叶片两侧稍不对称，狭长圆形或长椭圆形，长 (4. 5 ～)8 ～ 20cm，宽 (1.5 ～)2.2 ～ 4.5cm，顶端渐尖，基部渐狭，边缘中部以上有少数浅齿或波状，钟乳体稍明显或明显，长 0.1 ～ 0.3mm，侧脉每侧 5 ～ 8 条；叶柄长 1.5 ～ 12mm；托叶极小，卵形，脱落。退化叶狭长圆形或椭圆形，长 5 ～ 17mm，宽 1.5 ～ 7mm。雄花序通常生于雌花序之下，簇生，有短丝状花序梗，有少数花。雄花五基数；花被片长圆形或卵形，长约 1.5mm，顶端之下有短角状突起。雌花序簇生，有短而粗的花序梗，或有时无梗，直径 1.5 ～ 3mm，有多数花；花序托半圆球形，无毛，无苞片；小苞片倒卵形或椭圆形，长约 0.4mm，无毛。雌花无梗；花被片约 4 枚，船形椭圆形，长约 3.5mm，无毛；子房椭圆形、长约 0.3mm，柱头小。瘦果褐色，狭卵形，扁，长 0.6 ～ 0.8mm，常有多数小条状突起或近光滑。

野外鉴别关键特征：叶片两侧稍不对称，狭长圆形或长椭圆形，顶端渐尖，基部渐狭，边缘中部以上有少数浅齿或波状，侧脉每侧 5 ～ 8 条。

分布与生境：儋州、白沙、昌江、琼中、保亭及三亚；广东、广西、台湾、云南、贵州；亚洲及非洲热带地区。生于中海拔至高海拔密林下溪边岩石上。

利用：清热解毒、散瘀消肿。外用治无名肿毒、烧烫伤、跌打损伤、骨折。

注：手绘图引自广东植物志。

多枝雾水葛(Pouzolzia zeylanica var. microphylla)

1. 果枝；2. 果序；3. 瘦果。

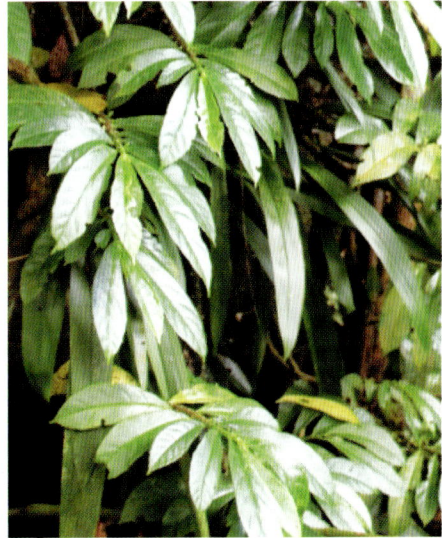

藤麻(Procris crenata)

中文名称：满树星

学名：**Ilex aculeolata** Nakai, Bot. Mag.(Tokyo). 44: 13. 1930, 中国植物志 45(2): 261(1999), 广东植物志 5: 411(2003), Flora of China 11: 437(2008)

科名：冬青科 Aquifoliaceae　　**属名**：冬青属 Ilex Linn.

形态特征：落叶灌木，高 1 ～ 3(4)m；小枝栗褐色，有长枝和短枝，长枝纤细，被基部增粗的短柔毛，具多而显著的皮孔，短枝长 3 ～ 5mm，多皱，具宿存的芽鳞和叶痕。叶在长枝上互生，在短枝上，1 ～ 3 枚簇生于顶端，叶片膜质或薄纸质，倒卵形，长 2 ～ 5(～ 6)cm，宽 1 ～ 3(～ 3.5)cm，先端急尖或极短的渐尖，稀钝，基部楔形且渐尖，边缘具锯齿，叶面绿色，背面淡绿色，幼时两面及脉上疏被短柔毛，后变近无毛，主脉在叶面稍凹陷，在背面突起，侧脉 4 ～ 5 对，在上面平坦，背面凸起，于叶缘附近网结，网状脉不明显；叶柄长 5 ～ 11mm，上面具狭槽，被短柔毛；托叶微小，三角形，宿存。花序单生于长枝的叶腋内或短枝顶部的鳞片腋内；花白色，芳香，4 或 5 基数。雄花序具 1 ～ 3 花，总花梗长 0.5 ～ 2mm，花梗长 1.5 ～ 3mm，无毛；花冠辐状，直径约 7mm，花瓣圆卵形，直径约 3mm，啮蚀状，具稀疏的缘毛，基部稍合生；雄蕊 4 或 5，花药长圆形；不育子房卵球形，具短喙且浅裂。雌花单花生于短枝鳞片腋内或长枝叶腋内，花梗长 3 ～ 4mm，基部具 2 枚具缘毛的小苞片；花萼与花冠同雄花；退化雄蕊长为花瓣的 2/3，败育花药箭头状；子房卵球形，直径约 1.5mm，柱头厚盘状，4 浅裂。果球形，直径约 7mm。花期 4 ～ 5 月；果期 6 ～ 9 月。

野外鉴别关键特征：有长枝和短枝，长枝纤细，短枝长 3 ～ 5mm，多皱，具宿存的芽鳞和叶痕。叶在长枝上互生，在短枝上，1 ～ 3 枚簇生于顶端。

分布与生境：海口等地；福建、广东、广西、贵州、湖北、湖南、江西、浙江。生于山谷、路旁疏林或灌丛中。

利用：本种之根皮入药，有清热解毒、止咳化痰之功效。种子含油 11.5%，可榨油。

注：手绘图引自贵州植物志。

中文名称：棱枝冬青

学名：**Ilex angulata** Merr. & Chun in Sunyatsenia. 2: 266. 1935, 海南植物志 2: 428(1965), 中国植物志 45(2): 47(1999), 广东植物志 5: 388(2003), Flora of China 11: 381(2008)

科名：冬青科 Aquifoliaceae　　**属名**：冬青属 Ilex Linn.

形态特征：常绿小乔木，树皮灰白色；小枝（有时紫黑色）有明显的棱，被短柔毛或近无毛。叶纸质或膜质，椭圆形、长椭圆形或披针形，基部楔形或急尖，顶端渐尖，全缘，有时在顶端附近具少数疏小齿，中脉上面凹陷，侧脉每边 5 ～ 7 条；托叶微细。聚伞花序单生于当年生枝的叶腋内；总花梗被短柔毛，有花 1 ～ 3 朵；苞片三角形，被短柔毛。雄花桃红色，通常 3 花聚生；花萼膜质，深 5 裂，有时 6 裂，萼片近卵形或圆形，顶端圆或钝；花瓣卵圆形，基部稍连生；雄蕊长约花瓣的 3/4；退化子房球形。果红色，椭圆形，具宿存花柱及盘状柱头；果梗微红色，被短柔毛；分核 5 或 6，间有 4 颗。花期 4 月；果期 7 ～ 11 月。

野外鉴别关键特征：树皮灰白色；小枝（有时紫黑色）有明显的棱。

分布与生境：霸王岭、吊罗山、尖峰岭；广西。生于低海拔至中海拔的疏林或密林中。

利用：清热解毒、降脂浊、消肿、通经活络。用于高血压症、血脂增高、口疮、疖肿、咽喉痛。

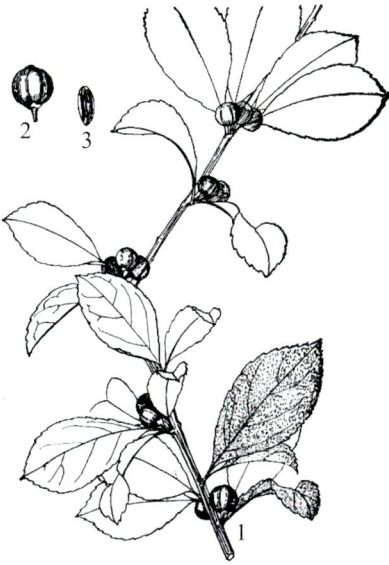

1. 果枝；2. 果实；3. 分核背面。

满树星(Ilex aculeolata)

棱枝冬青(Ilex angulata)

中文名称：★梅叶冬青

学名：**Ilex asprella**(Hook. et Arn.)Champ. ex Benth. Synonym. —— Ilex merrillii Briq.; Prinos asprellus Hook. et Arn. ——Ilex axyphylla Mig. ——Ilex asprella var. gracilipos(Merr.)Loes.

科名：冬青科 Aquifoliaceae　属名：冬青属 Ilex Linn.

形态特征：落叶灌木，高达 3m；具长枝和宿短枝，长枝纤细，栗褐色，无毛，具淡色皮孔，短枝多皱，具宿存的鳞片和叶痕。叶膜质，在长枝上互生，在缩短枝上，1～2 枚或 3～4 枚簇生于枝顶，卵形或卵状椭圆形，长 (3～)4～6(～7)cm，宽 (1.5～)2～3.5cm，先端尾状渐尖，尖头长 6～10mm，基部钝至近圆形，边缘具锯齿，叶面绿色，被微柔毛，背面淡绿色，无毛，主脉在叶面下凹，在背面隆起，侧脉 5～6 对，在叶面平坦，在背面凸起，拱形上升并于近叶缘处网结，网状脉两面可见；叶柄长 3～8mm，上面具槽，下面半圆形，无毛；托叶小，胼胝质，三角形，宿存。雄花序：2 或 3 花呈束状或单生于叶腋或鳞片腋内，位于腋芽与叶柄之间；花梗长 4～6(～9)mm；花 4 或 5 基数；花萼盘状，直径 2.5～3mm，无毛，裂片 4～5，阔三角形或圆形，啮蚀状具缘毛；花冠白色，辐射状，直径约 6mm，花瓣 4～5，近圆形，直径约 2mm，稀具缘毛，基部合生；雄蕊 4 或 5，花丝长约 1.5mm，花药长圆形，长约 1mm；败育子房叶枕状，中央具短喙。雌花序：单生于叶腋或鳞片腋内，花梗长 1～2cm，无毛；花 4～6 基数；花萼直径约 3mm，4～6 深裂，裂片边缘具缘毛；花冠辐射状，花瓣近圆形，直径 2mm，基部合生；退化雄蕊长约 1mm，败育花药箭头状；子房卵球状，直径约 1.5mm，花柱明显，柱头厚盘状。果球形，直径 5～7mm，熟时变黑色，具纵条纹及沟，基部具平展的宿存花萼，花萼具缘毛，顶端具头状宿存柱头，花柱略明显，具分核 4～6 粒。分核倒卵状椭圆形，长 5mm，背部宽约 2mm，背面具 3 条脊和沟，侧面几平滑，腹面龙骨突起锋利，内果皮石质。花期 3 月，果期 4～10 月。

野外鉴别关键特征：具长枝和宿短枝，长枝纤细，栗褐色，无毛，叶膜质，在长枝上互生，在缩短枝上，1～2 枚或 3～4 枚簇生于枝顶，卵形或卵状椭圆形，先端尾状渐尖，基部钝至近圆形，边缘具锯齿。

分布与生境：海南有栽培。浙江、江西、福建、台湾、湖南、广东、广西及香港等地；菲律宾也有。生于海拔 400～1000m 的山地疏林中或路旁灌丛中。

用途：本种的根、叶入药，有清热解毒、生津止渴、消肿散瘀之功效。叶含熊果酸，对冠心病、心绞痛有一定疗效；根加水在锈铁上磨汁内服，能解砒霜和毒菌中毒。

注：手绘图引自浙江植物志；彩图由 PPBC/ 徐晔春拍摄。

中文名称：两广冬青

学名：**Ilex austrosinensis** C. J. Tseng, Act. Phytotax. Sin. 22: 415. 1984, Flora of China 11: 407(2008), 中国植物志 45(2): 152(1999), 广东植物志 5: 397(2003)

科名：冬青科 Aquifoliaceae　属名：冬青属 Ilex Linn.

形态特征：常绿乔木或灌木，高 3～12m；幼枝纤细，具条纹，褐色，被微柔毛或近无毛；顶芽卵形，长 1mm，被微柔毛。叶片革质或薄革质，长圆形、椭圆状长圆形或卵状椭圆形，长 5～10cm，宽 2～4cm，先端渐尖，渐尖头长 6～10mm，基部圆形或钝，边缘具疏散的细锯齿或近全缘，干时叶面绿色或橄榄绿色，除沿主脉被微柔毛外，两面无毛，主脉在叶面隆起、近平坦或下面的一半隆起，向上的一段逐渐近平坦，侧脉 7～9 对，在两面近隆起，网状脉上面不明显，背面明显；叶柄长 5～10mm，上面下部具槽，被微柔毛。雄花序被微柔毛，簇生于叶腋内或排列成总状，每聚伞花序具 1～3 花，总花梗长 3mm，苞片三角状卵形，花梗长 2～3mm，小苞片着生于中部以下；花 4 基数，花萼杯状，裂片卵形或半圆形；花瓣长圆形，基部 1/4 合生，具缘毛；雄蕊短于花瓣；败育子房 4 裂，具瘤状突起。雌花序簇生于叶腋内，被微柔毛，聚伞花序具 1～3 花，总花梗长 1～2mm，花梗长 3～4mm，小苞片基生，三角状卵形；花 4 基数，花萼杯状，裂片宽三角形；花瓣三角状长圆形，长 2mm，被微柔毛，具缘毛；退化雄蕊与花瓣等长或较短；子房卵球形，具瘤状突起，柱头头状，4 浅裂。果椭圆形（未成熟），宿存柱头厚盘状或头状。花期 4 月；果期 6～7 月。

分布与生境：白沙；广东、广西。生于海拔 800～1000m 的山坡林中。

注：手绘图引自中国植物志。

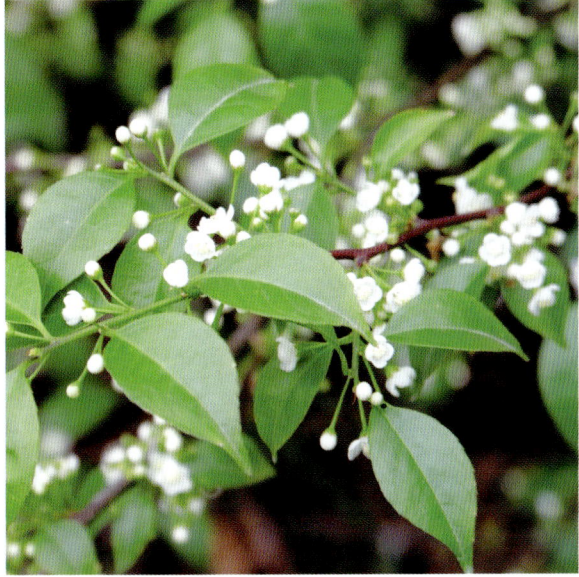

1. 果枝；2. 枝放大；3. 叶放大。

梅叶冬青(Ilex asprella)

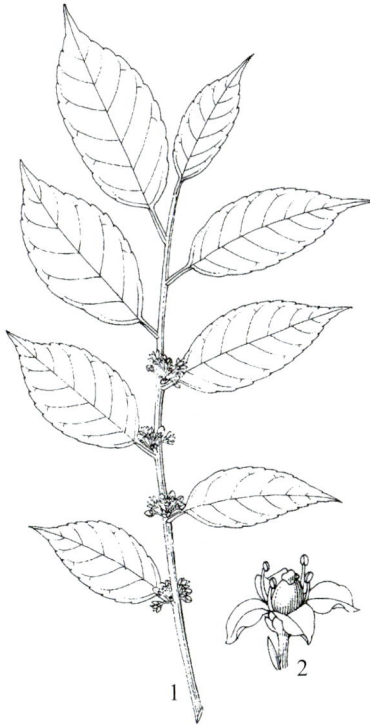

1. 雌花枝；2. 雌花。

两广冬青(Ilex austrosinensis)

中文名称：沙坝冬青

学名：**Ilex chapaensis** Merr. in Journ. Arn. Arb. 21: 373. 1940, 海南植物志 2: 433(1965), 中国植物志 45(2): 257(1999), 广东植物志 5: 409(2003), Flora of China 11: 436(2008)

科名：冬青科 Aquifoliaceae　属名：冬青属 Ilex Linn.

形态特征：落叶乔木，高 9 ～ 12m。叶在长枝上互生，在短枝上簇生于枝顶端，叶片纸质或薄革质，卵状椭圆形或长圆状椭圆形至椭圆形，长 5 ～ 11cm，宽 3 ～ 5.5cm，先端短渐尖或钝，基部钝，稀圆形，边缘具浅圆齿，叶面绿色，背面淡绿色，两面无毛，稀在幼时叶面沿脉被疏微柔毛，主脉在叶面凹陷，在背面隆起，侧脉 8 ～ 10 对，在叶面微凹或平坦，背面凸起，无毛，于叶缘附近网结，网状脉在背面明显；叶柄长 1.2 ～ 3cm，上面具狭而深的沟，顶部具叶片下延的狭翅；托叶小，三角形，宿存。花白色；雄花序假簇生，每分枝具 1 ～ 5 花，总花梗长 1 ～ 2mm，花梗长 2 ～ 4mm，单花花梗长 3mm，均被微柔毛，花梗基部具小苞片 2 枚；花 6 ～ 8 基数，花萼直径约 4mm，无毛或被微柔毛，6 ～ 8 裂，裂片圆形，具缘毛；花瓣倒卵状长圆形，长 4 ～ 5mm，基部合生，具缘毛；雄蕊与花瓣等长，花药卵状长圆形；退化子房圆锥形，先端喙状，浅裂。雌花单生于缩短枝顶端鳞片腋内，稀叶腋生，花梗长 6 ～ 10mm，被微柔毛，近基部具 2 枚小苞片；花萼 6 或 7 基数，形状似雄花；花冠近直立，直径 8mm，花瓣长约 4mm；退化雄蕊长为花瓣的 2/3，不育花药箭头状；子房卵球形，长 2mm，花柱明显，被微柔毛，柱头头状，长约 2mm，浅裂。果球形，直径 1.5 ～ 2cm，成熟时变黑色，基部具宿存的平展圆形花萼，顶端具柱状宿存柱头，具 6 或 7 粒分核；分核轮廓长圆形，长 13mm，背部宽约 4mm，具 3 棱 2 沟，侧面具 1 或 2 条棱和沟，内果皮骨质。花期 4 月；果期 10 ～ 11 月。

野外鉴别关键特征：叶柄长 1.2 ～ 3cm，上面具狭而深的沟，顶部具叶片下延的狭翅。

分布与生境：定安、保亭；福建、广东、广西、贵州、云南；越南。分布于海拔 500 ～ 2000m 的山地疏林或混交林中。

利用：可用于庭园观赏，造荫。

注：手绘图引自中国植物志。

中文名称：冬青

学名：**Ilex chinensis** Sims in Curtis's Bot. Mag. 46: pl. 2043. 1819, 海南植物志 2: 425(1965), 中国植物志 45(2): 30(1999), 广东植物志 5: 390(2003), Flora of China 11: 377(2008)

科名：冬青科 Aquifoliaceae　属名：冬青属 Ilex Linn.

形态特征：常绿乔木，树皮暗灰色；小枝浅绿色。叶薄革质，椭圆形、披针形，间或卵形，长 6.5 ～ 8cm，宽 3 ～ 3.5cm，基部阔楔形，顶端短渐尖，干时褐黑色，全缘，偶呈规则的浅波状，有小腺点，侧脉每边 6 ～ 9 条；托叶脱落。花序聚伞状，单生于当年生枝上；雄花序苞片披针形，常被缘毛；花淡紫色或紫红色；花瓣卵圆形，外反；雄蕊短于花瓣；雌花序一或二回二歧式分出，花梗通常在末端膨大；退化雄蕊长约等于花瓣的 1/2；柱头厚盘状，不明显的 4 或 5 裂。果深红色，椭圆形，干后变褐黑色；分核 4 或 5 颗，背部平滑，沿两边略隆起，中间具一浅而较阔的纵沟，横切面三棱形，背面凹入。花期 4 ～ 6 月；果期 7 ～ 12 月。

分布与生境：乐东及鹦哥岭；安徽、福建、广东、广西、河南、湖南、江苏、江西、台湾、云南、浙江；日本。生于山顶密林中。

利用：庭院观赏树种；嫩枝可作蔬菜；药用；木材为细工原料。

注：手绘图引自 Flora of China；彩图由 PPBC/ 刘军拍摄。

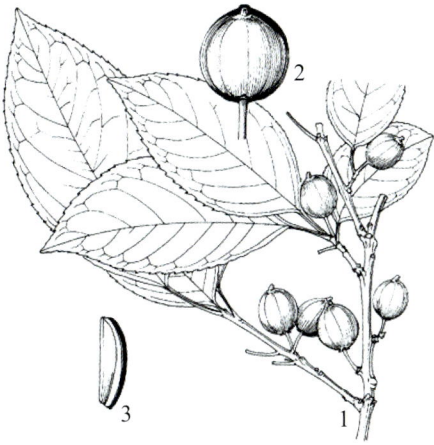

1. 果枝；2. 果；3. 分核。

沙坝冬青(Ilex chapaensis)

1. 果枝；2. 雄花枝；3. 雄花；4. 果；5. 分核。

冬青(Ilex chinensis)

中文名称：铁仔冬青

学名：**Ilex chuniana** S. Y. Hu, op. cit. 32: 397. 1951, 海南植物志 2: 433(1965), 中国植物志 45(2): 152(1999), 广东植物志 5: 397(2003), Flora of China11: 408(2008)

科名：冬青科 Aquifoliaceae　属名：冬青属 Ilex Linn.

形态特征：常绿灌木或小乔木，高 4m；小枝纤细，具纵条纹，被短柔毛。叶密集于小枝的上部，叶片近革质，披针形，稀狭椭圆形，长 3～5.5cm，宽 9～15mm，先端钝，基部急尖或渐尖，边缘具细圆齿状钝锯齿，叶面绿色，背面淡绿色，干时橄榄色或橄榄褐色，两面无光泽，无毛，主脉在叶面凹陷，背面隆起，无毛，侧脉 5～6 对，两面均不明显；叶柄长 3～5mm，被微柔毛，上面具纵槽；托叶微小，宿存。雄花序由具 1 花的分枝组成，簇生于叶腋内，花梗长约 2mm，无毛，具 2 枚基生小苞片；花黄白色，4 基数；花萼盘状，直径约 2mm，裂片具缘毛；花冠辐状，直径约 4mm，花瓣卵形，长约 1.5mm；雄蕊与花瓣等长，花药卵球形；退化子房近球形。雌花未见。果近球状椭圆形，长 5.5mm，直径约 4.5mm，成熟后红色；果梗长约 2mm，疏被微柔毛；宿存花萼平展，四角形，直径约 2.5mm，具缘毛；宿存柱头厚盘状，4 裂；分核 4，长 4.5mm，宽 3mm，具掌状条纹而无沟，被疏微柔毛，内果皮木质。花期 10～11 月，果期 11～12 月。

野外鉴别关键特征：本种以其亚革质的叶、短的果梗和具掌状条纹而无沟槽的分核等特征，可与波缘冬青系 (Sect. 7. Aquifolium ser. 5. Repandae) 其他种相区别。

分布与生境：陵水、保亭、定安；广东。生于海拔 1000m 的山地林中。

中文名称：灰冬青

学名：**Ilex cinerea** Champ. in J. Bot. Kew Misc. 4: 327. 1852, 海南植物志 2: 432(1965), 中国植物志 45(2): 165(1999), 广东植物志 5: 398(2003), Flora of China 11: 411(2008)

科名：冬青科 Aquifoliaceae　属名：冬青属 Ilex Linn.

形态特征：常绿灌木或小乔木，高 6m。叶生于 1～2 年生枝上，叶片革质，长圆状倒披针形，长 7～15，宽 2～4cm，先端急尖或短渐尖，基部钝或圆形，边缘具小细圆齿或锯齿，齿变黑色，除沿主脉被短微柔毛外，无毛，两面无光泽，主脉在叶面凹陷，背面隆起，侧脉每边 9～11 条，在叶面不明显，在背面突起，网状脉在背面明显；叶柄长 2～4mm，上面被微柔毛，下面具皱纹。花序簇生于二年生枝的叶腋内，花芽之芽鳞三角形，宽约 1mm，被短柔毛，宿存；花淡黄绿色，4 基数；雄花为 1～2 回三歧式聚伞花序簇生，单个花序具 3～9 花，被短柔毛，苞片三角状卵形，具托叶状有缘毛的附属物；总花梗长 1～2mm，二级轴长约 1mm，花梗长 3～4mm，其近基部具 2 披针形膜质小苞片；花萼盘状，直径 2.5mm，4 裂，裂片近圆形，疏被短柔毛及缘毛；花冠直径约 7mm，花瓣 4，长圆形，长约 3mm，宽约 2.25mm，先端具缘毛，基部稍合生；雄蕊 4，与花瓣等长或较短，花药卵状长圆形，长约 1.25mm；退化子房球形，直径约 1mm，无毛。雌花花序的单个分枝具 1 花，苞片近圆形；花梗长 2～3mm，具有缘毛的小苞片花萼近杯状，直径约 2mm，被短柔毛，4 浅裂，裂片圆形，具缘毛；花瓣长约 3mm，基部几离生；退化雄蕊长为花瓣的 1/2，败育花药箭头状；子房长椭圆形，长 2mm，直径约 1.5mm，被短柔毛，顶端截形，柱头盘状。果球形，直径约 7mm，成熟时红色。花期 3～4 月；果期 9～10 月；甚至到翌年 3 月才凋落。

野外鉴别关键特征：小枝与叶柄红褐色。叶片革质，长圆状倒披针形，先端急尖或短渐尖，基部钝或圆形，边缘具小细圆齿或锯齿。

分布与生境：海南各地；广东、香港；越南。生于高海拔林中。

铁仔冬青(Ilex chuniana)

灰冬青(Ilex cinerea)

中文名称：越南冬青

学名：**Ilex cochinchinensis**(Lour.)Loes. in Nov. Act. Acad. Caes. Leop. - Carol. Nat. Cur. 78: 230. 1901, 海南植物志 2: 424(1965), 中国植物志 45(2): 216(1999), 广东植物志 5: 406(2003), Flora of China 11: 425(2008)

科名：冬青科 Aquifoliaceae　　**属名**：冬青属 Ilex Linn.

形态特征：常绿乔木，高可达 15m；树皮灰色或灰褐色，小枝圆柱形，红褐色，具纵褶皱，当年生幼枝具纵棱沟，沟内疏被微柔毛，余无毛，叶痕圆形，稍凸起；顶芽近球形，极疏被微柔毛。叶生于 1～3 年生枝上，叶片革质，椭圆形、长圆状椭圆形、长圆状披针形或倒披针形，长 6～16cm，宽 3～4.5cm，先端渐尖，基部钝或楔形，全缘，叶面深绿色，具光泽，背面淡绿色，具斑点，两面无毛，主脉在叶面凹陷，背面显著隆起，侧脉 7～12 对，拱曲；叶柄长 7～10mm，上面具宽而浅的纵槽，背面圆形，具横皱纹，无毛。托叶微小，三角形。雄花序簇生于二年生枝的叶腋内，单个分枝为具 3 花的聚伞花序；苞片厚革质，阔三角形，急尖；总花梗长 6～10mm，花梗长 2～3mm，均无毛或被小的微柔毛；花 4 基数，白色；花萼盘状，4 深裂，稀 5 裂，裂片圆形，具缘毛；花冠辐状，花瓣卵圆形，基部多少合生，无缘毛；雄蕊短于花瓣，花药长圆状卵形；退化子房具短喙。雌花及雌花序未见。果序由 3～7 果簇生于二年生枝的叶腋内，单个分枝具 1 果，果梗长 8～12(～15)mm，被微柔毛，近基部具 1(～2) 枚三角形小苞片；果球形，直径 5～7mm。花期 2～4 月；果期 6～12 月。

野外鉴别关键特征：小枝圆柱形，红褐色，叶片革质，椭圆形、长圆状椭圆形、长圆状披针形或倒披针形，先端渐尖，基部钝或楔形，全缘。

分布与生境：东方、乐东、保亭、定安、澄迈；广东、广西、台湾；柬埔寨、越南。生于中海拔山谷林中。

注：手绘图引自中国植物志。

中文名称：密花冬青

学名：**Ilex confertiflora** Merr. in Lingnan Sci. J. 13: 35. 1934, 海南植物志 2: 429(1965), 中国植物志 45(2): 161(1999), 广东植物志 5: 399(2003), Flora of China 11: 410(2008)

科名：冬青科 Aquifoliaceae　　**属名**：冬青属 Ilex Linn.

形态特征：常绿灌木或小乔木，高 3～8m；当年生幼枝圆柱形，粗壮具纵棱槽，无毛，较老枝具纵裂缝及半圆形叶痕，无皮孔；顶芽狭圆锥形，急尖，被微柔毛。叶生于 1～2 年生枝上，叶片厚革质，长圆形或倒卵状长圆形，长 6～9cm，宽 3～4.3cm，先端骤然短渐尖，短尖头三角形，长 3～5mm，基部圆形，稀钝，边缘反卷，具疏离的小圆齿，齿尖极短，变黑色，叶面干时淡褐橄榄色，背面淡黄色，疏布腺点，两面无光泽，无毛，主脉在叶面凹陷，背面隆起，侧脉 6～8 对，在叶面微凹，背面凸起，弧曲上升，网结，网状脉两面可见；叶柄长 8～10mm，上面具槽，背面突起，具横皱纹，无毛；托叶胼胝状，不明显。花淡黄色，4 基数。雄花聚伞花序具 3 花，簇生于二年生枝的叶腋内，总花梗长约 1mm，花梗长 1～2mm，均被微柔毛，苞片三角形，急尖，被微柔毛；花萼盘状，直径 2～2.5mm，4 深裂，裂片三角形，钝，无毛，具缘毛；花冠直径约 7mm，花瓣长圆形，长约 3mm，先端具缘毛；雄蕊较花瓣长，花药卵球形；退化子房近球形，直径约 0.5mm，顶端圆形。雌花单花簇生于叶腋内，花梗长 1.5～2mm，被微柔毛，近中部具 2 枚卵状三角形，被微柔毛的小苞片；花萼盘状，被微柔毛及缘毛；花瓣分离，椭圆形，长约 2.5mm，具缘毛；退化雄蕊长为花瓣的 2/3，不育花药箭头状；子房卵球形，长约 2mm，直径约 1.5mm，无毛，柱头厚盘状，凸起且反折。果球形，直径约 5mm。花期 4 月；果期 6～9 月。

分布与生境：万宁；广东、广西。生于高海拔林中。

注：手绘图引自广东植物志；标本引自中山大学标本馆。

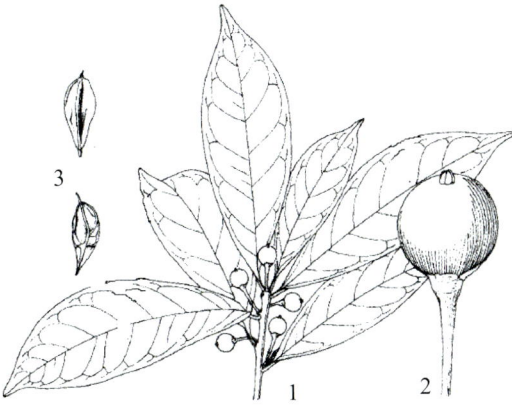

1.果枝；2.果；3.分枝。

越南冬青(Ilex cochinchinensis)

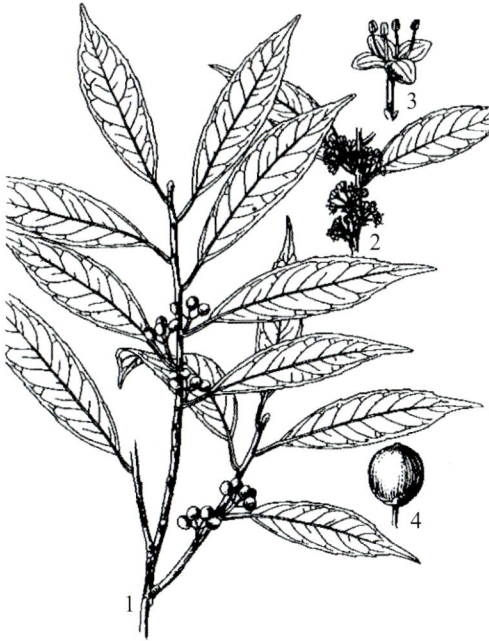

1.果枝；2.雄花枝；3.雄花；4.果。

密花冬青(Ilex confertiflora)

中文名称： ★枸骨

学名： **Ilex cornuta** Lindl. & Paxt. Flow. Gard. 1: 43, fig. 27. 1850, 海南植物志 2: 428(1965), 中国植物志 45(2): 85(1999), 广东植物志 5: 393(2003), Flora of China 11: 389(2008)

科名： 冬青科 Aquifoliaceae　　**属名：** 冬青属 Ilex Linn.

形态特征： 常绿灌木或小乔木；小枝干后呈灰色；顶芽被毛或无毛。叶厚革质，二形，四角形而具阔三角形针刺状的齿，或近四角状长椭圆形或心形而全缘，顶端尖刺状或渐尖，基部截平或圆，边缘深波状，通常有针刺状锐齿 2～5 对，中脉上面略凹入，侧脉两面均不很明显。花序由单花组成，成簇腋生于二年生的枝上，无总花梗；鳞片近圆形；苞片卵形，与鳞片均疏被柔毛并具缘毛，顶端钝或急尖，基部有芒状体；花绿白色至黄色，4 基数；雄花长椭圆状卵形，顶端被很疏的缘毛，基部浅合生；雄蕊和花瓣近等长或稍长；雌花花瓣长椭圆状卵形，被疏缘毛，子房柱头盘状。果红色，分核 4 枚，内果皮骨质。花期初夏。

分布与生境： 海南各地有栽培；安徽、北京、福建、广东、河南、湖北、湖南、江苏、山东、天津、浙江；朝鲜。

利用： 庭园观赏植物。其根、枝叶和果入药，根有滋补强壮、活络、清风热、祛风湿之效；枝叶用于肺痨咳嗽、劳伤失血、腰膝痿弱、风湿痹痛；果实用于阴虚身热、淋浊、崩带、筋骨疼痛等症。

中文名称： 齿叶冬青（波缘冬青）

学名： **Ilex crenata** Thunb. Fl. Jap. 78. 1784, 海南植物志 2: 430(1965), 中国植物志 45(2): 60(1999), 广东植物志 5: 391(2003), Flora of China 11: 385(2008)

科名： 冬青科 Aquifoliaceae　　**属名：** 冬青属 Ilex Linn.

形态特征： 多枝常绿灌木，高可达 5m；树皮灰黑色，幼枝灰色或褐色，具纵棱角，密被短柔毛，较老的枝具半月形隆起叶痕和疏的椭圆形或圆形皮孔。叶生于 1～2 年生枝上，叶片革质，倒卵形、椭圆形或长圆状椭圆形，长 1～3.5cm，宽 5～15mm，先端圆形，钝或近急尖，基部钝或楔形，边缘具圆齿状锯齿，叶面亮绿色，干时有皱纹，除沿主脉被短柔毛外，余无毛，背面淡绿色，无毛，密生褐色腺点，主脉在叶面平坦或稍凹入，在背面隆起，侧脉 3～5 对，与网脉均不明显；叶柄长 2～3mm，上面具槽，下面隆起，被短柔毛；托叶钻形，微小。雄花 1～7 朵排成聚伞花序，单生于当年生枝的鳞片腋内或下部的叶腋内，或假簇生于二年生枝的叶腋内，总花梗长 4～9mm，二级轴长仅 1mm，花梗长 2～3mm，近基部具 1～2 枚小苞片，单花花梗长 4～8mm，近中部具小苞片 1～2 枚；花 4 基数，白色；花萼盘状，直径约 2mm，无毛，4 裂，裂片阔三角形，边缘啮蚀状；花瓣 4，阔椭圆形，长约 2mm，基部稍合生；雄蕊短于花瓣，花药椭圆体状，长约 0.8mm；退化子房圆锥形，顶端尖。雌花单花，2 或 3 花组成聚伞花序生于当年生枝的叶腋内；花梗长 3.5～6mm，向顶端稍增粗，具纵棱脊，近中部具 1 或 2 枚小苞片；花 4 基数，花萼直径约 3mm，4 裂，裂片圆形；花冠直径约 6mm，花瓣卵形，长约 3mm，基部合生；退化雄蕊长为花瓣的 1/2，不育花药箭头形；子房卵球形，长约 2mm，花柱偶尔明显，柱头盘状，4 裂。果球形，直径 6～8mm，成熟后黑色；果梗长 4～6mm；宿存花萼平展，直径约 3mm；宿存柱头厚盘状，小，直径约 1mm，明显 4 裂；分核 4，长圆状椭圆形，长约 5mm，背部宽 3～3.5mm，平滑，具条纹，无沟，内果皮革质。花期 5～6 月，果期 8～10 月。

野外鉴别关键特征： 单叶互生，形小而密生，革质。

分布与生境： 海南岛；安徽、福建、广东、广西、湖北、湖南、江苏、江西、台湾、山东、浙江；日本、朝鲜。生于山顶林中。

利用： 叶片青绿，优美，庭园观赏树种。

注： 手绘图引自安徽植物志。

枸骨(**Ilex cornuta**)

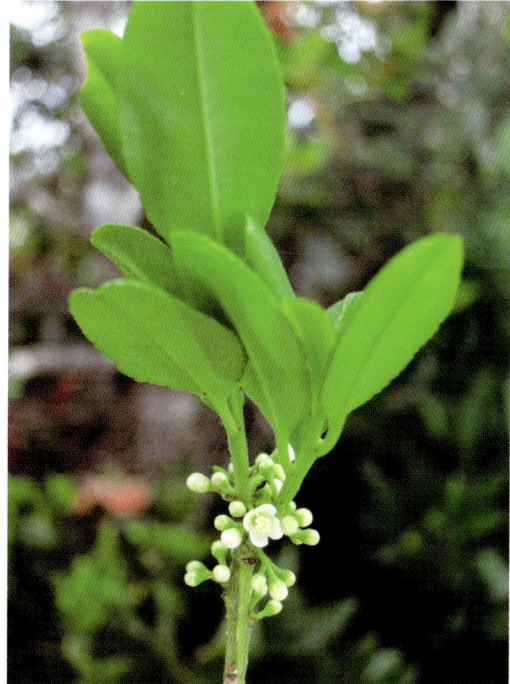

1. 果枝；2. 花。

齿叶冬青(波缘冬青)(**Ilex crenata**)

中文名称：★黄毛冬青

学名：Ilex dasyphylla Merrill, Lingnan Sci. J. 7: 311. 1931, 中国植物志 45(2): 18(1999), Flora of China 11: 373(2008), 广东植物志 5: 385(2003)

科名：冬青科 Aquifoliaceae　**属名：**冬青属 Ilex Linn.

形态特征：常绿灌木或乔木，高 2.5～9m；小枝、叶柄、叶片、花梗及花萼均密被锈黄色瘤基短硬毛，具半圆形稍凸起的叶痕和毛脱落后而留下的圆糙点。叶生于一至二年生枝上，叶片革质，卵形、卵状椭圆形、长圆状椭圆形或卵状披针形，长 (2～)3～11cm，宽 1～3.2cm，具光泽或无，叶面绿色，老时毛被脱落，具皱纹，背面淡绿色，先端渐尖，基部钝或圆形，全缘或中部以上具稀疏小齿，具缘毛，外弯，主脉在叶面凹陷，背面隆起，侧脉 7～9 对，在叶面稍凹陷或平坦，网状脉于叶面不明显；叶柄长 3～5mm，托叶不明显。聚伞花序单生于当年生枝的叶腋内；花红色，花 4 或 5 基数。雄花序具 3～5 花，假伞形状，总花梗纤细，长 4～5mm，苞片正三角形，密被锈黄色短硬毛；花梗长 2mm，具基生的小苞片，小苞片密被锈黄色短柔毛；花萼盘状，直径约 3mm，裂片圆形或正三角形，密被锈黄色短硬毛及缘毛；花冠辐状，花瓣卵长圆形，长 3mm，宽约 2.5mm，在开放时反折，基部稍合生；雄蕊与花瓣等长，花药长圆形；退化子房金字塔形。雌花序聚伞状，具 1～3 花，总花梗长 3～8mm，具基生、密被锈黄色短硬毛的近三角形的小苞片；花萼与花瓣同雄花；退化雄蕊长为花瓣的 1/2，败育花药箭头状；子房卵状圆锥形，长约 1.5mm，无毛，柱头乳头状。果球形，直径 5～7mm。花期 5 月；果期 8～12 月。

野外鉴别关键特征：小枝、叶柄、叶片、花梗及花萼均密被锈黄色瘤基短硬毛。

分布与生境：海南有栽培，福建、广东、广西、湖南、江西。原产中国。

利用：清热解毒。用于治疗肿痛。

注：手绘图引自广东植物志，彩图由 PPBC/ 孙观灵拍摄。

中文名称：▲ 长柄冬青

学名：Ilex dolichopoda Merr. & Chun in Sunyatsenia. 5: 107. 1940, 海南植物志 2: 423(1965), 中国植物志 45(2): 208(1999), 广东植物志 5: 403(2003), Flora of China 11: 422(2008)

科名：冬青科 Aquifoliaceae　**属名：**冬青属 Ilex Linn.

形态特征：常绿乔木，高 7m；小枝圆柱形，粗壮，灰色，幼时被微柔毛，后变无毛，具细裂缝和不明显的小皮孔，叶痕近圆形，隆起；顶芽被微柔毛。叶生于一至二年生枝上，叶片厚革质，长圆形或倒卵状长圆形，长 15～25cm，宽 5～7cm，先端阔急尖，下半段几乎楔状渐狭，基部圆形或钝，全缘，干时稍外卷，叶面干时灰橄榄色，略具光泽，背面苍白色，无光泽，两面无毛，主脉在叶面凹陷，背面隆起，侧脉 12～15 对，在叶面隐约可见，背面凸起，于叶缘附近网结，网状脉上面不明显，背面明显；叶柄粗壮，圆柱形，长 8～10mm，上面具狭纵槽，背面具皱纹；托叶阔三角形，急尖。花序簇生于二年生枝的叶腋内，每簇具 9～16 花，簇的个体分枝具 1 花，苞片阔三角形，急尖；花梗长 2.5～3.2cm，被微柔毛，其中下部具 1 或 2 枚小苞片。雌、雄花不详。果序在叶腋内呈伞状展开，果梗长 2.5～3cm，其上具 1 果；果近球形，直径约 8mm，干时亮褐色，平滑，密布黄色斑点，宿存花萼平展，直径约 7mm，被微柔毛，6 裂，裂片半圆形或肾形，长约 1.5mm，基部宽约 3mm，具小缘毛或无；宿存柱头乳头状；分核 5 或 6，椭圆形，长约 5mm，宽 1～2mm，背部具 3 条纵条纹，侧面具网状条纹，内果皮未成熟。花期 5 月；果期 6～11 月。

野外鉴别关键特征：侧脉 12～15 对，叶柄粗壮，圆柱形，长 8～10mm。

分布与生境：特有种，霸王岭、吊罗山、尖峰岭。生于中海拔山谷林中。

注：手绘图引自中国植物志。

1. 果枝；2. 果。

黄毛冬青(Ilex dasyphylla)

1. 果枝；2. 果；3. 分核。

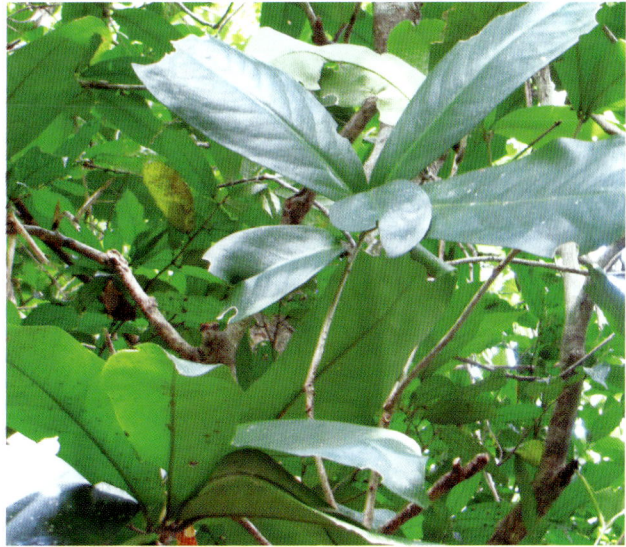

长柄冬青(Ilex dolichopoda)

中文名称：榕叶冬青

学名：**Ilex ficoidea** Hemsl. in J. Linn. Soc., Bot. 23: 116. 1886, 海南植物志 2: 431(1965), 中国植物志 45(2): 184(1999), 广东植物志 5: 400(2003), Flora of China 11: 417(2008)

科名：冬青科 Aquifoliaceae　属名：冬青属 Ilex Linn.

形态特征：常绿乔木。小枝黄褐色或红褐色，无毛，叶互生；叶片革质，卵形、卵状椭圆形或长圆形至倒披针形，先端狭尾尖或渐尖，基部楔形或近圆形，边缘有不规则的浅圆锯齿或锯齿，中脉上面凹入，下面突起，侧脉不明显，上面有光泽，两面无毛。花白色或绿黄色，芳香，花序簇生于二年生枝上，花4数；雄花序每枝有花1～3朵，聚伞状，萼片三角形，无毛，花瓣卵状椭圆形，基部稍合生，雄蕊长超过花瓣的1/5；雌花序每枝有花1朵，花萼浅盘状，裂片龙骨状突起，花瓣卵形，子房卵形，柱头盘状。果球形，红色，具瘤状凸起；分核4粒，近椭圆形或近圆形，背部具掌状条纹和沟槽。花期3～4月；果期10～11月。

野外鉴别关键特征：小枝黄褐色或红褐色，先端狭尾尖或渐尖，基部楔形或近圆形。

分布与生境：白沙、东方、陵水、三亚、五指山；广东、广西、贵州、湖北、江西、四川、台湾、云南、浙江；日本。生于杂木林中。

利用：解毒、消肿止痛。用于肝炎、跌打损伤。

中文名称：伞花冬青

学名：**Ilex godajam** Wall. ex Hook. f. Fl. Brit. Ind. 1: 604. 1875, 海南植物志 2: 427(1965), 中国植物志 45(2): 50(1999), 广东植物志 5: 389(2003), Flora of China 11: 382(2008)

科名：冬青科 Aquifoliaceae　属名：冬青属 Ilex Linn.

形态特征：常绿乔木，当年生枝具纵条纹，密被微柔毛。叶薄革质，卵形或长圆形，顶端圆钝或三角状短渐尖，基部圆钝，全缘，幼时叶面近基部及主脉被微柔毛，后变无毛，主脉于叶面凹陷，侧脉7～9对，于叶缘结网，网脉明显，叶柄被微柔毛；托叶微小，钻状三角形，被微柔毛。伞状聚伞花序生于当年生枝的叶腋内，常因当年生枝发育不良而呈圆锥花序状，总花梗及花梗密被微绒毛；花4～6基数，白色稍带黄；雄花聚伞花序花冠辐状，花瓣4，长圆形，基部稍合生，花药卵球形；退化子房球形；雌花伞形花序花瓣长椭圆形，柱头头状。果红色，球形；宿存柱头盘状。花期4月；果期8月。

野外鉴别关键特征：叶薄革质，卵形或长圆形，顶端圆钝或三角状短渐尖，基部圆钝，全缘。

分布与生境：儋州、琼海、昌江、琼中、万宁、乐东、三亚；广西、湖南、云南；不丹、印度、老挝、缅甸、尼泊尔、越南。生于海拔300～1000m的山坡疏林或杂木林中。

利用：农村周边有分布，为乡村绿化树种。

榕叶冬青(Ilex ficoidea)

伞花冬青(Ilex godajam)

中文名称： 海岛冬青

学名： **Ilex goshiensis** Hayata in Journ. Coll. Sci. Tokyo 30: 54. 1911, 海南植物志 2: 425(1965), 中国植物志 45(2): 223(1999), 广东植物志 5: 407(2003), Flora of China 11: 427(2008)

科名： 冬青科 Aquifoliaceae　　**属名：** 冬青属 Ilex Linn.

形态特征： 常绿灌木或乔木，高可达 12m；树皮灰褐色；小枝细，被微柔毛，三年生枝具纵皱纹和隆起的半圆形叶痕，二年生枝具纵褶皱，当年生枝具纵棱脊；顶芽圆锥形，小，被微柔毛。叶生于一至二年生枝上，叶片革质，阔椭圆形或近菱状椭圆形，长 3～5cm，宽 1.5～2.5cm，先端突然短渐尖，顶端钝或微凹，基部阔楔形或急尖，全缘，干后两面淡褐绿色，叶面稍具光泽或两面均无光泽，背面具黑色小腺点，主脉在叶面稍凹或平坦，疏被微柔毛，背面稍隆起，侧脉 4～6 对，两面不明显，网状脉不明显；叶柄长 4～8mm，上面具纵宽浅槽，被微柔毛；托叶三角形，急尖，被微柔毛。雄花序为具 3～7 花的假伞形花序簇生于叶腋内，被微柔毛，稀变无毛；苞片被微柔毛，具三尖头；总花梗长 4～5mm，花梗长 2～3mm，小苞片微小，被微柔毛；花 4 或 5 基数；花萼盘状，直径约 2mm，被微柔毛，4(稀 5) 浅裂，裂片圆形，密具缘毛；花冠辐状，直径 4～5mm，花瓣长圆形，4 枚，稀 5，长约 1.7mm，基部稍合生，无缘毛；雄蕊短于花瓣，花药长圆形；退化子房近球形，中央稍凹入。雌花未见。果单生或稀为具 3 果的聚伞果序簇生于叶腋内，果梗长 3～5(～8)mm，当 3 果时，总花梗长约 5mm，果梗长约 2.5mm；果球形，直径约 4mm。果期 9～10 月。

野外鉴别关键特征： 叶片革质，阔椭圆形或近菱状椭圆形，先端突然短渐尖，顶端钝或微凹，基部阔楔形或急尖，全缘。

分布与生境： 保亭；广东、台湾；日本。生于中海拔或高海拔的密林中。

中文名称： 海南冬青

学名： **Ilex hainanensis** Merr. in Lingnan Sci. J. 13: 60. 1934, 海南植物志 2: 427(1965), 中国植物志 45(2): 201(1999), 广东植物志 5: 402(2003), Flora of China 11: 420(2008)

科名： 冬青科 Aquifoliaceae　　**属名：** 冬青属 Ilex Linn.

形态特征： 常绿小乔木；小枝具 4 棱，被疏柔毛。叶薄革质或纸质，阔椭圆形、倒卵状长椭圆形，基部阔急尖，顶端骤狭的短渐尖，干后榄绿色或栗褐绿色，背面较暗淡，全缘，中脉上面深陷，侧脉每边 6～10 条；托叶三角形。花淡红色；花序伞形状或呈圆锥花序式；苞片三角形，常脱落。雄花序每枝有 3～5 花，花瓣卵形；雌花序簇生，每枝为由 1～3 花组成的聚伞花序。果近球状椭圆形；宿存柱头厚盘状或乳头状。花期 4～5 月；果期 7～11 月。

野外鉴别关键特征： 小枝叶柄紫褐色，叶薄革质或纸质，阔椭圆形、倒卵状长椭圆形，背面较暗淡，全缘。

分布与生境： 白沙、东方、万宁、乐东、陵水、三亚等地；广东、广西、贵州、湖南、云南。生于中海拔山地的疏林或密林中。

注： 手绘图引自贵州植物志。

海岛冬青(Ilex goshiensis)

1. 果枝；2. 果实；3. 分核背面。

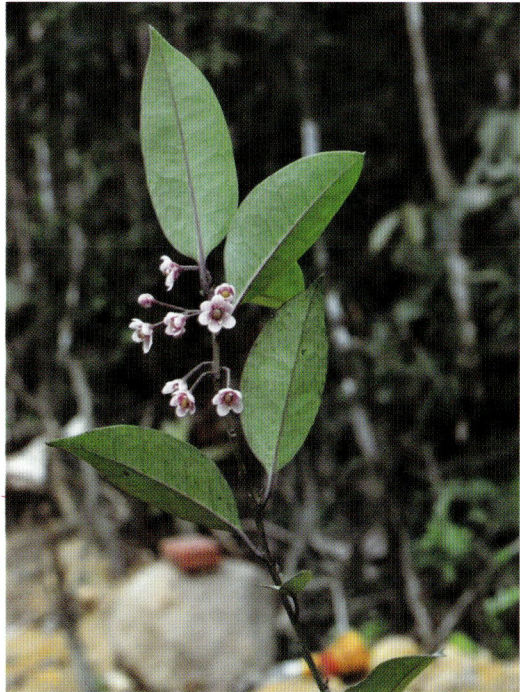

海南冬青(Ilex hainanensis)

中文名称：青茶香

学名：**Ilex hanceana** Maximowicz, Mém. Acad. Imp. Sci. Saint Pétersbourg, sér. 7. 29(3): 33. 1881, 中国植物志 45(2): 242(1999), 广东植物志 5: 403(2003), Flora of China 11: 433(2008)

科名：冬青科 Aquifoliaceae　　属名：冬青属 Ilex Linn.

形态特征：常绿灌木或小乔木，高 2～10m。叶生于一至三年生枝上，叶片厚革质，倒卵形或倒卵状长圆形，长 2.5～3.5cm，宽 1～2cm，先端短渐尖，钝或圆形，有时微凹，基部钝或楔形，全缘，叶面绿色，稍具光泽，除沿主脉被微柔毛外，余无毛，背面淡绿色，无毛，主脉在叶面平坦或微凹，背面隆起，侧脉 7～8 对，两面不明显或稍明显，网状脉两面不明显；叶柄长 2～5mm，被微柔毛，上面具浅纵槽或平坦；托叶三角形，急尖，宿存。花序簇生于二年生枝的叶腋内，被微柔毛，苞片三角形，被微柔毛。雄花序由具 2～3 花的聚伞花序分枝簇生，总花梗长 1～2mm，花梗长 1～1.5mm，具基生小苞片 1 或 2 枚；花 4 基数，白色；花萼盘状，直径约 2mm，被短柔毛，4 浅裂，裂片圆形，具缘毛；花冠辐状，直径约 3mm，花瓣卵形，基部稍合生；雄蕊长不及花瓣，退化子房圆锥形，中央凹入。雌花序由单花簇生，花梗长约 1.5mm，被微柔毛，基生披针形小苞片 2 枚；花萼与花冠同雄花；退化雄蕊长为花瓣的 3/4，败育花药心形；子房近圆卵形，直径约 1.3mm，柱头宽盘状。果球形，直径约 5mm。花期 5～6 月；果期 7～12 月。

分布与生境：乐东有分布记录；广东、广西、湖南、福建。生于海拔 900～1500m 的山坡灌丛中。

注：标本引自广西植物研究所。

中文名称：▲ 秀英冬青（长梗棱枝冬青）

学名：**Ilex huana** S. J. Chen & Y. X. Feng, Act. Phytotax. Sin. 37: 143, 1999, 中国植物志 45(2): 27(1999), 广东植物志 5: 388(2003), Flora of China 11: 376(2008). ——Ilex angulata var. longipedunculata S. Y. Hu, op. cit. 313, 海南植物志 2: 428(1965)

科名：冬青科 Aquifoliaceae　　属名：冬青属 Ilex Linn.

形态特征：常绿灌木，高 2～3m；小枝圆柱形，具纵棱，被微柔毛或变无毛。叶片纸质，椭圆形，稀倒卵形，长 2.5～5cm，宽 1～2cm，先端渐尖或急尖，基部急尖，全缘或在先端具锯齿，叶面绿色，背面淡绿色，除叶面沿主脉被微柔毛外，两面无毛，主脉在叶面凹陷，背面隆起，侧脉 5～7 对，于叶缘附近网结，两面明显，网状脉近明显；叶柄长约 5mm，被微柔毛，具由叶片下延的狭翅。花序单生于叶腋内；雄花序为具 3～7 花的近伞形花序状的聚伞花序，总梗纤细，长 6～10mm，变无毛，花梗与总花梗近等长；花萼 5 裂，裂片卵形或近圆形，全缘或啮蚀状；花瓣卵状长圆形，长约 3mm，基部稍合生；雄蕊短于花瓣，花药长圆形；退化子房卵球形。雌花序为具 1～3 花的聚伞花序，总梗长约 5mm，花梗与总花梗几等长，单花花梗长 9～12mm，无毛；花萼及花冠像雄花；退化雄蕊长约为花瓣的 1/3，败育花药箭头形；子房卵球形，宿存柱头盘状或鸡冠状。果梗单生，长 15～18mm，无毛或被微柔毛；果椭圆形，长 9～10mm，直径 5～6mm，干时具纵棱，宿存花萼平展，裂片啮蚀状，宿存柱头盘状；分核 5，椭圆形，背部具单纵沟，具条纹，内果皮近木质。花期 4 月；果期 7～11 月。

分布与生境：特有种，保亭、万宁。生于低海拔至中海拔山地林中。

青茶香(Ilex hanceana)

秀英冬青(长梗棱枝冬青)(Ilex huana)

中文名称：扣树

学名：**Ilex kaushue** S. Y. Hu, op. cit. 30: 372. 1949, 海南植物志 2: 430(1965), 中国植物志 45(2): 105 (1999), 广东植物志 5: 394(2003), Flora of China 11: 394(2008)

科名：冬青科 Aquifoliaceae　属名：冬青属 Ilex Linn.

形态特征：常绿乔木。树皮黑色或灰黑色，粗糙，有浅裂，枝条粗大，平滑，新条有棱角。叶革质而厚，螺旋状互生，长椭圆形或卵状长椭圆形，先端锐尖，或稍圆，基部钝，边缘有疏齿，上面光泽，下面主脉突起。聚伞花序，多数密集在上部叶腋；雄花序 1～3 朵，雌花序则仅有 1 花；苞片卵形，多数；萼 4 裂，裂片卵形，有缘毛，黄绿色；花瓣 4，椭圆形，基部愈合，长为花萼的 3 倍；雄花有雄蕊 4，较花瓣长，花丝直形，花药卵形，中央有退化子房，两性，雄蕊与花瓣等长，子房球状卵形。核果球形，成熟后红色，有残留花柱；果红色球形。花期 5～6 月；果期 9～10 月。

野外鉴别关键特征：树皮黑色或灰黑色，粗糙，叶革质而厚，螺旋状互生，长椭圆形或卵状长椭圆形，先端锐尖，或稍圆，基部钝，边缘有疏齿。

分布与生境：儋州；广东、广西、湖北、湖南、四川、云南。生于低海拔 1000～1200m 的山地林中。

利用：用于制茶。

注：手绘图引自中国植物志；该植物被国家林业局列入极小种群。

中文名称：凸脉冬青

学名：**Ilex kobuskiana** S. Y. Hu, op. cit. 31: 236. 1950, 海南植物志 2: 425(1965), 中国植物志 45(2): 218 (1999), 广东植物志 5: 406(2003), Flora of China 11: 425(2008)

科名：冬青科 Aquifoliaceae　属名：冬青属 Ilex Linn.

形态特征：常绿灌木或小乔木，小枝无毛；叶厚革质，卵形，广或狭椭圆形或长椭圆形，基部圆形或阔楔形，顶部骤狭的短渐尖，全缘，背面具腺点，中脉上面平贴或稍隆起，侧脉每边 9～10 条；托叶三角形。花序簇生；苞片被微柔毛；雄花序由 3 花集成，聚伞状；小苞片极微小；萼片 6 裂，裂片圆形，被缘毛；花冠花瓣倒卵状椭圆形；雄蕊和花瓣等长；退化子房基部垫状，顶端钝；雌花序由 5～8 花组成，聚伞状；小苞片着生于花梗的近中部；花萼 5～6 裂；花瓣 6～8 片，卵状长椭圆形。果红色，卵形。花期 5～7 月；果期 6～11 月。

野外鉴别关键特征：叶厚革质，中脉上面平贴或稍隆起，侧脉每边 9～10 条。

分布与生境：白沙、乐东；广东；越南。生于中海拔至高海拔的密林中。

注：手绘图引自中国植物志。

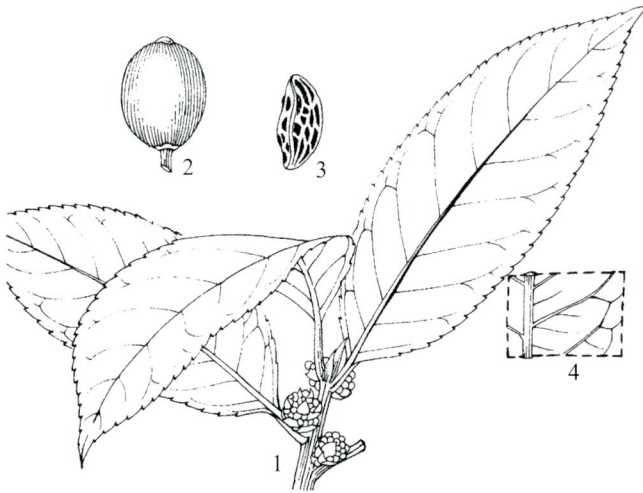

1. 雄花枝，花蕾未开放；2. 果；3. 分核；4. 叶背部分放大。

扣树(Ilex kaushue)

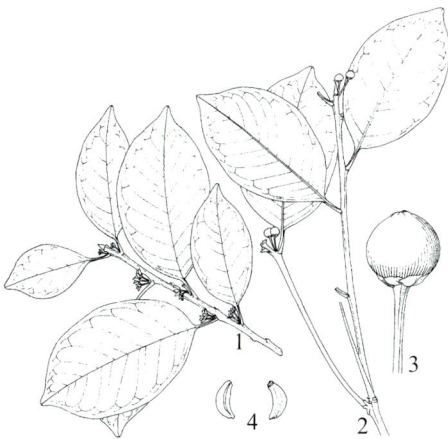

1. 雄花枝；2. 果枝；3. 果；4. 分核。

凸脉冬青(Ilex kobuskiana)

中文名称：广东冬青

学名：Ilex kwangtungensis Merr. in Journ. Arn. Arb. 8: 8. 1927, 海南植物志 2: 429(1965), 中国植物志 45(2): 35(1999), 广东植物志 5: 389(2003), Flora of China 11: 378(2008)

科名：冬青科 Aquifoliaceae　　**属名：**冬青属 Ilex Linn.

形态特征：常绿灌木或小乔木，高达 9m。叶生于一至三年生枝上，叶片近革质，卵状椭圆形、长圆形或披针形，长 7 ～ 16cm，宽 3 ～ 7cm，先端渐尖，基部钝至圆形，边缘具细小锯齿或近全缘，稍反卷，叶面深绿色，背面淡绿色，幼时两面均被极短的小微柔毛，沿脉更密，后变无毛或近无毛，主脉在叶面凹陷，背面隆起，侧脉 9 ～ 11 对，在叶面凹陷，背面凸起，于叶缘附近分叉并网结，网状脉在叶面不大明显，背面明显；叶柄长 7 ～ 17mm，被细小微柔毛，上面具纵槽；托叶无。复合聚伞花序单生于当年生的叶腋内。雄花序为 2 ～ 4 次二歧聚伞花序，具 12 ～ 20 花，被细小微柔毛，总花梗长 9 ～ 12mm，二级轴长 3 ～ 5mm，三级轴长 0 ～ 2mm，苞片线状披针形，长 5 ～ 7mm，基部具卵状三角形小苞片，密被微柔毛；花紫色或粉红色，4 或 5 基数；花萼盘状，直径 2.5 ～ 3mm，裂片圆形，长约 0.75mm，被微柔毛及缘毛；花冠辐状，直径 7 ～ 8mm，花瓣长圆形，长 1.5mm；退化子房圆锥状，长约 1.5mm，具短喙。雌花序具 1 ～ 2 回二歧式聚伞花序，具花 3 ～ 7 朵，被微柔毛，二级轴长 3 ～ 4mm，苞片披针形，生于二级轴中部，花梗长 4 ～ 7mm，基部具小苞片；花 4 基数，淡紫色或淡红色；花萼同雄花；花瓣卵形，长约 2.5mm；退化雄蕊长约为花瓣的 3/4，败育花药心形；子房卵球形，直径约 2mm。花期 6 月；果期 9 ～ 11 月。

野外鉴别关键特征：叶片近革质，卵状椭圆形、长圆形或披针形，先端渐尖，基部钝至圆形。

分布与生境：三亚、陵水、琼中、保亭、乐东；广东、广西、贵州、湖南、江西、云南、浙江。生于海拔 300 ～ 1000m 的山坡常绿阔叶林和灌木丛中。

利用：本种可作为理想的庭园绿化树种。

中文名称：剑叶冬青

学名：Ilex lancilimba Merr. in Lingnan Sci. J. 7: 312. 1929, 海南植物志 2: 423(1965), 中国植物志 45(2): 15(1999), 广东植物志 5: 385(2003), Flora of China 11: 373(2008)

科名：冬青科 Aquifoliaceae　　**属名：**冬青属 Ilex Linn.

形态特征：常绿乔木，树皮灰白色，嫩枝被草黄色短柔毛。叶厚革质，披针形，基部楔形下延至叶柄呈狭翅状，顶端尖或短渐尖，全缘，干后黄褐色或灰褐色，中脉在腹面平贴或稍隆起，幼时被黄色柔毛，背面幼时疏被细糙伏毛；侧脉每边 10 ～ 16 条；叶柄微带红色，两边有狭翅；无托叶。聚伞花序单生，被绒毛；雄花序由 3 花组成的聚伞花序，总花梗均密被草黄色柔毛，花冠淡绿白色，4 或 5 数；退化雌蕊长约等于花瓣的一半。果球形，单生，熟时深红色，被淡黄色短柔毛，宿存柱头厚盘状。花期 3 ～ 5 月；果期 9 ～ 11 月。

野外鉴别关键特征：树皮灰白色，嫩枝被草黄色短柔毛。

分布与生境：白沙、琼中、乐东、保亭、陵水、三亚等地；福建、广东、广西。生于高海拔之处。

注：手绘图引自中国植物志；标本引自华南植物园。

广东冬青(**Ilex kwangtungensis**)

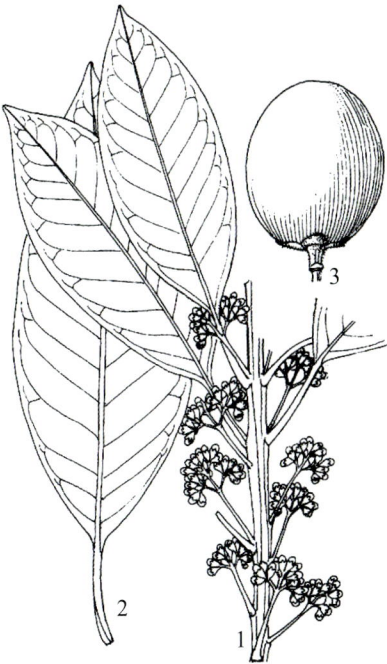

1. 雄花枝；2. 叶；3. 果。

剑叶冬青(**Ilex lancilimba**)

中文名称： 阔叶冬青

学名： **Ilex latifrons** Chun, Sunyatsenia. 2: 69. 1934, 中国植物志 45(2): 38(1999), 广东植物志 5: 388(2003), Flora of China 11: 378(2008)

科名： 冬青科 Aquifoliaceae　**属名：** 冬青属 Ilex Linn.

形态特征： 常绿乔木，高 4～10m；枝粗壮，圆柱形，有纵条纹，密被锈黄色或黄色长柔毛，皮孔不明显，叶痕半圆形，稍凸；顶芽圆锥形，密被黄色柔毛。叶片革质至近革质，椭圆形至卵状长椭圆形，长 12～20cm，宽 5～8cm，先端渐尖，基部圆形至近圆形，边缘具浅的小锯齿至近全缘，叶面疏被柔毛或无毛，背面被卷曲柔毛或变无毛，中脉在叶面被黄色短柔毛，于叶背凸出，被长柔毛；叶柄粗壮，长 10～13mm，密被长柔毛，上面有窄槽，下面圆形。雄花花序聚伞或复聚伞状，1～3 回分枝，单生于一年生枝叶腋；花序梗长 1.5～2.8cm，扁，疏被卷曲长柔毛，二级花梗不等长，较花梗长，被毛，花梗长 1～2mm，被短柔毛；雄花紫红色，花萼 4 深裂，裂片卵形，外面疏被微柔毛；花瓣 4，长圆形，长约 1.5mm，宽 1mm，先端圆，基部连合；雄蕊 4，长为花瓣的 2/3，花药椭圆形；不育子房圆锥形，小，顶端微裂；雌花未见。果序聚伞状，多分枝，生于一年生枝叶腋；果序柄长 1cm，扁，被柔毛；果柄长 5～7mm，被柔毛。果椭圆状球形，长 9～10mm，宽 6～8mm，有棱沟，宿存花萼深 4 裂，裂片三角形，被柔毛，具缘毛，宿存柱头平盘形，4 浅裂；分核 4，椭圆形，背部具 1 深沟，其余光滑。花期 6 月；果期 8～12 月。

分布与生境： 海南有分布记录；广东、广西、云南。生于阔叶林中。

注： 手绘图引自中国植物志；标本引自中国科学院植物研究所。

中文名称： 大叶冬青（苦丁茶）

学名： **Ilex latifolia** Thunb. Fl. Jap. 79. 1784, 中国植物志 45(2): 107(1999), 广东植物志 5: 394(2003), Flora of China 11: 395(2008)

科名： 冬青科 Aquifoliaceae　**属名：** 冬青属 Ilex Linn.

形态特征： 常绿大乔木，全株无毛；小枝粗壮，具纵棱及槽。叶生于一至三年生枝上，厚革质，长圆形或卵状长圆形，顶端钝或短渐尖，基部圆钝或阔楔形，边缘具疏锯齿，齿尖黑色，主脉于叶面凹陷，侧脉 12～17 对；叶柄上面微凹；托叶极小，宽三角形，急尖。由聚伞花序组成的假圆锥花序生于二年生枝叶腋内，无总花梗；花淡黄绿色，4 基数；雄花序每分枝有花 3～9 朵；苞片卵形或披针形；花萼 4 浅裂，裂片圆形；花瓣卵状长圆形；不育子房近球形；花萼盘状；花瓣 4，卵形；退化雄蕊为花瓣的 1/3，不育花药卵形，小；子房卵球形，柱头盘状，4 裂。果红色，球形，宿存柱头盘状；分核 4 枚，长圆状椭圆形。花期 4 月；果期 9～10 月。

野外鉴别关键特征： 叶厚革质，长圆形或卵状长圆形，顶端钝或短渐尖，基部圆钝或阔楔形，边缘具疏锯齿，齿尖黑色，侧脉在背面不明显。

分布与生境： 海南有分布；安徽、福建、广东、广西、河南、湖北、湖南、江苏、江西、云南、浙江；日本。

利用： 本种的木材可作为细木原料，树皮可提栲胶，叶和果可入药；植株优美，可作为庭园绿化树种。

1. 果枝；2. 果；3. 分核；4. 分核横切面；5. 果横切面。

阔叶冬青(Ilex latifrons)

大叶冬青(苦丁茶)(Ilex latifolia)(左图为野生植株，右图为栽培植株)

中文名称：▲ 保亭冬青

学名：**Ilex liangii** S. Y. Hu, op. cit. 247, 海南植物志 2: 426(1965), 中国植物志 45(2): 224(1999), 广东植物志 5: 408(2003), Flora of China 11: 428(2008)

科名：冬青科 Aquifoliaceae　　属名：冬青属 Ilex Linn.

形态特征：常绿灌木或乔木，高 3～8m，全株无毛；树皮灰黑色；小枝细弱，灰白色，叶痕圆形，凸起，皮孔缺，当年生幼枝具纵棱脊；顶芽圆形，无毛，或不发育。叶生于一至四年生枝上，叶片革质，长圆状椭圆形或椭圆状披针形，长 4～5.5cm，宽 1.5～2.5cm，先端钝，圆形或偶尔微凹，基部钝或楔形，常下延，全缘，叶面绿色，稍具光泽，背面淡绿色，无光泽，具褐色腺点，主脉在叶面凹陷，背面隆起，侧脉 4～5 对，在叶面不明显，背面明显或不太明显，网状脉有时背面明显；叶柄长 4～5mm，上面具纵槽；托叶常不明显。雄花序为具 3 花的聚伞花序簇生于二年生枝的叶腋内，总花梗长 3～4mm，花梗长约 1mm，均无毛；花 4 基数，白色；花萼直径约 2mm，无毛，4 深裂，裂片圆形或钝，啮蚀状，具缘毛；花冠辐状，直径约 5mm，花瓣倒卵形，长约 2mm，基部稍合生；雄蕊长约为花瓣的 2/3；退化子房近卵球形，乳头状凸起，具短喙。雌花未见。单果腋生或 3 果簇生于叶腋内，果梗长为 3～5mm，具 2 枚中部着生的小苞片；果球形，直径约 5mm，成熟后红色，宿存花萼平展，直径约 2.5mm，无毛，4 裂片圆形或三角形，具缘毛；宿存花柱明显，柱头头状；分核 4，阔椭圆体形，长约 3.7mm，宽约 2.3mm，背部具 3 或 4 条纵棱，无沟，纵棱贴在内果皮上，不易脱落。花期 10～12 月；果期 11 月至翌年 1 月。

野外鉴别关键特征：叶片革质，先端钝，圆形或偶尔微凹，基部钝或楔形，常下延，全缘。

分布与生境：特有种，吊罗山。生于低海拔山谷林中。

中文名称：谷木叶冬青

学名：**Ilex memecylifolia** Champ. ex Benth. in Hook. J. Bot. Kew Gard. Miscel. 4: 328. 1852, 中国植物志 45(2): 210(1999), 广东植物志 5: 404(2003), Flora of China 11: 423(2008)

科名：冬青科 Aquifoliaceae　　属名：冬青属 Ilex Linn.

形态特征：常绿乔木，高可达 15～20m，稀灌木，高仅 2m。叶生于一至二年生枝上，叶片革质至厚革质，卵状长圆形或倒卵形，长 4～8.5cm，宽 1.2～3.3cm，先端渐尖或钝，基部楔形或钝，全缘，叶面深绿色，具光泽或无光泽背面淡绿色，两面无毛，主脉在叶面凹陷，被微柔毛，背面隆起，无毛，侧脉 5～6 对，连同网状脉在叶两面均不明显；叶柄长 5～7mm，上面具狭纵槽，背面圆形，被微柔毛；托叶三角形，长约 0.5mm，被微柔毛，宿存。花序簇生于二年生枝的叶腋内，常与 1 休眠腋芽并生；花 4～6 基数，白色、芳香。雄花序的单个分枝为 1～3 花的聚伞花序，总花梗长 1～3mm；苞片三角形，被微柔毛，花梗长 3～6mm，连同总花梗均被微柔毛，近基部或基部具 2 小苞片，或无小苞片；花萼盘状，直径约 2mm，5 或 6 枚三角形裂片，钝，常啮蚀状，具缘毛；花冠辐状，直径 5～6mm，花瓣长圆形，基部稍合生；雄蕊与花瓣等长，花药卵球形；退化子房近球形。雌花序簇的单个分枝具 1 花，花梗长 6～8mm，被微柔毛，小苞片 1～2 枚，基生，被微柔毛；花萼与花冠同雄花；退化雄蕊长为花瓣的 3/4，花丝及败育花药均被微柔毛；子房近卵球形，直径 1.5～2mm，花柱明显，长约 1mm，柱头头状。果球形，直径 5～6mm。花期 3～4 月；果期 7～12 月。

分布与生境：尖峰岭；福建、广东、广西、贵州、江西；越南。生于低海拔山地灌丛。

注：手绘图引自：http://t3.baidu.com/it/u=3655526103, 3718161543&fm=23&gp=0.jpg。

保亭冬青(Ilex liangii)

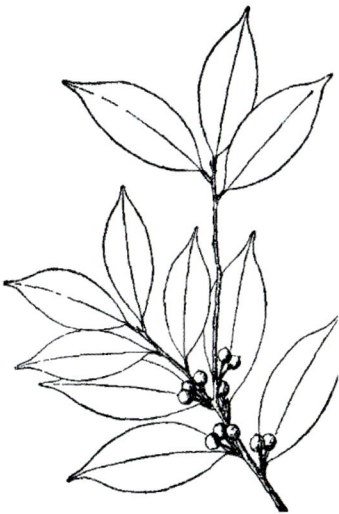

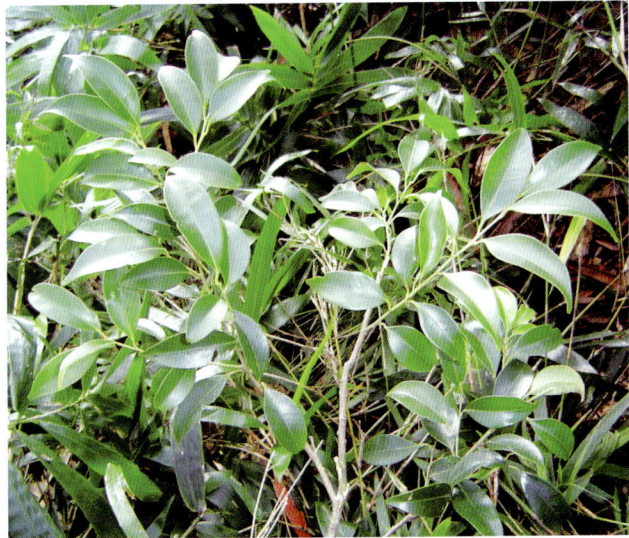

谷木叶冬青(Ilex memecylifolia)

中文名称： 小果冬青（细果冬青）

学名：Ilex micrococca Maxim. in Mém. Acad. Sci. St. Pétersb. 7(29): 39, pl. 1, fig. 6. 1881, 海南植物志 2: 433(1965), 中国植物志 45(2): 248(1999), 广东植物志 5: 410(2003), Flora of China 11: 434(2008)

科名： 冬青科 Aquifoliaceae　**属名：** 冬青属 Ilex Linn.

形态特征： 落叶乔木，高达 20m；小枝粗壮，无毛，具白色、圆形或长圆形常并生的气孔。叶片膜质或纸质，卵形、卵状椭圆形或卵状长圆形，长 7～13cm，宽 3～5cm，先端长渐尖，基部圆形或阔楔形，常不对称，边缘近全缘或具芒状锯齿，叶面深绿色，背面淡绿色，两面无毛，主脉在叶面微下凹，在背面隆起，侧脉 5～8 对，三级脉在两面突起，网状脉明显；叶柄纤细，长 1.5～3.2cm，无毛，上面平坦，下面具皱纹；托叶小，阔三角形，长约 0.2mm。伞房状 2～3 回聚伞花序单生于当年生枝的叶腋内，无毛；总花梗长 9～12mm，具沟，在果时多皱，二级分枝长 2～7mm，花梗长 2～3mm，基部具 1 三角形小苞片。雄花：5 或 6 基数，花萼盘状，5 或 6 浅裂，裂片钝，无毛或疏具缘毛；花冠辐状，花瓣长圆形，长 1.2～1.5mm，基部合生；雄蕊与花瓣互生，且近等长，花药卵球状长圆形，长约 0.5mm；败育子房近球形，具长约 0.5mm 的喙。雌花：6～8 基数，花萼 6 深裂，裂片钝，具缘毛；花冠辐状，花瓣长圆形，长约 1mm，基部合生；退化雄蕊长为花瓣的 1/2，败育花药箭头状；子房圆锥状卵球形，直径约 1mm，柱头盘状，柱头以下之花柱稍缢缩。果实球形，直径约 3mm，成熟时红色，宿存花萼平展，宿存柱头厚盘状，凸起，6～8 裂；分核 6～8，椭圆形，长 2mm，宽约 1mm，末端钝，背面略粗糙，具纵向单沟，侧面平滑，内果皮革质。花期 5～6 月，果期 9～10 月。

野外鉴别关键特征： 叶基部常不对称，侧脉 5～8 对；叶柄上面平坦，下面具皱纹。

分布与生境： 琼中；浙江、台湾、广东、广西；日本。生于高海拔林中。

注： 手绘图引自浙江植物志；彩图由 PPBC/ 陈炳华拍摄。

中文名称： 南宁冬青

学名：Ilex nanningensis Handel-Mazzetti, Sinensia. 5: 2. 1934, 中国植物志 45(2): 121(1999), 广东植物志 5: 397(2003), Flora of China 11: 399(2008)

科名： 冬青科 Aquifoliaceae　**属名：** 冬青属 Ilex Linn.

形态特征： 常绿乔木，高可达 20m；幼枝近圆柱形，具纵棱角，暗棕色，密被短柔毛，三年生枝挺直，具不明显的纵裂缝及半圆形叶痕，被短柔毛；顶芽小，裸露，被短柔毛。叶互生，可见于一至四年生枝上，叶片厚革质，椭圆形，罕披针形或卵状椭圆形，长 5～8cm，宽 1.5～3.5cm，先端短渐尖，尖头宽三角形，长 2～12mm，基部钝或楔形，叶缘具圆齿状锯齿，干时稍外弯，叶面亮绿色，背面淡绿色，干时灰褐色，主脉在叶面凹陷，被短柔毛，在背面隆起，侧脉每边 7～8 条，在背面明显，上面模糊，网状脉仅在背面明显；叶柄长 7～10mm，被短柔毛，上面具沟槽，上端具由叶基下延的狭翅；托叶胼胝质，三角形，镰刀状，急尖，基部被短柔毛。花序簇生于二年生枝的叶腋内，每束具 2～5 花；苞片卵状肾形，先端骤尖或具短尖头，具缘毛；花 4 基数，芳香。雌花束的单个分枝具单花，花梗长 6～8mm，被短柔毛，近中部具 2 长三角形、被短柔毛的小苞片；花萼盘状，直径约 3mm，4 浅裂，裂片圆形，长约 0.5mm，宽约 1.5mm，疏被小微柔毛及缘毛；花冠辐状，直径约 8mm，花瓣长 3mm，宽 2mm，先端部分具缘毛；退化雄蕊 4，略短于花瓣，败育花药箭头状；子房卵球形，长约 3mm，直径约 2.5mm，顶端截形，柱头盘状。雄花不详。果近球形，长约 8mm，直径约 1cm，宿存柱头圆形，扁平，直径约 2mm，基部具伸展的圆形，直径约 3mm 的宿存萼；外果皮薄，中果皮肉质，果柄长约 8mm。分核 4，轮廓长圆形，长约 6.5mm，宽约 5.5mm，背面多皱，具网状条纹，平滑而具宽凹陷，内果皮木质。花期 4～5 月；果期 10～11 月。

分布与生境： 保亭；广东、广西。生于海拔 600m 的山地林中。

注： 标本引自广西植物研究所。

小果冬青(细果冬青)(Ilex micrococca)

南宁冬青(Ilex nanningensis)

中文名称：▲ 洼皮冬青

学名：**Ilex nuculicava** S. Y. Hu, op. cit. 385, 海南植物志 2: 431(1965), 中国植物志 45(2): 124(1999), 广东植物志 5: 396(2003), Flora of China 11: 400(2008)

科名：冬青科 Aquifoliaceae　属名：冬青属 Ilex Linn.

形态特征：常绿乔木，顶芽及小枝被短柔毛。叶革质，倒卵状披针形或狭长椭圆形，基部钝，顶端短渐尖，下面有稀疏小腺点，干时暗榄绿色，边缘具波浪状浅齿，中脉上面凹陷，疏被微柔毛，侧脉每边 7 ～ 8 条，上面不明显；叶柄被疏柔毛，干时深褐色或带黑色。花 4 基数，黄白色；花序簇生于二年生枝上，被微柔毛；雄花序每枝有花 3 朵；苞片阔卵形而尖，基部有托叶状被毛的附属体；总花梗被微柔毛，基部或近中部有 2 枚小苞片；萼片圆形，被缘毛或无毛；花瓣长椭圆状倒卵形，边缘被缘毛或雄蕊与花瓣等长；雌花序每枝有花 1 朵；小苞片 2 枚；退化雌蕊等于花瓣的 1/3 长。果红色，未熟时果干时灰色；柱头脐状，略扁平；分核 4 颗，内果皮木质。花期 4 ～ 5 月；果期 5 ～ 12 月。

分布与生境：特有种，霸王岭、吊罗山、尖峰岭、鹦哥岭。生于中海拔至高海拔的山地林中。

注：标本引自广西大学。

中文名称：▲ 秋花洼皮冬青

学名：**Ilex nuculicava** var. **auctumnalis** S. Y. Hu, op. cit. 387, 海南植物志 2: 431(1965), 中国植物志 45(2): 126(1999), 广东植物志 5: 396(2003), Flora of China 11: 400(2008)

科名：冬青科 Aquifoliaceae　属名：冬青属 Ilex Linn.

形态特征：变种与洼皮冬青 (原变种) 的主要区别在于叶狭倒披针形，长 6 ～ 11cm，宽 2 ～ 3.5cm，基部楔形；花期迟到秋季 (8 ～ 10 月)。

分布与生境：特有种，陵水、保亭、三亚、东方、白沙。生于中海拔到高海拔山地林中。

注：标本引自广西植物研究所。

洼皮冬青(Ilex nuculicava)

秋花洼皮冬青(Ilex nuculicava var. auctumnalis)

中文名称：▲ 光枝洼皮冬青

学名：**Ilex nuculicava** var. **glabra** S. Y. Hu, op. cit. 387, 海南植物志 2: 431(1965), 中国植物志 45(2): 126(1999), 广东植物志 5: 396(2003), Flora of China 11: 400(2008)

科名：冬青科 Aquifoliaceae 属名：冬青属 Ilex Linn.

形态特征：常绿乔木，顶芽及小枝无毛。叶革质，倒卵状披针形或狭长椭圆形，基部钝，顶端短渐尖，下面有稀疏小腺点，干时暗榄绿色，边缘具波浪状浅齿，中脉上面凹陷，无毛，侧脉每边 7 ～ 8 条，上面不明显；叶柄无毛，干时深褐色或带黑色。花 4 基数，黄白色；花序簇生于二年生枝上，无毛。雄花序每枝有花 3 朵；苞片阔卵形而尖；总花梗无毛，基部或近中部有 2 枚小苞片；萼片圆形，无毛；花瓣长椭圆状倒卵形，边缘被缘毛或雄蕊与花瓣等长。雌花序每枝有花 1 朵；小苞片 2 枚；退化雌蕊等于花瓣的 1/3 长。果红色，未熟时果干时灰色；柱头脐状，略扁平；分核 4 颗，内果皮木质。花期 4 ～ 5 月；果期 5 ～ 12 月。

野外鉴别关键特征：叶革质，倒卵状披针形或狭长椭圆形，基部钝，顶端短渐尖，边缘具波浪状浅齿，中脉上面凹陷。

分布与生境：特有种，三亚。生于山地林中。

中文名称：厚叶冬青

学名：**Ilex pachyphylla** Chun, 仅见海南岛尖峰岭地区生物物种名录

科名：冬青科 Aquifoliaceae 属名：冬青属 Ilex Linn.

形态特征：常绿灌木。叶革质，倒卵形或椭圆形，基部钝，顶端短渐尖或钝，全缘。叶柄 0.5 ～ 1cm。

分布与生境：尖峰岭。

注：标本引自：http://www.flickr.com/photos/filibot/8043765541/.

光枝洼皮冬青(**Ilex nuculicava** var. **glabra**)

厚叶冬青(**Ilex pachyphylla**)

中文名称：毛冬青

学名：**Ilex pubescens** Hook. & Arn. Bot. Beech. Voy. 167, pl. 35. 1883, 海南植物志 2: 434(1965), 中国植物志 45(2): 199(1999), 广东植物志 5: 401(2003), Flora of China11: 419(2008)

科名：冬青科 Aquifoliaceae　属名：冬青属 Ilex Linn.

形态特征：常绿灌木，小枝近四棱形，密被长硬毛，具纵棱脊。叶生于一至二年生枝上，纸质或膜质，椭圆形或长卵形，顶端急尖或短渐尖，基部钝，边缘具疏细锯齿或近全缘，两面被长硬毛，背面沿主脉更密，主脉于叶面平坦或稍凹陷，侧脉 4 ～ 5 对，于叶面不明显，在叶缘附近联结，网脉不明显；叶柄密被长硬毛。花序簇生于一至二年生枝的叶腋内，密被长硬毛。雄聚伞花序簇生，单个分枝有花 1 ～ 3 朵；花 4 或 5 基数，粉红色；花萼盘状，被长柔毛；花冠辐状，花瓣 4 ～ 6，卵状长圆形或倒卵形，顶端圆钝，基部稍合生，花药长圆形；退化雌蕊垫状。雌花序簇生，被长硬毛，单个分枝具单花，稀 3 朵花；花 6 ～ 8 基数，花冠辐状，花瓣 5 ～ 8，长圆形，子房卵球形。果红色球形，密被长硬毛。花期 4 ～ 5 月；果期 8 ～ 11 月。

野外鉴别关键特征：小枝近四棱形，密被长硬毛。叶纸质或膜质，椭圆形或长卵形，顶端急尖或短渐尖，基部钝，边缘具疏细锯齿或近全缘，两面被长硬毛。

分布与生境：海南各地常见；安徽、福建、广东、广西、贵州、湖北、湖南、江西、台湾、云南、浙江。生于低海拔山地疏林或山坡灌丛中。

利用：清热解毒、消肿止痛、利小便。治刀枪打伤、肺热喘咳、外感风热、预防流感。

注：手绘图引自安徽植物志。

中文名称：毛叶冬青

学名：**Ilex pubilimba** Merr. & Chun in Sunyatsenia. 5: 109. 1940, 海南植物志 2: 429(1965), 中国植物志 45(2): 107(1999), 广东植物志 5: 394(2003), Flora of China 11: 394(2008)

科名：冬青科 Aquifoliaceae　属名：冬青属 Ilex Linn.

形态特征：常绿乔木，高 6 ～ 15m；小枝圆柱形，坚挺，密被暗黄色短硬毛状柔毛；顶芽小，密被短柔毛。叶生于一至二年生枝上，叶片厚革质，椭圆形、稀卵状椭圆形或披针形，长 3 ～ 7cm，宽 1.5 ～ 2.5cm，先端短渐尖，基部圆形，钝或楔形，叶缘具圆齿状锯齿，干时稍外弯，叶面绿色，干时灰橄榄色，有光泽，无毛，背面淡白色，被短柔毛，主脉在叶面凹陷，被短柔毛，背面隆起，侧脉 6 ～ 8 对，上面不明显，背面稍显现；叶柄长 3 ～ 6mm，密被短柔毛；托叶缺。花序簇生于二年生枝叶腋内，苞片卵形或半圆形，密被短柔毛；花黄白色，4 基数。雄花序每枝具 1 ～ 3 花，具 3 花者为聚伞状，总花梗长 0.5 ～ 1mm，花梗长 2 ～ 3mm，花梗基部具 2 小苞片；花萼盘状，直径 1.5 ～ 2mm，4 裂，裂片圆形，被短柔毛及缘毛；花冠辐状，直径约 6mm，花瓣长椭圆形，长约 2.5mm，具缘毛，基部合生；雄蕊稍短于花瓣，花药卵形；退化子房圆锥状，直径约 1mm，先端钝。雌花序每分枝具单花，花萼与花冠像雄花；退化雄蕊长约为花瓣的 1/3，不育花药卵形；子房近球形，直径约 1.75mm，疏被短柔毛；柱头盘状，凸起。果扁球形，长 5 ～ 6mm，直径 7 ～ 8mm，果梗长 3 ～ 5mm，被短柔毛；宿存花萼圆形，伸展，直径约 2mm，4 浅裂，具缘毛，宿存柱头薄盘状，圆形。分核 4，近球形或长椭圆形，长 4 ～ 5mm，背部宽 3.5 ～ 4mm，多皱，背部压平或稍凹入，内果皮木质。花期 3 月；果期 8 ～ 12 月。

野外鉴别关键特征：小枝圆柱形，坚挺，密被暗黄色短硬毛状柔毛。

分布与生境：安定、琼中、白沙、东方、保亭、三亚等地；越南。生于中海拔的密林中。

利用：已由人工引种栽培，应用于园林绿化。

注：彩图由 PPBC/ 苏享修拍摄。

1. 果枝；2. 花；3. 果实。

毛冬青(Ilex pubescens)

毛叶冬青(Ilex pubilimba)

中文名称： 微凹冬青

学名： **Ilex retusifolia** S. Y. Hu in Journ. Arn. Arb. 31: 238. 1950, 中国植物志 45(2): 218(1999), Flora of China 11: 425(2008)

科名： 冬青科 Aquifoliaceae　　**属名：** 冬青属 Ilex Linn.

形态特征： 常绿灌木；小枝圆柱形，细弱，干时栗褐色，被微柔毛，较老枝具椭圆形小皮孔，当年生幼枝具纵棱脊和槽。顶芽卵状圆锥形，被微柔毛。叶存于一至四年生枝上，叶片革质，阔椭圆形，长5～7cm，宽2～3cm，先端短渐尖且微凹，基部钝，全缘，叶面绿色，干时褐橄榄色，无光泽，背面淡绿色，具斑点，除沿主脉被微柔毛外，余无毛，主脉在叶面和背面均隆起，侧脉7～9对，两面不明显，网状脉不见；叶柄长8～12mm，被微柔毛，上面具宽而浅的纵槽，背面圆形，具皱纹；托叶三角形，急尖，宿存。雄花及雄花序未见。雌花序簇生于二年生枝的叶腋内，个体分枝具单花，苞片阔三角形，被微柔毛，具三尖；花梗长4～5mm，被微柔毛，近基部具2枚三角形被微柔毛的小苞片；花4或稀5基数，淡黄色；花萼盘状，直径2.5mm，被微柔毛，4深裂，裂片钝，微凹或圆形，具缘毛；花冠辐状，直径约5mm，花瓣卵形，长约2.5mm，分离，无缘毛；退化雄蕊长为花瓣的1/2，败育花药卵状心形，无毛；子房卵状近球形，直径约1mm，花柱明显，很短，柱头盘状，凸起。果和种子未见。花期6月。

野外鉴别关键特征： 叶片革质，阔椭圆形，先端短渐尖且微凹，基部钝，全缘。

分布与生境： 尖峰岭；广西。生于山地热带森林中。

中文名称： 铁冬青（小果铁冬青）

学名： **Ilex rotunda** Thunb. Fl. Jap. 77. 1784, 海南植物志 2: 427(1965), 中国植物志 45(2): 45(1999), 广东植物志 5: 387(2003), Flora of China 11: 381(2008)

科名： 冬青科 Aquifoliaceae　　**属名：** 冬青属 Ilex Linn.

形态特征： 常绿灌木或乔木，高可达20m，胸径达1m。叶仅见于当年生枝上，叶片薄革质或纸质，卵形、倒卵形或椭圆形，长4～9cm，宽1.8～4cm，先端短渐尖，基部楔形或钝，全缘，稍反卷，叶面绿色，背面淡绿色，两面无毛，主脉在叶面凹陷，背面隆起，侧脉6～9对，在两面明显，于近叶缘附近网结，网状脉不明显；叶柄长8～18mm，无毛，稀多少被微柔毛，上面具狭沟，顶端具叶片下延的狭翅；托叶钻状线形，长1～1.5mm，早落。聚伞花序或伞状花序具(2～)4～6(～13)花，单生于当年生枝的叶腋内。雄花序总花梗长3～11mm，无毛，花梗长3～5mm，无毛或被微柔毛，基部卵状三角形，小苞片1～2枚或无；花白色，4基数；花萼盘状，直径约2mm，被微柔毛，4浅裂，裂片阔卵状三角形，长约0.3mm，无毛，亦无缘毛；花冠辐状，直径约5mm，花瓣长圆形，长2.5mm，宽约1.5mm，开放时反折，基部稍合生；雄蕊长于花瓣，花药卵状椭圆形，纵裂；退化子房垫状，中央具长约1mm的喙，喙顶端具5或6细裂片。雌花序具3～7花，总花梗长5～13mm，无毛，花梗长(3～)4～8mm，无毛或被微柔毛。花白色，5(～7)基数；花萼浅杯状，直径约2mm，无毛，5浅裂，裂片三角形，啮齿状；花冠辐状，直径约4mm，花瓣倒卵状长圆形，长约2mm，基部稍合生；退化雄蕊长约为花瓣的1/2，败育花药卵形；子房卵形，长约1.5mm，柱头头状。果近球形或稀椭圆形，直径4～6mm。花期4月；果期8～12月。

野外鉴别关键特征： 叶仅见于当年生枝上，叶片薄革质或纸质，卵形、倒卵形或椭圆形，先端短渐尖，基部楔形或钝，全缘，稍反卷。

分布与生境： 海南各地常见；我国华东至华南地区；日本、朝鲜。生于海拔400～1100m的山坡常绿阔叶林中和林缘。

利用： 本种叶和树皮入药，凉血散血，有清热利湿、消炎解毒等功效。树皮可提制染料和栲胶；木材作为细工用材。

注： 手绘图引自中国高等植物图鉴。

微凹冬青(**Ilex retusifolia**)

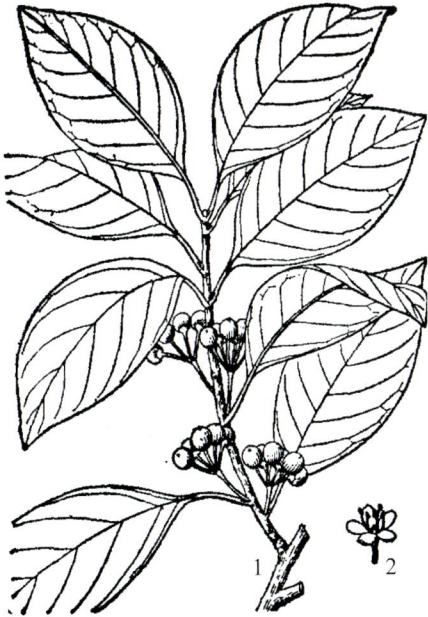

1. 果枝；2. 花。

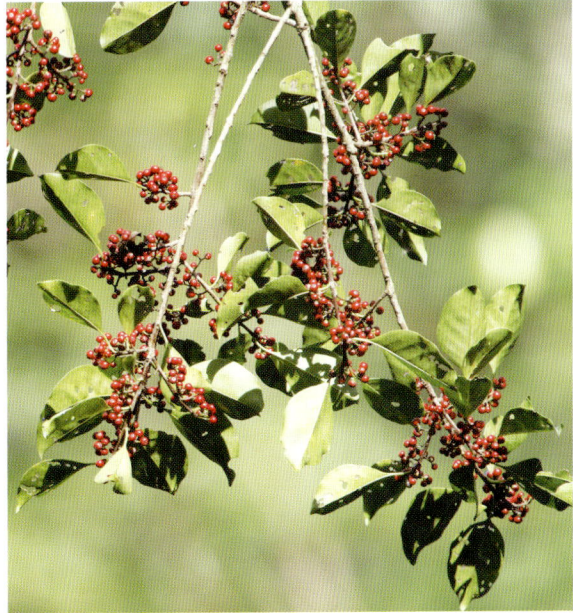

铁冬青(小果铁冬青)(**Ilex rotunda**)

中文名称：▲ 石枚冬青

学名：**Ilex shimeica** Tam in Act. Phytotax. Sin. 8: 357. 1963. 海南植物志 2: 424(1965), 中国植物志 45(2): 209(1999), 广东植物志 5: 404(2003), Flora of China 11: 423(2008)

科名：冬青科 Aquifoliaceae　　属名：冬青属 Ilex Linn.

形态特征：常绿乔木，高 5～11m；树皮灰白色，粗糙。幼枝圆柱形，淡褐色，具明显的皮孔，叶痕近圆形，凸起。叶片革质，椭圆形至阔椭圆形，长 7.5～10cm，宽 3.5～5.5cm，先端钝，具短尖头，基部圆形，边缘全缘，叶面绿色，干后淡黄褐色，背面淡绿色，干时苍白色带微黄，无斑点，两面均无毛，主脉在叶面凹陷，背面隆起，侧脉 6～8 对，斜升，于近叶缘附近网结，在叶面明显，背面稍凸起，网状脉背面明显；叶柄长约 12mm，干时黑褐色，上面具纵槽，背面圆形，具横皱纹，无毛。果序簇生或呈伞状生于叶腋内，具 2～10 果，果序的单个分枝具 1 果；总果梗长 3～8mm，直径约 2mm；苞片阔三角形，长约 0.7mm，干时灰白色；果近球形，直径 4～5mm，果梗长 5～7mm，中下部具三角形小苞片 1 枚；宿存花萼盆状，直径 3～4mm，4～5 裂，裂片圆形，宿存柱头短圆柱形或乳头状，高约 1mm；分核 4～5，披针形，长约 4.5mm，背部具 3 条纵细条纹，两侧面平滑，内果皮革质。果期 10 月。

野外鉴别关键特征：叶片革质，椭圆形至阔椭圆形，先端钝，具短尖头，基部圆形，边缘全缘。

分布与生境：特有种，吊罗山。也生于滨海沙地。

注：手绘图引自海南植物志。

中文名称：华南冬青

学名：**Ilex sterrophylla** Merr. & Chun in Sunyatsenia. 5: 110. 1940, 海南植物志 2: 424(1965), 中国植物志 45(2): 209(1999), 广东植物志 5: 404(2003), Flora of China 11: 374(2008)

科名：冬青科 Aquifoliaceae　　属名：冬青属 Ilex Linn.

形态特征：常绿乔木，高 15m，胸径 70cm；小枝近圆柱形，具皱褶和圆形或正三角形皮孔；顶芽卵形，鳞片密具缘毛。叶出现于一至二年生枝上，叶片革质，卵形或椭圆形，长 5～8cm，宽 2～4cm，先端渐尖，短尖头长 5～10mm，基部楔形或近圆形，先端具 1～2 不明显的齿，干时橄榄绿色或褐色，主脉在叶面凸起，在背面隆起，侧脉 8～10 对，两面模糊不清；叶柄长 15～25mm，上面平，远轴具狭翅。花 4 或 5 基数。雄花序聚伞花序近伞状，具 5～13 花，总花梗长 15～30mm，二级轴长 1～2mm；苞片钻形，长约 1.2mm，花梗长 3～5mm；花萼盘状，4 或 5 裂，裂片圆形或正三角形，无毛，具缘毛；花冠白色，花瓣长圆状倒卵形，基部稍合生；雄蕊 4 或 5，短于花瓣，花药长圆形，长约 1mm；败育子房卵球形，长约 1mm，顶端具喙，4 浅裂。雌花序聚伞花序具 3 花，总花梗长 12～23mm，花梗长 5～8mm，花萼及花冠同雄花；退化雄蕊长为花瓣的 3/4，败育花药箭头形；子房卵球形，直径约 2mm，柱头厚盘状。果椭圆体形，长 7～9mm，成熟时红色，宿存花萼伸展，直径约 3mm，圆形，具缘毛，宿存柱头厚盘状。分核 4，长圆体形，长 5～6mm，宽 3mm，背面具浅凹，光滑，无条纹，内果皮革质。花期 5 月；果期 9～10 月。

野外鉴别关键特征：叶片革质，卵形或椭圆形，先端渐尖，短尖头长 5～10mm，基部楔形或近圆形。

分布与生境：保亭、白沙、乐东等；广东、广西；越南。生于山地密林中。

注：手绘图引自广东植物志。

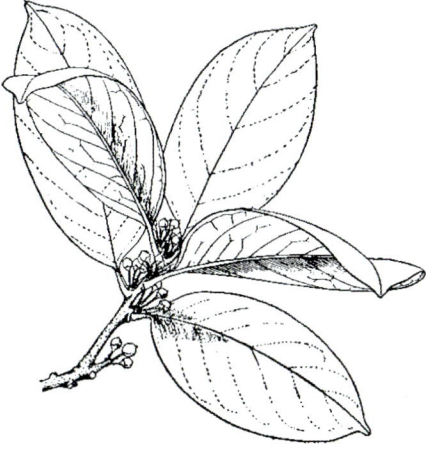

果枝

石枚冬青(Ilex shimeica)

1. 果枝；2. 果。

华南冬青(Ilex sterrophylla)

中文名称：拟榕叶冬青

学名：**Ilex subficoidea** S. Y. Hu, op. cit. 384, 海南植物志 2: 430(1965), 中国植物志 45(2): 117(1999), 广东植物志 5: 395(2003), Flora of China 11: 397(2008)

科名：冬青科 Aquifoliaceae　属名：冬青属 Ilex Linn.

形态特征：常绿乔木，高 8～15m；小枝圆柱形，具纵棱，无毛，具三角形或卵形叶痕，无皮孔。叶生于一至二年生枝上，叶片革质，卵形或长圆状椭圆形，长 5～10cm，宽 2～3cm，先端突然渐尖，基部钝，稀圆形，边缘具波状钝齿，稍反卷，叶面绿色，光亮，背面淡绿色，两面无毛，主脉在叶面凹陷，在背面隆起，侧脉每边 10～11 条，在叶面不明显，背面凸起，网状脉两面不明显；叶柄长 5～12mm，上面具沟，上中部具叶片下延而成的狭翅；托叶三角形，胼胝质，小。花序簇生于二年生枝的叶腋内；花白色，4 基数。雄花每束的单个分枝具 3 花；苞片阔卵形，具短突尖，被缘毛，基部具托叶状附属体；总花梗长 1mm，花梗长约 2mm，幼时被短柔毛，或变无毛；花萼盘状，直径约 5mm，裂片边缘疏被缘毛；花冠直径 5～7mm，花瓣 4，倒卵状长圆形，长约 3mm，具疏缘毛，基部合生；雄蕊略长于花瓣，花药卵球形，长约 0.75mm；退化子房钝圆锥形。雌花不详。果序簇生，果梗长约 1cm，基部或近基部具 2 枚小苞片；果球形，直径 1～1.2cm，密具细瘤状突起；宿存柱头薄盘状，明显 4 裂；宿存花萼直径 2.5～3mm，4 裂，裂片圆形，具缘毛。分核 4；卵状椭圆形，长 8～9mm，背部宽 5～7mm，具不规则的皱纹及洼点，内果皮石质。花期 5 月；果期 6～12 月。

野外鉴别关键特征：叶先端突然渐尖，基部钝，稀圆形，边缘具波状钝齿，稍反卷。

分布与生境：三亚；福建、广东、广西、湖南、江西；越南。生于山顶林中。

中文名称：卷边冬青

学名：**Ilex tamii** T. R. Dudley in F. C. Galle, Hollies Gen. Ilex. 244. 1997, Flora of China 11: 424(2008). —— Ilex revoluta Tam in Act. Phytotax. Sin. 8: 356. 1963, 海南植物志 2: 426(1965), 中国植物志 45(2): 214(1999), 广东植物志 5: 405(2003)

科名：冬青科 Aquifoliaceae　属名：冬青属 Ilex Linn.

形态特征：常绿小乔木，高 4～8m，全株无毛；树皮灰褐色。小枝圆柱形，具纵棱沟，叶痕稍凸起。叶片革质，倒卵形，长 4～5.5cm，宽 2～2.5cm，先端圆形，微凹，基部楔形，渐狭至叶柄，边缘反卷，全缘，叶面绿色，背面淡绿色，具褐色小腺点，主脉在叶面稍凹陷，背面隆起，侧脉 6～8 对，斜升，于近叶缘处网结，在叶面明显，背面稍凸起，网状脉不明显；叶柄长 3～4mm，上面具纵槽，上半段具叶片下延的狭翅。花及花序未见。果单生或双生于当年生或二年生枝的叶腋内，果梗长约 5mm；果球形，直径 5～6mm，外果皮革质，干时褐黄色或稀淡褐色，宿存花萼杯状，4 裂，裂片圆形，宿存柱头乳头状；分核 4，卵状椭圆形，背面具 1～3 条纵条纹，无沟。

野外鉴别关键特征：叶革质，倒卵形，顶端圆而钝，微缺，基部狭楔形，下延至叶柄，全缘而反卷。

分布与生境：万宁、保亭等地；广东。生于中海拔至高海拔的山顶密林中。

注：手绘图引自海南植物志。

拟榕叶冬青(**Ilex subficoidea**)

1.果枝；2.果；3.果的顶部切去，示4颗分核；4.分核背面(放大)。

卷边冬青(**Ilex tamii**)

中文名称：三花冬青

学名：**Ilex triflora** Bl. Bijdr. 1150. 1826, S. Y. Hu, op. cit. 30: 328. 1949, 海南植物志 2: 432(1965), 中国植物志 45(2): 53(1999), 广东植物志 5: 391(2003), Flora of China 11: 383(2008)

科名：冬青科 Aquifoliaceae 属名：冬青属 Ilex Linn.

形态特征：常绿灌木或小乔木；树皮灰白色；小枝被稀疏细柔毛，近四棱形。叶近革质，椭圆形、长椭圆形或卵状椭圆形，少有披针形，长 4～7cm，宽 1.7～2.5cm，基部阔楔形或钝，顶端急尖或短渐尖，两面有腺点，嫩时被微柔毛，边缘有近波状浅锯齿；中脉两面被微柔毛，上面凹陷，侧脉每边 7～9 条，两面几不可见。花序簇生于叶腋；花 4 基数。雄花序每分枝 1～3 朵，呈聚伞状；萼被柔毛和稀疏的缘毛；花瓣阔卵形，基部合生至 1/4；雄蕊短于花瓣。雌花序每枝通常有花 3 朵，生于二年生的枝上；花瓣卵形；小苞片互生于花梗中部或近中部；退化雄蕊长约为花瓣的 1/3。果球形或椭圆形；宿存萼平展，宿存柱头稍隆起；内果皮革质。花期 4～5 月；果期 7～12 月。

野外鉴别关键特征：中脉两面被微柔毛，上面凹陷，侧脉每边 7～9 条，两面几不可见。

分布与生境：保亭、陵水、三亚等地；广东、广西、贵州、云南；越南、马来西亚、印度尼西亚。生于低海拔至中海拔的密林中。

利用：清热解毒，用于疮疡肿毒。

注：手绘图引自浙江植物志；彩图由杨和升拍摄。

中文名称：钝头冬青

学名：**Ilex triflora** var. **kanehirae**(Yamamoto)S. Y. Hu, Journ. Arn. Arb. 30: 332. 1949, 中国植物志 45(2): 55(1999), 广东植物志 5: 392(2003), Flora of China 11: 383(2008)

科名：冬青科 Aquifoliaceae 属名：冬青属 Ilex Linn.

形态特征：本变种与三花冬青（原变种）的主要区别在于叶片倒卵形或长圆状椭圆形，先端圆形或钝，绝不渐尖。

分布与生境：琼中；广东、浙江、江西、福建、台湾、湖南。生于海拔 200～1100m 的山地林中。

注：手绘图引自福建植物志；彩图由 PPBC/ 刘军拍摄。

三花冬青(**Ilex triflora**)

钝头冬青(**Ilex triflora** var. **kanehirae**)

中文名称：绿叶冬青（细叶三花冬青）

学名：**Ilex viridis** Champ. ex Benth. in Hook. Journ. Bot. Kew Gard. Miscel. 4: 329. 1852, 中国植物志 45(2): 62(1999), 广东植物志 5: 392(2003), Flora of China 11: 383(2008). ——Ilex triflora Bl var. viridis(Champ. ex Benth.)Loes. in Nov. Act. Acad. Caes. Leop. Carol. Nat. Cur. 78: 345. 1901, 海南植物志 2: 432(1965)

科名：冬青科 Aquifoliaceae **属名**：冬青属 Ilex Linn.

形态特征：常绿灌木或小乔木，高 1～5m；幼枝近四棱形，具纵棱角及沟，沟内被短柔毛，棱上无毛，较老枝近圆形，具纵脊及长圆形或椭圆形皮孔；顶芽圆锥形，急尖，无毛。叶生于一至二年生枝上，叶片革质，倒卵形、倒卵状椭圆形或阔椭圆形，长 2.5～7cm，宽 1.5～3cm，先端钝，急尖或短渐尖，基部钝或楔形，边缘略外折，具细圆齿状锯齿，齿尖常脱落而成钝头，叶面绿色，光亮，背面淡绿色，具不明显的腺点，主脉在叶面深凹陷，疏被短柔毛；背面隆起，无毛，侧脉 5～8 对，两面明显，网状脉在叶面稍凸起，背面不明显；叶柄长 4～6mm，上面具浅的纵沟，被微柔毛或无毛，背面具皱纹，两侧具叶片下延的狭翅。雄花 1～5 朵排成聚伞花序，单生于当年生枝的鳞片腋内或下部叶腋内，或簇生于二年生枝的叶腋内；总花梗长 3～5mm，花梗长约 2mm，基部或近中部具 1～2 枚小钻形苞片；花白色，4 基数；花萼盘状，直径 2～3mm，裂片阔三角形，边缘啮蚀状，无缘毛；花冠辐状，直径约 7mm，花瓣倒卵形或圆形，长约 2.5mm，基部稍合生；雄蕊 4 枚，长约为花瓣的 2/3，花药长圆形，长约 1.5mm；退化子房狭圆锥形，先端急尖或具短喙。雌花单花生于当年生枝的叶腋内，花梗长 12～15mm，无毛，向顶端逐渐增粗，其中部生 2 枚钻形小苞片；花萼直径 4～5mm，无毛，4 裂，裂片近圆形；花瓣 4，卵形，长约 2.5mm，基部稍合生；退化雄蕊长为花瓣的 1/3，不育花药箭头形；子房卵球形，直径约 2mm，柱头盘状突起。果球形或略扁球形，直径 9～11mm，成熟时黑色；果梗长 1～1.7cm；宿存萼平展，直径约 5mm，宿存柱头盘状乳头形，直径 1.5～2mm；分核 4，椭圆体形，横切面三棱形，长 4～6mm，背部宽 3～5mm，背部凸起，具稍隆起的皱纹，侧面平滑，内果皮革质。花期 5 月，果期 10～11 月。

野外鉴别关键特征：叶片革质，倒卵形、倒卵状椭圆形或阔椭圆形，先端钝，急尖或短渐尖，基部钝或楔形。

分布与生境：保亭、琼中；安徽、浙江、江西、福建、广东。生于高海拔林中。

利用：治烫伤，溃疡久不愈合，闭塞性脉管炎，急、慢性支气管炎，肺炎，尿路感染，菌痢，外伤出血；根可用于治疗关节痛。

注：手绘图引自广东植物志；彩图由 PPBC/ 徐永福拍摄。

1. 果枝；2. 果。

绿叶冬青(细叶三花冬青)(**Ilex viridis**)

中文名称：★巧茶

学名：**Catha edulis** Forssk 1. C. 1775, 中国植物志 45(3): 149(1999), Flora of China 11: 479(2008)

科名：卫矛科 Celastraceae　　属名：巧茶属 Catha Forsskål ex Scopoli

形态特征：灌木，高 1～5m；小枝密生细小白点状皮孔。叶对生，厚纸质或薄革质，椭圆形或窄椭圆形，长 4～7cm，宽 2～4cm，先端短钝渐尖，基部窄楔形稍下延，边缘有明显密生钝锯齿；叶柄长 3～8mm。聚伞花序单生叶腋，较短小，长宽为 1.5～2cm；花序梗粗壮，长 5～10mm，2～4 次分枝，分枝短壮，长 3mm 以下；小聚伞 3 花，小花梗粗短，长 1～3mm，果时稍增长，可达 5mm；花小，直径 3～5mm，白色；花萼 5，三角卵形，长约 1mm；花瓣 5，长方窄卵形或窄长圆形，贴生于花盘外侧；花丝明显，较花冠稍短；子房与花盘游离，3 室，每室 2 胚珠，花柱短，柱头 3 裂。蒴果橙红色，圆柱状，长约 8mm，直径 3～4mm，每室常 1 种子成熟；种子黑褐色，有极细点纹，窄长倒卵状，长 3～4mm，顶端圆或偏斜，基部细窄呈尾状；假种皮橙红色，包围种子下半部，并向下延伸，长达 3mm，呈单翅状。

野外鉴别关键特征：叶对生，椭圆形或窄椭圆形，先端短钝渐尖，基部窄楔形稍下延，边缘有明显密生钝锯齿。

分布与生境：海南有栽培；广西、云南有栽培。原产非洲东部。

利用：有提振精神的作用，但长期嚼食会使人厌食，导致营养不良，降低人体免疫力，从而容易感染各种疾病。

中文名称：青江藤

学名：**Celastrus hindsii** Benth. in J. Bot. Kew Misc 3: 334. 1851, 海南植物志 2: 440(1965), 中国植物志 45(3): 125(1999), Flora of China 11: 473(2008)

科名：卫矛科 Celastraceae　　属名：南蛇藤属 Celastrus Linn.

形态特征：常绿藤本；小枝紫色，皮孔较稀少。叶纸质或革质，干后常灰绿色，长方窄椭圆形、或卵窄椭圆形至椭圆倒披针形，长 7～14cm，宽 3～6cm，先端渐尖或急尖，基部楔形或圆形，边缘具疏锯齿，侧脉 5～7 对，侧脉间小脉密而平行成横格状，两面均突起；叶柄长 6～10mm。顶生聚伞圆锥花序，长 5～14cm，腋生花序近具 1～3 花，稀成短小聚伞圆锥状。花淡绿色，小花梗长 4～5mm，关节在中部偏上；花萼裂片近半圆形，覆瓦状排列，长约 1mm；花瓣长方形，长约 2.5mm，边缘具细短缘毛；花盘杯状，厚膜质，浅裂，裂片三角形；雄蕊着生花盘边缘，花丝锥状，花药卵圆状，在雌花中退化，花药箭形卵状；雌蕊瓶状，子房近球状，花柱长约 1mm；柱头不明显 3 裂，在雄花中退化。果实近球状或稍窄，长 7～9mm，直径 6.5～8.5mm，幼果顶端具明显宿存花柱，长达 1.5mm，裂瓣略皱缩；种子 1 粒，阔椭圆状到近球状，长 5～8mm，假种皮橙红色。花期 5～7 月，果期 7～10 月。

分布与生境：澄迈、白沙、保亭、三亚等地；福建、广东、广西、贵州、湖北、湖南、江西、四川、台湾、西藏、云南；印度、马来西亚、缅甸、越南。生于海拔较低的灌木丛或疏林中，攀缘于其他树上。

利用：可用于通经药、利尿药。

注：手绘图引自海南植物志。

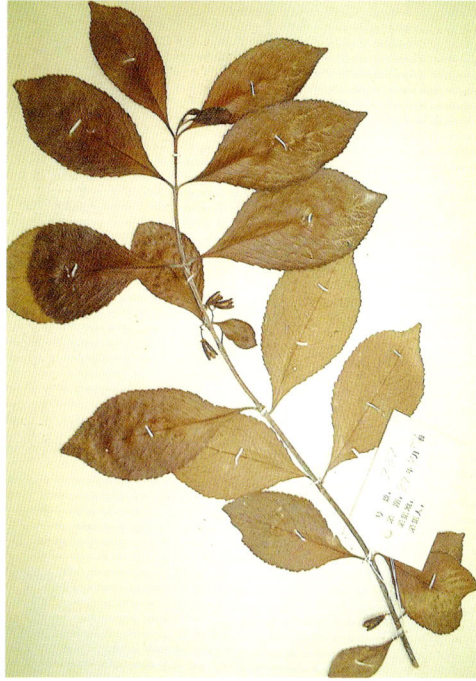

巧茶(Catha edulis)

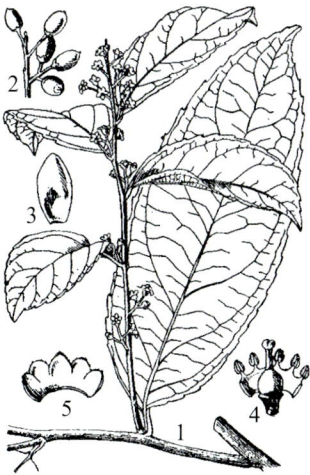

1. 花枝；2. 果序；3. 花瓣；4. 雄蕊及
   雌蕊；5. 花萼。

青江藤(Celastrus hindsii)

中文名称：圆叶南蛇藤

学名：**Celastrus kusanoi** Hayata in Journ. Coll. Sci. Univ. Tokyo 30(1): 60. 191, 海南植物志 2: 439(1965), 中国植物志 45(3): 118(1999), Flora of China 11: 472(2008)

科名：卫矛科 Celastraceae   **属名**：南蛇藤属 Celastrus Linn.

形态特征：落叶藤状小灌木；小枝开展，在幼嫩部分常被棕色极短硬毛，老时常近光滑，皮孔稀疏较小，阔椭圆形到近圆形。叶纸质，幼时近膜质，果期厚纸质，阔椭圆形到圆形，长 6 ～ 10cm，宽 4 ～ 9 (～ 11)cm，先端圆阔，具短小凸尖或小骤尖，基部圆形，很少呈极宽楔形或近心形，边缘上部具稀疏浅锯齿，下部近全缘，侧脉 3 ～ 4 对，较疏离，弯弓状，小脉连成疏网，叶面光滑无毛，叶背在叶脉基部通常被有棕白色短毛；叶柄长 1.5 ～ 2.8cm，稀达 3.5cm。花序腋生和侧生，雄花序偶有顶生者，小聚伞有花 3 ～ 7 朵；花序梗长约 1cm。被棕色极短硬毛；小花梗长 2 ～ 3(～ 5)mm，关节位于基部，亦被极短硬毛；萼片长方三角形，先端平钝，长约 1mm；花瓣长方窄倒卵形，长约 4mm，边缘稍啮蚀状；花盘薄而平，无明显裂片；雄蕊长约 3mm，花丝下部具乳突状毛；子房近球状，柱头 3 裂外弯。蒴果近球状，直径 7 ～ 10mm，其下宿萼常窄缩或近平截，果皮具横皱纹；果序梗及果梗长约 2cm，被极短硬毛；种子圆球状或稍弯近新月状，长 3.5 ～ 5mm，成熟后黑褐色。花期 2 ～ 4 月。

野外鉴别关键特征：叶纸质或幼时膜质，近圆形或阔椭圆形。有种子 3 ～ 6 颗。

分布与生境：澄迈、白沙等地；台湾。生于中海拔森林中。

利用：(根) 润肺利咽、活血解毒。主劳嗽咳血、咽喉疼痛、黄疸、跌打损伤、毒蛇咬伤。

中文名称：独子藤 (单籽南蛇藤)

学名：**Celastrus monospermus** Roxb. Fl. Ind. 2: 394. 1824, 海南植物志 2: 440(1965), 中国植物志 45(3): 126(1999), Flora of China 11: 474(2008)

科名：卫矛科 Celastraceae   **属名**：南蛇藤属 Celastrus Linn.

形态特征：常绿藤状灌木，高达 10m。叶厚纸质至革质，干后褐色至绿褐色，阔椭圆形至长椭圆形，长 7 ～ 10(～ 15)cm，宽 3 ～ 5cm，先端渐尖，基部阔楔形或钝，侧脉 4 ～ 6 对，显著；叶柄长 5 ～ 10mm。聚伞花序圆锥状排列，长 10 ～ 15cm，分枝总状。雄花黄绿色；花萼裂片卵形至半圆形；长约 1mm；花瓣长圆形，长 2.5mm，宽 2mm；雄蕊长约 2.7mm，着生于花盘之下，花药卵形，具红色点。萼片、花瓣雌花同雄花，但雌花花瓣较小；不育雄蕊长 1mm；子房近球形，渐窄成花柱，柱头 3 裂，反折。果长 2cm，宽 1cm，种子 1 粒，椭圆状。果期 8 月。

野外鉴别关键特征：叶厚纸质至革质，阔椭圆形至长椭圆形，种子 1 粒。

分布与生境：白沙、保亭；福建、广东、广西、贵州、云南；不丹、印度、缅甸、巴基斯坦、越南。生于中海拔至高海拔林中。

利用：种子可榨油，供工业用。

圆叶南蛇藤(**Celastrus kusanoi**)

独子藤(单籽南蛇藤)(**Celastrus monospermus**)

中文名称：灯油藤（滇南蛇藤）

学名：**Celastrus paniculatus** Willd. Sp. Pl. 1: 1125. 1798, 海南植物志 2: 439(1965), 中国植物志 45(3): 100(1999), Flora of China 11: 467(2008)

科名：卫矛科 Celastraceae　属名：南蛇藤属 Celastrus Linn.

形态特征：常绿藤本灌木，高达 10m；小枝被毛或光滑，皮孔椭圆形，通常密生，稀不显著；腋芽小，三角形，长 1～1.5mm。叶椭圆形、长方椭圆形、长方形、阔卵形、倒卵形至近圆形，长 5～10cm，宽 2.5～5cm，先端短尖至渐尖，基部楔形较圆，边缘锯齿状，叶两面光滑，稀在叶背脉腋处有微毛，侧脉 5～7 对；叶柄长 6～16mm；托叶线形，早落。聚伞圆锥花序顶生，长 5～10cm，上部分枝与下部分枝近等长，稍平展，花序梗及小花梗偶被短绒毛，小花梗长 3～6mm，关节位于基部；花淡绿色；花萼 5 裂，覆瓦状排列，半圆形，具缘毛；花瓣长方形至倒卵长方形，长 2～3mm，宽 1.2～1.8mm；花盘厚膜质杯状，不明显 5 裂；雄蕊长约 3mm，着生花盘边缘，在雌花中雄蕊退化，长约 1mm；子房近球状，在雄花中退化成短棒状。蒴果球状，直径达 1cm，具 3～6 种子；种子椭圆状，两端稍尖，长 3.5～5.5mm，直径 2～5mm。花期 4～6 月，果期 6～9 月。

野外鉴别关键特征：叶纸质，圆形、阔卵形、倒卵形至长椭圆形，顶端急尖或渐尖而钝头，有种子 3～6 颗。

分布与生境：澄迈、白沙、乐东、三亚等地；广东、广西、贵州、台湾、云南；不丹、柬埔寨、印度、印度尼西亚、老挝、马来西亚、尼泊尔、斯里兰卡、泰国、越南。生于疏林或灌木丛中。

利用：提取碱产品的原料。

注：手绘图引自西藏植物志。

中文名称：静容卫矛

学名：**Euonymus chengii** J. S. Ma, Harvard Pap. Bot. 10: 95. 1997, 中国植物志 45(3): 55(1999), Flora of China 11: 456(2008)

科名：卫矛科 Celastraceae　属名：卫矛属 Euonymus Linn.

形态特征：灌木，高达 3m；茎及枝圆柱形，幼时近四棱形，小枝纤细。叶纸质，椭圆形，长 5～9cm，宽 2.5～3.5cm，两端渐尖或渐狭，全缘，先端尾尖，侧脉不明显；叶无柄或近无柄。花数朵组成聚伞花序，淡绿色，4 数，直径 3～4mm。蒴果直径约 1.5cm，长约 2cm，明显 4 棱，翅状；每室具 2 种子；种子圆或近圆，具橙红色假种皮。

野外鉴别关键特征：小枝纤细。叶纸质，椭圆形，两端渐尖或渐狭，全缘，先端尾尖。

分布与生境：海南有分布记录；广东。生于海拔 200m 以下山谷或山坡林中。

1. 花枝；2. 雄花纵切；3. 果。

灯油藤(滇南蛇藤)(Celastrus paniculatus)

静容卫矛(Euonymus chengii)

中文名称：棘刺卫矛

学名：Euonymus echinatus Wallich in Roxburgh, Fl. Ind. 2: 410. 1824, 中国植物志 45(3): 27(1999), Flora of China 11: 447(2008)

科名：卫矛科 Celastraceae　　**属名：**卫矛属 Euonymus Linn.

形态特征：小灌木，直立或稍藤状。叶纸质，卵形、窄长椭圆形或卵状披针形，长 2.5 ～ 7cm，宽 1 ～ 3.5cm，先端渐窄渐尖或急尖，基部楔形或阔楔形，边缘有波状圆齿或细锯齿，叶脉细，侧脉 5 ～ 8 对，稍横生，在边缘结网，在叶背不明显；叶柄长 2 ～ 5mm。花序 1 ～ 3 次分枝；花序梗线状，长 1 ～ 2.5cm，分枝长 5 ～ 10mm；小花梗长约 5mm，中央花小梗与两侧花等长或稍长；花淡绿色，直径 5 ～ 7mm；花萼极浅 4 裂；花瓣扁圆或近卵圆形；花盘较薄，近圆形；雄蕊花丝短，基部扩大，着生于花盘突起处。蒴果近球状，直径约 1cm，密被棕色细刺，果序梗细，长 1 ～ 2.5cm。

野外鉴别关键特征：叶纸质，卵形、窄长椭圆形或卵状披针形，叶脉细，侧脉 5 ～ 8 对，稍横生。

分布与生境：海南有分布记录；广东、广西、湖南、江西、福建、台湾、浙江、安徽、贵州、云南、四川、西藏、甘肃；泰国、缅甸、尼泊尔、印度、巴基斯坦、不丹、日本。生于海拔 1300 ～ 1800m 的阴湿山谷、水边及岩石山林中。

注：手绘图引自 Flora of China；彩图由 PPBC/ 陈炳华拍摄。

中文名称：扶芳藤（常春藤卫矛）

学名：Euonymus fortunei(Turczaninow)Handel-Mazzetti, Symb. Sin. 7: 660. 1933, 广东植物志 8: 52(2007), Flora of China 11: 452(2008). ——Euonymus hederaceus Champ. ex Benth. in Journ. Bot. Kew. Misc. 3: 333. 1851, 中国植物志 45(3): 10(1999), 广东植物志 8: 52(2007)

科名：卫矛科 Celastraceae　　**属名：**卫矛属 Euonymus Linn.

形态特征：常绿藤本灌木，高 1 至数米；小枝方棱不明显。叶薄革质，椭圆形、长方椭圆形或长倒卵形，宽窄变异较大，可窄至近披针形，长 3.5 ～ 8cm，宽 1.5 ～ 4cm，先端钝或急尖，基部楔形，边缘齿浅不明显，侧脉细微和小脉全不明显；叶柄长 3 ～ 6mm。聚伞花序 3 ～ 4 次分枝；花序梗长 1.5 ～ 3cm，第一次分枝长 5 ～ 10mm，第二次分枝 5mm 以下，最终小聚伞花密集，有花 4 ～ 7 朵，分枝中央有单花，小花梗长约 5mm；花白绿色，4 数，直径约 6mm；花盘方形，直径约 2.5mm；花丝细长，长 2 ～ 3mm，花药圆心形；子房三角锥状，四棱，粗壮明显，花柱长约 1mm。蒴果粉红色，果皮光滑，近球状，直径 6 ～ 12mm；果序梗长 2 ～ 3.5cm；小果梗长 5 ～ 8mm；种子长方椭圆状，棕褐色，假种皮鲜红色，全包种子。花期 6 月；果期 10 月。

分布与生境：琼中；福建、广东、香港、广西。生于山地林中。

利用：主治腰肌劳损、风湿痹痛、月经不调、跌打骨折、创伤出血。

注：手绘图引自：http://www.zhiwutong.com/dan_tu/3/2714.htm；常春卫矛 (Euonymus hederaceus) 被 Flora of China 归并为扶芳藤 (Euonymus fortunei)。

1. 花枝；2-3. 果枝；4. 花部分；5-6. 果。

棘刺卫矛(Euonymus echinatus)

扶芳藤(常春藤卫矛)(Euonymus fortunei)

中文名称：流苏卫矛

学名：Euonymus gibber Hance, J. Bot. 20: 77. 1882, Flora of China 11: 457(2008), 中国植物志 45(3): 51(1999). ——Euonymus miyakei Hayata in Journ. Coll. Sci. Tokyo 23: 83. 1906, 海南植物志 2: 435(1965)

科名：卫矛科 Celastraceae　　**属名：**卫矛属 Euonymus Linn.

形态特征：灌木，直立或微呈依附状。叶革质或厚革质，对生或 3 叶轮生，窄长椭圆形或长倒卵形，长 5～10cm，宽 2～5cm，先端急尖而钝，基部楔形，近全缘常稍外卷，侧脉 6～8 对，与小脉均不甚显著；叶柄长 5～7mm。聚伞花序长大而开展，2～3 次分枝；花序梗长 3～5cm，分枝近平展，长 1～1.5cm，再次分枝较短；小花梗长约 5mm，中央花小花梗与两侧花等长；苞片及小苞片均细小，脱落；花 5 数，稀 4 数；萼片边缘啮蚀状；花瓣近圆形，顶端呈流苏状，基部窄缩成短爪；花盘微 5 裂；雄蕊着生花盘角上突起处，花丝扁，基部扩大呈锥状，子房大部与花盘合生，有短花柱。蒴果近倒卵状，上部 5 裂，裂片常深浅大小不等，果序梗长，有 4 棱，长 5～7cm；小果梗长 5～8mm；种子基部有浅杯状假种皮。

野外鉴别关键特征：叶革质或厚革质，对生或 3 叶轮生，聚伞花序长大而开展，2～3 次分枝。

分布与生境：海南各地常见；广东、台湾、云南。生于中海拔林中。

注：手绘图引自中国高等植物图鉴。

中文名称：纤细卫矛

学名：Euonymus gracillimus Hemsley, J. Linn. Soc., Bot. 23: 119. 1886, 中国植物志 45(3): 56(1999), Flora of China 11: 457(2008)

科名：卫矛科 Celastraceae　　**属名：**卫矛属 Euonymus Linn.

形态特征：灌木至小乔木，高 1 至数米；小枝绿色，纤细，有 4 条细棱线。叶薄革质，有光泽，披针形，长 3～7cm，宽 6～12mm，先端钝渐尖或渐窄而钝，基部阔楔形，边缘上部有疏浅齿或近全缘，叶脉纤细，只中脉在两面全明显，侧脉 5～8 对，在两面均不甚明显，基部 2 对常较长并向前伸，侧脉在近叶缘处常结成网，小脉内含不见；叶柄细短，长 2～5mm。聚伞花序 1～3 花，少为 5 花，花小，直径约 6mm，4 数；花瓣近圆形；雄蕊近无花丝。蒴果黄色，4 裂至果实一半处，扁方形，长 5～7mm，直径约 12mm，上端平截；果序梗纤细，长 1～2cm；小果梗长 5～7mm；种子每室 1～2，宽阔略呈长方形，长 4～5mm，深棕色或棕红色，稍有光泽，外被橘黄色假种皮。花期不详，果期 11 月。

分布与生境：五指山、万宁、白沙、陵水；广东、广西。生于海拔 1200m 的山谷林中。

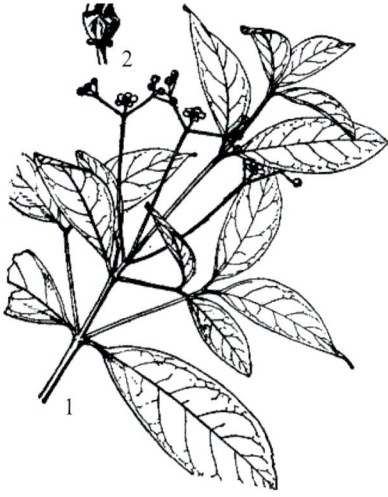

1. 花枝；2. 果。

流苏卫矛(Euonymus gibber)

纤细卫矛(Euonymus gracillimus)

中文名称：▲ 海南卫矛

学名：**Euonymus hainanensis** Chun & How in Act. Phytotax. Sin. 7: 47, pl. XVI, 1. 1958, 海南植物志 2: 437(1965), 中国植物志 45(3): 73(1999), Flora of China 11: 450(2008)

科名：卫矛科 Celastraceae　　**属名**：卫矛属 Euonymus Linn.

形态特征：常绿灌木，高 1.5～4m；小枝黄灰色，一二年生枝多呈方形，稍有棱。叶革质，窄椭圆形或椭圆形，长 4～7cm，宽 2～4cm，先端渐窄或急渐尖，基部阔楔形，边缘近基部无齿，稍反卷，基部上有疏浅细齿，齿端常带深色尖头，侧脉 4～6 对，疏生，稍细弱，叶背色较浅，在放大镜下常可见有多数密生浅色细点；叶柄粗短，长约 2mm。花序三出，多顶生，长不及 1cm；花序梗极短；花 4 数，白绿色，直径 7～8mm；萼片、花瓣边缘均啮蚀状。蒴果 4 深裂，常只 2～3 个心皮发育成果瓣，果瓣近圆球状，直径约 8mm，黄红色，常被极少粉状短毛；不育心皮圆形，直径 1～2mm，先端远轴横生；果梗粗短，长约 5mm；种皮棕褐色，有稀疏紫色斑点，假种皮窄长舟形，红色。花期 6 月；果实成熟在 10 月以后，经冬不落。

分布与生境：特有种，吊罗山、鹦哥岭。生于海拔 700～1000m 的林中。

注：手绘图引自中国植物志；标本引自中山大学。

中文名称：★冬青卫矛

学名：**Euonymus japonicus** Thunberg, Nova Acta Regiae Soc. Sci. Upsal. 3: 208. 1780, 中国植物志 45(3): 14(1999), Flora of China 11: 452(2008)

科名：卫矛科 Celastraceae　　**属名**：卫矛属 Euonymus Linn.

形态特征：灌木，高可达 3m；小枝四棱，具细微皱突。叶革质，有光泽，倒卵形或椭圆形，长 3～5cm，宽 2～3cm，先端圆阔或急尖，基部楔形，边缘有浅细钝齿；叶柄长约 1cm。聚伞花序 5～12 花，花序梗长 2～5cm，2～3 次分枝，分枝及花序梗均扁壮，第 3 次分枝常与小花梗等长或较短；小花梗长 3～5mm；花白绿色，直径 5～7mm；花瓣近卵圆形，长宽各约 2mm，雄蕊花药长圆状，内向；花丝长 2～4mm；子房每室 2 胚珠，着生于中轴顶部。蒴果近球状，直径约 8mm，淡红色；种子每室 1，顶生，椭圆状，长约 6mm，直径约 4mm，假种皮橘红色，全包种子。花期 6～7 月；果熟期 9～10 月。

野外鉴别关键特征：叶革质，倒卵形或椭圆形，先端圆阔或急尖，基部楔形，边缘有浅细钝齿；叶柄长约 1cm。

分布与生境：海口、三亚等地有栽培；我国广泛栽培；世界各地栽培。原产日本。

利用：叶色光亮，嫩叶鲜绿，极耐修剪，为庭院中常见绿篱树种。可经整形环植于门旁道边，或作为花坛中心栽植。其变种斑叶者，尤为美观。住宅可用以装饰为绿门、绿垣，亦可盆植观赏。

注：手绘图引自黑龙江植物志。

1. 果枝；2. 果。

海南卫矛(Euonymus hainanensis)

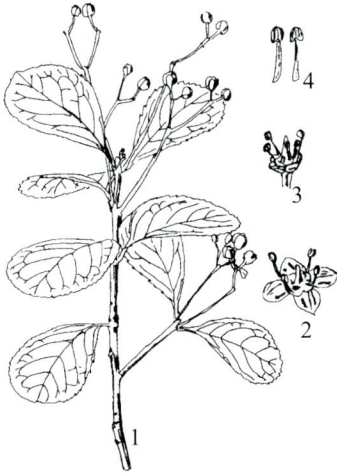

1. 果枝；2. 花；3. 雄蕊与花盘；
　　4. 雄蕊。

冬青卫矛(Euonymus japonicus)

中文名称：疏花卫矛

学名：**Euonymus laxiflora** Champ. ex Benth. in Journ. Bot. Kew Misc. 3: 333. 1851, 海南植物志 2: 435 (1965), 中国植物志 45(3): 60(1999)

科名：卫矛科 Celastraceae　　属名：卫矛属 Euonymus Linn.

形态特征：灌木，高达 4m。叶纸质或近革质，卵状椭圆形、长方椭圆形或窄椭圆形，长 5 ～ 12cm，宽 2 ～ 6cm，先端钝渐尖，基部阔楔形或稍圆，全缘或具不明显的锯齿，侧脉多不明显；叶柄长 3 ～ 5mm。聚伞花序分枝疏松，5 ～ 9 花；花序梗长约 1cm；花紫色，5 数，直径约 8mm；萼片边缘常具紫色短睫毛；花瓣长圆形，基部窄；花盘 5 浅裂，裂片钝；雄蕊无花丝，花药顶裂；子房无花柱，柱头圆。蒴果紫红色，倒圆锥状，长 7 ～ 9mm，直径约 9mm，先端稍平截；种子长圆状，长 5 ～ 9mm，直径 3 ～ 5mm，种皮枣红色，假种皮橙红色，高仅 3mm 左右，成浅杯状包围种子基部。花期 3 ～ 6 月，果期 7 ～ 11 月。

野外鉴别关键特征：花紫红色。

分布与生境：昌江、白沙、东方、琼中、乐东、保亭、三亚等地；我国南部各省；柬埔寨、印度、缅甸、越南。生于海拔 300 ～ 1800m 的密林中。

利用：性甘、辛，微温，益肾气，健腰膝，用于水肿、腰膝酸痛、跌打损伤、骨折。

注：手绘图引自福建植物志。

中文名称：华卫矛

学名：**Euonymus nitidus** Bentham, London J. Bot. 1: 483. 1842, 中国植物志 45(3): 167(1999), Flora of China 11: 460(2008). —— Euonymus chinensis Lindl. in Trans. Hort. Soc. London 6: 74. 1826, 海南植物志 2: 437(1965)

科名：卫矛科 Celastraceae　　属名：卫矛属 Euonymus Linn.

形态特征：常绿灌木或小乔木，高 1 ～ 5m。叶革质，质地坚实，常略有光泽，倒卵形、长方椭圆形或长方阔披针形，长 4 ～ 13cm，宽 2 ～ 5.5cm，先端有长 8mm 渐尖头，近全缘；叶柄较粗壮，长 6 ～ 10mm，偶有更长者。聚伞花序 1 ～ 3 次分枝，3 ～ 15 花，花序梗及分枝均较细长，小花梗长 8 ～ 10mm；花白色或黄绿色，4 数，直径 5 ～ 8mm；花瓣基部窄缩成短爪；花盘较小，4 浅裂；雄蕊无花丝。蒴果三角卵圆状，4 裂较浅成圆阔 4 棱，长 8 ～ 14mm，直径 8 ～ 17mm；果序梗长 1 ～ 3cm；小果梗长约 1cm；种子阔椭圆状，长 6 ～ 8mm，棕红色，假种皮橙黄色，全包种子，上部两侧开裂。花期 3 ～ 5 月；果期 6 ～ 10 月。

分布与生境：琼中、保亭；我国南部各省；孟加拉国、柬埔寨、日本、越南。生于海拔 100 ～ 1500m 的林中。

利用：可用于风湿腰腿痛、肾虚腰痛、跌打损伤、高血压病。

注：手绘图引自：http://www.zhiwutong.com/dan_tu/3/2801.htm。

1. 花枝；2. 花；3. 硕果；4. 根。

疏花卫矛(Euonymus laxiflora)

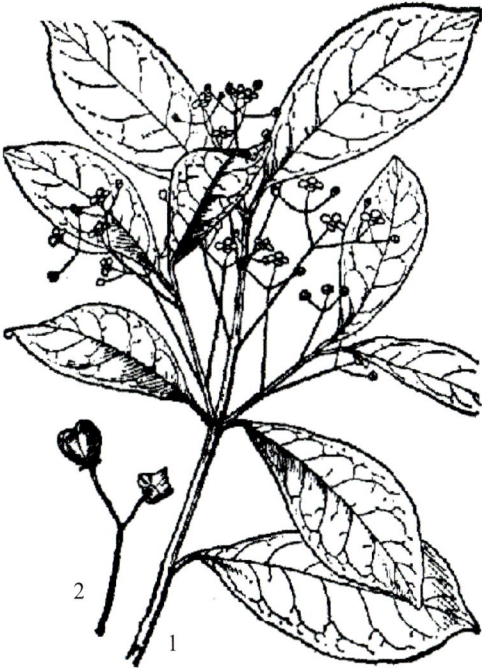

1. 花枝；2. 果序部分。

华卫矛(Euonymus nitidus)

中文名称： ▲ 保亭卫矛

学名：Euonymus potingensis Chun & F. C. How ex J. S. Ma, Harvard Pap. Bot. 10: 94, 1997, 中国植物志 45(3): 21(1999), Flora of China 11: 447(2008)

科名： 卫矛科 Celastraceae　　**属名：** 卫矛属 Euonymus Linn.

形态特征： 灌木或小乔木或攀缘；茎及枝褐色或深褐色，幼时具不明显棱。叶长方椭圆形至椭圆形，长 6 ～ 10cm，宽 3 ～ 4.5cm，两端渐狭，全缘，侧脉 5 ～ 7 对；叶柄长约 4mm。聚伞花序具数花；花序梗长 3 ～ 4cm；花 4 数，花盘大；花被未见。蒴果具稀疏刺。

分布与生境： 特有种，保亭。生于海拔 1100m 的山坡上。

野外检索路线： 叶片通常较大，长多在 10cm 以上，宽多达 3 ～ 4.5cm。花序疏长，1 ～ 2 次分枝，少花，7 ～ 15 花；雄蕊无花丝，着生于垫状突起的花盘上；果直径 1 ～ 2cm(连刺在内)；刺长 3 ～ 5mm。叶全缘；小枝棕色或暗棕色。

中文名称： 北部湾卫矛

学名：Euonymus tonkinensis(Loesener)Loesener, Bot. Jahrb. Syst. 30; 453. 1902, 中国植物志 45(3): 11(1999), Flora of China 11: 453(2008)

科名： 卫矛科 Celastraceae　　**属名：** 卫矛属 Euonymus Linn.

形态特征： 常绿灌木或半藤本，高 2 ～ 3m；小枝圆或稍扁，被极细密小点状瘤突。叶近革质，倒卵椭圆形至长方阔椭圆形或阔菱形，长 5 ～ 10cm，宽 3 ～ 6cm，先端急尖或有极短尖头，基部楔形，边缘具有明显粗大圆齿到近全缘，侧脉 6 ～ 9 对，较密接，基部 3 ～ 4 对常斜出与主脉呈 15° ～ 20° 锐角；叶柄多较长，长 8 ～ 15mm。聚伞花序一般疏大多花，2 ～ 4 次分枝，花序梗宽扁，长 3.5 ～ 6.5cm，分枝渐短；小花梗长 3 ～ 5mm；小苞片长不及 1mm，早落；花白绿色，4 数，直径约 8mm；花瓣长方形或窄长方形，基部略窄；花盘小，直径约 3mm，在雄蕊着生处稍膨大凸起，雄蕊花丝基部渐宽扁；子房有 4 棱，花柱柱状，柱头小，不分裂，蒴果近球状稍扁，直径 8 ～ 10mm，接近成熟，每室有一顶生种子；种子近圆球状或椭圆状，长 3 ～ 4mm，种皮红褐色，有光亮，种脊宽，白色，长达种子的半周，假种皮红色全包种子。

分布与生境： 海南有分布记录；广东、广西；越南。生于海拔 1500 ～ 1800m 的林中。

注： 手绘图引自中国植物志。

1. 花枝；2. 花放大。

北部湾卫矛(Euonymus tonkinensis)

中文名称：▲ 海南沟瓣（乐东卫矛）

学名：**Glyptopetalum fengii**(Chun & F. C. How)Ding Hou, Fl. Males. Ser. 1 Spermat. 6: 256, 1963, 中国植物志 45(3): 93(1999), Flora of China 11: 465(2008). ——Euonymus fengii Chun & How op. Cit. 44, pl. XV, 1, 海南植物志 2: 437(1965)

科名：卫矛科 Celastraceae　　属名：沟瓣属 Glyptopetalum Thw.

形态特征：灌木，高达 4m。叶片厚纸质，倒卵形或长方倒卵形，长 3 ～ 5cm，宽 1.5 ～ 2cm，顶端圆钝，常有浅内凹，基部窄缩成窄楔形，全缘稍反卷，叶脉不明显；叶柄短，长 2 ～ 3mm。聚伞花序，一般 3 花，花序梗长 2 ～ 4cm，分枝长约 1cm，两侧花小，花梗极短，与分枝连接处有关节，中央花小花梗稍长，无关节；花 4 数，黄绿色，直径 6 ～ 8mm；花瓣稍肉质，阔椭圆形；雄蕊着生花盘边缘上沿；花丝长过柱头，花药内向、背着，在与花丝相连处有肿胀的圆环；花盘薄，紧贴子房，大部与之合生，分界不显，无花柱，柱头头状。花期冬季。

分布与生境：特有种，尖峰岭。生于平地瘠土林中。

注：手绘图引自中国植物志。

中文名称：白树沟瓣（白树卫矛）

学名：**Glyptopetalum geloniifolium**(Chun & F. C. How)C. Y. Cheng in C. Y. Cheng & P. H. Huang, 中国植物志 45(3): 94(1999), Flora of China 11: 465(2008). ——Euonymus geloniifolia Chun & How in Act. Phytotax. Sin. 7: 45, pl. XV. 2. 1958, 海南植物志 2: 436(1965). ——Glyptopetalum geloniifolium var. robustum(Chun & F. C. How)C. Y. Cheng, 中国植物志 45(3): 94(1999). ——Euonymus geloniifolia Chun & How var. robusta Chun & How, op. Cit. 47, 海南植物志 2: 436(1965)

科名：卫矛科 Celastraceae　　属名：沟瓣属 Glyptopetalum Thw.

形态特征：常绿灌木，高 1 ～ 2m。叶片革质，椭圆形或较窄，偶为倒卵窄椭圆形，长 5 ～ 12cm，宽 2.5 ～ 6cm，先端圆钝或常微凹，基部宽楔形向柄下延，边缘上下皱缩呈浅波状；叶柄长约 5mm。聚伞花序 1 ～ 2 次分枝，花序梗长 2 ～ 3cm，分枝长 1 ～ 1.5cm，二次分枝更短，小花梗长近 1 ～ 2mm，中央花有明显小花梗；花 4 数，白绿色，直径约 8mm；萼片边缘常黑褐色，干膜质；花瓣边缘啮蚀状，花盘与子房分界不明显，雄蕊着生其边缘上，花丝长约 1.5mm；子房无明显花柱，柱头窄小。蒴果扁球状，直径约 15mm，红色，表面多少有糠秕状斑块；种子紫褐色，卵状，长约 8mm，假种皮淡黄色，顶端开口。花期 7 ～ 8 月；果成熟期 12 月至翌年 2 月。

分布与生境：东方、三亚等地；广东、广西。生于中海拔林中。

注：乔木卫矛 (Glyptopetalum geloniifolium var. robustum)、大叶白树沟瓣 (Euonymus geloniifolia var. robusta) 被 Flora of China 归并为白树沟瓣 (Glyptopetalum geloniifolium)。

1. 花枝；2. 花放大；3. 花纵切面。

海南沟瓣(乐东卫矛)(Glyptopetalum fengii)

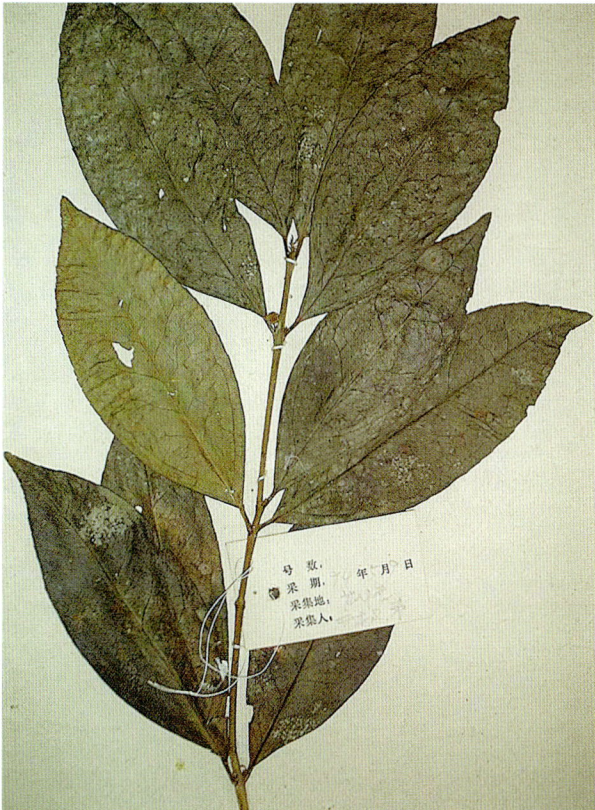

白树沟瓣(白树卫矛)(Glyptopetalum geloniifolium)

中文名称： 长梗沟瓣（长柄卫矛）

学名： **Glyptopetalum longipedicellatum**(Merrill & Chun)C. Y. Cheng in C. Y. Cheng & P. H. Huang, Fl. Reipubl. Popularis Sin. 45(3): 90. 1999, 中国植物志 45(3): 90(1999), Flora of China 11: 464(2008). —— Euonymus longipedicellata Merr. & Chun in Sunyatsenia. 2: 36. 1934, 海南植物志 2: 435(1965)

科名： 卫矛科 Celastraceae　　**属名：** 沟瓣属 Glyptopetalum Thw.

形态特征： 攀缘灌木，枝和小枝圆柱状。叶大，革质，长椭圆状披针形，长 12 ～ 20cm，宽 3 ～ 7cm，顶端短渐尖，基部楔形，干时苍绿色，光亮，边缘有钝小锯齿，侧脉每边 11 ～ 18 条，两面均稍凸起，网脉疏散；叶柄长 6 ～ 12mm。聚伞花序腋生和顶生，长 5 ～ 6cm，少花；总花梗簇生，基部有披针形苞片；花 4 基数，黄白色，直径 8 ～ 10mm；花梗长约 2cm；萼片肾形，长约 1mm，宽约 2mm，全缘；花瓣阔倒卵形，长约 4mm，顶端圆，全缘；子房平滑。蒴果稍呈扁球形，长 1.2 ～ 1.5mm，直径 7 ～ 10mm，4 瓣裂；果瓣灰黄色，厚约 1.5mm，有皱纹和小疣体；果柄长 3 ～ 4cm。花期 4 ～ 5 月。

野外鉴别关键特征： 叶大，革质，长椭圆状披针形，侧脉每边 11 ～ 18 条。

分布与生境： 保亭、陵水；广东。生于山谷林中及沿溪涧半阴处。

注： 手绘图引自海南植物志。

中文名称： 变叶裸实（细叶裸实）

学名： **Gymnosporia diversifolia** Maxim. in Bull. Acad. St. Pétersb. 27: 459. 1881v, 海南植物志 2: 441(1965), Flora of China 11: 475(2008)

科名： 卫矛科 Celastraceae　　**属名：** 裸实属 Gymnosporia(Wight & Arn.)Benth. & Hook. f.

形态特征： 直立或攀缘灌木，高 1 ～ 3 m；小枝被粉状微毛；顶端通常劲直的尖剑。叶小，具短柄，稍革质，阔倒卵形，长 1.5 ～ 3 cm，宽 0.7 ～ 1.8 cm，顶端圆或微缺，基部楔尖，两面均无毛，边缘在中部以上有浅波状钝齿，侧脉每边 4 ～ 5 条，在两面明显。聚伞花序腋生，比叶短，常为二歧分枝，少花；花小，绿白色，直径约 2 mm；萼片宽卵形，长不及 1 mm；花瓣 5 片，狭长椭圆形至近圆形，长约 1.5 mm，钝头。蒴果小，近球形，高 4 ～ 5 mm，宽 5 ～ 6 mm，2(～ 3) 瓣裂；种子黑色，基部为假种皮所围绕。花期 8 ～ 9 月。

野外鉴别关键特征： 叶小，具短柄，稍革质，阔倒卵形，顶端圆或微缺，基部楔尖。

分布与生境： 文昌、三亚；福建、广东、广西、台湾；日本、马来西亚、菲律宾、泰国、越南。生于干燥砂地上或荒野中。

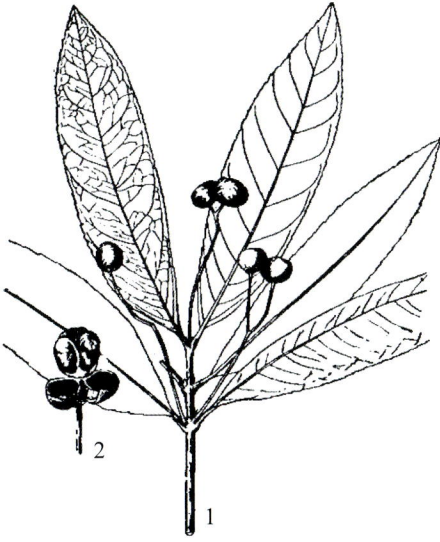

1.果枝；2.蒴果。

长梗沟瓣(长柄卫矛)(Glyptopetalum longipedicellatum)

变叶裸实(细叶裸实)(Gymnosporia diversifolia)

中文名称： ▲ 吊罗裸实

学名： **Gymnosporia tiaoloshanensis** Chun & How in Act. Phytotax. Sin. 7: 52, f. 3, pl. XVII, 2. 1958, 海南植物志 2: 441(1965), Flora of China 11: 477(2008)

科名： 卫矛科 Celastraceae　　**属名：** 裸实属 Gymnosporia(Wight & Arn.)Benth. & Hook. f.

形态特征： 直立、无刺灌木，高约 1 m，各部无毛。叶革质，倒披针形，有时狭椭圆状倒披针形，长 4～6 cm，宽 8～15 mm，顶端圆或钝，有时微缺，下部渐狭，下延至叶柄，边缘软骨质，稍背卷，有小钝锯齿，侧脉每边 8～9 条，极纤细，在两面或仅在下面稍凸起。叶柄长 3～5 mm。花序异型，少花，或为二歧聚伞花序，小聚伞花序有花 2 朵和小苞片 2 枚或退化为单花，形成总状花序；花 5 基数，直径 2.5 mm；萼长 1.2 mm，分裂几达基部，裂片半圆形，上部边缘有具柄的小腺体；花瓣白色，长圆形，长 1.5～2 mm；雄蕊长约 1.7 mm；子房阔卵形，下半部为花盘所围绕。蒴果阔倒心形，2 瓣裂，高 5～8 mm，宽 7～8 mm；种子黑褐色，基部有假种皮。花期 12 月至翌年 1 月。

分布与生境： 特有种，吊罗山。生于溪边或山坡林中。

中文名称： 密花美登木

学名： **Maytenus confertiflora** J. Y. Luo & X. X. Chen, Act. Phytotax. Sin. 19: 233. 1981, 中国植物志 45(3): 146(1999), Flora of China 11: 478(2008)

科名： 卫矛科 Celastraceae　　**属名：** 美登木属 Maytenus Molina

形态特征： 灌木，高达 4m；小枝有刺，刺粗壮，先端直或有时稍下曲。叶纸质，阔椭圆形或倒卵形，长 11～24cm，宽 3～9cm，先端渐窄渐尖或有短尖头，基部窄楔形至阔楔形，边缘具浅波状圆齿，侧脉细而明显；叶柄长 6～10mm。聚伞花序多数集生叶腋，有花多至 60 朵，呈圆球状，长 1～1.5cm；花序梗极短或近无，分枝及小花梗均纤细，长 4～6mm，常稍扁宽；苞片及小苞片边缘常呈流苏状；花白色，直径 8～10mm；萼片淡红色，三角卵形，边缘多少纤毛状；花瓣线形或窄长方形；花盘扁宽，近圆形；雄蕊着生花盘近外缘处，花丝长约 2.5mm，基部扩大；子房小，花柱粗短，柱头 3 裂。蒴果淡绿带紫色，三角球状，长 1～1.5cm，果皮较薄，平滑无皱；种子白色，干后棕红，卵状或卵圆状；假种皮浅杯状，干后淡黄色。

野外鉴别关键特征： 叶纸质，阔椭圆形或倒卵形，先端渐窄渐尖或有短尖头，基部窄楔形至阔楔形，边缘具浅波状圆齿，侧脉细而明显。

分布与生境： 儋州；广西。生于山坡林下、灌丛中或路边草地。

利用： 在产地民间用叶捣烂泡酒，外敷及内服治跌打、扭伤及腰痛。

吊罗裸实(*Gymnosporia tiaoloshanensis*)

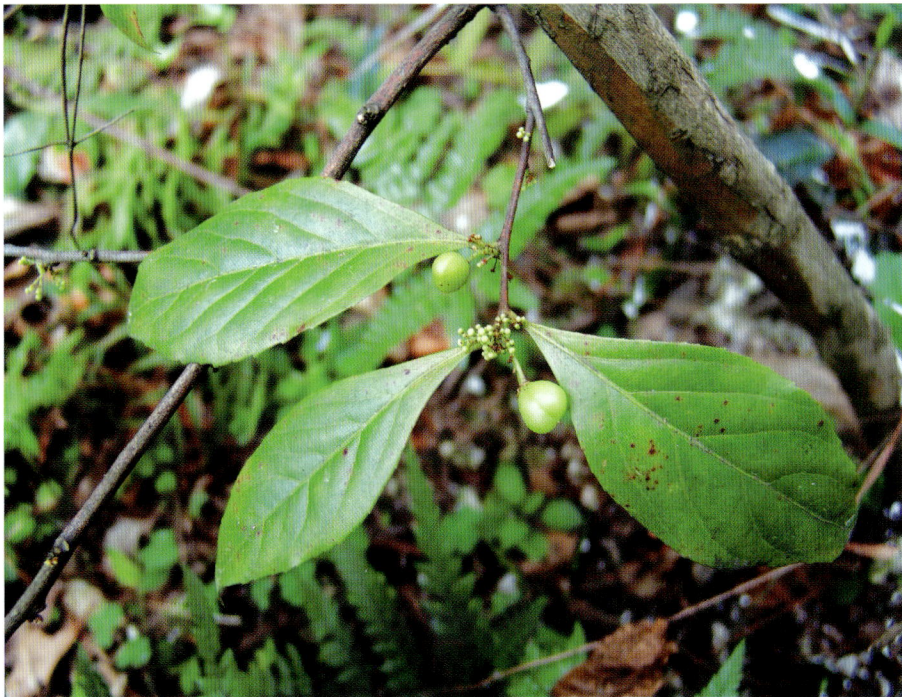

密花美登木(*Maytenus confertiflora*)

中文名称：▲ 东方裸实

学名：**Maytenus dongfangensis** F. W. Xing & X. S. Qin, Bot. J. Linn. Soc. 158: 534, 2008, Flora of China Vol. 11(2008)

科名：卫矛科 Celastraceae　属名：美登木属 Maytenus Molina

形态特征：灌木，高 1 ～ 2m，有时蔓生，枝红，偶尔有稀疏的刺在叶腋，刺长约 7mm。叶互生；叶片椭圆形，卵形，或倒心形，长 25 ～ 70mm，宽 16 ～ 35mm，纸质，先端钝，基部宽楔形到圆形，边缘具小齿；侧脉 6 ～ 9 对，两面稍明显；叶柄长 2 ～ 6mm。花序通常有花 2 ～ 6 朵，腋生或腋上生，1 ～ 3 回二歧聚伞花序，花序轴长 5 ～ 10mm，花梗长 4 ～ 6mm。花白色；萼片 5，三角形，边缘有锯齿；花瓣 5，长圆形；雄蕊 5，生于边缘，花盘宽约 2mm，花丝长约 2.5mm；子房卵球形，2 室，每室 2 个胚珠，花柱非常短，柱头 2。蒴果倒锥状，成熟时红色，直径 6mm，裂成 2 瓣；种子 2，椭圆形，直径约 3mm，棕色、灰色，具白色假种皮。花期 11 ～ 12 月；果期在翌年 1 ～ 3 月。

分布与生境：特有种，东方。生于海拔 700 ～ 1100m 的疏林中。

注：内容引自：Xin-Sheng Qin, Rong-Jing Zhang, Fu-Wu Xing. A new species of Maytenus section Gymnospora (Celastraceae) from Hainan Island, China, Botanical Journal of the Linnean Society, 2008, 158,(3): 534–538.

中文名称：▲ 海南美登木（海南裸实）

学名：**Maytenus hainanensis** (Merr. & Chun) C. Y. Cheng, Fl. Reipubl. Popularis Sin. 45(3): 146, 1999, 中国植物志 45(3): 146(1999), Flora of China 11: 478(2008). ——Gymnosporia hainanensis Merr. & Chun in Sunyatsenia. 2: 267. 1935, 海南植物志 2: 441(1965)

科名：卫矛科 Celastraceae　属名：美登木属 Maytenus Molina

形态特征：攀缘灌木；枝有下弯疏刺。叶纸质，长椭圆状倒卵形，长 11 ～ 16cm，宽 4.5 ～ 8.5cm，顶端短渐尖，基部阔急尖，两面均无毛，干时苍黄色，边缘有不明显的浅波状钝齿，侧脉每边 6 ～ 7 条，上面平坦；叶柄长约 1cm。花未见。果序生于落叶的叶腋内，长和宽 4 ～ 4.5cm；蒴果扁球形，高约 1.5cm，宽约 1.8cm，果瓣厚而硬，无网纹，但有 1 级槽；种子倒卵形，枣红色，长约 5mm，基部为假种皮所包围；果柄长 7 ～ 10mm，上部粗厚。果熟期 5 月。

分布与生境：特有种，三亚。生于疏林中。

注：手绘图引自中国植物志；标本引自中国科学院昆明植物研究所。

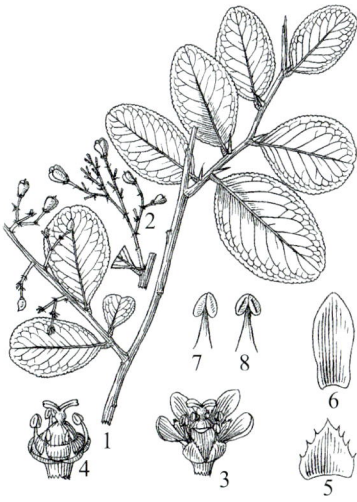

1. 枝条；2. 果枝；3-4. 花；5. 花萼；
6. 花瓣；7-8. 雄蕊。

东方裸实(Maytenus dongfangensis)

1. 果枝；2-3. 果及剖面。

海南美登木(海南裸实)(Maytenus hainanensis)

中文名称：美登木

学名：Maytenus hookeri Loesener in Engler & Prantl, Nat. Pflanzenfam. , ed. 2. 20(b): 140. 1942, 中国植物志 45(3): 144(1999), Flora of China 11: 478(2008)

科名：卫矛科 Celastraceae　　**属名：**美登木属 Maytenus Molina

形态特征：灌木，高 1～4m；植体高时小枝柔细稍呈藤本状，小枝通常少刺，老枝有明显疏刺。叶薄纸质或纸质，椭圆形或长方卵形，长 8～20cm，宽 3.5～8cm，先端渐尖或长渐尖，基部楔形或阔楔形，边缘有浅锯齿，侧脉 5～8 对，较细，小脉网不甚明显；叶柄长 5～12mm。聚伞花序 1～6 丛生于短枝上，花序多 2～4 次单歧分枝或第一次二歧分枝；花序梗细线状，长 2～5mm，有时无梗，或梗长至 10mm，小花梗细线状，长 3～5mm；花白绿色，直径 3～5mm；花盘扁圆；雄蕊着生于花盘外侧下面，花丝长达 2mm；子房 2 室，花柱顶端有 2 裂柱头。蒴果扁，倒心状或倒卵状，长 6～12mm；果序梗短，小果梗长 1～1.2cm；种子长卵状，棕色；假种皮浅杯状，白色，干后黄色。

分布与生境：儋州；云南；不丹、印度。生于山地丛林及山谷密林内。

利用：可用于败毒抗癌、破淤消肿。

注：手绘图引自：http://www.zhiwutong.com/dan_tu/3/2707.htm.

中文名称：▲ 隐脉假卫矛

学名：Microtropis obscurinervia Merr. & Freem. in Proc. Am. Acad. 73: 283. 1940, 海南植物志 2: 438(1965), 中国植物志 45(3): 172(1999), Flora of China 11: 486(2008)

科名：卫矛科 Celastraceae　　**属名：**假卫矛属 Microtropis Wall. ex Meissn.

形态特征：灌木，高 1～2m，各部无毛。叶大，革质，长椭圆形至宽长椭圆状倒披针形，长 10～15cm，宽 2～7cm，顶端阔渐尖而钝头，基部阔急尖，干时两面苍绿色，有不明显的小疣点，侧脉不明显；叶柄长 5～15mm。花簇生成团伞花序，腋生和顶生，直径 5～8mm；花 5 基数，白色；萼片不相等，近圆形，长约 2mm，边缘有短柔毛；花瓣长椭圆形，长 3～4mm，顶端圆。蒴果狭卵状，长 1.3～2cm，急尖，有明显的纵线条。花期 7～10 月。

野外鉴别关键特征：叶大，革质，长椭圆形至宽长椭圆状倒披针形，侧脉不明显；叶柄长 5～15mm。

分布与生境：特有种，霸王岭，吊罗山，尖峰岭。生于中海拔林中。

注：手绘图引自海南植物志。

美登木(Maytenus hookeri)

1. 花枝；2. 花蕾；3. 萼片；4. 花除去花萼及花冠；5. 蒴果；6. 蒴果纵切面，示种子。

隐脉假卫矛(Microtropis obscurinervia)

中文名称：少脉假卫矛

学名：**Microtropis paucinervia** Merr. & Chun ex Merr. & Freem. op. cit. 285, 海南植物志 2: 439(1965), 中国植物志 45(3): 167(1999), Flora of China 11: 485(2008)

科名：卫矛科 Celastraceae　　**属名**：假卫矛属 Microtropis Wall. ex Meissn.

形态特征：灌木稀近小乔木；小枝呈明显或不明显棱状，常紫褐色。叶近革质，椭圆形、菱状椭圆形或近倒卵椭圆形，长 3～8cm，宽 1～4cm，先端钝急尖，较少近短渐尖，基部楔形或阔楔形，较少渐窄，边缘外卷，侧脉 4～7 对，纤细，直伸；叶柄长 3～7mm。聚伞花序腋生或侧生；花序梗及小花梗极短或近无；花 5 数；萼片革质，肾形，宽约 2mm，边缘具细长缘毛；花瓣长约 2.5mm。有时顶端稍具钝缺刻；雄蕊短；花盘浅盘状，全缘或稍拱起；子房圆锥状。蒴果椭圆状，长约 1.5cm，直径约 8mm，宿萼厚革质。

野外鉴别关键特征：侧脉 4～7 对，纤细，直伸。

分布与生境：保亭；广东、广西。生于高海拔密林中。

注：手绘图引自中国植物志；彩图引自：邢福武，陈红锋，秦新生，张荣京，周劲松 . 中国热带雨林地区植物图鉴 . 2014. 武汉：华中科技大学出版社。

中文名称：灵香假卫矛

学名：**Microtropis submembranacea** Merr. & Freem. op. cit. 291, 海南植物志 2: 438(1965), 中国植物志 45(3): 159(1999), Flora of China 11: 483(2008)

科名：卫矛科 Celastraceae　　**属名**：假卫矛属 Microtropis Wall. ex Meissn.

形态特征：灌木，高达 4m，全部无毛；小枝幼时明显四棱形。叶近膜质或纸质，椭圆形或长卵形，长 5～9cm，宽 2～4.5cm，顶端长渐尖而钝头，基部宽急尖而多少下延，干时绿色或苍绿色，侧脉每边 5～7 条，两面稍凸起；叶柄长约 5mm。聚伞花序腋生，具总花梗，长 8～15mm，二歧分枝；小枝有花 3 朵，中央的无梗，侧生的花具短梗；花白色，5 基数，直径 3mm；萼下承托以很小的小苞片；裂片阔卵形，宽过于长，顶端圆；花瓣椭圆形，顶端圆；花盘 5 裂。蒴果椭圆状，长 12～16mm，直径 4～6mm，微弯，顶端短锐尖，绿色。花期 9 月至翌年 1 月。

野外鉴别关键特征：叶近膜质或纸质，椭圆形或长卵形。

分布与生境：陵水、琼中；福建、广东、广西、云南。生于山顶林中。

少脉假卫矛(**Microtropis paucinervia**)

灵香假卫矛(**Microtropis submembranacea**)

中文名称：网脉假卫矛

学名：**Microtropis reticulata** Dunn, J. Bot. 47: 375. 1909, 中国植物志 45(3): 169(1999), Flora of China 11: 485(2008)

科名：卫矛科 Celastraceae　**属名**：假卫矛属 Microtropis Wall. ex Meissn.

形态特征：小灌木，高 1 ～ 2m。叶厚纸质，长方椭圆形、窄椭圆形或卵状窄椭圆形，长 5 ～ 10cm，宽 2 ～ 4cm，先端急尖或急渐尖，基部楔形或阔楔形，边缘稍反卷，侧脉 5 ～ 7 对，斜直，末端略上升，纤细，于叶背明显突起；叶柄长 3 ～ 6mm。团伞花序腋生或顶生，小花密；花序梗粗短，长约 2mm；小花梗极短或不明显；花 5 数；萼片近半圆形；花瓣长方形，长约 2.5mm；花盘环状；雄蕊短，花丝略呈锥状；子房近卵状，花柱粗壮，柱头钝。蒴果椭圆状，长约 2cm。

分布与生境：海南有分布记录；广东。彩图引自邢福武，陈红锋，秦新生，张荣京，周劲松 . 中国热带雨林地区植物图鉴 . 2014. 武汉：华中科技大学出版社。

中文名称：方枝假卫矛

学名：**Microtropis tetragona** Merrill & F. L. Freeman, Proc. Amer. Acad. Arts. 73: 290. 1940, 中国植物志 45(3): 160(1999), Flora of China 11: 485(2008)

科名：卫矛科 Celastraceae　**属名**：假卫矛属 Microtropis Wall. ex Meissn.

形态特征：灌木或小乔木；小枝具明显四棱，表面紫褐色。叶纸质或半革质，长方椭圆形或卵状窄椭圆形，长 8 ～ 13cm，宽 2.5 ～ 5cm，先端渐尖，稀镰状渐尖，基部楔形，侧脉 6 ～ 9 对，较细弱呈弧形上升；叶柄长 5 ～ 10mm。聚伞花序有花 3 ～ 7 朵，稀稍多，疏散开展；花序梗细，长 5 ～ 11mm，分枝长 3 ～ 5mm；小花梗长 1.5 ～ 3mm；花 5 数；花萼裂片近半圆形；花瓣长方椭圆形或稍倒卵阔椭圆形；花盘薄环状，5 浅裂或不裂；雄蕊短小，无明显花丝；子房宽三角卵状，柱头常 4 裂。蒴果近长椭圆状，长约 2cm，直径 8 ～ 9mm，顶端常具短喙，果皮外面具细棱线。

分布与生境：海南有分布记录；广西、云南、西藏。生于海拔 1000 ～ 2100m 的林中。

注：手绘图引自中国高等植物图鉴；标本引自中国科学院广西植物研究所。

网脉假卫矛(Microtropis reticulata)

方枝假卫矛(Microtropis tetragona)

中文名称：盾柱

学名：**Pleurostylia opposita**(Wallich)Alston in Trimen, Handb. Fl. Ceylon. 6(suppl.): 48. 1931, 中国植物志 45(3): 182(1999), Flora of China 11: 487(2008). —— Pleurostylia cochinchinensis Pierre, Fl. For. Cochinch. pl. 305. 1894, 海南植物志 2: 442(1965)

科名：卫矛科 Celastraceae　　属名：盾柱卫矛属 Pleurostylia Wight et Arn.

形态特征：小乔木或灌木，高达 5m。叶对生，近革质，菱状椭圆形或倒卵椭圆形，长 3 ～ 7cm，宽 1.2 ～ 4cm，先端钝或稍内凹，基部楔形，稍下延，全缘，侧脉 5 ～ 6 对，细而清晰；叶柄短，长 2 ～ 5mm。聚伞花序单生或 2 个并生于叶腋，1 ～ 2 次分枝，花 5 ～ 9 朵，花序梗短，长 2 ～ 3mm；花小，黄绿色，直径约 3mm；萼片 5，扁圆形；花瓣 5，长方椭圆形；花盘杯状，上部稍波状，雄蕊着生其边缘外沿，花丝长约 1mm，下部稍扁宽，花药三角卵状；子房与花盘游离，瓶状，顶部稍窄，盖以扁平盾状柱头。果实卵状，只 1 室 1 胚珠成熟，顶端偏侧有柱头遗迹，基部有宿存花萼，果梗短；种子 1，包于肉质果皮中。

野外鉴别关键特征：叶对生，具短柄，全缘，无托叶。

分布与生境：东方、乐东、三亚、陵水；越南。生于近海边林中。

注：手绘图引自中国植物志。

中文名称：翅子藤

学名：**Loeseneriella merrilliana** A. C. Sm. in Journ. Arn. Arb. 26: 172. 1945, 海南植物志 2: 444(1965), 中国植物志 46: 10(1981), Flora of China 11: 491(2008)

科名：卫矛科 Celastraceae(希藤科 Hippocrateaceae)　　属名：翅子藤属 Loeseneriella A. C. Smith

形态特征：藤本，小枝棕灰色，微呈四棱形，无毛，有时密被粗糙皮孔。叶薄革质，长椭圆形，长 5 ～ 10(～ 18)cm，宽 3 ～ 6cm，顶端急渐尖，基部钝尖，边缘具不明显锯齿，两面无毛，侧脉 4 ～ 6 对，网脉明显；叶柄粗壮，长 5 ～ 8mm。聚伞花序腋生或生于小枝顶端，长 2.5 ～ 6cm，小枝和总花梗纤细，密被粉状微柔毛；总花梗长 1.5 ～ 3cm；苞片和小苞片三角状，全缘，被粉状微柔毛，花柄纤细，长不过 1.5mm，顶端钝，边缘纤毛状，背部具粉状微柔毛，花瓣长圆状披针形，长 4 ～ 5mm，宽 1.7 ～ 2.5mm；背部具粉状毛，花盘肉质，杯状，高 1 ～ 1.5mm，基部呈不显著五角形，直径 2 ～ 3mm，顶端截形。蒴果椭圆形至倒卵状椭圆形，长 4.5 ～ 6cm，宽 2.5 ～ 3.2cm，顶端圆形或偏斜微缺，基部钝形；果托不膨大，有 3 ～ 4 颗种子；种子阔椭圆形，种翅膜质。花期 5 ～ 6 月；果期 7 ～ 9 月。

野外鉴别关键特征：叶薄革质，长椭圆形，顶端急渐尖，基部钝尖，边缘具不明显锯齿，两面无毛，侧脉 4 ～ 6 对。

分布与生境：儋州、东方、乐东、三亚、保亭、陵水、万宁、琼中；广西、云南。生于中海拔至高海拔林中。

注：手绘图引自海南植物志。

1. 果枝；2. 花枝；3. 花；4. 雌蕊纵切。

盾柱(Pleurostylia opposita)

1. 花枝；2. 除去萼片的花；3. 除去花瓣的花；
4. 雌蕊；5. 果；6. 种子。

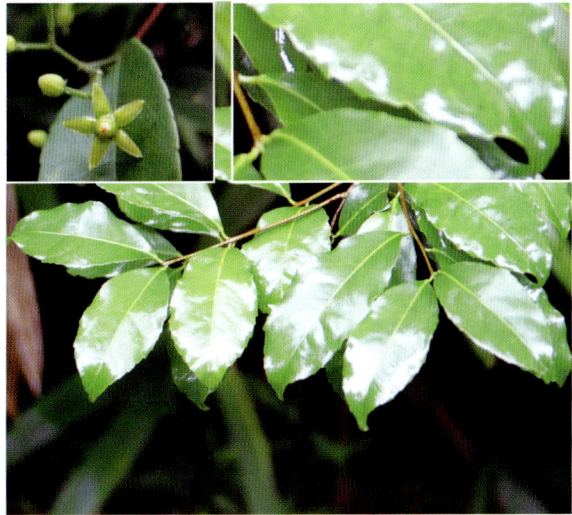

翅子藤(Loeseneriella merrilliana)

中文名称：扁蒴藤

学名：**Pristimera indica**(Willd.)A. C. Sm. in Amer. Journ. Bot. 28: 440. 1941, 海南植物志 2: 445(1965), 中国植物志 46: 12(1981), Flora of China 11: 491(2008)

科名：卫矛科 Celastraceae(希藤科 Hippocrateaceae)　　**属名**：扁蒴藤属 Pristimera Miers

形态特征：藤本，小枝绿色，初时稍呈四棱形，后变圆柱形，无毛。叶纸质，卵形或卵状椭圆形，偶有披针形，长 3.5 ～ 7(～ 10)cm，宽 2.5 ～ 4(～ 5)cm，顶端急尖或钝，基部楔形，叶缘上部具不显著小锯齿，干时淡绿色，侧脉 5 ～ 6 对，纤细，网脉横出；叶柄长 1 ～ 1.5cm，具沟槽。聚伞花序长 3 ～ 5cm；苞片披针形，边缘具疏细齿。花绿白色，花柄长约 5mm；萼片 5，卵状三角形，长约 1mm，膜质，边缘具不整齐锯齿；花瓣 5，长椭圆状三角形，长约 1.5mm；雄蕊 3，长于花柱，花药近方形；花盘不明显；子房 3 室，每室胚珠 2 颗；花柱近三角形。蒴果 1 ～ 3，窄长椭圆形，长 3 ～ 4cm，宽 1 ～ 1.5cm，顶端圆形而微缺；种子 2 颗，长约 2.5cm，种翅顶端微缺，具 1 条中脉。花期 5 ～ 7 月；果期 9 ～ 10 月。

分布与生境：澄迈、东方、乐东；广东；印度尼西亚、马来西亚、缅甸、斯里兰卡、泰国、越南。生于海拔 200 ～ 500m 的疏林中。

注：手绘图引自海南植物志；彩图引自：http://www.51xuewen.com/upload/blog/Aimg/2009/12/4/%E5%9B%BE8.JPG.

中文名称：▲ 阔叶五层龙 (阔叶桫拉木)

学名：**Salacia amplifolia** Merr. ex Chun & How in Act. Phytotax. Sin. 7: 55, 海南植物志 2: 444(1965), 中国植物志 46: 6(1981), Flora of China 11: 489(2008)

科名：卫矛科 Celastraceae(希藤科 Hippocrateaceae)　　**属名**：五层龙属 Salacia Linn.

形态特征：攀缘或直立灌木，高达 4m。小枝绿黄色，无毛。叶厚纸质，窄或阔椭圆形，长 13 ～ 23cm，宽 (4 ～)6 ～ 8cm，顶端短渐尖或稍钝，基部阔急尖或钝或圆形，边缘狭背卷，近全缘或有波状小钝齿，少有钝齿状小锯齿，干时正面绿黄色，光亮，背面淡黄色，有不显著的乳头状突起；侧脉 9 ～ 10 对，叶面平坦，叶背突起，网脉显著；叶柄粗壮，长 1 ～ 1.5cm，细皱，具深槽。花腋生或腋上生，多朵排列于瘤状的突起体上，绿白色或淡黄色，直径 4 ～ 5mm；花柄长 8 ～ 10mm，纤细，基部具多列覆瓦状排列的小鳞片；萼片阔卵形，宽约 1.4mm，端短尖或钝，边缘纤毛状；花瓣近圆形，直径 2.2mm，广展；花盘杯状，新鲜时褐红色，呈不明显五角形，反折；药室横裂；子房三角形；花柱极短；胚珠每室 4 颗，2 列。果球形，成熟时黄色或红色，直径达 4.5cm，有种子 8 ～ 11 颗；果柄粗壮，长 1.5 ～ 2cm。

野外鉴别关键特征：小枝绿黄色 (绿色)，无毛。叶厚纸质，窄或阔椭圆形。果球形，成熟时黄色或红色，直径达 4.5cm，果柄粗壮。

分布与生境：特有种，三亚。生于海拔 100 ～ 250m 的林中。

利用：可用于防治糖尿病。

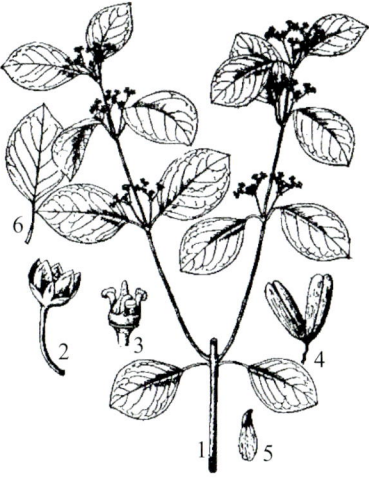

1. 花枝；2. 花；3. 雄蕊与雌蕊；4. 果；
5. 种子；6. 叶的背面，示叶腺。

扁蒴藤(Pristimera indica)

阔叶五层龙(阔叶桫拉木)(Salacia amplifolia)

中文名称：五层龙

学名：**Salacia chinensis** Linnaeus, Mant. Pl. 2: 293. 1771, Flora of China 11: 489(2008); Salacia prinoides (Willd.)DC. Prodr. 1: 571. 1824, 海南植物志 2: 443(1965), 中国植物志 46: 8(1981)

科名：卫矛科 Celastraceae(希藤科 Hippocrateaceae)　**属名**：五层龙属 Salacia Linn.

形态特征：攀缘灌木，长达 4m。小枝具棱角。叶革质，椭圆形或窄卵圆形或倒卵状椭圆形，长 (3 ～) 5 ～ 11cm，宽 (1.5 ～)2 ～ 5cm，顶端钝或短渐尖，边缘具浅钝齿。叶面光亮，干时表面橄榄绿色，背面褐绿色，侧脉 6 ～ 7 对；叶柄长 0.8 ～ 1cm。花小，3 ～ 6 朵簇生于叶腋内的瘤状突起体上；花柄长 6 ～ 10mm；萼片 5，三角形，长约 0.5mm，宽达 1mm，边缘具纤毛；花瓣 5，阔卵形，长约 3mm，广展或外弯，顶端圆形；花盘杯状，高约 1mm；雄蕊 3，花丝短，扁平，着生于花盘边缘，药室叉开；子房藏于花盘内，3 室，胚珠每室 2 颗；花柱极短，圆锥形。浆果球形或卵形，直径仅 1cm，成熟时红色，有 1 颗种子；果柄长约 6.5mm。花期 12 月；果期翌年 1 ～ 2 月。

野外鉴别关键特征：浆果球形或卵形，直径仅 1cm，成熟时红色。

分布与生境：昌江、东方、定安、乐东、保亭、三亚等地；广东、广西；柬埔寨、印度、印度尼西亚、老挝、马来西亚、缅甸、菲律宾、斯里兰卡、泰国、越南。生于中海拔森林中。

利用：可用于治疗便秘。

中文名称：柳叶五层龙

学名：**Salacia cochinchinensis** Lour. in Fl. Cachinch., 526. 1790, 海南植物志 2: 443(1965), 中国植物志 46: 7(1981), Flora of China 11: 488(2008)

科名：卫矛科 Celastraceae(希藤科 Hippocrateaceae)　**属名**：五层龙属 Salacia Linn.

形态特征：灌木，高达 2m。小枝近四棱形，扁压，后变圆形，棕灰色，多少具小皮孔。叶对生，纸质或薄革质，长圆状披针形，长 9 ～ 11(～ 15)cm，宽 (2 ～)3 ～ 4cm，顶端渐尖或短渐尖，基部下延呈窄楔形，全缘，干时叶面栗色，微带黑色，无光泽；侧脉 (6 ～)7 ～ 8 对；网脉显著；叶柄长 4 ～ 5mm，具沟槽。花淡绿色，多花，簇生于叶腋内的瘤状突起体上；花柄长 6 ～ 10mm，基部具多列小鳞片；萼片 5，扁三角形，宽过于长，端圆钝，边缘膜质。花瓣 5，长达 3mm，倒卵形，肉质，边缘膜质；雄蕊 3，花丝扁平，舌状，着生于花盘边缘，反折，药室叉开；子房 3 室，藏于花盘内，胚珠每室 2 个。浆果球形，直径达 2cm；果柄长 10mm，外果皮新鲜时肉质，种子 1 ～ 3 颗。种子具棱角。花期 2 ～ 4 月；果期 5 ～ 7 月。

野外鉴别关键特征：浆果球形，直径达 2cm。

分布与生境：保亭、昌江；云南；柬埔寨、越南。生于海拔 150 ～ 600m 的山谷中。

注：手绘图引自中国植物志。

五层龙(Salacia chinensis)

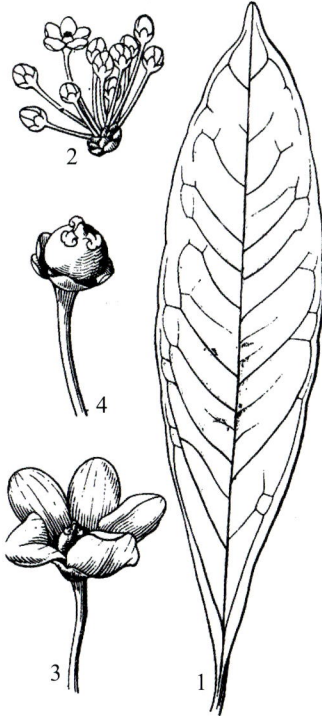

1. 叶；2. 花序；3. 花；4. 去花瓣的花。

柳叶五层龙(Salacia cochinchinensis)

中文名称： ▲ 密花五层龙

学名：Salacia confertiflora Merr. in Lingnan Sci. J. 16: 27. 1935, 海南植物志 2: 443(1965), 中国植物志 46: 7(1981), Flora of China 11: 489(2008)

科名： 卫矛科 Celastraceae(希藤科 Hippocrateaceae)　　**属名：** 五层龙属 Salacia Linn.

形态特征： 攀缘灌木，长达 10m。小枝稍呈压扁状，无毛。叶近革质，椭圆形或卵状椭圆形，长 5 ～ 11cm，宽 2 ～ 5cm，顶端短渐尖而钝头，基部钝或阔急尖，全缘，叶面暗绿色，光亮，背面苍白色；侧脉 7 ～ 8 对，纤细，背面显著突起；叶柄长 5 ～ 7mm。花组成腋生或顶生聚伞花序；总花梗长 4 ～ 7mm；花绿色或淡黄色，密集，直径约 2.5mm；花柄长 2 ～ 3mm；萼片近圆形，边缘啮齿状；花瓣阔倒卵形，长 1.5 ～ 2mm，顶端圆形；花盘厚。浆果长圆形，长约 2cm，直径约 1.6cm，顶端圆形。花期 8 月；果期 11 月。

野外鉴别关键特征： 浆果长圆形，长约 2cm，直径约 1.6cm，顶端圆形。

分布与生境： 特有种，三亚、保亭。生于海拔 500 ～ 700m 的林中。

注： 手绘图引自海南植物志。

中文名称： ▲ 海南五层龙

学名：Salacia hainanensis Chun & F. C. How, Act. Phytotax. Sin. 7: 56. 1958, 海南植物志 2: 443(1965), 中国植物志 46: 6(1981), Flora of China 11: 489(2008)

科名： 卫矛科 Celastraceae(希藤科 Hippocrateaceae)　　**属名：** 五层龙属 Salacia Linn.

形态特征： 攀缘灌木，小枝灰褐色，一年生枝条密生小瘤状皮孔。叶近对生，全缘，革质，长椭圆形，长 12 ～ 17cm，宽 5 ～ 7.5cm，顶端收缩成一短而阔的钝尖或不明显渐尖，基部圆钝或渐窄而下延，两面暗晦，上面稍黑，光亮，背面淡黄色，具不显著乳突；侧脉 7 ～ 8 对，广展而上举；叶柄粗壮，长 1.5 ～ 2cm。花黄绿色，数朵簇生于腋生的瘤状突起体上，基部具数列小鳞片，花柄长 1 ～ 1.5cm；萼片横椭圆形，长不到 1mm，宽 1.5mm，边缘膜质；花瓣平展，长椭圆形，长约 4.3mm，宽约 2.6mm，顶端圆形；花盘肉质，杯状，高 1 ～ 1.5mm；雄蕊 3，花丝扁平，着生于花盘边缘；子房藏于花盘内；花柱极短，粗厚；胚珠每室 2 颗。果球形，直径约 4cm，成熟时光滑，鲜红色。种子数颗，长椭圆形，长约 2.8cm，宽 1.8cm，干时黑褐色。花期 5 ～ 6 月；果期 8 ～ 10 月。

野外鉴别关键特征： 果球形，直径约 4cm，成熟时光滑，鲜红色。

分布与生境： 特有种，万宁、保亭。生于海拔约 400m 的林中。

1. 花枝；2. 花；3. 去掉花瓣的花的纵切面；
4. 雄蕊；5. 果。

密花五层龙(Salacia confertiflora)

海南五层龙(Salacia hainanensis)

附　录

中文名称：小叶琼台槠

学名：**Lithocarpus murinus** Chun et Haung, 仅见海南岛尖峰岭地区生物物种名录．

科名：壳斗科 Fagaceae　属名：柯属 Lithocarpus Bl.

形态特征：这个物种可能不存在，仅见海南岛尖峰岭地区生物物种名录，没有办法在其他文献中找到，也未见其标本与实物。

分布与生境：尖峰岭。

参 考 文 献

[1] 安徽植物志协作组 . 1986. 安徽植物志第 2 卷 . 北京：中国展望出版社

[2] 安徽植物志协作组 . 1986. 安徽植物志第 3 卷 . 合肥：安徽科学技术出版社

[3] 陈汉斌，等 . 1990. 山东植物志 上卷 . 青岛：青岛出版社

[4] 陈汉斌，等 . 1997. 山东植物志 下卷 . 青岛：青岛出版社

[5] 符国瑗 . 2001. 海南锥栗属新植物 . 广西植物，21 (2)：95-98

[6] 符国瑗，洪小江 . 2007. 海南岛青冈属 (壳斗科) 一新种 . 广西植物，27 (1)：29-30

[7] 符国瑗 . 1994. 中国锥属一新种 . 广西植物，14(4)：301-302

[8] 符国瑗 . 2007. 海南岛青冈属 (壳斗科) 一新种 . 植物研究，27(1)：1-2

[9] 福建省科学技术委员会 . 1982. 福建植物志第 1 卷 . 福州：福建科学技术出版社

[10] 福建省科学技术委员会 . 1985. 福建植物志第 2 卷 . 福州：福建科学技术出版社

[11] 福建省科学技术委员会 . 1988. 福建植物志第 3 卷 . 福州：福建科学技术出版社

[12] 贵州植物志编辑委员会 . 1982. 贵州植物志第 1 卷 . 贵阳：贵州人民出版社

[13] 贵州植物志编辑委员会 . 1986. 贵州植物志第 2 卷 . 贵阳：贵州人民出版社

[14] 贵州植物志编辑委员会 . 1989. 贵州植物志第 4 卷 . 成都：四川民族出版社

[15] 河北植物志编辑委员会 . 1986. 河北植物志第 1 卷 . 石家庄：河北科学技术出版社

[16] 潘志刚 . 1994. 中国主要外来树种引种栽培 . 北京：北京科学技术出版社

[17] 王发国，张荣京，邢福武，等 . 2007. 海南鹦哥岭自然保护区的珍稀濒危植物与保育 . 武汉植物学研究，25(3)：303-309

[18] 王伟，张先敏，沙林华，等 . 2007. 海南岛外来入侵危险性动植物名录 (一). 热带农业科学，27(4)：58-64

[19] 王祝年，肖邦森 . 2009. 海南药用植物名录 . 北京：中国农业出版社

[20] 吴德邻 . 1994. 海南及广东沿海岛屿植物名录 . 北京：科学出版社

[21] 吴征镒 . 1983. 西藏植物志第 1 卷 . 北京：科学出版社

[22] 吴征镒 . 1986. 西藏植物志第 3 卷 . 北京：科学出版社

[23] 邢福武，陈红锋，秦新生，等 . 2014. 中国热带雨林地区植物图鉴——海南植物 . 武汉：华中科技大学出版社

[24] 邢福武，等 . 2012. 海南植物物种多样性编目 . 武汉：华中科技大学出版社

[25] 邢福武，李泽贤 . 1991. 海南植物增补 (三). 武汉植物学研究，9(2)：135-139

[26] 曾庆波，等 . 1995. 海南岛尖峰岭地区生物物种名录 . 北京：中国林业出版社

[27] 张荣京，吴世捷，叶育石，等 . 2007. 海南植物增补 (XI). 热带亚热带植物学报，15(3)：256-258

[28] 浙江植物志编辑委员会 . 1992. 浙江植物志第 2 卷 . 杭州：浙江科学技术出版社

[29] 浙江植物志编辑委员会 . 1993. 浙江植物志第 3 卷 . 杭州：浙江科学技术出版社

[30] 浙江植物志编辑委员会 . 1993. 浙江植物志第 4 卷 . 杭州：浙江科学技术出版社

[31] 中国科学院华南植物研究所 . 1964–1977. 海南植物志第 2 卷 . 北京：科学出版社

[32] 中国科学院华南植物园 . 1987–2006. 广东植物志第 1 卷 . 广州：广东科技出版社

[33] 中国科学院华南植物园 . 1987–2006. 广东植物志第 2 卷 . 广州：广东科技出版社

[34] 中国科学院华南植物园 . 1987–2006. 广东植物志第 3 卷 . 广州：广东科技出版社

[35] 中国科学院华南植物园 . 1987–2006. 广东植物志第 5 卷 . 广州：广东科技出版社

[36] 中国科学院华南植物园 . 1987–2006. 广东植物志第 6 卷 . 广州：广东科技出版社

[37] 中国科学院华南植物园 . 1987–2006. 广东植物志第 8 卷 . 广州：广东科技出版社

[38] 中国科学院华南植物园 . 1987–2006. 广东植物志第 9 卷 . 广州：广东科技出版社

[39] 中国科学院昆明植物研究所 . 1979. 云南植物志第 2 卷 . 北京：科学出版社

[40] 中国科学院西北植物研究所 . 1974. 秦岭植物志第一卷（第二册）. 北京：科学出版社

[41] 中国科学院植物研究所 . 1972. 中国高等植物图鉴第 1 册 . 北京：科学出版社

[42] 中国科学院中国植物志编辑委员会 . 1959–2006. 中国植物志第 20 卷 . 北京：科学出版社

[43] 中国科学院中国植物志编辑委员会 . 1959–2006. 中国植物志第 21 卷 . 北京：科学出版社

[44] 中国科学院中国植物志编辑委员会 . 1959–2006. 中国植物志第 22 卷 . 北京：科学出版社

[45] 中国科学院中国植物志编辑委员会 . 1959–2006. 中国植物志第 23 卷 . 北京：科学出版社

[46] 中国科学院中国植物志编辑委员会 . 1959–2006. 中国植物志第 35 卷 . 北京：科学出版社

[47] 中国科学院中国植物志编辑委员会 . 1959–2006. 中国植物志第 45 卷 . 北京：科学出版社

[48] 中国科学院中国植物志编辑委员会 . 1959–2006. 中国植物志第 46 卷 . 北京：科学出版社

[49] 中国医学科学院药用植物研究所海南分所 . 2007. 中国医学科学院药用植物研究所海南分所南药园植物名录 . 北京：中国农业出版社

[50] 中国科学院 Flora of China 编辑委员会 . 1994–2013. Flora of China Vol. 11. 北京：科学出版社

[51] 中国科学院 Flora of China 编辑委员会 . 1994–2013. Flora of China Vol. 4. 北京：科学出版社

[52] 中国科学院 Flora of China 编辑委员会 . 1994–2013. Flora of China Vol. 5. 北京：科学出版社

[53] 中国科学院 Flora of China 编辑委员会 . 1994–2013. Flora of China Vol. 9. 北京：科学出版社

[54] 周以良 . 2003. 黑龙江省植物志 第 7 卷 . 哈尔滨：东北林业大学出版社

[55] Skvortsov AK. 1998. A new species of Salix (Salicaceae) from Hainan, China. Harvard Papers in Botany, 3(1): 107-108

[56] Francisco-Ortega J, Wang FG, Wang ZS, et al. 2010. Endemic seed plant species from Hainan Island: A checklist. The Botanical review. 76(3): 295-345

[57] Qin XS, Zhang RJ, Fu-Wu Xing, 2008. A new species of Maytenus section Gymnosporia (Celastraceae) from Hainan Island, China. Botanical Journal of the Linnean Society, 158(3): 534-538

科、属拉丁名索引

科、属、种中文名索引

《海南植物图志》共有 14 卷，为方便读者在《海南植物图志》中查对植物，《海南植物图志》编著者结合多年在海南研究植物种类的经验，编制了海南植物野外检索科的经验检索表。检索时首先确定是属于蕨类植物（一）还是属于种子植物；如果是种子植物，进而确认它是裸子植物（二）还是被子植物；如果是被子植物，进一步确定它是双子叶植物（三）还是单子叶植物（四），然后在其所在的类群中检索。当知道要查的标本或图像属于哪一个科后，可在这一卷的前言中找到要查的科在《海南植物图志》中的哪一卷，便可达到目的。

海南植物野外检索科的经验检索表

1. 通常为不定根，形成须根状，叶多从根状茎上长出，有簇生、近生或远生，幼时大多数呈拳曲状。无种子形成，以孢子繁殖..蕨类植物（一）
1. 有定根，有种子..种子植物
  2. 种子裸露或具假种皮。多为乔木，少数为灌木或藤木（如买麻藤科），通常常绿，叶针形、线形、鳞形，极少为扁平的阔叶（如罗汉松科和买麻藤科的一些种）..................................裸子植物（二）
  2. 种子具种皮和真正的花。叶片具网状脉，或具平行脉或弧形脉..........................被子植物
    3. 具 2 片子叶，直根系，叶片具网状脉..双子叶植物（三）
    3. 具 1 片子叶，须根系，叶片具平行脉..单子叶植物（四）

（一）蕨类植物科的野外经验检索（仅供参考）

蕨类植物科检索表

1. 叶退化或缩小，远不如茎发达，鳞片形、钻形或披针形，不分裂孢子囊单生于叶的基部上面，或生于枝顶的孢子叶穗内（小叶型蕨类）。
  2. 茎细长，直立，无真正的叶，单茎或具轮生枝，中空，有明显的节，节间表面有纵行的沟脊，各节管状，被具锯齿的鞘包围，孢子囊多数，生于变质盾状鳞片形孢子叶的下面，在枝顶上形成单一的椭圆形孢子叶穗..4. 木贼科 (Equisetaceae)
  2. 植物体形体完全不同上述，孢子囊生于叶上面的基部。
    3. 枝为三棱形多回同位二叉分枝，叶退化为分叉的小钻形，几无叶绿素，孢子囊略为圆球形..1. 松叶蕨科 (Psilotaceae)
    3. 枝为圆柱形，叶多为鳞片状或狭披针形
      4. 枝为圆柱形，一至多回二叉分枝，茎辐射对称，无根托，叶一型，少为二型，钻形或披针形，或少为鳞片形，螺旋排列..2. 石松科 (Lycopodiaceae)
      4. 茎有腹背之分，常有根托，叶通常为鳞片形，二型，四行排列，扁平；或少为钻形，一型，螺旋排列..3. 卷柏科 (Selaginellaceae)
1. 叶远较茎发达，单叶或复叶，孢子囊生于正常叶的下面或特化叶的下面或边缘，聚生呈圆形、长圆形或线形的孢子囊群，或布满叶的下面。
  5. 水生、湿生，或为沿海滩涂植物。
    6. 植株高大或中等，高于 30cm，叶片羽状.................17. 凤尾蕨科 (Pteridaceae)（水蕨属、卤蕨属）
    6. 植株矮小，通常低于 30cm，叶形不同于一般蕨类。

7. 小型植物，常生于淤泥中，叶田字形，由四片倒三角形的羽片组成，生于柄端，孢子果生于叶柄基部..31. 苹科 (Marsileaceae)

7. 微小植物，漂浮水面，叶形不同上述，无柄，孢子果 (荚) 生于变形叶上..33. 槐叶苹科 (Salviniaceae)

5. 陆生植物，叶形多样。

8. 土生植物。

9. 常为攀缘状或藤本状植物。

10. 常高达数米，叶远生，从藤茎两侧生出 1 对开向左右的羽片，羽片分裂图式或为一至二回二叉掌状，或为一至二回羽状，近二型....................................11. 海金沙科 (Lygodiaceae)

10. 攀缘植物，叶远生，一回羽状复叶，能育叶通常强度缩狭呈条状。

11. 通常生于林缘、村边或滨海向阳稍开阔处·..........................23. 乌毛蕨科 (Blechnaceae)

11. 通常生于密林下阴湿处或攀爬于树干上。

12. 羽裂片较大，若叶片较小则无蓝色光泽，常有浅圆齿状..26. 藤蕨科 (Lomariopsidaceae)

12. 羽裂片小，全缘或幼时有锯齿，羽裂片有蓝紫色光泽..24. 鳞毛蕨科 (Dryopteridaceae)(符藤蕨属)

9. 非攀缘植物。

13. 植株高大，高达 3m 或更高，或为明显的树蕨状 (该类群株型变异较大处于不同生长阶段的叶形差异较大，野外鉴定可根据周边居群或根状茎综合判断)。

14. 叶柄粗壮，常有瘤状突起或关节，基部有肉质托叶状附属物，叶肉质，生于林下阴湿处或中高海拔林下坡地上.......................................6. 合囊蕨科 (Marattiaceae)

14. 叶柄粗壮，叶柄无瘤状突起或关节，基部无肉质托叶状附属物。

15. 粗大而直立的根状茎上被黄色长柔毛，孢子囊群圆肾形，囊群盖生于叶缘，由草质而呈蚌壳形的内外两瓣组成，向外开口.....................13. 蚌壳蕨科 (Dicksoniaceae)

15. 高大树蕨或不具圆柱状的地上茎，茎上和叶柄上被坚厚深棕色的披针形鳞片，或有疣状突起，孢子囊群圆形，生于叶下面小脉中部突出的球形囊群托上，囊群盖圆球形或呈碗形，下位，早落或无囊群盖.............................14. 桫椤科 (Cyatheaceae)

13. 中小型植株，通常高不超过 3 m(变化范围较大)，不具圆柱状的地上茎。

16. 孢子囊正常群生于叶背面，或生于叶缘，孢子叶不明显变形或仅略微缩小。

17. 孢子囊群生于叶缘以内，囊群盖被变形而反折的叶边所保护，或无囊群盖，但此时孢子囊群相互网结，或植株背面明显被白粉......18. 凤尾蕨科 (Pteridaceae)(凤丫蕨属、泽泻蕨属、粉叶蕨属、车前蕨属)

17. 孢子囊群不如上述。

18. 孢子囊群不被反折的变形叶边所掩护，而为叶缘生或叶缘内表面生，并被向外开的囊群盖所覆盖......................................16. 鳞始蕨科 (Lindsaeaceae)

18. 孢子囊群不生于叶缘，或生于叶缘但不被反折的叶边所保护，而是被杯形、圆形、肾形等各式囊群盖所保护或无囊群盖。

19. 根状茎长而横走。

20. 孢子囊圆形。

21. 单叶呈掌状或深二裂...............................30. 双扇蕨科 (Dipteridaceae)

21. 叶形不如上述。

    22. 叶脉为新月形..........21. 金星蕨科 (Thelypteridaceae)(新月蕨属、毛蕨属部分种)

    22. 叶脉不为新月形。

        23. 叶片通常两歧分枝,或一回羽状或多回羽状而其羽片或小羽片为两歧分枝,末回裂片线形,通常呈篦齿状,往往在分枝处有一被毛或鳞片状并为叶状苞片所覆盖的腋芽,其两侧有时有篦齿状的托叶..........9. 里白科 (Gleicheniaceae)

        23. 叶片通常二回或三回羽状分裂 (极少种为一回),末回裂片斜方形或长条形,孢子囊群缘生,同形,着生于小脉顶端,生在长圆形而不融合的囊群托上,囊群盖杯状或两唇瓣状,即有一内瓣及一外瓣..........15. 碗蕨科 (Hypolepidaceae)

20. 孢子囊线形或马蹄形,生于叶脉两侧。

    24. 囊群盖通常膜质,无毛..........18. 蹄盖蕨科 (Athyriaceae)(对囊蕨属、介蕨属)

    24. 囊群盖密被柔毛,根状茎肿大..........20. 肿足蕨科 (Hypodematiaceae)

19. 根状茎短而直立或斜升。

    25. 叶片常为一回羽状。

        26. 羽片对数 10 对以上。

            27. 常附生于棕榈树上或石头上,有匍匐茎..........27. 肾蕨科 (Nephrolepidaceae)

            27. 地生植物,无匍匐茎。

                28. 羽轴通常有毛,叶片一般为纸质或草质..........21. 金星蕨科 (Thelypteridaceae)

                28. 羽轴通常被鳞片或光滑,叶片通常为明显革质。

                    29. 植株中等,散生孢子囊群圆形..........24. 鳞毛蕨科 (Dryopteridaceae)

                    29. 植株通常高大,丛生形..........23. 乌毛蕨科 (Blechnaceae)

        26. 羽片 10 对左右或更少。

            30. 羽轴通常无毛,羽裂片边缘通常有锯齿..........18. 蹄盖蕨科 (Athyriaceae)(双盖蕨属、菜蕨属)

            30. 羽轴通常无毛,羽裂片边缘通常全缘,叶脉网结..........19. 肠蕨科 (Diplaziopsidaceae)

    25. 叶片常为二回羽裂或更为细裂。

        31. 叶片通常革质或草质,分裂度细,羽裂片常呈斜方形或带芒..........24. 鳞毛蕨科 (Dryopteridaceae)

        31. 叶片通常为草质或薄革质,分裂度较小,第一对羽片基部通常反折向下或为耳状羽片,使叶片整体呈五角状叉状..........25. 叉蕨科 (Aspidiaceae)

16. 孢子囊群不生于叶背面,不形成定形的孢子囊群,或者孢子囊为球状,不形成孢子囊群而是分散地生于特化的叶片边缘，呈穗状或复穗状的孢子囊群。

32. 孢子囊群生于无叶绿素的强度变质的能育叶的小轴或能育羽片的羽轴边缘.........
....7. 紫萁科 (Osmundaceae)

32. 孢子囊群生于异型的能育叶上。

    33. 能育叶条形或强度缩狭。

        34. 能育叶羽状，裂片线形...................8. 瘤足蕨科 (Plagiogyriaceae)

        34. 能育叶指状分裂，禾草状或二至五回二歧分枝草本..........
....10. 莎草蕨科 (Schizaeaceae)

    33. 能育叶由穗状或复穗状的孢子囊群构成........5. 瓶尔小草科 (Ophioglossaceae)

8. 附生或半附生植物 (有一阶段为附生植物)，通常附生在石头、腐木、苔藓、树干上。

  35. 叶柄基部有关节。

    36. 叶片一型或二型。

      37. 一般为单叶或一回羽状，极少二歧状，孢子囊群一般圆形、长圆形或线形，或有时布满
能育叶片下面，无囊群盖...................31. 水龙骨科 (Polypodiaceae)

      37. 单叶，根状茎通常近直立，叶肉质，叶脉分叉，孢子囊群布满能育叶下面 ....
.............................24. 鳞毛蕨科 (Dryopteridaceae)(舌蕨属)

    36. 叶片一型，全为单叶，叶脉明显而平行，有明显叶足排列于根状茎上，孢子囊群远离叶缘
着生，常分布于高海拔林内.........................28. 条蕨科 (Oleandraceae)

  35. 叶柄基部无关节。

    38. 叶片膜质，几乎由一层细胞组成，矮小植物，一般不具根，有二列生的叶，叶通常很小，
有全缘的单叶至扇形分裂，或为多回两歧叉至多回羽裂，通常生于沟边阴湿石头上，
或与苔藓植物混生或攀缘在树干上.........12. 膜蕨科 (Hymenophyllaceae)

    38. 叶片不为膜质，叶质一般坚实，叶片一型或二型。

      39. 孢子囊群近叶缘生，囊群盖半杯状或半圆筒形...........29. 骨碎补科 (Davalliaceae)

      39. 孢子囊群线形，沿小脉延伸，囊群盖与孢子囊群同形，很少无盖.....................
....22. 铁角蕨科 (Aspleniaceae)

(二) 裸子植物科的野外经验检索 (仅供参考)

1. 叶为阔叶或大型叶

  2. 小叶羽状排列...苏铁科

  2. 叶阔叶形，对生...买麻藤科

1. 叶钻形、条形、针形、鳞形或刺状

  2. 叶针形...松科

  2. 叶钻形、条形、鳞形或刺状

    3. 叶钻形，质地坚硬，刺状...杉科

    3. 叶条形、鳞形或刺状

      4. 鳞形或刺状...柏科

      4. 叶条形

        5. 球果圆柱形，成熟前绿色或淡绿色，成熟时淡褐色或淡栗色..........松科 (油杉)

  5. 种子当年成熟，核果状或坚果状，外有假种皮

    6. 叶宽条形，叶在枝上多少螺旋排列

      7. 球果 ....南洋杉科

      7. 果具假种皮 ....罗汉松科

    6. 叶窄条形，2~4mm

      7. 叶背灰白色 ....三尖杉科（粗榧科）

      7. 叶片暗绿色 ....南洋杉科

苏铁科：叶螺旋状排列，有鳞叶及营养叶，二者相互成环着生。鳞叶小，密被褐色毡毛，营养叶大，深裂呈羽状，稀叉状二回羽状深裂，集生于树干顶部或块状茎上。

松科：叶条形（海南油杉）或针形。

杉科（海南栽培1种，杉木）：叶钻形，硬，似刺。

柏科：树皮褐色，叶交叉对生，或3～4片轮生，稀螺旋状着生，鳞形或刺状，或兼有两型叶。

南洋杉科（外来科）：树皮黑褐色，主干多不分枝，叶螺旋状着生或交叉对生，基部下延生长，小枝一般与主干垂直或下垂。

罗汉松科：树皮褐色或黑褐色，叶呈鸡毛状（鸡毛松，树皮黑褐色）、束状（陆均松，树皮褐色或红褐色）或阔叶状（条形、披针形、椭圆形）。

三尖杉科（粗榧科）：树皮红褐色（海南粗榧），叶条形或披针状条形，稀披针形，交叉对生或近对生，在侧枝上基部扭转排列成两列，上面中脉隆起，下面有两条宽气孔带，灰色。

买麻藤科：常绿木质大藤本，茎节由上下两部接合而成，呈膨大关节状，下部顶端具有宿存环状总苞片，在幼枝上明显，在老枝上则仅有痕迹。单叶对生，有叶柄，无托叶。叶片革质或半革质，平展具羽状叶脉，小脉极细密呈纤维状，极似双子叶植物。

（三）双子叶植物科的野外经验检索

由于双子叶植物较多，很难分级检索，只能比对科的野外特征进行检索，仅供参考。

1. 有乳汁、汁液或树脂，或肉质类植物

  2. 木本（木质藤本）或树木状植物

肉豆蔻科：高大乔木，树汁血红色。

番木瓜科：枝叶折断后有白色乳汁或浆液，乔木状草本，通常不分枝，容易折断，大型掌状叶。

红木科（海南仅有一个栽培种）：单叶，互生，具掌状脉。托叶小，早落，分泌红色、黄色或橙色的乳汁。

藤黄科（金丝桃科）（细叶金丝桃与田基黄除外）：乔木或灌木，有黄色树脂，叶对生。

桑科：通株有白色乳汁，绝大多数有托叶环，无托叶环者叶片多粗糙。

漆树科：嫩枝折断有浆液，叶互生，单叶（芒果、槟子等）或奇数羽状复叶。

胡桃科：复叶，落叶或半常绿乔木或小乔木，羽状复叶，具树脂，有芳香（剥开树皮有碘酒味）。

山榄科（肉实科）：枝叶、树干受损后有白色乳汁，乔木或灌木，单叶互生、近对生或对生，有时密聚于枝顶，通常革质，全缘。

夹竹桃科：枝叶、树干受损后有白色乳汁，乔木、直立灌木或木质藤木。叶片对生或轮生。

大戟科：枝叶受损后有白色乳汁（乌桕属），乔木。

  2. 草本或草质藤本植物

仙人掌科：肉质，叶扁平，全缘或圆柱状、针状、钻形至圆锥状，互生或完全退化。

景天科：肉质，叶片对生，多匙形。

秋海棠科：肉质，多生长在阴湿的环境，叶互生，基部通常偏斜，两侧不相等，具长柄。

大戟科：肉质，杯状聚伞花序（大戟属），或叶柄基部或顶端有时具有 1 枚或 2 枚腺体。

番杏科：肉质，平卧，单叶对生、互生或假轮生，托叶干膜质，先落或无。

凤仙花科：肉质草本，罕为灌木，单叶，对生或轮生，具柄或无柄，无托叶或有时叶柄基具 1 对托叶状腺体。

防己科(部分植物,海南地不容等)：藤本，嫩叶折损后有浆汁，叶柄两端肿胀，多心形或盾形叶，有块根。

罂粟科：草本，具乳白色、恶臭的液汁，基生叶通常莲座状。

马齿苋科：肉质，托叶干膜质或刚毛状。多分布于沿海湿地。

蒺藜科：肉质，分布于海边沙滩内缘，花黄色，小叶常对生。

旋花科：草质藤本，嫩枝叶折损后常有白色乳汁或汁液，叶互生，螺旋排列，寄生种类无叶或退化成小鳞片，通常为单叶，叶基常心形或戟形，合瓣。常见植物：地瓜、山猪菜。

桔梗科：叶基非心形或戟形，花冠合瓣，浅裂或深裂至基部而成为 5 个花瓣状的裂片，整齐。

菊科(舌状花亚科)：嫩枝叶常有乳汁，草本，头状花序。

夹竹桃科：枝叶和花受损后有白色乳汁，草质藤本，叶片对生或轮生。

萝藦科(杠柳科)：枝叶受损后有白色乳汁，草质藤本，叶片对生或轮生，草本、灌木或藤本，根部肉质呈块状，叶柄顶端通常具有丛生的腺体。

茶茱萸科(心翼果属)：无毛草质藤本，具白色乳汁。单叶互生，全缘或分裂，具长柄，心形或心状戟形，3 ～ 7 掌状脉，薄膜质，无托叶。

1. 无乳汁、汁液或树脂，或非肉质类植物
　2. 有托叶或明显托叶环
　　3. 木本（木质藤本）或树木状植物

木兰科：木本，单叶互生，托叶大，包围幼芽，早落，脱落后留有围绕枝条的环状疤痕。

堇菜科(三角车属)：灌木或小乔木。幼枝有明显的叶痕，无毛或被极少毛，淡绿色，老枝暗褐色，粗糙，草本，叶为单叶，托叶小或叶状。

五列木科(仅一个种)：乔木，单叶互生，螺旋状排列，托叶宿存。

金莲木科：灌木，单叶互生，托叶 2，有时呈撕裂状。

梧桐科：幼嫩部分常有星状毛，树皮富于纤维。单叶互生，通常有托叶。一般叶柄较长，两端常膨大，或有星状毛，树木用钉子钉较容易。

锦葵科(花具副萼，雄蕊管的基部合生)：叶互生，单叶或分裂，叶脉通常掌状，树皮富于纤维，具托叶。

白花菜科(槌果藤属)：常为木质藤本，叶互生，很少对生，单叶或掌状复叶。托叶刺状，细小或不存在。

大戟科：木本，叶互生，基部或顶端有时具有 1 枚或 2 枚腺体。有托叶，针状，短，褐色，着生于叶柄的基部，早落或宿存，脱落后具环状托叶痕。

小盘木科(1 种)：树皮粗糙，单叶互生，边缘有细锯齿或全缘，嫩枝密被柔毛，具叶柄，托叶小。

蔷薇科：木本（有杏仁味，无刺）。叶互生，有明显托叶，稀无托叶。

金缕梅科：掌状叶或椭圆形叶，叶有的折断有黄皮味，托叶线形，或为苞片状（山铜柴）。

省沽油科(5 种，其中 4 种属山香圆属)：乔木或灌木。叶为奇数羽状复叶，小叶 2~5 对，有细锯齿，有托叶。

五加科：叶互生，托叶通常与叶柄基部合生呈鞘状（少无托叶），叶柄较长。

茜草科：叶对生或有时轮生，托叶通常生于叶柄间。

刺莱莉科（海南分布有1种）：直立灌木，具长2～4m、攀缘或下垂的枝条，小枝无毛。托叶2枚，钻形，近宿存。具腋生刺，每一叶腋内1枚或2枚，长0.2～1.6cm，劲直，锐尖。

3. 草本或草质藤本植物

睡莲科：水生或沼泽生草本，根状茎沉水生。叶常二型，漂浮叶或出水叶互生，心形至盾形，芽时内卷，具长叶柄及托叶。沉水叶细弱，有时细裂。

三白草科：茎直立或匍匐状，具明显的节。叶互生，单叶。托叶贴生于叶柄上。

金粟兰科：单叶对生，具羽状叶脉，边缘有锯齿。叶柄基部常合生。托叶小、钻形。

白花菜科：草本常具腺毛和特殊气味。叶互生，很少对生，掌状复叶。托叶刺状，细小或不存在。

茅膏菜科：食虫植物，叶互生，幼叶常拳卷。托叶存在，干膜质。

沟繁缕科：矮小，有成对托叶。

石竹科：草本，茎节通常膨大，具关节。单叶对生，有托叶，膜质。

蓼科：草本，托叶通常联合成鞘状（托叶鞘），膜质。

牻牛儿苗科（海南仅分布2个栽培种）：草本，具浓烈鱼腥味，叶互生。托叶宽三角形或卵形。

西番莲科：藤本，腋生卷须卷曲。单叶，具柄，常有腺体，通常具托叶。

大戟科：草本，叶互生，基部或顶端有时具有1枚或2枚腺体。有托叶，针状，短，褐色，着生于叶柄的基部，早落或宿存，脱落后具环状托叶痕。

蔷薇科：草本、藤本（有皮刺），叶互生，有明显托叶，稀无托叶。

荨麻科：有时有刺毛，单叶互生或对生，叶基多不对称，有托叶，多粗糙。

茜草科：叶对生或有时轮生，托叶通常生于叶柄间。

2. 无托叶，或有托叶，但早落，不明显

3. 叶为复叶

莲叶桐科：叶互生，有小叶3枚；小叶全缘，花序叶腋生。

毛茛科：多藤本，多三出复叶，通常掌状分裂，无托叶。叶脉掌状，叶柄较长。

辣木科（海南目前栽培2种）：落叶乔木，材质柔软，叶互生，奇数羽状复叶，小叶对生，全缘。

小檗科（海南目前3种）：枝无刺，叶互生，一至三回羽状复叶，叶脉羽状或掌状。

木通科：茎缠绕或攀缘，木质部有宽大的髓射线，叶互生，掌状或三出复叶，叶柄和小柄两端膨大为节状。

白花菜科：草本，常具腺毛和恶臭，木本无臭味，叶为互生掌状复叶，有小叶3片，小叶有短柄或近无柄，侧生小叶偏斜，基部不对称。叶柄长，顶端向轴面上常有腺体。

伯乐树科（单种科，分布在鹦哥岭）：乔木。叶互生，奇数羽状复叶。小叶对生或下部的小叶互生。

酢浆草科：草本，极少乔木（阳桃），羽状复叶或掌状复叶（3小叶），倒心形，基生或茎生。小叶在晚间背折而下垂，通常全缘。

木棉科：乔木，主干基部常有板状根，木材软，有皮刺或无皮刺，叶互生，掌状复叶。

虎耳草科：*Flora of China* 把原来的鼠刺科和绣球科都归入虎耳草科。原虎耳草科（特征为叶沿茎互生，有的具深裂，有的形成莲座）、鼠刺科（叶边缘通常具腺齿或刺齿）、绣球科（小枝粗壮，有明显的皮孔与叶迹。叶大而稍厚，对生，椭圆形至宽卵形，长7～20cm，宽4～10cm，先端短渐尖）。

豆科：有豆荚。含羞草科（头状花序）、苏木科（稍左右对称，排成总状花序或圆锥花序）、蝶形花科（花两性，两侧对称，具蝶形花冠）。

葡萄科：攀缘木质藤本，稀草质藤本，具有卷须，或直立灌木（火筒树属），无卷须。羽状或掌状复叶，互生。

芸香科：有橘子味（单叶或复叶）。

苦木科：灌木，或有硬大皮刺的藤本，树皮通常有苦味。

橄榄科：树（内）皮白色，闻有橄榄清甜味，奇数羽状复叶，互生，通常集中于小枝上部，小叶基部不对称。

楝科：通常为乔木，小枝常有皮孔，叶互生，稀对生，通常为一至三回羽状复叶，单叶（单叶地黄）。

无患子科：乔木或灌木，有时为草质（倒地玲）。羽状复叶或掌状复叶，很少单叶（单叶异木患、坡柳），互生。

清风藤科（狭叶泡花树）：乔木，叶互生，奇数羽状复叶，叶柄膨大，形状像鸡腿。

牛栓藤科：攀缘灌木、藤本、乔木（单叶豆），叶互生，奇数羽状复叶，有时3小叶（栗豆藤），有的嫩叶红色。

伞形花科：草本，叶柄的基部扩大成鞘，有香菜或芹菜味。积雪草属、天胡荽属属于单叶除外。

忍冬科（接骨草属，蒴藋）：灌木状草本，主根垂直，副根不多，茎具棱，平滑无毛，多分枝，单数羽状复叶。

茄科（番茄）：一年生或多年生草本，或为亚灌木。茎直立或平卧。羽状复叶，小叶极不等大，有锯齿或分裂（茄属的马铃薯，番茄属）。

紫葳科：藤本（小叶2枚或3枚，炮仗花）、灌木（小叶多为7枚，硬骨凌霄），大多数为乔木，叶对生，叶柄基部常有腺体。

马鞭草科(牡荆属，单叶蔓荆除外，该植物分布在沿海沙地)：小枝通常四棱柱形。叶对生，指状复叶，有小叶3～8枚。

   3. 叶为单叶
    4. 叶片互生
     5. 木本或木质藤本
      6. 有特殊味道或特殊性状
       7. 有特殊味道

番荔枝科：乔木、灌木或攀缘灌木。木质部通常有特殊的香气，小枝条与叶对折，树皮多褐色或黑褐色，小枝多垂直或下垂于主干（常见种番荔枝）。

樟科：树皮通常具芳香（樟脑味），小枝多绿色，叶多革质且叶背多偏灰白色，叶互生、对生、近对生或轮生，全缘，羽状脉、三出脉或离基三出脉，小脉常为密网状（常见种樟树，三出脉；潺槁木姜，羽状脉）。特殊情况：无根藤为草质藤本。

桃金娘科：乔木或灌木。树皮粗糙，单叶互生，浓的桉树味，具羽状脉或基出脉，全缘，常有油腺点。

芸香科：有橘子味（单叶或复叶）。

八角科：全株无毛，具油细胞及黏液细胞，有芳香气味，常有顶芽，芽鳞覆瓦状排列，通常早落。叶为单叶，互生，常在小枝近顶端簇生，假轮生或近对生，革质，全缘，边缘稍外卷，具羽状脉，中脉在叶上面常凹下，在下面凸起或平坦，有叶柄，无托叶。

五味子科：木质藤本，小枝圆柱形，干后具纵条纹，叶全缘或具锯齿，具透明或不透明的腺体，叶面中脉及侧脉常不明显。

       7. 特殊性状

莲叶桐科：莲叶桐分布在沿海地区。特殊性状：叶盾形，叶柄与叶片连接处有一红点或黄点。

钩枝藤科：藤本，无毛。单叶互生，叶形大，幼树时直立。特殊性状：枝具环状钩。

壳斗科：乔木，树皮粗糙，木质部多具斜裂痕。单叶，互生，极少轮生（轮叶三棱栎），革质，全缘或齿裂，或不规则的羽状裂。特殊性状：果实具壳斗。

木麻黄科：特殊性状：乔木（或树形似松树），栽培种。多分布在沿海地区，为最佳的海防林树种，小枝轮生或假轮生，具节，纤细，绿色或灰绿色，形似木贼，常有沟槽及线纹或具棱。叶退化为鳞片状（鞘齿），围绕在小枝每节的顶端。

冬青科：乔木或灌木，单叶，互生，叶片通常革质、纸质，具锯齿、腺状锯齿或刺齿，或全缘，具柄。特殊性状：一般用火稍稍从叶背烧其鲜叶，叶的腹面呈现黑环。

胡颓子科：攀缘藤本，特殊性状：全体被银白色或褐色至锈色盾形鳞片或星状绒毛。

椴树科：乔木、灌木或草本。单叶互生，稀对生，具基出脉，全缘或有锯齿，有时浅裂。托叶存在或缺，如果存在往往早落或宿存。特殊性状：树皮纤维发达。

安息香科：乔木或灌木，常被星状毛或鳞片状毛。单叶，互生。特殊性状：叶背多褐色。

紫金牛科：灌木、乔木或攀缘灌木，单叶互生，通常具腺点或脉状腺条纹，全缘或具各式齿，齿间有时具边缘腺点。特殊性状：用小刀轻切开外皮，内皮呈现明显的似血管状的维管束。

柿科：乔木或直立灌木。特殊性状：多数树灰褐色或黑色，一般用火稍稍从叶背烧其鲜叶，叶的腹面呈现黑环，但不如冬青科明显。不具乳汁，少数有枝刺。叶为单叶，互生，很少对生，排成两列，全缘，无托叶，具羽状叶脉。

瑞香科：灌木（腋生瑞香）。特殊性状：乔木（沉香），树皮纤维发达。沉香较特殊，树皮灰白，嫩叶用力撕破，有膜质表皮。

6. 无特殊味道

猕猴桃科：含水东哥科，仅1种，即水东哥。小乔木，分布于雨林较阴湿的环境。嫩叶，枝红褐色，披硬毛，猕猴桃科3种，木质藤本，枝与果毛被发达。

山茶科：乔木或灌木。叶革质，常绿，互生，羽状脉，全缘（杨桐属）或有锯齿，具柄，花多白色，6数。

龙脑香科：海南野生分布有3种。乔木，木质部具芳香树脂，一般不流出来。小枝通常具环状托叶痕。

山柑科（1种）：山柑，攀缘灌木。小枝圆柱形，光滑无毛，基部周围常有钻形苞片状小鳞片。刺短，长约2 mm，尖端黄褐色，微外弯。

白花菜科（罗志藤属的罗志藤）：木质大藤本。枝无毛，绿黄色，干后黄褐色，有凸起的淡黄色皮孔及纵裂条纹。叶草质，边缘稍卷曲，长圆形至长圆状披针形，长 10~25cm，宽 4~9cm，顶端急尖，基部近圆形、钝楔形或楔形，两面均无毛，有明显的小凸点，顶部膨大。

茶茱萸科：单叶互生，通常全缘，大多羽状脉，少有掌状脉。微花藤属和甜果藤属具卷须。

远志科：乔木。单叶互生。果通常为翅果，具种子1粒，翅长圆形至菱状长圆形，革质，多脉（蝉翼藤）。青蓝（嫩叶蓝色，老叶青绿色，树皮黄褐色）。

柳叶菜科：半灌木或灌木，多为湿生，叶互生。

紫茉莉科：具刺攀缘灌木（三角梅）。刺腋生，叶片纸质，卵形或卵状披针形，花顶生于枝端的3个苞片内，花梗与苞片中脉贴生，每个苞片上生一朵花。苞片叶状，紫色或洋红色（观赏的就是苞片）。

山龙眼科：乔木或灌木。叶互生，通常3枚轮生或近对生（澳洲坚果，栽培种），多为各式分裂。山龙眼：树皮红褐色。嫩枝和花序均密被锈色短绒毛。

第伦桃科：木质藤本（锡叶藤，叶片表面很粗糙）、乔木（第伦桃属，叶大，在海南的森林中为大型叶，脉明显）。叶互生，有锯齿。

海桐花科：常绿乔木、灌木或木质藤本。单叶互生（近轮生），或叶聚生枝端，全缘，稀有齿或分裂，革质，狭倒卵形，中脉明显，侧脉不明显，顶端圆形或微凹。

大风子科（天料木科）：常绿或落叶乔木、灌木，多数无刺（原天料木科的植物），有枝刺和皮刺（如菲柞、箣柊、刺篱木、柞木等属）。叶柄常基部和顶部增粗。海南大风子，叶革质，对折有明显的痕迹，有臭虫味。

柽柳科（海南1个栽培种）：小乔木。老枝直立，暗褐红色，光亮，幼枝稠密细弱，常开展而下垂，红紫色或暗紫红色，有光泽。嫩枝繁密纤细，悬垂。叶小，多呈鳞片状，互生，通常无叶柄，多具泌盐腺体。

使君子科：皮粗糙，红褐色，单叶互生，全缘或稍呈波状（榄李属等）。

古柯科（粘木科，2个野生种、1个栽培种）：灌木或乔木。单叶互生，全缘或偶有钝锯齿。托叶生于叶柄内侧，极少数生于叶柄外侧的托叶通常早落。

交让木科（海南分布有2种）：乔木或灌木，无毛。小枝具叶痕，灰褐色，稀疏皮孔，单叶互生，常聚集于小枝顶端，全缘，叶面具光泽。

黄杨科：常绿灌木。单叶，互生或对生，离基三出脉（野扇花属）、羽状脉，小枝四棱形，大多被柔毛（黄杨属），全缘。

杨柳科（海南分布有2个野生种、2个栽培种）：树皮光滑或开裂粗糙，单叶互生。

杨梅科（海南分布有1个野生种、1个栽培种）：乔木或灌木。具芳香，被有圆形而盾状着生的树脂质腺体，单叶互生，边缘全缘或有锯齿或不规则牙齿，或呈浅裂。

杜英科：常绿或半落叶木本。单叶，具柄，老叶红色，一般在一棵树上总有红色的老叶。

桦木科（含榛木科）（海南分布有2个野生种）：落叶乔木。小枝及叶有时具树脂腺体或腺点。单叶，互生，叶缘具重锯齿或单齿，叶脉羽状，侧脉直达叶缘。

榆科：乔木或灌木。单叶，互生，有锯齿或全缘，基部常偏斜，羽状脉或近基部三出脉（朴属、山黄麻属），有柄。托叶对生，早落。特殊情况：白颜树幼枝可看到大的托叶。

卫矛科（含希藤科）：常绿或落叶乔木、灌木或藤本灌木、匍匐小灌木。互生（南蛇藤属、美登木属等）。

铁青树科：常绿或落叶乔木、灌木或藤本。单叶，互生，全缘，羽状脉。

鼠李科：灌木、藤状灌木或乔木，稀草本。通常具刺，或无刺。单叶互生或近对生，全缘或具齿，具羽状脉，或3～5基出脉。托叶小，早落或宿存，或有时变为刺。

八角枫科：落叶乔木或灌木。枝圆柱形，有时略呈"之"字形。单叶互生，有叶柄，无托叶，全缘或掌状分裂，基部两侧常不对称，羽状叶脉或由基部生出3～7条主脉呈掌状。八角枫与土坛树很常见。

蓝果树科（海南分布有1个野生种、2个栽培种）：落叶乔木，稀灌木。小枝圆柱形，当年生枝密被黄色微绒毛，多年生枝无毛，深褐色或黄褐色。单叶互生，密集，有叶柄，无托叶，卵形、椭圆形或矩圆状椭圆形，全缘或边缘锯齿状。

山柳科（海南分布有2种）：灌木或乔木。嫩枝和嫩叶常有星状毛或单毛。单叶互生，往往集生于枝端，脱落，稀常绿，有叶柄，无托叶。

杜鹃花科：多分布在中、高海拔，五指山山顶分布较多。木本植物，灌木或乔木。叶革质，少有纸质，互生，极少假轮生，稀交互对生，全缘或有锯齿，不分裂，不具托叶。

山矾科：灌木或乔木。单叶，互生，通常具锯齿或全缘，腺质锯齿。

紫草科：一般被有硬毛或刚毛。单叶，互生。基及树属、破布木属、厚壳树属和紫丹属。

苦槛蓝科（海南分布有1种）：常绿灌木，茎有分枝，无毛，棕色。叶互生，肉质，倒披针形至矩圆形，顶端短渐尖，基部渐狭，全缘或先端有少数浅锯齿，两面无毛，侧脉3～4对。叶柄长1～1.5cm，无毛。

茄科：灌木或小乔木。有时具皮刺。单叶全缘或各式分裂，有时为羽状复叶，互生或在开花枝段上大小不等的二叶双生。无托叶。

草海桐科（海南分布有 3 种）：多分布在沿海沙地，小灌木。单叶，互生，螺旋状排列，基生或丛生于枝顶。在海南东南沿海与西沙多分布有草海桐，叶片像羊耳。

菊科：灌木、木质藤本。叶通常互生，野外花常见，多为特殊的头状花序。

　　5. 草本

防己科：攀缘或缠绕藤本，稀直立灌木（木防己），木质部常有车辐状髓线，叶螺旋状排列，叶多盾形或心形，叶柄较长（常见种粪箕笃）。

猪笼草科：草本。叶互生，无柄或具柄，最完全的叶可分为叶柄、叶片、中脉延长而成的卷须、卷须上部扩大反卷而成的瓶状体和卷须末端扩大而成的瓶盖 5 部分（瓶状体和瓶盖像猪笼）。

胡椒科：草本、灌木或攀缘藤本，稀为乔木。常有香气（胡椒味，常见种胡椒和假蒟）。

十字花科：多数为草本，多种蔬菜类，花瓣 4 片，分离，呈"十"字形排列。

川薹草科（河薹草科）：1 种，飞瀑草。多年生沉水草本，状似苔藓、藻类或地衣。

蛇菰科：腐生植物，根茎粗，通常分枝，表面常有疣瘤或星芒状皮孔，顶端具开裂的裂鞘。

葡萄科：攀缘木质藤本，稀草质藤本，具有卷须。单叶，互生，花小，两性或杂性同株或异株，排列成伞房状多歧聚伞花序、复二歧聚伞花序或圆锥状多歧聚伞花序。

葫芦科：多草质藤本，常有螺旋状卷须。叶互生，通常为单叶，常深裂，稀为鸟足状复叶，边缘具锯齿或稀全缘，具掌状脉，花通常单生。

藤黄科：叶对生，有时轮生，无柄或具短柄，有透明的腺点（金丝桃属）。

菊科：草本、亚灌木。叶通常互生，野外花常见，多为特殊的头状花序。

车前草科：草本。单叶，基生，广卵形，边缘波状，间有不明显钝齿，主脉 5 条，叶脉近平行，向叶背凸起，呈肋状伸入叶柄，叶片常与叶柄等长，叶柄基部常扩大呈鞘状，长穗状花序（一般比叶长，直立）。生长在山野、路旁、花圃、河边等湿地。

苦苣苔科：草本，常具根状茎、块茎或匍匐茎，单叶，不分裂，基生成簇。多分布在森林阴湿的石头上（生于石灰岩石壁间潮湿处）。花冠紫色、白色或黄色，通常筒状或钟状。蒴果，线形、长圆形、椭圆球形或近球形。

金鱼藻科（海南目前栽培 1 种）：多年生沉水草本。无根。茎漂浮，有分枝。叶 4 ～ 12 轮生，硬且脆，1 ～ 4 次二叉状分歧，条形，边缘一侧有锯齿或微齿，先端有 2 刚毛。

马兜铃科：木质藤本、亚灌木（海南线果兜铃）或多年生草本（台湾细辛），根、茎和叶常有油细胞。单叶、互生，具柄，叶片全缘或 3 ～ 5 裂，基部常心形。

落葵科（海南 2 种）：缠绕藤本，长可达数米。根状茎粗壮。叶具短柄，叶片卵形至近圆形，顶端急尖，基部圆形或心形，稍肉质，腋生小块茎（珠芽）（落葵薯），肉质，绿色或略带紫红色（落葵）。

远志科：草本，罕为寄生小草本（寄生莎萝莽）。单叶互生、对生或轮生，具柄或无柄，叶片纸质或革质，全缘，具羽状脉。

商陆科（海南 1 个野生种，2 个栽培种）：草本（亚灌木）。植株通常不被毛。单叶互生，全缘，托叶无或细小。根肉质肥大。

藜科：多分布在滨海或滨江沙地上，草本、亚灌木、灌木，叶互生，扁平。

苋科：一年生或多年生草本，单叶互生，全缘，少数有微齿，无托叶。青箱、浆果苋等都是常见植物，采到标本时，或类比，初步判断是否属苋科植物。

柳叶菜科：一年生或多年生草本，多为水生湿地草本。叶互生。

大麻科 (海南分布有 1 个野生种)：一年生直立草本。叶互生，掌状全裂。皮部的纤维发达。

檀香科：草本。常寄生或半寄生，稀重寄生。单叶，互生，有时退化呈鳞片状。

鹿蹄草科 (海南分布有 3 种)：小型草本状小半灌木。根茎细长。叶常基生，稀聚集在茎下部，互生或近对生。

荇菜科 (海南分布有 4 种)：浮水或沼生草本，茎直立或横斜。单叶互生，卵形或圆形，基部深心形，很少呈盾形，全缘或稍波状。

报春花科：草本，稀为亚灌木，具互生叶，或无地上茎而叶全部基生，并常形成稠密的莲座丛。

白花丹科：草本。单叶，互生或基生，全缘，偶为羽状浅裂或羽状缺刻，下部通常渐狭成柄，叶柄基部扩张或抱茎。通常无托叶。

花柱草科 (海南分布有 2 种)：草本，叶小，互生、茎生或基生而排列呈莲座状，单叶而且全缘。

田基麻科 (海南分布有 1 种)：生于稻田、低湿地或沟边，草本，直立或平卧，茎下部无毛，上部多少被腺毛，叶披针形或狭椭圆形，无毛，长 4 ～ 9cm，宽 5 ～ 20mm，上部叶常较小，基部渐狭至叶柄，顶端急尖或渐尖。

紫草科：一般被有硬毛或刚毛。单叶，互生。包括天芥菜属、琉璃草属、刺锚草属和牛舌草属。

玄参科：多为小草，叶互生，下部对生而上部互生，或全对生，或轮生，无托叶。

狸藻科：一年生或多年生、水生或生于沼泽或湿润环境的草本，有时为附生植物。叶基生呈莲座状排列，或茎生则互生且退化为鳞片，基部常有小囊体。

茄科：草本。有时具皮刺。单叶全缘或各式分裂，有时为羽状复叶，互生或在开花枝段上大小不等的二叶双生。无托叶。常见的植物为茄子、番茄等。

4. 叶片对生

5. 木本

马鞭草科：叶对生，小枝通常四棱柱形，有特殊的臭味 (常见种大青)。

桃金娘科：乔木或灌木。树皮粗糙，单叶对生，一般有清香味 (番石榴、洋蒲桃等)，具羽状脉或基出脉，全缘，常有油腺点。

玉蕊科：叶呈螺旋状排列，常丛生枝顶，海南野生分布有 2 种，滨玉蕊仅分布在甘蔗岛，玉蕊多分布于半红树林区域。其花螺旋状排列与项链状花序生于枝顶，长达 70cm 以上。

野牡丹科 (花大粉红色等，美丽似牡丹花)：树皮、叶粗糙，灌木或小乔木，直立或攀缘，陆生或少数附生，枝条对生。单叶，对生或轮生，叶片全缘或具锯齿，通常为 3 ～ 5(～ 7) 基出脉，稀 9 条，侧脉通常平行，多数。

木犀科：乔木或灌木，叶近对生，具叶柄。

海桑科：红树林植物，乔木。单叶革质，对生，全缘，无托叶。

安石榴科 (海南分布 2 栽培种)：灌木，小枝常为刺状。单叶，通常对生或簇生，树根黄褐色，树干灰褐色，上有瘤状凸起，干多向左方扭转。嫩枝有棱，多呈方形。小枝柔韧，不易折断。

瑞香科：灌木，树皮纤维发达。在海南了哥王为常见植物，荛花属可类比了哥王。

使君子科：乔木 (枝多呈轮状生长)、木质藤本，有些具刺。皮粗糙，红褐色，单叶对生或近对生，或假轮生，全缘或稍呈波状，叶基、叶柄或叶下缘齿间具腺体 (海南榄仁)。

红树科：红树林植物 (竹节树除外)，常绿乔木或灌木，具各种类型的根，单叶交互对生，具托叶，早落。

卫矛科 (含希藤科)：常绿或落叶乔木、灌木或藤本灌木、匍匐小灌木。单叶对生 (原希藤科，卫矛属和沟瓣属)。

槭树科：乔木或灌木，落叶稀常绿，叶对生，具长叶柄，叶背有时呈灰白色。

清风藤科（清风藤属）：乔木，单叶互生，嫩枝绿色，被细柔毛，老枝紫褐色，具白蜡层，常留有木质化成单刺状或双刺状的叶柄基部。

山茱萸科：落叶乔木或灌木，稀常绿或草本。单叶对生，稀互生或近轮生，通常为羽状叶脉，稀为掌状叶脉，边缘全缘或有锯齿。无托叶或托叶纤毛状。

马钱科：乔木、灌木、藤本或草本，单叶对生，全缘或有锯齿。通常为羽状脉，3～7条基出脉（马钱属）。具叶柄。托叶存在或缺，分离或连合成鞘。

5. 草本

唇形科：常具有四棱及沟槽的茎和对生或轮生的枝条，有特殊的芳香味（常见种广防风）。

野牡丹科：草本，单叶，对生或轮生，通常为3～5(～7)基出脉，侧脉通常平行，多数。包括金锦香属、锦香草属、肉穗草属和蜂斗草属。

爵床科：草本、灌木或藤本。叶对生（个别轮生，有刺），无托叶，小枝和花萼上常有条形或针形的钟乳体。花萼通常5裂，花冠合瓣，具长或短的冠管。

苋科：一年或多年生草本。单叶对生，全缘，少数有微齿，无托叶。莲子草等都是常见植物，采到标本时，或类比，初步判断是否属苋科植物。

千屈菜科：草本、灌木或乔木。枝通常四棱形。叶对生、稀轮生或互生，全缘，叶片下面有时具黑色腺点。托叶细小或无托叶。

柳叶菜科：一年生或多年生草本，有时为半灌木或灌木，多为水生湿地草本。对生。

小二仙草科：水生（狐尾藻属，2种）或陆生草本（小二仙草属，2种）。对生或轮生，生于水中的常呈篦齿状分裂。

金虎尾科：灌木（金虎尾属）、木质藤本。单叶，通常对生，全缘，背面和叶柄通常具腺体。托叶存在或缺失。

紫茉莉科：草本、灌木或乔木（胶果木），有时为具刺藤状灌木（避霜花）。对生或假轮生，全缘，具柄，无托叶。果皮有黏性。黄细心为常见植物。

桑寄生科：半寄生性灌木、亚灌木，寄生于木本植物的茎或枝上，稀寄生于根部，为陆生小乔木或灌木。叶对生，稀互生或轮生，叶片全缘或叶退化呈鳞片状。

檀香科：常绿小乔木。具寄生根，树皮褐色，粗糙或有纵裂，枝圆柱状，带灰褐色，具条纹，有多数皮孔和半圆形的叶痕，多分枝，幼枝光滑无毛，小枝细长，淡绿色，节间稍肿大，叶对生，叶椭圆状卵形，膜质。

忍冬科：茎干木质松软，常有发达的髓部，多为单叶对生，叶柄短，有时两叶柄基部连合，通常无托叶，有时托叶细小而不显著或退化成腺体。

龙胆科：一年生或多年生草本。茎直立或斜升，有时缠绕。单叶，对生，少有互生或轮生，全缘，基部合生或为一横线所连结。

报春花科：草本。具对生或轮生叶，或无地上茎而叶全部基生，并常形成稠密的莲座丛。

紫草科：一般被硬毛或刚毛。单叶，互生。

玄参科：多为小草，叶互生，下部对生而上部互生，或全对生，或轮生，无托叶。

列当科（海南分布有2种）：草本，寄生于其他植物的根上，不具绿色的叶片。茎常不分枝或少数种有分枝。叶鳞片状，螺旋状排列，或在茎的基部排列密集成近覆瓦状。

胡麻科（海南分布有1种）：常见的栽培种为芝麻。

菊科：草本。叶通常对生，野外花常见，多为特殊的头状花序。

（四）单子叶植物科的野外经验检索

由于单子叶植物较多，很难分级检索，只能比对科的野外特征进行检索，可能不准确，仅供参考。

1. 水生或湿生

  2. 沉水或漂浮水面

水鳖科：一年生或多年生淡水或海水草本，沉水或漂浮水面。根扎于泥里或浮于水中。茎短缩，直立，少有匍匐。叶基生或茎生，基生叶多密集，茎生叶对生、互生或轮生。

水蕹科：多年生，淡水生草本，具块状根茎，无毛，有乳汁。叶基生，有长柄，柄基具鞘。叶片椭圆形至线形，全缘或波状，浮水或沉水，具平行叶脉数条和多数次级横脉。

眼子菜科：沼泽生、淡水生草本。常具横走根茎，稀根茎极短或无根茎。茎圆柱形、椭圆柱形或极扁。叶互生，有时在花序下面近对生，单型或两型，漂浮水面或沉没水中，托叶鞘多为膜质，边缘叠压而抱茎，稀合生呈套管状。

川蔓藻科：盐沼生草本。叶对生或互生，线形或刚毛状，基部具鞘。

丝粉藻科（茨藻科、角果藻科）：一年生沉水草本。植株纤长、柔软，二叉状分枝或单轴分枝。下部匍匐或具根状茎。茎光滑或具刺，茎节上多生有不定根。叶线形，无柄，无气孔，具多种排列方式。叶脉 1 条或多条。叶全缘或具锯齿。叶基扩展成鞘或具鞘状托叶。

角果藻科：沉水草本，生于咸水中（红树林水中），有纤细的根茎。叶互生或对生，或簇生于茎节上，线形，基部鞘状，具花的叶片有时退化为鞘。

茨藻科：一年生沉水性草本，茎细多分枝。叶互生、对生或轮生，常线形，有齿，基部有鞘。

雨久花科：该科的凤眼蓝（水葫芦）为浮水植物，须根发达，棕黑色，长达 30cm。茎极短，具长匍匐枝，匍匐枝淡绿色或带紫色，与母株分离后长成新植物。叶在基部丛生，莲座状排列，花葶从叶柄基部的鞘状苞片腋内伸出，长 34~46cm，穗状花序长，花瓣状、卵形、长圆形或倒卵形，紫蓝色。

浮萍科（海南分布 3 种）：漂浮小草本。无根或有丝状根。

天南星科：大漂属，有长而悬垂的须根，总花梗极短，佛焰苞白色。

  2. 挺水或湿生

泽泻科：沼泽生或水生草本。叶基生，直立，挺水，箭形、盾形或条形（矮慈姑一种）等，全缘。叶柄通常长，具鞘。

谷精草科：草本，沼泽生或水生。叶狭窄（禾草形），螺旋状着生在茎上，常形成一密丛，有时散生，基部扩展呈鞘状，叶质薄常半透明。花序头状，多为白色。

雨久花科：水生草本。具根状茎或匍匐茎，通常有分枝。叶卵形甚至宽心形或戟形，具平行脉，花葶较长，穗状花序长，花瓣状，卵形、长圆形或倒卵形，紫蓝色。

鸭跖草科：草本，多阴湿处。常具有黏液细胞或黏液道，茎有明显的节和节间。叶互生，有明显的叶鞘。叶鞘开口或闭合，花瓣 3，主要为蓝色或白色。

美人蕉科（海南全是栽培种）：可在湿地中生长，也可陆生，也可生在较潮湿的环境，有块状的地下茎，叶大，互生，有明显的羽状平行脉，具叶鞘。形似香蕉苗。

香蒲科（海南分布 2 种）：多年生、沼生草本。具匍匐状的根茎，茎直立，不分枝，基部浸没水中。叶通常基生，禾草状，具平行脉，基部具鞘。花序褐色，圆筒状，直径 1~2cm。

天南星科：叶表层蜡质，肉穗花序，外有佛焰苞包围。菖蒲属、芋属的芋等能长在湿生的环境中。

露兜树科： 叶长形，或达 0.5~1m，叶缘和背面脊状凸起的中脉上有锐刺，小露兜能长在湿生的环境中，有时露兜树也能长在湿地环境中。

田葱科 (海南分布 1 种)：生于文昌一带的水塘、沼泽或池塘中，外形似葱。直立多年生草本。根状茎短，具簇生根。叶线形或剑形，基生或茎生。

水玉簪科： 草本，通常为腐生植物。茎纤细，通常不分枝，具根状茎或块茎。单叶，茎生或基生，全缘，或通常退化呈鳞片状。

灯心草科 (海南分布 3 种)：草本，通常具匍匐的合轴根茎，常有被毛的根，茎簇生，直立而不分枝。叶常簇生于茎的基部，圆筒状或扁平而呈禾叶状。多花地杨梅生于山坡草丛、路旁潮湿处。

1. 陆生，以旱生为主

  2. 有特殊性状者

姜科： 多年生草本，通常具有芳香 (姜味)。

兰科 (假兰科)：地生、附生或较少为腐生草本，极罕为攀缘藤本 (香草兰)。陆生及腐生的常具根状茎或块茎，附生的常具假鳞茎 (变态的茎，膨大呈各种形状，肉质) 及肥厚而有根被的气生根。

霉草科： 腐生草本，茎不分枝。叶退化，鳞片状，有时甚少，不含叶绿素，互生。

天南星科： 陆生 (耐阴) 草本，叶表层蜡质，肉穗花序，外有佛焰苞包围。

露兜树科： 叶长形，或达 0.5~1m，叶边与叶中脉背有刺，香露兜没有刺，有特殊的香米味。

  2. 无特殊性状者

    3. 藤本

棕榈科： 省藤属、黄藤属、钩叶藤属，叶羽状，小叶全缘。

须叶藤科 (海南分布 1 种)：直立或攀缘植物。叶两列，顶端延伸为卷须，叶鞘闭合，抱茎。

百部科 (海南分布 2 种)：藤本，全体无毛，通常具肉质块根，叶互生、对生，有明显的基出主脉和平行、致密的横脉。

薯蓣科： 缠绕草质或木质藤本，地下部分为根状茎或块茎，形状多样。叶互生，有时中部以上对生，单叶或掌状复叶，单叶常为心形、卵形或椭圆形，掌状复叶的小叶常为披针形或卵圆形，基出脉 3~9，侧脉网状。叶柄扭转，有时基部有关节。

百合科： 原菝葜科植物，攀缘状灌木，有刺或无刺。叶互生或对生，有掌状脉 3-7 条，叶柄两侧常有卷须。

    3. 草本或乔木、灌木状

鸢尾科： 多年生草本。具根状茎、球茎或鳞茎。叶多基生，少互生，条形、剑形或丝状，基部呈鞘状，互相套叠，具平行脉。

棕榈科： 常见的植物有椰子、槟榔等。茎通常不分枝，单生或几丛生，或有刺，或被残存老叶柄的基部或有叶痕。叶羽状或掌状分裂。叶柄基部通常扩大成具纤维的鞘。

莎草科： 多年生草本，多数具根状茎，少有兼具块茎，茎通常三棱形，偶为圆柱形。叶基生或茎生，一般具闭合的叶鞘和狭长的叶片，或有时仅有鞘而无叶片。

禾本科： 分竹亚科和禾亚科。一年生草本、多年生草本或竹型，通常具秆，秆呈圆筒形或压扁，少有呈方形的。节处闭塞，节间中空，很少为实心。单叶，互生，叶片由两部分组成，叶片通常狭长，全缘，具平行脉。叶鞘位于叶片下端，包裹着秆枝的节间部分，除少数种类的叶鞘闭合外，一般均为一侧开缝，而边缘彼此覆盖或相接。叶片与叶鞘连接处的内侧有一个透明、膜质或软骨质的小片，称为叶舌，通常为膜质，很少无叶舌。

黄眼草科 (海南分布 3 种)：草本，葱草、黄眼草生于湿地上，硬叶葱草还可生于荒地上，根状茎短而粗壮，通常呈球茎状，叶常丛生于基部，叶片扁平，基部鞘状。

凤梨科（外来科）：以菠萝为代表，陆生或附生草本。茎短，单叶互生，狭长，常基生，莲座式排列，平行脉。

芭蕉科：多年生草本，具根茎。地上茎包藏于由叶鞘层包叠形成的粗壮假茎中。叶螺旋排列，集生于茎顶，大型，有极粗厚的中脉和多数羽状平行的侧脉。

旅人蕉科：草本或乔木状。叶中等大乃至很大，明显的两行排列，偏形，似芭蕉。

兰花蕉科（海南分布 1 种）：多年生草本，具根茎。似竹芋、柊叶。

竹芋科：多年生草本，有根茎或块茎，地上茎有或无。叶通常大，具羽状平行脉，通常两列，具柄，柄的顶部增厚，称为叶枕，有叶鞘。

百合科（菝葜科）：通常为具根状茎、块茎或鳞茎的多年生草本，叶基生或茎生，后者多为互生，较少为对生或轮生，通常具弧形平行脉，极少具网状脉。

石蒜科（龙舌兰科、仙茅科）：多年生草本，少数为半灌木、灌木以至乔木状（原龙舌兰科植物）。具鳞茎、根状茎或块茎。叶多数基生，多少呈线形，全缘或有刺状锯齿。

箭根薯科（海南分布 1 种）：多年生草本，具圆柱形或球形的根状茎或块茎。叶全部基生，有柄，直立，基部有鞘，叶片全缘或各式分裂。

刺鳞草科（海南分布 1 种）：一年生矮小草本，密丛生，高 2～5 cm。叶基生，丝状或线形，长 0.7~2.5 cm，顶端锐尖。叶鞘膜质，边缘透明，有时上部具少数散生的毛。

帚灯草科（海南分布 1 种）：多年生草本，分布于文昌昌洒（多）及海南其他沿海沙地（少）。圆柱状，除节部外中空。叶几乎由叶鞘组成，无叶片和叶舌，叶鞘膜质，基部边缘覆盖，宿存，有时具干膜质边缘和伸长的顶端。